PISCICULTURA MARINA EN LATINOAMÉRICA

PISCICULTURA MARINA EN LATINOAMÉRICA

BASES CIENTÍFICAS Y TÉCNICAS PARA SU DESARROLLO

Francesc Castelló i Orvay (coord.)

Universitat de Barcelona

Publicacions i Edicions

Universidad de Barcelona. Datos catalográficos

Piscicultura marina en Latinoamérica : bases científicas
  y técnicas para su desarrollo

  ISBN: 978-84-475-3719-8
  Referències bibliogràfiques

  I. Castelló i Orvay, Francesc
  1. Piscicultura 2. Aqüicultura marina
  3. Amèrica Llatina

© Publicacions i Edicions de la Universitat de Barcelona
  Adolf Florensa, s/n
  08028 Barcelona
  Tel.: 934 035 430
  Fax: 934 035 531
  www.publicacions.ub.edu
  comercial.edicions@ub.edu

ISBN   978-84-475-3719-8
Depósito legal   B-17.183-2013
Impresión y encuadernación   Gráficas Rey

Sumario

Bloque I
CONOCIMIENTOS BÁSICOS
BIOFISIOLÓGICOS DE LOS TELEÓSTEOS

Bloque II
TECNOLOGÍA DE LA PRODUCCIÓN

Bloque III
ESPECIES INTERESANTES PARA LATINOAMÉRICA

A) Norte (México), Centroamérica y Caribe

B) Sudamérica

Prólogo

La presente obra es el fruto de más de doce años de visitas y contactos con científicos españoles y de diferentes naciones latinoamericanas, lo cual nos ha facilitado el conocimiento de las «posibilidades» y de las «debilidades» que presenta la región geográfica de Latinoamérica por lo que se refiere al desarrollo de la piscicultura marina.

La pretensión de los autores es que la obra se convierta en libro de consulta básica, tanto para profesores como para alumnos, técnicos y futuros empresarios interesados en el desarrollo de la piscicultura marina en Iberoamérica, ya que actualmente no existe ningún tratado de estas características específico para esta región geográfica

La obra está diseñada en tres grandes bloques:

- **Bloque I**: se exponen de manera general los últimos conocimientos sobre la biofisiología de los peces teleósteos en aspectos básicos como la reproducción y la nutrición.
- **Bloque II**: básicamente técnico, acerca de temas generales como control de la reproducción, alimentación basada en alimentos balanceados (piensos), patología y diseño de instalaciones.
- **Bloque III**: descripción de las técnicas de producción y resultados obtenidos hasta el presente de las especies que han despertado más interés en la región y que ya han sido estudiadas actualmente y llevadas incluso a nivel de producción piloto y/o industrial.

En la elaboración del libro colaboran científicos expertos en ictiología y técnicos en piscicultura marina con dilatada experiencia tanto en España como en Latinoamérica.

En la edición se ha respetado escrupulosamente la libertad de cada autor (incluso el particular español de cada nación).

Nuestro deseo es que la presente obra sirva para contribuir al desarrollo sostenible de la piscicultura marina en Latinoamérica.

Agradecimientos

Nuestro agradecimiento a la Agencia Española de Cooperación Internacional y Desarrollo (AECID) del Ministerio de Asuntos Exteriores y de Cooperación de España por la concesión durante más de diez años de ayudas para la impartición de cursos de posgrado, cursos de formación de técnicos y programas de investigación.

Estas ayudas reiteradas han permitido los contactos y la formación de redes estables entre la Universidad de Barcelona y diferentes universidades y centros de Latinoamérica, relaciones que se plasman ahora en la publicación del presente libro, también subvencionado por la AECID.

Nuestro agradecimiento y reconocimiento a los diferentes colaboradores en la presente obra, por la calidad de sus respectivas contribuciones.

De manera especial queremos hacer público nuestro agradecimiento a las dos personas que más han contribuido, con sus ánimos y esfuerzos, a que la publicación de este libro sea una realidad. Nos referimos a los dos coordinadores para Latinoamérica, el Dr. Alfonso Silva Arancibia (Universidad Católica del Norte, sede Coquimbo, Chile) y la Dra. M.ª Araceli Avilés Quevedo (investigadora del Instituto Nacional de la Pesca, México).

Situación actual de la acuicultura

Francesc Castelló i Orvay*

SITUACIÓN MUNDIAL

Las capturas por pesca extractiva se han estancado, desde hace una decena de años, alrededor de los 80/90 millones de Tm anuales y sin atisbos de que dicha cantidad pueda aumentarse. Según la FAO (2006), el 52% de las 600 especies están explotadas, el 17% sobreexplotadas, el 7% agotadas y solo un 1% se recupera, a pesar de las normativas de captura y vedas o la regulación de la cantidad y potencia de los buques pesqueros.

Paralelamente, el consumo mundial de productos acuáticos se ha duplicado en menos de un siglo, no solo por el incremento de la población mundial, sino también por el cambio paulatino de los hábitos alimentarios. Como consecuencia de esta situación, la acuicultura mundial ha tenido un crecimiento espectacular en los últimos cincuenta años, pasando de una producción de cerca de 1 millón de Tm/año (década de los cincuenta) a más de 50 millones de Tm en la actualidad, con una tasa media de crecimiento de un 8,8% anual; su valor de venta supera los 50.000 millones de euros (70.300 millones de dólares) y proporciona ocupación a más de 11 millones de personas a nivel mundial (figura 1).

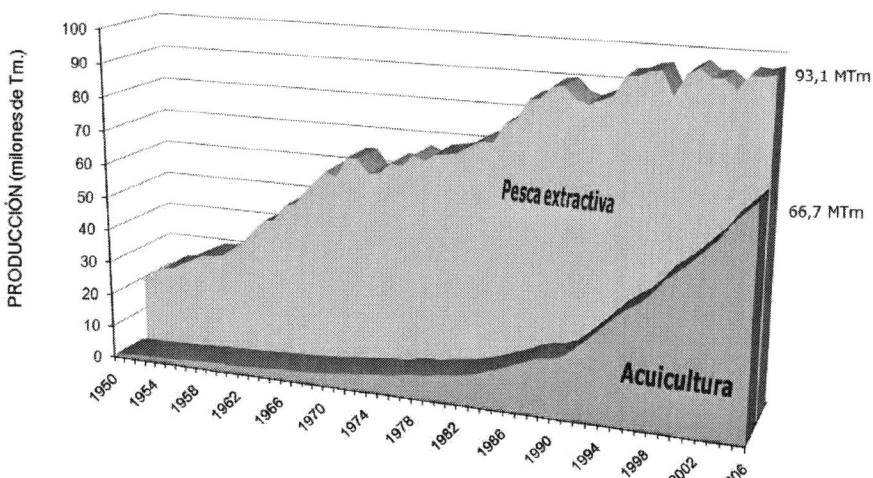

Fig. 1. Producción mundial de pesca extractiva y acuicultura (FAO, 2006)

Por lo que se refiere a los *grupos zoológicos* cultivados, la producción de peces (piscicultura) equivale al 50% de la producción total en acuicultura, con más de 28 millones de Tm/año (FAO, 2006).

* Departamento de Biología Animal, Universidad de Barcelona (fcastello@ub.edu).

Existe, sin embargo, dentro de la piscicultura, una enorme diferencia en los niveles de producción según el origen de las especies, con 23.867 millones de Tm de peces continentales (80% del total), unos 4 millones de Tm de peces diádromos y apenas unos 1500 millones de Tm de peces marinos (5%) (figura 2).

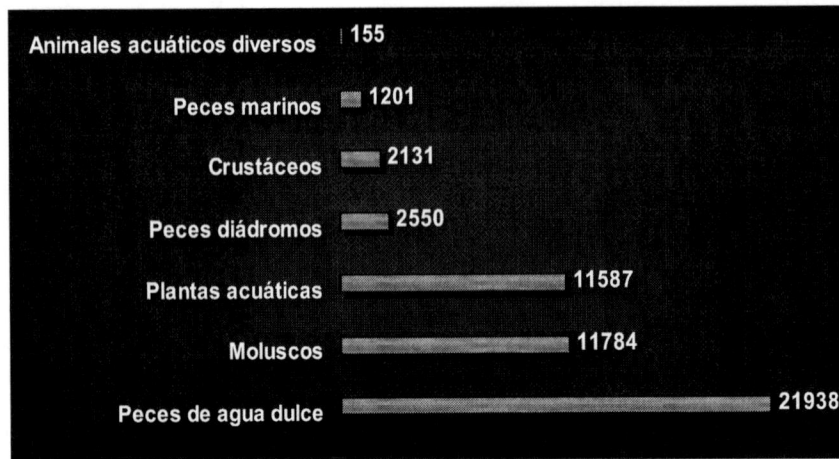

Fig. 2. Producción de los diferentes grupos (FAO, 2006)

Los motivos que han determinado esta gran diferencia se deben a que la acuicultura se inició en la región asiática (siglos antes de la era cristiana) como *piscicultura continental* y como un sistema de producción de *subsistencia*, a nivel casi familiar, dado que, por las características de los peces de agua dulce, la tecnología de cultivo es relativamente fácil y requiere inversiones en instalaciones relativamente bajas.

La *piscicultura marina*, sin embargo, se ha desarrollado en países industrializados, para la producción de una serie de especies apreciadas dentro de los hábitos alimentarios de estas regiones y que alcanzan un elevado precio de mercado (casi el triple que las especies de agua dulce)., Su cultivo requiere de una tecnología más sofisticada, instalaciones caras y técnicos bien entrenados, lo que hace que la piscicultura marina deba contemplarse como una producción industrial, de grandes empresas y atractivos mercados.

Latinoamérica

Desde los años noventa, la actividad acuícola en esta región geográfica ha experimentado avances de cierta importancia, multiplicando casi por diez la producción de cultivos acuáticos, que era de unas 100.000 Tm en el año 1990. Actualmente la producción total supera por muy poco el 2% de la producción total mundial (figura 3).

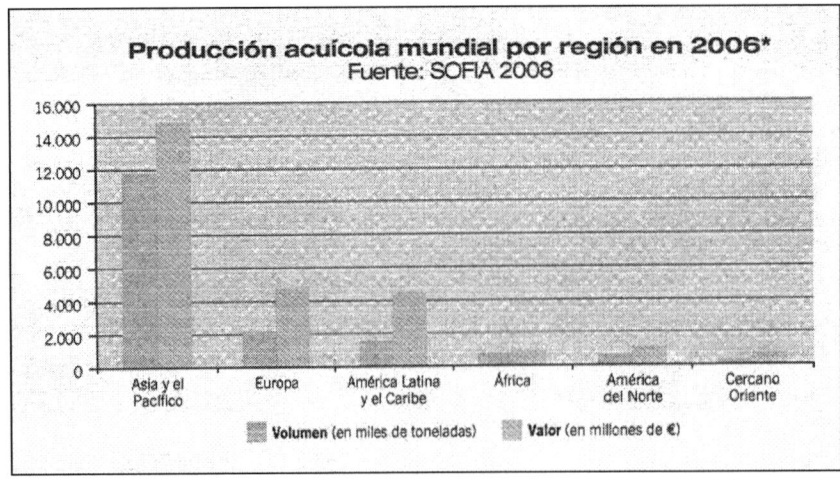

Fig. 3. Producción por regiones (FAO, 2008)

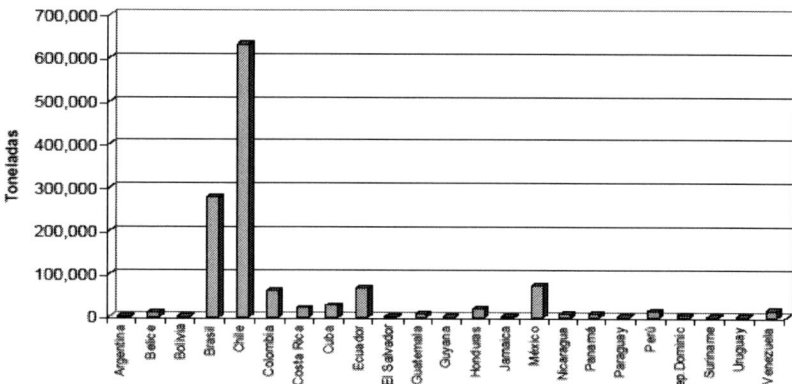

Fig. 4. Producción de la acuicultura por país en América Latina para el 2003 (FAO, 2005b)

Sin embargo este desarrollo presenta un tipo de producción, sesgado y peligroso, basado básicamente en el cultivo de dos grupos: los *salmones* (con Chile como segunda productora mundial de salmón, con más de 600.000 Tm) y el *camarón* (con Brasil como principal productora), a los cuales podríamos añadir el gran incremento experimentado por la cría de la *tilapia*.

Desde nuestro punto de vista esta excesiva especialización conlleva una serie de peligros económicos y bioambientales.

Económicos, ya que una superproducción de una sola especie produce un exceso en la oferta de mercado, una fuerte competencia con otros países productores (en el caso del salmón está la producción europea, y en el caso del camarón, la enorme producción de los países asiáticos) que a la larga provoca una caída en los precios de venta.

En el caso de los peligros bioambientales, además del latente peligro que comporta la introducción de especies exóticas, cabe mencionar los que se presentan en forma de patologías. En el caso del camarón y en la década de los noventa, dichas patologías se concretan en la aparición de la «mancha blanca» (virus WWSV9), de origen asiático, que mermó la producción de camarón en Ecuador, Perú, Colombia y México, con el consiguiente descalabro empresarial. Después de un cierto respiro, parece volver a rebrotar en los últimos años.

Por su lado, el cultivo del salmón está sufriendo en estos momentos los efectos de la aparición del virus ISA, que también está disminuyendo drásticamente la producción y produciendo serios trastornos económicos.

En ambos casos y al no existir ninguna especie marina como alternativa, se ha tendido a la producción de tilapia, como mal menor.

No obstante, Latinoamérica presenta muy atractivas posibilidades de desarrollo de la piscicultura marina, como son:

- Buenos rangos de temperatura del agua del mar, sobre todo en la zona norte (México), América Central y Caribe, que permiten un rápido crecimiento de las especies.
- Grandes espacios costeros libres de contaminación, aptos para la ubicación de instalaciones.
- Un buen número de especies interesantes desde el punto de vista económico. Son especies de alto valor de mercado que, con más o menos profundidad, han sido estudiadas e incluso cultivadas a nivel piloto.
- Atractivo mercado interno y, sobre todo, para la exportación.

Frente a la situación actual de producción y las buenas posibilidades existentes cabe preguntarse, como ya hicieron anteriormente otros analistas, por qué no existe una piscicultura marina de producción en Latinoamérica.

Las razones han sido también expuestas por otros autores y en otros foros. Al ser bastante obvias para la mayoría de expertos, las repetimos aquí sucintamente:

Políticas: sea por la inestabilidad política de algunos países, sea por la falta de conocimiento real por parte de las autoridades competentes de las grandes posibilidades que ofrece el sector, la realidad es que no existen programas definidos, líneas de actuación concretas, planes de investigación dirigidos, regulaciones, normativas, etc.

Falta de paquetes tecnológicos: al no existir las infraestructuras gubernamentales necesarias, se hace muy difícil el desarrollo de técnicas de producción propias e, incluso, la adaptación (no copia) de los paquetes tecnológicos generales y ya existentes en otros países.

Falta de técnicos entrenados: es verdad que existen numerosos investigadores dedicados al estudio de los peces marinos, desde el punto de vista de su biología y de su fisiología, pero se nota un cierto «reparo» en pasar de la denominada —mal denominada a nuestro entender— *ciencia pura* a la *ciencia aplicada*, con cierto desdén incluso por parte de los «científicos» hacia los «técnicos aplicados».

Consumo interno bajo: es una de las razones aducidas para explicar la falta de interés por el desarrollo de la piscicultura marina. Si bien esta podría ser una razón aceptable hace dos o tres décadas, en la actualidad ya no es sostenible. El consumo interno, a nivel general, está creciendo y los índices de casi 11 kg/habitante/año se acercan ya a los niveles mundiales (16 kg) o a los europeos (14 kg) (FAO-Kyoto, 1995)

Soluciones

Aunque de ninguna manera pretendemos pontificar, sí creemos que es indispensable poner en contacto los tres vértices de un triangulo formado por: gobiernos, mundo científico y mundo inversor (figura 5).

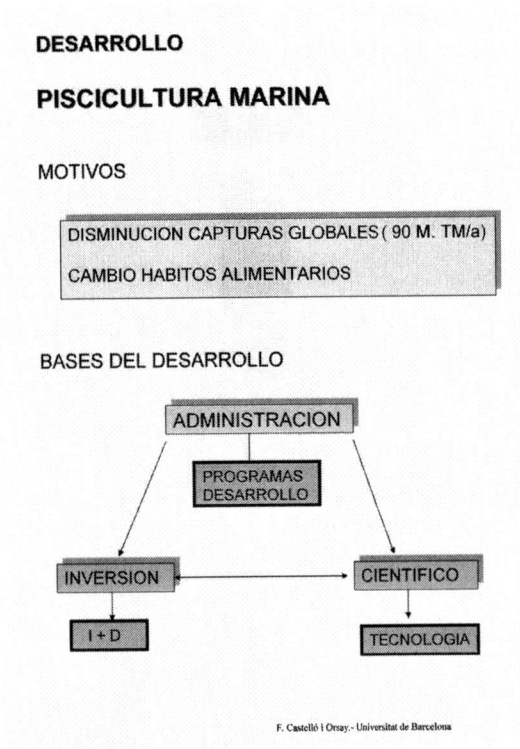

Fig. 5. (F. Castelló i Orvay, Universitat de Barcelona)

Solo a partir del trabajo conjunto de los tres estamentos podrán promoverse planes de desarrollo, leyes, normativas, infraestructuras y ayudas económicas (de los gobiernos), así como la determinación de las especies más interesantes teniendo en cuenta el nivel de conocimientos alcanzado y el nivel tecnológico existente, los lugares y los sistemas de producción adecuados (mundo científico-técnico). Y solo con estas premisas claras el futuro inversor arriesgará su capital en un sector ya de por sí considerado de alto riesgo.

Bibliografía

APROMAR. La acuicultura marina de peces en España. Informe de la Asociación de Productores de Cultivos Marinos; 2008

Avilés-Quevedo, MA, Castelló-Orvay, F. Avances en el cultivo experimental de pargos (*Pisces: Lutjanidae*) en México. Presentado en el III Congreso Nacional de Acuicultura, Guatemala; 2001

Avilés-Quevedo, MA, Castelló-Orvay, F. Manual para el cultivo del jurel (*Seriola lalandi*). Instituto Nacional de la Pesca; 2004

Avilés-Quevedo, MA. Calidad de huevos y larvas según manejo de reproductores de la cabrilla arenera (*Paralabraz maculatofasciatus*. Stein. 1865). Tesis doctoral. Universidad de Barcelona; 2005

Benetti, D, Clarck, A, Feeley, M. Feasibility of select candidate species of marine fish for cage aquaculture development in the Gulf of Mexico with novel remote sensing techniques for improved offshore systems monitoring. En: Robert R. Stickney, compilador. Proceedings of Third International Conference on Open Ocean Aquaculture. Corpus Christi, Texas: Sea Grant College Program Publication; 1998. p. 103-119

FAO. Síntesis regional del desarrollo de la acuicultura I. América Latina y Caribe. 2005 FAO Circular de Pesca n.º 1017/I; 2007

FAO. El estado mundial de la pesca y la acuicultura 2006. Departamento de Pesca y Acuicultura de la FAO; 2007

FAO. La contribución de la acuicultura al desarrollo sostenible. FAO Conferencia. C2007/INF/16; 2007

Ottolenghi, F. et al. Capture-Based Aquaculture. Roma: FAO; 2004

Conocimientos básicos biofisiológicos de los teleósteos

Regulación neuroendocrina de la reproducción en peces teleósteos: aspectos básicos

José Antonio Muñoz-Cueto*

RESUMEN

La piscicultura marina ha cobrado una relevancia creciente en las últimas dos décadas, en gran parte gracias a los avances conseguidos tanto en las tecnologías de la producción como en los conocimientos básicos de procesos como la reproducción. El control de la reproducción representa un cuello de botella para la incorporación de nuevas especies a esta actividad industrial. Este proceso fisiológico, de marcado carácter estacional, es el resultado de la integración de la información ambiental por sistemas sensoriales específicos y su transducción en una cascada hormonal que tiene lugar a lo largo del eje pineal-cerebro-hipófisis-gónada. El correcto funcionamiento de este eje garantiza que la reproducción tenga lugar en el momento más favorable para la supervivencia de la progenie. El órgano pineal y el cerebro desempeñan un papel relevante en la actividad del eje reproductivo ya que desarrollan funciones receptoras, integradoras y efectoras. Sus propiedades receptoras permiten la correcta percepción de las señales ambientales e internas. Su capacidad integradora permite transformar estas informaciones en señales neurales que son conducidas a regiones específicas del cerebro. Por último, sus funciones efectoras se manifiestan en la secreción de una serie de neurohormonas que modulan la actividad y secreción de otras estructuras y hormonas implicadas en el proceso reproductivo. Estos aspectos neuroendocrinos que están en la base del control del proceso reproductivo serán abordados en detalle en el presente capítulo.

1. INTRODUCCIÓN

La reproducción de los peces es un proceso rítmico que se encuentra regulado por factores ambientales cíclicos como el fotoperiodo y la temperatura. En el medio natural se producen cambios diarios y estacionales de los ciclos de luz-oscuridad (días más largos en verano, días más cortos en inviernos, y días de duración intermedia en primavera y otoño) y cambios progresivos en la temperatura del agua (aguas más cálidas en verano, aguas más frías en invierno, temperaturas intermedias en primavera y otoño). Estas variaciones en la duración de los días y en la temperatura del agua son periódicas y repetitivas de un año a otro y representan señales muy fiables para los peces. En respuesta a estas variaciones cíclicas, y de forma adaptativa, los animales han seleccionado la época del año que resulta más favorable para la reproducción y la supervivencia de su progenie.

Por ello, el esclarecimiento de los mecanismos que subyacen en el control ambiental de la reproducción en peces tiene un interés tanto básico como aplicado para la acuicultura. El éxito de la reproducción depende no solo de la sincronización de los individuos con las variaciones de los factores ambientales, sino que es preciso que se produzca también una sincronización de los reproductores entre sí, de forma que maduren simultáneamente. El desarrollo adecuado de todos estos procesos requiere múltiples y complejas interac-

* Departamento de Biología, Facultad de Ciencias del Mar y Ambientales, Universidad de Cádiz, Polígono Río San Pedro, 11510 Puerto Real, Cádiz, España.

ciones que tienen lugar a lo largo del *eje pineal-cerébro-hipófisis-gónada* (figura 1). Para ello, los individuos disponen de sistemas sensoriales y receptores específicos que perciben los estímulos ambientales (fotoperiodo, temperatura, etc.) y sociales (presencia de otros individuos, densidad de población, proporción de sexos, etc). El órgano pineal, una estructura neural con capacidad secretora, desempeña en los peces un papel muy importante en la percepción de la información del fotoperiodo y la temperatura y en la codificación de esta información en señales nerviosas (neurotransmisores) y neuroendocrinas (melatonina) que permiten la sincronización ambiental de numerosos procesos rítmicos, entre ellos la reproducción. Esta información suministrada por el órgano pineal debe alcanzar de forma directa o indirecta el hipotálamo y la hipófisis, para modular la síntesis de factores reguladores hipotalámicos y gonadotrofinas hipofisiarias, las cuales dirigen los ritmos de desarrollo gonadal y la reproducción. Estos factores y áreas neuroendocrinas que dirigen la reproducción de peces serán analizados en los siguientes apartados de esta revisión.

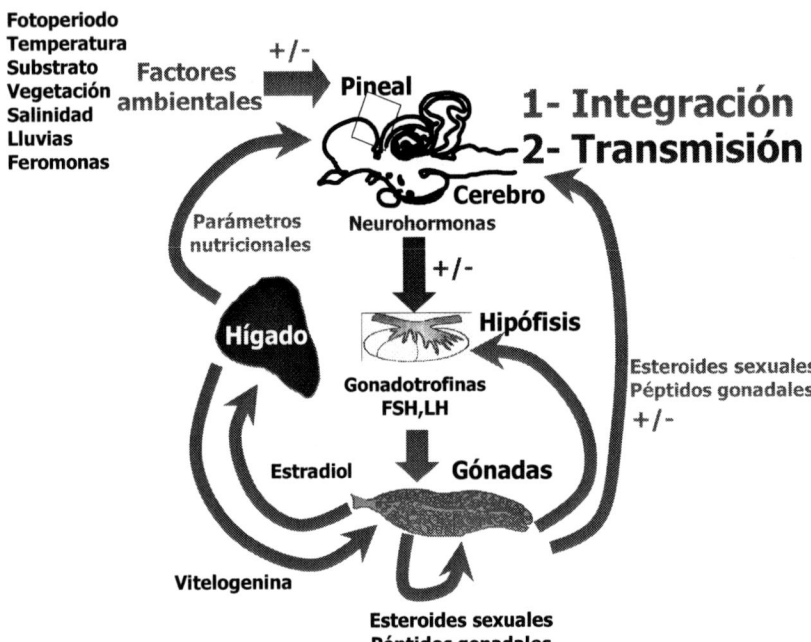

Figura 1. El eje reproductivo pineal-cerebro-hipófisis-gónada.

2. ÁREAS HIPOFISIOTRÓFICAS EN EL CEREBRO DE PECES TELEÓSTEOS

La hipófisis de peces se encuentra unida al hipotálamo por un tallo fino denominado neurohipófisis, que está constituido por los axones de las células neurosecretoras que penetran en la hipófisis desde el cerebro. En peces, la hipófisis presenta la peculiaridad de carecer del sistema portal (vascular) hipotálamo-hipofisario característico de tetrápodos. De esta forma, las neurohormonas que controlan la actividad de las distintas células endocrinas de la hipófisis son liberadas desde los terminales neurosecretores de forma más o menos directa en el entorno de las células diana (Batten e Ingleton, 1987). Esta inervación puede, por tanto, considerarse funcionalmente homóloga a la eminencia media de vertebrados terrestres. Esta inervación directa de la hipófisis de peces teleósteos, junto con la identificación de un terminal neurosecretor concreto en el entorno de un tipo celular hipofisario determinado, ha permitido caracterizar qué factores cerebrales pueden estar implicados en el control de la secreción de las hormonas hipofisarias (Kah et al., 1987; 1989; 1992). La naturaleza y las acciones de estos factores serán expuestas en el apartado 3.

Además, la inervación directa de la adenohipófisis de peces ha permitido el uso de técnicas de trazado neuronal para la identificación mediante transporte retrógrado de las áreas cerebrales que inervan la hipófisis. Estas técnicas han permitido identificar las áreas hipofisiotróficas en especies como el carpín dorado (Anglade et al., 1993), en el pez eléctrico, *Apteronotus leptorhynchus* (Johnston y Maler, 1992) o la lubina

(Garcia-Robledo y Muñoz-Cueto, datos no publicados). La mayoría de la inervación de la hipófisis procede de neuronas localizadas en núcleos cerebrales del área preóptica (núcleo preóptico periventricular, núcleo preóptico parvicelular, núcleo preóptico magnocelular, núcleo anterior periventricular, núcleo supraquiasmático) y el hipotálamo mediobasal (núcleo lateral tuberal, núcleo anterior tuberal, núcleo posterior periventricular, núcleo del receso lateral, núcleo del receso posterior), las principales regiones neuroendocrinas implicadas en el control de la reproducción en vertebrados. Sin embargo, también se ha descrito la presencia de células hipofisiotróficas en el bulbo olfativo, el telencéfalo ventral, el tálamo o el tegmento del mesencéfalo (Anglade et al., 1993; Kah et al., 1993).

3. FACTORES NEUROENDOCRINOS IMPLICADOS EN EL CONTROL DE LA REPRODUCCION EN PECES TELEÓSTEOS

Las funciones de los principales órganos y estructuras endocrinas aparecen muy conservadas en vertebrados. Por ello, los mecanismos que subyacen en el control neuroendocrino de la reproducción son, en esencia, los mismos a lo largo de la escala filogenética. En este sentido, las áreas cerebrales y los factores neurohormonales implicados en la regulación neuroendocrina del proceso reproductivo se hallan también más o menos conservadas en vertebrados. En los siguientes apartados analizaremos en detalle cúales son los principales factores neurohormonales implicados en el control de la reproducción y la naturaleza de sus acciones.

3.1. La melatonina como transductor de la información del fotoperiodo y señal hormonal del tiempo

El órgano pineal de peces es una estructura fotorreceptora alargada que se localiza en la línea media, entre el telencéfalo y el techo óptico y consta de un tallo y una vesícula pineal (figura 2) (Ekström y Meissl, 1997; Falcón et al., 2009). Suele adoptar una disposición más o menos vertical y se ancla mediante tejido conjuntivo al cartílago presente justo debajo de una ventana pineal que permite el paso de la luz ya que posee menos melanóforos que el resto de la piel del cráneo.

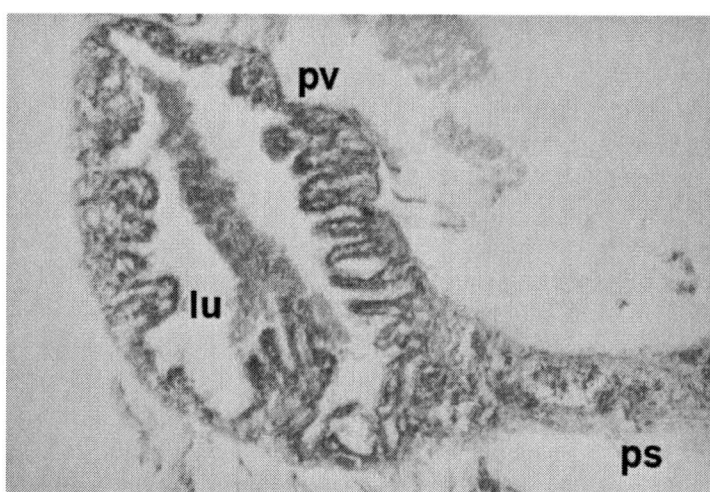

Figura 2. El órgano pineal del lenguado (lu: lumen pineal; ps: tallo pineal; pv: vesícula pineal).

La información percibida en esta estructura fotorreceptora es integrada y codificada en una doble señal (neural y neuroendocrina) de salida hacia el cerebro y el resto del organismo. Las proyecciones eferentes del órgano pineal pueden considerarse como la señal neural de salida de la información del fotoperiodo hacia áreas centrales del sistema nervioso, tales como el tálamo ventral y dorsal, el pretecto periventricular, el área pretectal, el tubérculo posterior, el núcleo tuberal posterior y el sinencéfalo dorsal (Ekström et al., 1994; Jiménez et al., 1995; Yáñez y Anadón, 1998; Pombal et al., 1999; Mandado et al., 2001). Muchas de estas áreas se solapan con regiones cerebrales que aparecen también conectadas con la retina, lo que denota su importancia en la integración de la información del fotoperiodo.

En peces, al igual que sucede en mamíferos, la información del fotoperiodo es también transducida por el órgano pineal en una señal neuroendocrina que se corresponde con la hormona melatonina (Reiter, 1991). Esta hormona parece mediar la mayoría de las actividades rítmicas circadianas y estacionales de los vertebrados. En todas las especies estudiadas, los niveles de melatonina plasmática se elevan durante la noche y descienden durante el día. Estos cambios cíclicos diarios en la secreción de melatonina son el resultado de la expresión y la actividad rítmica de la enzima serotonina N-acetiltransferasa (NAT) pineal, la enzima clave en la biosíntesis de melatonina (Ekström y Meissl, 1997; Falcón et al., 2009). Pero estos ritmos de melatonina no solo suministran información acerca de la hora del día, sino que en animales poiquilotermos esta hormona experimenta también variaciones estacionales relacionadas con la duración de la noche y la temperatura del agua, que informan al animal de la época del año en que se encuentra (Reiter, 1993; Iigo y Aida, 1995; Randall et al., 1995; García-Allegue et al., 2001).

La melatonina se ha relacionado de forma directa con el proceso reproductivo de peces ya que existen evidencias que muestran marcados efectos de la pinealectomía y de la administración de melatonina sobre los niveles de gonadotrofinas hipofisarias y/o de hormona liberadora de gonadotrofinas, que también pueden ser estimuladores o inhibidores según las especies estudiadas (Hontela y Peter, 1995; Khan y Thomas, 1996). La presencia de receptores de melatonina en áreas neuroendocrinas del cerebro, en la hipófisis y en las gónadas de peces teleósteos refuerza el papel de la melatonina en la reproducción actuando a los tres niveles del eje reproductivo (Falcón et al., 2009).

3.2. La hormona liberadora de gonadotrofinas (GnRH) es la principal neurohormona estimuladora de la reproducción

Entre los factores neuroendocrinos implicados en el control de la reproducción en peces, la hormona liberadora de gonadotrofinas (GnRH) representa el principal factor estimulador. Hoy sabemos que en realidad la GnRH es una familia de péptidos con una multiplicidad de isoformas (24 isoformas diferentes) presentes en vertebrados, protocordados e invertebrados (Zohar et al., 2009). Dentro de vertebrados, los peces teleósteos representan el grupo filogenético que expresa un mayor número de variantes de GnRH, con ocho isoformas distintas.

El patrón básico de distribución de las células GnRH en peces teleósteos sugirió la existencia de dos sistemas principales: un sistema GnRH distribuido a lo largo de la porción ventral del cerebro anterior (nervio terminal, telencéfalo ventral, área preóptica e hipotálamo) y que expresaba distintas formas de GnRH según las especies, y otro sistema GnRH en la transición entre el diencéfalo y el mesencéfalo (sinencéfalo), que expresaba una forma conservada de GnRH (Kah et al., 2007). Posteriormente, los estudios llevados a cabo en peces del orden perciformes pusieron de manifiesto que estos teleósteos evolucionados expresaban tres formas distintas de GnRH en el cerebro: la forma GnRH de salmón (sGnRH o GnRH-3) en la región olfativa, GnRH de dorada (sbGnRH o GnRH-1) en la región preóptica y GnRH-II de pollo (cGnRH-II o GnRH-2) en el tegmento mesencefálico (Powell et al., 1994; White et al., 1995; Gothilf et al., 1996; Senthilkumaran et al., 1999). Estas tres formas de GnRH tenían una clara acción estimuladora sobre la liberación de gonadotrofinas hipofisarias, siendo más potentes los efectos de las formas cGnRH-II y sGnRH respecto a la forma sbGnRH (Zohar et al., 1995). Sin embargo, la forma sbGnRH presentaba unos niveles mucho más elevados en la hipófisis de perciformes, lo que indicaba que esta isoforma era la que desempeñaba de forma fisiológica las funciones hipofisiotróficas (Powell et al., 1994; Holland et al., 1998a; Rodríguez et al., 2000; González-Martínez et al., 2002a). Las formas sGnRH y cGnRH-II parecen desempeñar acciones neurotransmisoras, neuromoduladoras y/o conductuales, si bien sus funciones no están aún del todo esclarecidas (Zohar et al., 1995; Fernald y White, 1999).

Los estudios llevados a cabo en nuestro laboratorio en la lubina (*Dicentrarchus labrax*), en colaboración con el Dr. Olivier Kah y la Dra. Silvia Zanuy, permitieron esclarecer de forma específica las áreas de expresión de las tres formas distintas de GnRH en el cerebro (González-Martínez et al., 2001; González-Martínez et al., 2002a). Estos estudios demostraron que la forma GnRH-1 y GnRH-3 inervan directamente la hipófisis, mientras que la forma GnRH-2 no envía proyecciones a la misma (González-Martínez et al., 2002a). No obstante, y como en otros perciformes, la forma GnRH-1 es la más abundante en la hipófisis de la lubina (González-Martínez et al., 2002a) y parece representar la forma funcional en la regulación de la síntesis y secreción de gonadotrofinas.

Los estudios ontogénicos llevados a cabo en la lubina han mostrado un origen común de las formas GnRH-1 y GnRH-3 en los primordios olfativos, y un solapamiento en la expresión de las mismas desde el bulbo olfativo hasta el área preóptica a lo largo del desarrollo (González-Martínez et al., 2002b; 2004a). En cambio, la forma GnRH-2 se origina en un primordio del sinencéfalo (González-Martínez et al., 2002b; 2004a).

Aunque la mayoría de los estudios han abordado los efectos de la GnRH sobre la liberación de hormona luteinizante (LH), estudios llevados a cabo en salmónidos han puesto de manifiesto que la GnRH es también capaz de estimular la secreción de hormona estimulante del folículo (FSH) (figura 3) y la síntesis de las subunidades α y β de la LH y/o FSH en diversas especies de peces (Khakoo et al., 1994; Bretón et al., 1998; Dickey y Swanson, 2000; Mateos et al., 2002; Yaron et al., 2003; Ando et al., 2004). Asimismo, en ciprínidos y salmónidos se han descrito efectos estimuladores de la GnRH sobre la secreción de hormona de crecimiento, prolactina y somatolactina y/o sobre la expresión de sus ARN mensajeros (Trudeau, 1997; Kakizawa et al., 1997; Taniyama et al., 2000; Bhandari et al., 2003). La GnRH también parece involucrada en el control de las conductas reproductivas en hembras de carpín dorado (Volkoff y Peter, 1999), acciones que podrían estar mediadas por su interacción con los sistemas neurosecretores de vasotocina e isotocina presentes en el área preóptica (Foran y Bass, 1999; Saito et al., 2003). Asimismo, se han sugerido acciones neuromoduladoras de las formas sGnRH y cGnRH-II sobre sistemas sensoriales y sensorimotores (Umino y Dowling, 1991; Behrens et al., 1993; Fernald y White, 1999).

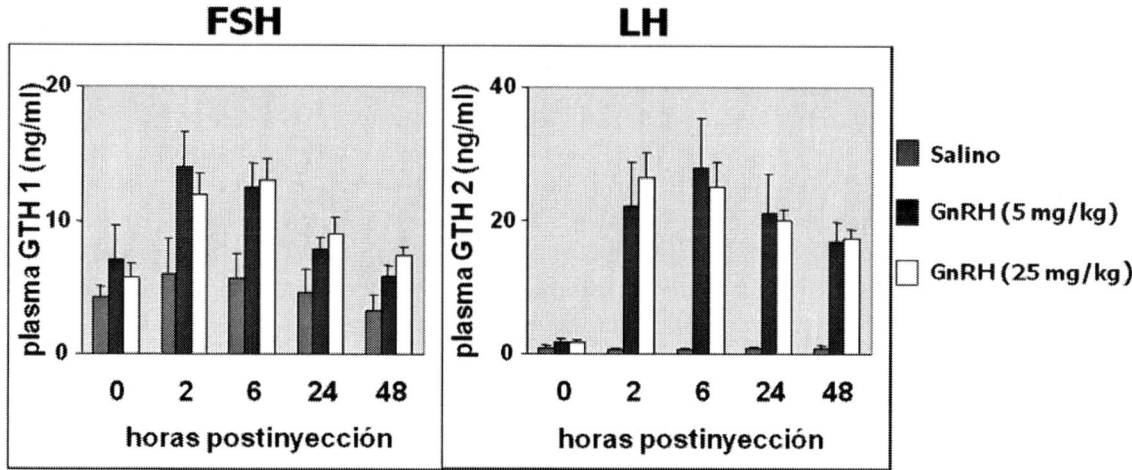

Figura 3. Estimulación de la secreción de GTH1 (FSH) y GTH2 (LH) por análogos de la GnRH en la trucha arcoíris. Modificado de Bretón et al., 1998.

Estas acciones hipofisiotróficas de la hormona liberadora de gonadotrofinas están mediadas por su unión a receptores específicos acoplados a la proteína G presentes en la membrana de las células diana (Conn y Crowley, 1994). La interacción de la GnRH con su receptor desencadena una cascada de reacciones intracelulares que se inicia con la activación de la proteína G, y conduce a la producción de segundos mensajeros del tipo del diacilglicerol o el inositol trifosfato, que a su vez estimula la liberación de iones calcio de sus reservorios intracelulares (Klausen et al., 2002). Además, se han descrito acciones de la GnRH mediadas por otras vías de señalización intracelular que inducen la producción de adenosin monofosfato (AMPc) y ácido araquidónico (Bogerd et al., 2002; Pati y Habibi, 2002). Los estudios llevados a cabo recientemente han puesto de manifiesto que, al igual que se expresan dos o tres formas distintas de GnRH en vertebrados, también se pueden expresar dos o más tipos distintos de receptores de GnRH (Troskie et al., 1998; Kah et al., 2007). Así, las búsquedas en las bases de datos del genoma de *Fugu* y *Tetraodon* permitieron identificar la presencia de cinco secuencias codificantes para cinco receptores de GnRH diferentes que fueron denominados GnRH-R1 a GnRH-5 (Lethimonier et al., 2004), y que también están presentes en especies como la lubina (González-Martínez et al., 2004b; Lethimonier et al., 2004; Moncaut et al., 2005). En la lubina, los cinco receptores caracterizados tienen más afinidad por la forma GnRH-2, si bien el receptor de tipo GnRHRII-1a muestra también cierta afinidad por las formas GnRH-1 y GnRH-3 (Kah et al., 2007). Curiosamente, este receptor se expresa en las células FSH y LH de la hipófisis de la lubina (figura 4), que recibe una inervación de las formas GnRH-1 y GnRH-3, y muestra diferencias significativas en su expresión durante el ciclo reproductivo (González-Martínez et al., 2002a; González-Martínez et al., 2004b).

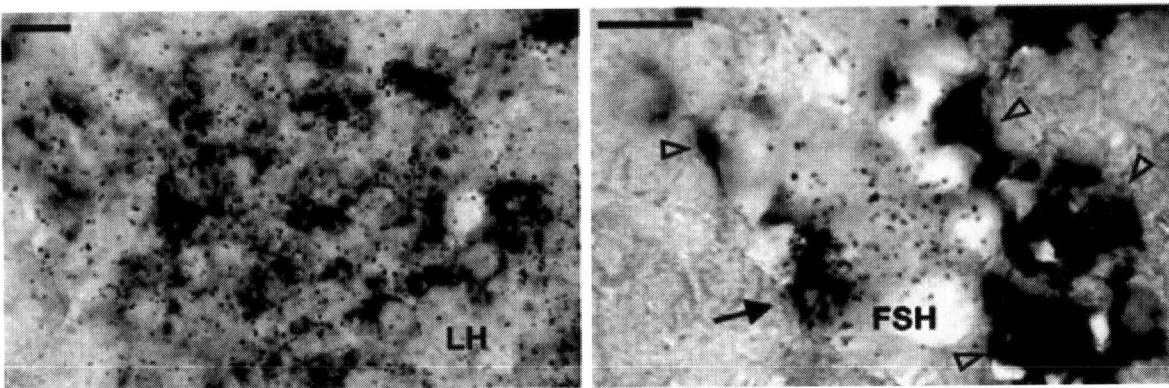

Figura 4. Expresión de receptor de GnRH de tipo II-1a en las células LH y FSH de la lubina. Tomado de González-Martínez et al., 2004b.

3.3. La dopamina y la inhibición de la síntesis de gonadotrofinas

El antagonista funcional de la GnRH está representado por la dopamina, que inhibe la secreción de gonadotrofinas y bloquea el proceso reproductivo en peces. La identificación de este factor cerebral inhibidor de la síntesis de gonadotrofinas se debe a los estudios de lesiones electrolíticas en el cerebro y de perifusión con células dispersas y fragmentos de hipófisis llevados a cabo por Richard E. Peter y John P. Chang en carpines dorados (Peter y Paulencu, 1980; Chang y Peter, 1983; Chang et al., 1983). Estas experiencias, junto con estudios inmunohistoquímicos posteriores pusieron de manifiesto que las células dopaminérgicas del área preóptica antero-ventral representaban la fuente de esta inhibición sobre la secreción de gonadotrofinas (Kah et al., 1987; Kah et al., 1993).

Chang y colaboradores también demostraron que las acciones inhibidoras de la dopamina se ejercían sobre receptores de tipo D2 presentes en las células gonadotropas (Chang et al., 1990). Estas acciones de la dopamina parecen afectar a la producción de segundos mensajeros que median en las cascadas de transducción intracelular, reduciendo la entrada de calcio en las células e inhibiendo la activación de la proteína kinasa C inducida por el diacilglicerol (Chang et al., 1996). La dopamina también inhibe la liberación de GnRH actuando sobre receptores de tipo D2 presentes en terminales nerviosos de la hipófisis, así como la síntesis y la liberación de GnRH en el telencéfalo y la región preóptica actuando sobre receptores de tipo D1 (Peter et al., 1991; Trudeau, 1997).

La existencia de una inhibición dopaminérgica de la secreción de gonadotrofinas ha sido demostrada en otras especies de peces teleósteos, tales como la anguila, el pez gato, la trucha, la tilapia, el salmon coho, la carpa o el mujol (Van Asselt et al., 1988; Levavi-Sivan et al., 2003; Vidal et al., 2004; Dufour et al., 2005; Aizen et al., 2005). Estas acciones inhibidoras de la dopamina se han puesto de manifiesto, sobre todo, sobre las células secretoras de LH (Trudeau, 1997; Yaron et al., 2003). No obstante, en especies como la trucha también se han descrito efectos de la dopamina sobre los niveles de FSH (Vacher et al., 2000). Estas acciones de la dopamina están moduladas por los esteroides sexuales y, en particular, por el estradiol (Linard et al., 1995; Vetillard et al., 2003). Sin embargo, la inhibición dopaminérgica de la secreción de gonadotrofinas no parece clara en otros peces teleósteos, en particular en perciformes marinos como la lubina americana o europea (Holland et al., 1998b; Prat et al., 2001).

3.4. Las kisspeptinas

Recientemente, el esquema clásico de control neuroendocrino de la reproducción que ha estado vigente durante las últimas décadas se ha visto revolucionado por el descubrimiento de las kisspeptinas, codificadas por el gen KiSS-1, y que actuan sobre un receptor de membrana acoplado a la proteína G denominado GPR54 o receptor KiSS (Roa y Tena-Sempere, 2007). Los estudios de mutagénesis y *knock-out* del gen que codifica para el receptor de KISS-1 han mostrado su implicación en la regulación de la pubertad. Además, se ha descrito la presencia del ARNm de KiSS-1 en células del hipotálamo (núcleo arcuato y núcleo anteroventral periventricular), la expresión de los receptores de KiSS en las células GnRH, y una activación de la expresión de FSH y LH dependiente de GnRH tras la inyección periférica o intracerebroventricular de kisspeptina, así como una elevación considerable de los niveles de los ARNm de KiSS-1 y su receptor al inicio de la pubertad (Roa y Tena-Sempere, 2007). En conjunto, todos estos resultados sugieren que las kisspeptinas y su receptor están implicados en la activación peripuberal de las neuronas GnRH y en la liberación de GnRH hipotalámica, y representan factores críticos en la inducción de la cascada reproductiva que conduce a la pubertad (Kuohung y Kaiser, 2006; Messager et al., 2005; Tena-Sempere, 2006).

Además, las kisspeptinas se han relacionado con el ciclo reproductivo en adultos y con la secreción de gonadotrofinas durante el ciclo ovárico, la gestación y la lactancia ya que su administración estimula la secreción de FSH y LH (Navarro et al., 2005; Roa y Tena-Sempere, 2007). Las neuronas KiSS-1 desempeñan también un importante papel en la retroalimentación positiva y negativa del estradiol sobre la secreción de gonadotrofinas, lo que refuerza el creciente papel de estos péptidos y su receptor en el control neuroendocrino de la reproducción.

Hasta hace pocos años, las secuencias de cDNA del gen KiSS-1 solo habían sido clonadas en mamíferos (Roa y Tena-Sempere, 2007) aunque recientemente se han identificado también en el pez cebra, lamprea marina, medaka, fugu y tetraodon (van Aerle et al., 2008). Además, estudios muy recientes indican la presencia de dos genes diferentes que codifican dos péptidos de tipo kisspeptina (KiSS-1 y KiSS-2) en el pez cebra, medaka y lubina (Kitahashi et al., 2009; Felip et al., 2009). En la lubina, la inyección de KiSS-2 resultó más potente que la de KiSS-1 induciendo la liberación de FSH y LH release *in vivo*, mientras que el comportamiento contrario se observó en rata (Felip et al., 2009). La distribución cerebral de los ARNm ha sido puesta de manifiesto en medaka y pez cebra, identificándose poblaciones celulares KiSS-1 en el núcleo posterior periventricular, el núcleo tuberal ventral hipotalámico y la habénula, y expresión de KiSS-2 en el núcleo tuberal posterior y el nucleo periventricular hipotalámico (Kanda et al., 2008; Kitahashi et al., 2009).

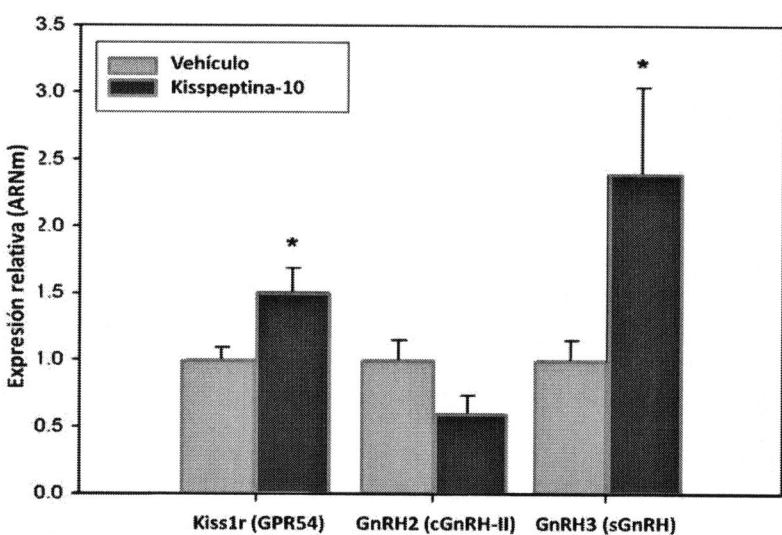

Figura 5. Efecto de la kisspeptina-10 sobre la expresión del receptor KiSS y de los ARNm de las formas GnRH2 y GnRH3 en *Pimephales promelas*. Modificado de Filby et al., 2008.

Asimismo, se han identificado las secuencias del receptor de KiSS en mamíferos, anfibios y algunas especies de peces como *Danio rerio, Oreochromis niloticus, Mugil cephalus, Rachycentron canadum, Micropo-*

gonias undulatus, Solea senegalensis o *Pimephales promelas* (Parhar et al., 2004; Nocillado et al., 2007; Mohamed et al., 2007; Roa y Tena-Sempere, 2007; Filby et al., 2008; Mechaly et al., 2009; GenBank Accession number: DQ347412). En tilapia, se ha observado que el receptor de KiSS se expresa en la neuronas GnRH-1, GnRH-2 y GnRH-3 y que el número de neuronas GnRH que lo expresan es mayor en machos maduros que en machos inmaduros (Parhar et al., 2004). En *Pimephales promelas*, la kisspeptina estimula la expresión de su propio receptor y de la GnRH3 (figura 5, Filby et al., 2008). Los estudios llevados a cabo en la cobia, *Pimephales promelas* y *Mugil cephalus* ponen también de manifiesto el importante papel KiSS y sus receptores en la maduración de los sistemas GnRH y en la pubertad (Mohamed et al., 2007; Nocillado et al., 2007; Filby et al., 2008). Por tanto, estos estudios representan una novedosa línea de acción de considerable interés para el esclarecimiento de los mecanismos neuroendocrinos que regulan la pubertad y la reproducción en peces.

3.5. El neuropéptido Y

El neuropéptido tirosina o NPY pertenece a la familia del polipéptido pancreático y está implicado en el control de la ingesta y el metabolismo, tanto en peces como en mamíferos. Este peptido fue aislado por primera vez a partir del cerebro de cerdos (Tatemoto, 1982).

En peces, las células secretoras de NPY se localizan en las placodas olfativas, el bulbo olfativo, la porción central del telencéfalo dorsal, el telencéfalo ventral, el área preóptica caudal, el tálamo, el techo óptico, el nucleo entopeduncular y el locus cerúleo, siendo estos dos últimos núcleos los que parecen enviar las fibras NPY que alcanzan la hipófisis para establecer contacto con las células gonadotropas (Zohar et al., 2009).

El NPY posee efectos estimuladores sobre la secreción de gonadotrofinas en peces, efectos que pueden ejercerse de forma directa sobre las células gonadotropas hipofisarias (Kah et al., 1989; Peng et al., 1993; Danger et al., 1991; Trudeau, 1997) pero también estimulando la liberación de GnRH en el área preóptica/hipotálamo y en la hipófisis (Peter et al., 1991; Breton et al., 1991, Trudeau, 1997; Gaikwad et al., 2005). En la lubina, el efecto del NPY sobre la liberación de LH depende del estado energético de los animales, siendo mucho mayor en el estado de ayuno, característico de la fase reproductiva (Cerdá-Reverter et al., 1999). En este sentido, durante el ayuno también aumenta en el salmón la expresion del NPY en el área preóptica, un área de marcado caráter hipofisiotrófico (Silverstein et al., 1998). La respuesta de la hipófisis al NPY puede ser bloqueada por la dopamina y presenta un carácter estacional, que parece depender de los niveles de esteroides (Peter et al., 1991; Breton et al., 1991; Peng et al., 1993; Peng et al., 1994). Además, el NPY estimula en peces la secreción de hormona de crecimiento (Peng et al., 1993, Trudeau, 1997). Esta diversidad de efectos confiere al NPY un papel relevante en la mediación de las interacciones entre reproducción, metabolismo y crecimiento en peces.

3.6. El ácido γ-amino butírico (GABA)

El ácido γ-amino butírico (GABA), el principal neurotransmisor inhibidor en el cerebro de vertebrados, está presente a elevadas concentraciones en el sistema hipotálamo-hipofisario de peces, existiendo fibras GABAérgicas procedentes de la región preóptica y/o del hipotálamo, en contacto directo con las células gonadotropas (Martinoli et al., 1990; Kah et al., 1992).

La inyección con GABA provoca un aumento en la liberación de LH en el carpín dorado, acción que podría ejercerse directamente sobre las células gonadotropas, pero también de forma indirecta estimulando la liberación de GnRH en los terminales nerviosos de la hipófisis e inhibiendo la actividad de las células dopaminérgicas (Kah et al., 1992; Trudeau, 1997). Estos efectos estimuladores del GABA son estacionales y están modulados por el estradiol (Kah et al., 1992). En la trucha, el GABA ejerce acciones estimuladoras tanto en la secreción de LH como de FSH, y como sucede en el carpín dorado, estos efectos dependen del estado reproductivo de los animales, pero también del sexo (Mañanos et al., 1999). Estas acciones del GABA pueden ejercerse de forma directa sobre las células gonadotropas ya que el GABA estimula tanto la secreción basal de FSH y LH como la secreción inducida por GnRH en cultivos de células hipofisarias dispersas (Mañanos et al., 1999).

3.7. Otras neurohormonas implicadas en el control de la reproducción

Aminoácidos neurotransmisores como la taurina, el ácido glutámico y la β-alanina se han descrito también como factores hipofisiotróficos y estimuladores de la secreción de gonadotrofinas en peces (Peter et al., 1991; Sloley et al., 1992; Kah et al., 1993, Trudeau, 1997).

Otros péptidos como los péptidos opioides endógenos, la colecistoquinina (CCK), la leptina y la hormona inhibidora de gonadotrofinas (GnIH) han sido también implicados en la regulación del eje cerebro-hipófisis-gónada en diversas especies de vertebrados (Cicero et al., 1985; Gilbeau et al., 1987; Himick et al., 1993; Zhang et al., 1994; Trudeau, 1997; Peyon et al., 2001; Tsutsui et al., 2007). La presencia de estos péptidos se ha demostrado en el cerebro de teleósteos y, en muchos casos, se han descrito receptores específicos para los mismos. Salvo en el caso de la GnIH, todos ejercen efectos estimuladores sobre la secreción de gonadotrofinas, bien de forma directa o de forma indirecta modulando la secreción de dopamina o la respuesta de la hipófisis a la GnRH y a la dopamina (Trudeau, 1997). En el caso de la leptina, se ha sugerido que podría actuar de forma sinérgica con el NPY y desempeñar acciones mediadoras en la regulación del balance energético y la reproducción a través de sus acciones en el eje hipotálamo-hipofisario (Yu et al., 1997; Peyon et al., 2001). Este péptido se ha relacionado también con el inicio de la pubertad en peces (Peyón et al., 2001).

La GnIH pertenece a la familia de péptidos RF-amida, que está presente tanto en invertebrados como en vertebrados, incluidos los peces (Tsutsui et al., 2007). Este péptido hipotalámico de 12 aminoácidos puede inhibir la síntesis y liberación de GnRH en el hipotálamo y desempeñar acciones neuromoduladoras a nivel cerebral, además de ejercer efectos inhibidores directos sobre la secreción de gonadotrofinas hipofisaria (Kriegsfeld et al., 2006; Tsutsui et al., 2007). A su vez, la síntesis y secreción de GnIH hipotalámica parece estar sometida, al menos en aves, a una estimulación por la melatonina (Tsutsui et al., 2007), por lo que estas células GnIH podrían desempeñar un papel relevante en la integración de la información ambiental y en la transducción de la información del fotoperiodo a otros centros neuroendocrinos. La GnIH también inhibe el desarrollo gonadal, la síntesis de esteroides y la actividad espermatogénica en aves, lo que sugiere que este neuropéptido puede actuar a distintos niveles del eje reproductivo (Tsutsui et al., 2007). Estos estudios en peces son muy preliminares, y queda por determinar si este péptido de la familia RF-amida tiene en este grupo filogenético las mismas funciones descritas para el sistema GnIH en aves y en mamíferos

Por último, se han descrito efectos de aminas biógenas como la noradrenalina (NA) y la serotonina (5-HT) sobre la reproducción en peces. La NA estimula, a través de receptores α-1 adrenérgicos, la liberación de gonadotrofinas en la hipófisis (Chang et al., 1991; Trudeau, 1997), así como de GnRH en el área preóptica y en el hipotálamo (Yu y Peter, 1992; Trudeau, 1997). La 5-HT también estimula la liberación de gonadotrofinas en el carpín dorado y en el salmón atlántico a través de una acción directa en la hipófisis mediada por receptores 5-HT2 (Somoza y Peter, 1991; Khan y Thomas, 1991; Trudeau, 1997), así como la liberación de GnRH en el área preóptica, hipotálamo anterior e hipófisis (Yu et al., 1991). La serotonina es también un precursor para la síntesis de la melatonina pineal, de la que ya se ha hablado con anterioridad en el presente capítulo.

Referencias

Aizen, J, Meiri, I, Tzchori, I, Levavi-Sivan, B, Rosenfeld, H. Enhancing spawning in the grey mullet (*Mugil cephalus*) by removal of dopaminergic inhibition. Gen Comp Endocrinol. 2005; 142: 212-221

Ando, H, Swanson, P, Kitani, T, Koide, N, Okada, H, Ueda et al. Synergistic effects of salmon gonadotropin-releasing hormone and estradiol-17beta on gonadotropin subunit gene expression and release in masu salmon pituitary cells *in vitro*. Gen Comp Endocrinol. 2004; 137: 109-121

Anglade, I, Zandbergen, HA, Kah, O. Origin of the pituitary innervation in the goldfish. Cell Tissue Res. 1993; 273: 345-355

Batten, TFC, Ingleton, PM. The hypothalamus and the pituitary gland. En: Chester-Jones, I, Ingleton, PM, JG. Fundamentals of Comparative Vertebrate Endocrinology. Nueva York: Phillips. Plenum Press; 1987. p. 285-409

Behrens, UD, Douglas, RH, Wagner, HJ. Gonadotropin-releasing hormone, a neuropeptide of efferent projections to the teleost retina induces light-adaptive spinule formation on horizontal cell dendrites in dark-adapted preparations kept *in vitro*. Neurosci Lett. 1993; 164: 59-62

Bhandari RK, Taniyama S, Kitahashi T, Ando H, Yamauchi K, Zohar Y et al. Seasonal changes of responses to gonado-tropin-releasing hormone analog in expression of growth hormone/prolactin/somatolactin genes in the pituitary of masu salmon. Gen Comp Endocrinol. 2003; 130: 55-63

Bogerd, J, Diepenbroek WB, Hund E, Van Oosterhout, F, Teves, AC, Leurs, R et al. Two gonadotropin-releasing hor-mone receptors in the African catfish: no differences in ligand selectivity, but differences in tissue distribution. Endocrinology. 2002; 143: 4673-4682

Breton, B, Micolajczyk, T, Popek, W, Bienarz, K, Epler, P. Neuropeptide Y stimulates in vitro gonadotropin secretion in teleost fish. Gen Comp Endocrinol. 1991; 84: 277-283

Breton, B, Govoroun, M, Mikolajczyk, T. GTH I and GTH II secretion profiles during the reproductive cycle in female rainbow trout: relationship with pituitary responsiveness to GnRH-A stimulation. Gen Comp Endocrinol. 1998; 111: 38-50

Cerdá-Reverter, JM, Sorbera, LA, Carrillo, M, Zanuy, S. Energetic dependence of NPY-induced LH secretion in a tel-eost fish (Dicentrarchus labrax). Am J Physiol. 1999; 277: 1627-1634

Chang, JE, Peter, RE. Effects of pimozide and Des Gly[10], (D Ala[6]) luteinizing hormone-releasing hormone ethylamide on serum gonadotropin concentration, germinal vesicle migration, and ovulation in female goldfish, Carassius au-ratus. Gen Comp Endocrinol. 1983; 52: 30-37

Chang, JP, Cook, RE, Peter, RE. Influence of catecholamines on gonadotropin secretion in goldfish, Carassius auratus. Gen Comp Endocrinol. 1983; 49: 22-31

Chang, JP, Yu, KL, Wong, AO, Peter, RE. Differential actions of dopamine receptor subtypes on gonadotropin and growth hormone release in vitro in goldfish. Neuroendocrinology. 1990; 51: 664-674

Chang, JP, Van Goor, F, Acharya, S. Influences of norepinephrine, and adrenergic agonists and antagonists on gonado-tropin secretion from dispersed pituitary cells of goldfish, Carassius auratus. Neuroendocrinology. 1993; 54: 202-210

Chang, JP, Van Goor, F, Jobin, RM, Lo, A. GnRH signaling in goldfish pituitary cells. Biol Signals. 1996; 5: 70-80

Cicero, TJ, Schmoeker, PF, Meyer, ER, Miller, BT. Luteinizing hormone releasing hormone mediates naloxone´s ef-fects on serum luteinizing hormone in normal and morphine sensitized rats. Life Sci. 1985; 37: 467-474

Conn, PM, Crowley WF Jr. Gonadotropin-releasing hormone and its analogs. Annu Rev Med. 1994; 45: 391-405

Danger, JM, Breton, B, Vallarino, A, Fournier, G, Pelletier, G, Vaudry, H. Neuropeptide Y in the trout brain and pitui-tary: localization, characterization, and action on gonadotropin release. Endocrinology. 1991; 128: 2360-2368

Dickey, JT, Swanson, P. Effects of salmon Gonadotropin-Releasing Hormone on follicle stimulating hormone secretion and subunit gene expression in coho salmon (Oncorhynchus kisutch). Gen Comp Endocrinol. 2000; 118: 436-449

Dufour, S, Weltzien, FA, Sebert, ME, Le Belle, N, Vidal, B, Vernier, P et al. Dopaminergic inhibition of reproduction in teleost fishes: ecophysiological and evolutionary implications. Ann NY Acad Sci. 2005; 1040: 9-22

Ekström, P, Meissl, H. The pineal organ of teleost fishes. Rev Fish Biol Fisheries. 1997; 7: 199-284

Ekström, P, Östholm, T, Holmqvist, BI. Primary visual projections and pineal neural connections in fishes, amphibians and reptiles. Adv Pineal Res. 1994; 8: 1-18

Falcón J, Migaud, H, Muñoz-Cueto, JA, Carrillo M. Current knowledge on the melatonin system in teleosts. Gen Comp Endocrinol. 2009; doi:10.1016/j.ygcen.2009.04.026

Felip, A, Zanuy, S, Pineda, R, Pinilla, L, Carrillo, M, Tena, Sempere, M et al. Evidence for two distinct kiss genes in non-placental vertebrates that encode kisspeptins with different gonadotropin-releasing activities in fish and ma-mmals. Mol Cell Endocrinol. 2009; 312: 61-71

Fernald, RD, White, RB. Gonadotropin-releasing hormone genes: phylogeny, structure, and functions. Front Neuroen-docrinol. 1999; 20: 224-240

Filby, AL, Van Aerle, R, Duitman, J, Tyler, CR. The Kisspeptin/Gonadotropin-Releasing Hormone Pathway and Mole-cular Signaling of Puberty in Fish. Biol Reprod. 2008; 78: 278-289

Foran, CM, Bass, AH. Preoptic GnRH and AVT: axes for sexual plasticity in teleost fish. Gen Comp Endocrinol. 1999; 116: 141-152

Gaikwad A, Biju, KC, Muthal, PL, Saha, S, Subhedar, N. Role of neuropeptide Y in the regulation of gonadotropin re-leasing hormone system in the forebrain of Clarias batrachus (Linn.): immunocytochemistry and high performance liquid chromatography-electrospray ionization-mass spectrometric analysis. Neuroscience. 2005; 133: 267-279

García-Allegue, R, Madrid, JA, Sánchez-Vázquez, FJ. Melatonin rhythms in European sea bass plasma and eye: in-fluence of seasonal photoperiod and water temperature. J Pineal Res. 2001; 31: 68-75

Gilbeau, PM, Hosobuchi, Y, Lee, NM. Consequence of dynorphin-A administration on anterior pituitary hormone concentrations in adult male rhesus monkeys. Neuroendocrinology. 1987; 45: 284-289

González-Martínez, D, Madigou, T, Zmora, N, Anglade, I, Zanuy, S, Zohar, Y et al. Differential expression of three di-fferent prepro-GnRH (Gonadotrophin-releasing hormone) messengers in the brain of the European sea bass (Di-centrarchus labrax). J Comp Neurol. 2001; 429: 144-155

González-Martínez, D, Zmora, N, Mañanos, E, Saligaut, D, Zanuy, S, Zohar, Y et al. Immunohistochemical localization of three different prepro-GnRHs (Gonadotrophin-releasing hormones) in the brain and pituitary of the European sea bass (*Dicentrarchus labrax*) using antibodies against recombinant GAPs. J Comp Neurol. 2002a; 446: 95-113

González-Martínez, D, Zmora, N, Zanuy, S, Sarasquete, C, Elizur, A, Kah, O, Muñoz-Cueto, JA. Developmental expression of three different prepro-GnRH (Gonadotrophin-releasing hormone) messengers in the brain of the European sea bass (*Dicentrarchus labrax*). J Chem Neuroanat. 2002b; 23: 255-267

González-Martínez, D, Zmora, N, Saligaut, D, Zanuy, S, Elizur, A, Kah, O et al. New insights in developmental origins of different GnRH (gonadotrophin-releasing hormone) systems in perciform fish: an immunohistochemical study in the European sea bass (*Dicentrarchus labrax*). J Chem Neuroanat. 2004a; 28: 1-15

González-Martínez, D, Madigou, T, Mananos, E, Cerdá-Reverter, JM, Zanuy, S, Kah et al. Cloning and expression of gonadotropin-releasing hormone receptor in the brain and pituitary of the European sea bass: an in situ hybridization study. Biol Reprod. 2004b; 70: 1380-1391

Gothilf, Y, Muñoz-Cueto, JA, Sagrillo, CA, Selmanoff, M, Chen, TT, Elizur, A et al. Three forms of gonadotrophin-releasing hormone in a teleost fish: cDNA characterization and brain localization. Biol Reprod. 1996; 55: 636-645

Himick, BA, Golosinski, AA, Jonsson, AC, Peter, RE. CCK/Gastrinlike immunoreactivity in the goldfish pituitary: regulation of pituitary hormone secretion by CCK-like peptides *in vitro*. Gen Comp Endocrinol. 1993; 92: 88-103

Holland, MCH, Gothilf, Y, Meiri, I, King, JA, Okuzawa, K, Elizur, A et al. Levels of the native forms of GnRH in the pituitary of the gilthead seabream, *Sparus aurata*, at several characteristic stages of the gonadal cycle. Gen Comp Endocrinol. 1998a; 112: 394-405

Holland, MC, Hassin, S, Y. Zohar, Y. Effects of long-term testosterone, gonadotropin-releasing hormone agonist, and pimozide treatments on gonadotropin II levels and ovarian development in juvenile female striped bass (*Morone saxatilis*). Biol Reprod. 1998b; 59: 1153-1162

Hontela, A, Peter, RE. Effects of pinealectomy, blinding, and sexual contition on serum gonadotropin levels in the goldfish. Gen Comp Endocrinol. 1995; 40: 168-179

Iigo, M, Aida, K. Effects of season, temperature and photoperiod on plasma melatonin rhythms in goldfish, *Carassius auratus*. J Pineal Res. 1995; 18: 62-68

Jiménez, AJ, Fernández-Llébrez, P, Pérez-Fígares, JM. Central projections from the goldfish pineal organ traced by HRP-immunocytochemistry. Histol Histopathol. 1995; 10: 847-852

Johnston, SA, Maler, L. Anatomical organization of the hypophysiotropic systems in the electric fish, *Apteronotus leptorynchus*. J Comp Neurol. 1992; 317: 421-437

Kah, O, Dulka, JG; Dubourg, P; Thibault, J; Peter, RE. Neuroanatomical substrate for the inhibition of gonadotropin secretion in goldfish: existence of a dopaminergic preoptico-hypophyseal pathway. Neuroendocrinology. 1987; 45: 451-458

Kah, O, Danger, JM, Dubourg, P, Pelletier, G, Vaudry, H, Calas, A. Characterization, cerebral distribution and gonadotropin-release activity of neuropeptide Y (NPY) in the goldfish. Fish Physiol Biochem. 1989; 7: 69-76

Kah, O, Trudeau, VL, Sloley, BD, Duborg, P, Chang, JP, Yu et al. Involvement of GABA in the neuroendocrine regulation of gonadotrophin release in the goldfish. Neuroendocrinology. 1992; 55: 396-404

Kah, O, Anglade, I, Leprétre, E, Dubourg, P, De Monbrison, D. The reproductive brain in fish. Fish Physiol Biochem. 1993; 11: 85-98

Kah, O, Lethimonier, C, Somoza, G, Guilgur, LG, Vaillant, C, Lareyre, JJ. GnRH and GnRH receptors in metazoa: A historical, comparative, and evolutive perspective. Gen Comp Endocrinol. 2007; 153: 346-364

Kanda, S, Akazome, Y, Matsunaga, T, Yamamoto, N, Yamada, S, Tsukamura et al. Identification of KiSS-1 product kisspeptin and steroidsensitive sexually dimorphic kisspeptin neurons in medaka (*Oryzias latipes*). Endocrinology. 2008; 149: 2467-2476

Kakizawa, S, Kaneko, T, Hirano, T. Effects of hypothalamic factors on somatolactin secretion from the organ-cultured pituitary of rainbow trout. Gen Comp Endocrinol. 1997; 105: 71-78

Khakoo, Z, Bhatia, A, Gedamu, L, Habibi, HR. Functional specificity for salmon gonadotropin releasing hormone (GnRH) and chicken GnRH-II coupled to the gonadotropin release and subunit messenger ribonucleic acid level in the goldfish pituitary. Endocrinology. 1994; 134: 838-847

Khan, IA, Thomas, P. Stimulatory effects of serotonin on gonadotropin release in the Atlantic croaker. En: Scott, AP, Sumper, J, Kime, DE, Rolfe, MS, editores. Reproductive Physiology of Fish. FishSymp 91, Sheffield; 1991

Khan, IA, Thomas, P. Melatonin influences gonadotropin II secretion in the Atlantic croaker (*Micropogonias undulatus*). Gen Comp Endocrinol. 1996; 104: 231-242

Kitahashi, T, Ogawa, S, Parhar, IS. Cloning and expression of kiss2 in the zebrafish and medaka. Endocrinology. 2009; 150: 821-831

Klausen, C, Chang, JP, Habibi, HR. Multiplicity of gonadotropin-releasing hormone signaling: a comparative perspective. Prog Brain Res. 2002; 141: 111-128

Kriegsfeld, LJ, Mei, DF, Bentley, GE, Ubuka, T, Mason, AO, Inoue, K et al. Identification and characterization of a gonadotropin-inhibitory system in the brains of mammals. Proc Natl Acad Sci USA. 2006; 103: 2410-2415

Kuohung, W, Kaiser, UB. GPR54 and KiSS-1: role in the regulation of puberty and reproduction. Rev Endocr Metab Disord. 2006; 7: 257-263

Lethimonier, C, Madigou, T, Muñoz-Cueto, JA, Lareyre, JJ, Kah, O. Evolutionary aspects of GnRHs, GnRH neuronal systems and GnRH receptors in teleost fish. Gen Comp Endocrinol. 2004; 135: 1-16

Levavi-Sivan, B, Avitan, A, Kanias, T. Characterization of the inhibitory dopamine receptor from the pituitary of tilapia. Fish Physiol Biochem. 2003; 28: 73-75

Linard, B, Bennani, S, Saligaut, C. Involvement of estradiol in a catecholamine inhibitory tone of gonadotropin release in the rainbow trout (Oncorhynchus mykiss). Gen Comp Endocrinol. 1995; 99: 192-196

Mandado, M, Molist, P, Anadón, R, Yáñez, J. A DiI-tracing study of the neural connections of the pineal organ in two elasmobranchs (Scyliorhinus canicula and Raja montagui) suggests a pineal projection to the midbrain GnRH-immunoreactive nucleus. Cell Tissue Res. 2001; 303: 391-401

Mañanos, EL, Anglade, I, Chyb, J, Saligaut, C, Breton, B, Kah, O. Involvement of gamma-aminobutyric acid in the control of GTH-1 and GTH-2 secretion in male and female rainbow trout. Neuroendocrinology. 1999; 69: 269-280

Martinoli, MG, Dubourg, P, Geffard, M, Calas, A, Kah, O. Distribution of GABA-immunoreactive neurones in the forebrain of the goldfish. Cell Tissue Res. 1990; 260: 77-84.

Mateos, J, Mañanós, E, Carrillo, M, Zanuy, S. Regulation of follicle-stimulating hormone (FSH) and luteinizing hormone (LH) gene expression by gonadotropin-releasing hormone (GnRH) and sexual steroids in the Mediterranean sea bass. Comp Biochem Physiol. 2002; B 132: 75-86

Mechaly, AS, Viñas, J, Piferrer, F. Identification of two isoforms of the Kisspeptin-1 receptor (kiss1r) generated by alternative splicing in a modern teleost, the Senegalese sole (Solea senegalensis). Biol Reprod. 2009; 80: 60-69

Messager, S, Chatzidaki, EE, Ma, D, Hendrick, AG, Zahn, D, Dixon, J et al. Kisspeptin directly stimulates gonadotropin-releasing hormone secretion via G protein coupled receptor 54. Proc Natl Acad Sci. 2005; USA 102: 1761-1766

Mohamed, JS, Benninghoff, AD, Holt, GJ, Khan, IA. Developmental expression of the G protein-coupled receptor 54 and three GnRH mRNAs in the teleost fish cobia. J Mol Endocrinol 38. 2007; 235-244

Moncaut, N, Somoza, G, Power, DM, Canario, AV. Five gonadotrophin-releasing hormone receptors in a teleost Wsh: isolation, tissue distribution and phylogenetic relationships. J Mol Endocrinol. 2005; 34: 767-779

Navarro, VM, Castellano, JM, Fernández-Fernández, R, Tovar, S, Roa, J, Mayen, A et al. Characterization of the potent luteinizing hormone-releasing activity of KiSS-1 peptide, the natural ligand of GPR54. Endocrinology. 2005; 146: 156-163

Nocillado, JN, Levavi-Sivan, B, Carrick, F, Elizur, A. Temporal expression of G-protein-coupled receptor 54 (GPR54), gonadotropin-releasing hormones (GnRH), and dopamine receptor D2 (drd2) in pubertal female grey mullet, Mugil cephalus. Gen Comp Endocrinol. 2007; 150: 278-287

Parhar, IS, Ogawa, S, Sakuma, Y. Laser captured single digoxigenin-labeled neurons of gonadotropin-releasing hormone types reveal a novel G protein-coupled receptor (GPR54) during maturation in cichlid fish. Endocrinology. 2004; 145: 3613-3618

Pati, D, Habibi, HR. Involvement of protein kinase C and arachidonic acid pathways in the gonadotropin-releasing hormone regulation of oocyte meiosis and follicular steroidogenesis in the goldfish ovary. Biol Reprod. 2002; 66: 813-822

Peng, C, Humphries, S, Peter, RE, Rivier, JE, Blomqvist, AG, Larhammar, D. Actions of goldfish neuropeptide Y on the secretion of growth Hormone and gonadotropin-II in female goldfish. Gen Comp Endocrinol. 1992; 90: 306-317

Peng, C, Gallin, W, Peter, RE, Blomqvist, G, Larhammar, D. Neuropeptide Y gene expresion in the goldfish brain: Distribution and regulation by ovarian steroids. Endocrinology. 1994; 134: 1095-1103

Peter, RE, Paulencu, C. Involvement of the preoptic region in gonadotropin release-inhibition in goldfish, Carassius auratus. Neuroendocrinology. 1980; 31: 133-141

Peter RE, Trudeau, VL, Sloley, BD, Peng, C, Nahorniak, CS. Actions of the catecholamines, peptides and sex steroids in regulation of gonadotropin-II in the goldfish. En: Scott, AP, Sumpter, JP, Kime, DE, Rolfe, MS, editores. Procceedings of the Fourth International Symposium on the Reproductive Physiology of Fish. Norwich: FishSymp University of East Anglia, Norwich; 1991

Peyon, P, Zanuy, S, Carrillo, M. Action of leptin on in vitro luteinizing hormone release in the European sea bass (Dicentrarchus labrax). Biol Reprod. 2001; 65: 1573-1578

Pombal, MA, Yáñez, J, Marín, O, González, A, R. Anadón, R. Cholinergic and GABAergic neuronal elements in the pineal organ of lampreys, and tract-tracing observations of differential connections of pinealofugal neurons. Cell Tissue Res. 1999; 295: 215-223

Powell, JFF, Zohar, Y, Elizur, A, Park, M, Fischer, WH, Craig, AG et al. Three forms of gonadotropin-releasing hormone characterized from brains of one species. Proc Natl Acad Sci USA. 1994; 91: 12081-12085

Prat, F, Zanuy, S, Carrillo, M. Effect of gonadotropin-releasing hormone analogue GnRHa and pimozide on plasma levels of sex steroids and ovarian development in sea bass *Dicentrarchus labrax* L. Aquaculture. 2001; 198: 325-338

Randall, CF, Bromage, NR, Thorpe, JE, Miles, MS, Muir, JS. Melatonin rhythms in Atlantic salmon (*Salmo salar*) maintained under natural and out-of-phase photoperiods. Gen Comp Endocrinol. 1995; 98: 73-86

Reiter, RJ, Melatonin: the chemical expression of darkness. Mol Cell Endocrinol. 1991; 79: 153-159

Reiter, RJ. The melatonin rhythm: Both a clock and a calender. Experientia. 1993; 49: 654-664

Roa, J, Tena-Sempere, M. KiSS-1 system and reproduction: Comparative aspects and roles in the control of female gonadotropic axis in mammals. Gen Comp Endocrinol. 2007; 153: 132-140

Rodríguez, L, Carrillo, M, Sorbera, LA, Soubrier, MA, Mañanós, E, Holland, MC et al. Pituitary levels of three forms of GnRH in the male European sea bass (*Dicentrarchus labrax*, L.) during sex differentiation and first spawning season. Gen Comp Endocrinol. 2000; 120: 67-74

Saito, D, Hasegawa, Y, Urano, A. Gonadotropin-releasing hormones modulate electrical activity of vasotocin and isotocin neurons in the brain of rainbow trout. Neurosci Lett. 2003; 351: 107-110

Senthilkumaran, B, Okuzawa, K, Gen, G, Ookura, T, Kagawa, H. Distribution and seasonal variation in levels of three native GnRHs in the brain and pituitary of perciform fish. J. Neuroendocrinol. 1999; 11: 181-186

Seong, JY, Kang, SS, Kam, K, Han, YG, Kwon, HB, Ryu, K et al. Neuropeptide Y-like gene expression in the salmon brain increases with fasting. Gen Comp Endocrinol. 1998; 110: 157-165

Sloley, BD, Kah, O, Trudeau, VL, Dulka, JG, Peter, RE. Amino acid neurotransmitters and dopamine in brain and pituitary of the goldfish: involvement in the regulation of gonadotropin secretion. J Neurochem. 1992; 58: 2254-2262

Somoza, GM; Peter, RE. Effects of serotonin on gonadotropin and growth hormone release from *in vitro* perifused goldfish pituitary fragments. Gen Comp Endocrinol. 1991; 82: 103-110

Taniyama, S, Kitahashi, T, Ando, H, Kaeriyama, M, Zohar, Y, Ueda, H, Urano, A. Effects of gonadotropin-releasing hormone analog on expression of genes encoding the growth hormone/prolactin/somatolactin family and a pituitary-specific transcription factor in the pituitaries of prespawning sockeye salmon. Gen Comp Endocrinol. 2000; 118: 418-424

Tatemoto, K. Neuropeptide Y: complete amino acid sequence of the brain peptide. Proc Natl Acad Sci USA. 1982; 79: 5485-5489

Tena-Sempere, M. GPR54 and kisspeptin in reproduction. Hum Reprod Update. 2006; 12: 631-639

Troskie, B, Illing, N, Rumbak, E, Sun, YM, Hapgood, J, Sealfon, S et al. Identification of three putative GnRH receptor subtypes in vertebrates. Gen Comp Endocrinol. 1998; 112: 296-302

Trudeau, VL. Neuroendocrine regulation of gonadotrophin II release and gonadal growth in the goldfish, *Carassius auratus*. Rev Reprod. 1997; 2: 55-68

Tsutsui, K, Bentley, GE, Ubuka, T, Saigoh, E, Yin, H, Osugi, T et al. The general and comparative biology of gonadotropin-inhibitory hormone (GnIH). Gen Comp Endocrinol. 2007; 153: 365-370

Umino, O, Dowling, JE. Dopamine release from interplexiform cells in the retina: effects of GnRH, FMRFamide, bicuculline, and enkephalin on horizontal cell activity. J Neurosci. 1991; 11: 3034-3046

Vacher, C, Mañanós, EL, Breton, B, Marmignon, MH, Saligaut, C. Modulation of pituitary dopamine D1 or D2 receptors and secretion of follicle stimulating hormone and luteinizing hormone during the annual reproductive cycle of female rainbow trout. J. Neuroendocrinol. 2000; 12: 1219-1226

Van Aerle, R, Kille, P, Lange, A, Tyler, CR. Evidence for the existence of a functional Kiss1/Kiss1 receptor pathway in fish. Peptides. 2008; 29: 57-64

Van Asselt, LA, Goos, HJ, Smit-van Dijk, W, Speetjens, PAM, Van Oordt, PG. Evidence for the involvement of D2 receptors in the dopaminergic inhibition of gonadotropin release in the African catfish, *Clarias gariepinus*. Aquaculture. 1988; 72: 369-378

Vetillard, A, Atteke, C, Saligaut, C, Jego, P, Bailhache, T. Differential regulation of tyrosine hydroxylase and estradiol receptor expression in the rainbow trout brain. Mol Cell Endocrinol. 2003; 199: 37-47

Vidal, B, Pasqualini, C, Le Belle, N, Holland, MHC, Sbaihi, M, Vernier, P et al. Dopamine inhibits luteinizing hormone synthesis and release in the juvenile European eel: a neuroendocrine lock for the onset of puberty. Biol Reprod. 2004; 71: 1491-1500

Volkoff, H, Peter, RE. Actions of two forms of gonadotropin releasing hormone and a GnRH antagonist on spawning behavior of the goldfish *Carassius auratus*. Gen Comp Endocrinol. 1999; 116: 347-355

White, SA, Kasten, TL, Bond, CT, Adelman, JP, Fernald, RD. Three gonadotropin-releasing hormone genes in one organism suggest novel role for an ancient peptide. Proc Natl Acad Sci USA. 1995; 92: 8363-8367

Yáñez, J, Anadón, R. Neural connections of the pineal organ in the primitive bony fish *Acipenser baeri*: a carbocyanine dye tract-tracing study. J Comp Neurol. 1998; 398: 151-161

Yaron, Z, Gur, G, Melamed, P, Rosenfeld, H, Elizur, A, Levavi-Sivan, B. Regulation of fish gonadotropins. Int Rev Cytol. 2003; 225: 131-185

Yu, KL, Peter, RE. Adrenergic and dopaminergic regulation of gonadotropin-releasing hormone release from goldfish preoptic-anterior hypothalamus and pituitary *in vitro*. Gen Comp Endocrinol. 1992; 85: 136-146

Yu, KL, Rosenblum, PM, Peter, RE. *In vitro* release of gonadotropin-releasing hormone from the brain preoptic-anterior hypothalamic region and pituitary of female goldfish (*Carassius auratus*). Gen Comp Endocrinol. 1991; 81: 256-267

Yu, WH, Kimura, M, Walczewska, A, Karanth, S, McCann, SM. Role of leptin in hypothalamic-pituitary function. Proc Natl Acad Sci USA. 1997; 94: 1023-1028

Zhang, Y, Proenca, R, Maffei, M, Baroni, M, Leopold, L, Friedman, JM. Positioning cloning of the mouse obese gene and its human homologue. Nature. 1994; 372: 425-432

Zohar, Y, Elizur, A, Sherwood, NM, Powell, JF, Rivier, JE, Zmora, N. Gonadotropin-releasing activities of the three native forms of gonadotropin-releasing hormone present in the brain of gilthead seabream, *Sparus aurata*. Gen Comp Endocrinol. 1995; 97: 289-299

Zohar Y, Muñoz-Cueto JA, Elizur, A, Kah, O. Neuroendocrinology of reproduction in teleost fish. Gen Comp Endocrinol. 2009; doi:10.1016/j.ygcen.2009.04.017

Regulación endocrina del crecimiento en peces

M. Rius-Francino, M. Codina, D. García de la Serrana, C. Salmerón,
J. Sánchez-Gurmaches, L. Cruz-García, L. Acerete, E. Capilla,
I. Navarro, y J. Gutiérrez*

INTRODUCCIÓN

El crecimiento está influido por factores intrínsecos y extrínsecos. La herencia tiene un papel importante y, además, las características de una especie o de una familia concreta de animales pueden determinar distintos perfiles de crecimiento. Los factores extrínsecos provocan cambios en el ritmo de crecimiento y así la alimentación, la temperatura, el estrés etc., ejercen efectos determinantes en los peces (figura 1).

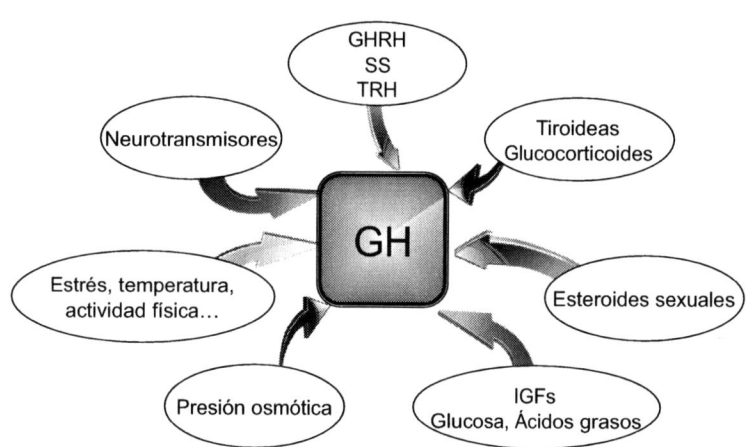

Fig. 1. Factores reguladores de la secreción de GH. GH (growth hormone, hormona de crecimiento), GHRH (somatocrinina), IGFs (Insulin-like growth factors, factores de crecimiento tipo insulina), SS (somatostatina), TRH (thyrotropin releasing hormone, hormona liberadora de tirotropina).

Los peces presentan un crecimiento continuado pero con distintos ritmos de aceleración a lo largo del ciclo anual, en paralelo con las condiciones ambientales. Sin embargo, es interesante destacar que muchas especies muestran un crecimiento indeterminado, en el que el animal sigue aumentando de talla y peso pese a haber alcanzado la forma adulta.

Las hormonas tienen un papel fundamental en el control del crecimiento, interviniendo diferentes factores endocrinos y paracrinos. Los factores endocrinos más importantes en el control del crecimiento son la hormona de crecimiento (GH) y los factores de crecimiento tipo insulina (IGF). Este eje GH-IGF está además sometido a una fina regulación por múltiples variables.

ETAPAS DEL DESARROLLO Y CRECIMIENTO

En general se divide el desarrollo en cuatro fases que van desde la fertilización del huevo al tamaño comercial del animal (Coll-Morales, 1986). La fase inicial (fase cero), o desarrollo embrionario, comienza con la

---

* Departamento de Fisiología, Facultad de Biología, Universidad de Barcelona, Avenida Diagonal, 645, 08028 Barcelona.

fecundación y acaba con la eclosión. La siguiente fase, o larva I, empieza con la eclosión y el consumo del vitelo, y en ella se deberá iniciar la alimentación externa. La segunda fase, o larva II, comprende la larva desde que absorbe el vitelo hasta que adquiere un cierto tamaño y la vida betónica. Al animal se le puede denominar ahora alevín. La fase tercera, o de postlarva, va desde el alevín hasta un tamaño en que el pez puede resistir la vida en condiciones de libertad. La cuarta fase llevará al pez al tamaño comercial, y se denomina fase de engorde.

Existen grandes diferencias en el desarrollo del embrión según las especies de peces, su hábitat, el tipo de huevo, la distribución y la cantidad del vitelo, etc. De modo general, el desarrollo embrionario puede dividirse en tres fases: segmentación, gastrulación y organogénesis, tras la cual se producirá la eclosión.

La segmentación incluye una serie de divisiones mitóticas, no acompañadas de crecimiento celular, para formar la mórula. Según sea el tipo de huevo se distinguen diferentes tipos de segmentación. A la mórula le sigue la blástula, en la que hay incremento de células y distribución de las mismas según patrones específicos regulados por diversos genes.

La gastrulación convertirá a la blástula en gástrula, con crecimiento del embrión, reorganización celular y aparición de las capas germinales (ectodermo, endodermo y mesodermo). Este proceso comprende la diferenciación de los órganos (organogénesis), de la notocorda y del sistema nervioso (neurogénesis).

La eclosión es el final de este proceso al cual se llega mediante la secreción de enzimas y el movimiento del embrión, y puede durar desde varios días a meses. También varía el grado de reservas disponibles para la larva. La eclosión conlleva una serie de cambios morfológicos y fisiológicos que conducen al desarrollo de distintos órganos. De mucha importancia son el inicio de la alimentación exógena y la locomoción, relacionada con la búsqueda del alimento.

La terminología establece la denominación de *embrión* hasta el momento de la eclosión; *larva*, que va desde la eclosión hasta la metamorfosis (que incluye las etapas de preflexión, flexión, y postflexión); y *alevín*, que va desde la metamorfosis a la maduración sexual.

Todas estas fases son sumamente importantes de cara al correcto desarrollo del pez y requieren ajustes finos del tipo y cantidad de alimento y las condiciones generales del cultivo. En los peces, el crecimiento es continuo, aunque a distintas velocidades, y depende de muchas variables, como son la alimentación, la temperatura del agua, el inicio del desarrollo gonadal, etc. En muchas especies el crecimiento es indeterminado y los animales seguirán aumentando en peso y talla a todo lo largo de su vida.

El eje hipotálamo-hipófisis, la hormona de crecimiento (GH) y los factores de crecimiento tipo insulina (IGF) ejercen, junto con otros factores endocrinos secundarios, un papel clave en la regulación del crecimiento en peces, de forma similar al resto de vertebrados.

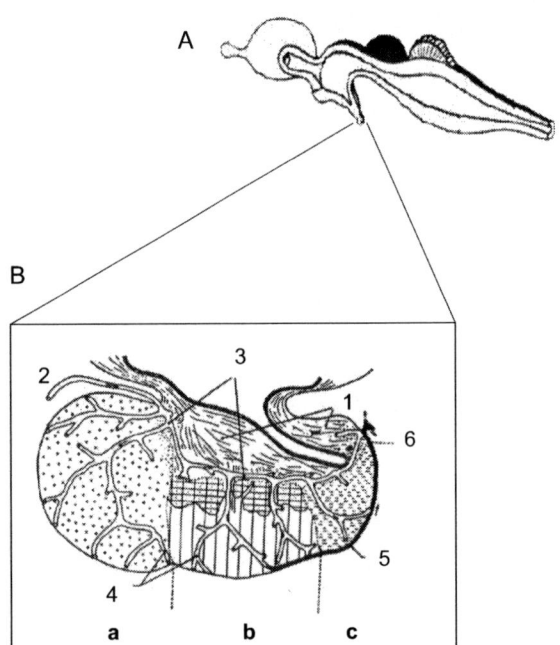

Fig. 2. A Cerebro de teleósteo, B Hipófisis de teleósteo. (a) pars distalis rostralis, (b) pars distalis proximalis, (c) pars intermedia, (1) neurohipófisis, (2) arteria hipofisiaria, (3) plexo longitudinal primario, (4) plexo centrífugo secundario, (5) red venosa superficial, (6) vena hipofisiaria.

FAMILIA DE LA HORMONA DE CRECIMIENTO (GH)

La GH se produce en la parte anterior de la hipófisis (figura 2) y es un polipéptido de 20-22 KDa, formada en peces por 187 a 188 aminoácidos (AA), y cuya estructura posee de cuatro a cinco puentes disulfuro y un sitio de glicosilación. Cabe destacar la variabilidad de la secuencia de AA de la GH entre las distintas especies, lo que confiere una alta especificidad a la molécula e implica la necesidad de utilizar la propia hormona de una especie en ensayos para su cuantificación.

La GH se detecta temprano después del nacimiento en lubina, dorada y anguila. Diversos autores han detectado receptores de GH en larvas de dorada de cinco días, especialmente en zonas de rápido crecimiento, como la cabeza (Martí-Palanca y Pérez-Sánchez, 1994). Estos mismos autores también observaron expresión de IGF en tejidos periféricos (músculo, cartílago, etc.) a los 16 días post-eclosión.

La GH pertenece a la misma familia que la prolactina, la somatolactina y el lactógeno placentario de mamíferos; hormonas relacionadas funcionalmente y procedentes de un gen ancestral común, a partir del cual han evolucionado por duplicación y divergencia y se han repartido distintas funciones (figura 3). La GH se ocupa del crecimiento somático y del metabolismo, principalmente. La prolactina realiza múltiples funciones que van desde la osmorregulación a la reproducción. El lactógeno placentario está implicado en la reproducción y el metabolismo. Y la somatolactina interviene en la regulación del metabolismo, la reproducción y el equilibrio mineral.

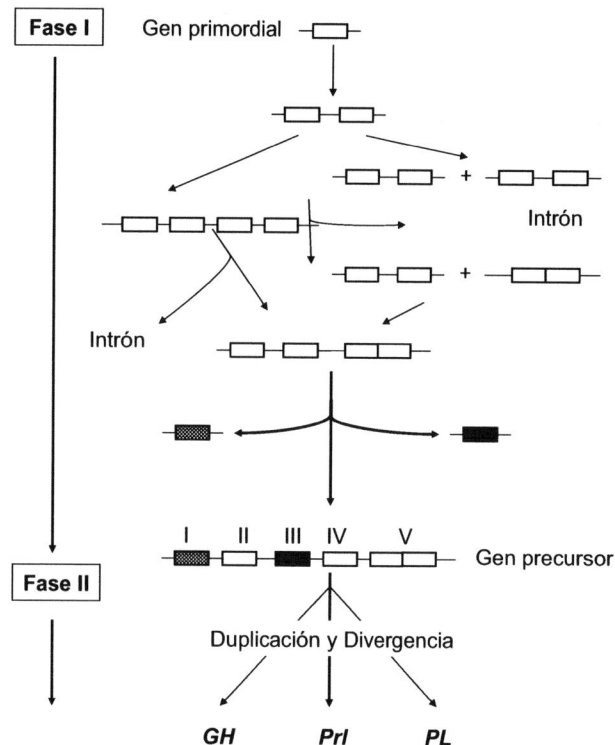

Fig. 3. Modelo de evolución de la familia del gen de la GH. GH (growth hormone, hormona de crecimiento; Prl (prolactina); PL (placental lactogen, lactógeno placentario). Adaptado de Agellon et al., 1988.

El gen de la GH se ha clonado en diferentes especies de peces, y se ha demostrado la existencia de un promotor altamente regulado en el que actúan diversos factores de transcripción: hormonas tiroideas, glucocorticoides, AMPc, ácido retinoico y estrógenos.

Diversos procesos influyen además en la acción de la GH, entre los que destacan su secreción pulsátil y la frecuencia y amplitud de los picos de secreción, la unión a proteínas transportadoras, lo cual aumenta su disponibilidad en sangre, y los receptores de GH en los tejidos que determinarán su especificidad y eficacia.

Regulación de la secreción de GH

La secreción de la GH por la adenohipófisis en vertebrados está regulada por dos factores hipotalámicos: la somatocrinina (que es estimuladora) y la somatostatina (que es inhibidora) (figura 4). Además, los propios niveles de GH y de los IGF circulantes ejercen efectos de retroalimentación a nivel del hipotálamo y de la hipófisis. Al actuar sobre el hígado,

Fig. 4. Sistema GH/IGF: regulación de la secreción. GH (growth hormone, hormona de crecimiento), GHRH (growth hormone releasing hormone, hormona liberadora de GH o somatocrinina), IGF (Insulin-like growth factor, factor de crecimiento tipo insulina), IGFBPs (IGF binding proteins, proteínas de unión de IGFs), SL (somatolactina), SRIF (somatotropin release-inhibiting factor, factor inhibidor de la liberación de somatotropina).

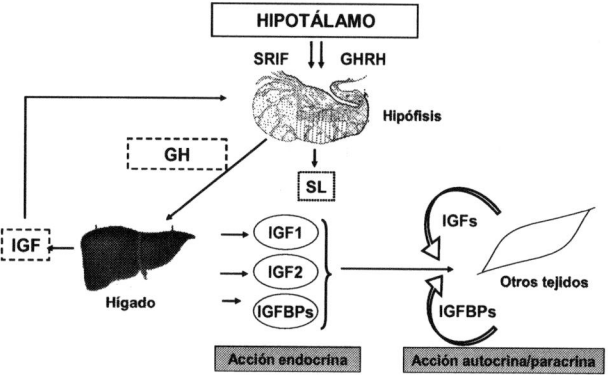

la GH estimula a su vez la producción de IGF, los cuales median muchos de los efectos de la propia GH. Está actuación seguirá una clara vía endocrina. Sin embargo, la GH puede actuar directamente sobre tejidos estimulando la producción local de IGF en una vía auto o paracrina. Se han descrito ejemplos de este doble tipo de actuación en diversas especies de peces.

Receptores de GH (GHR) y transducción de la señal

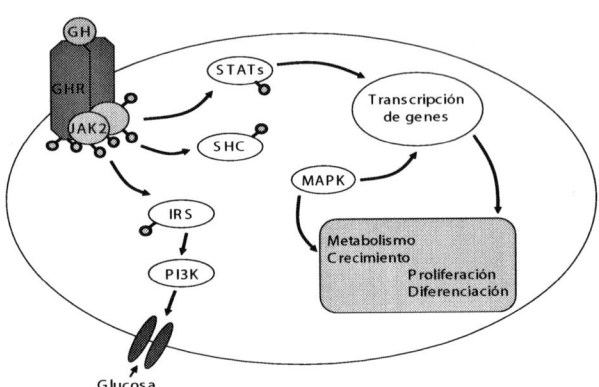

Fig. 5. Principales vías de transducción de la señal de la GH.

En los últimos años se han producido importantes avances en el conocimiento del gen del receptor de la GH (GHR) en los peces (Saera-Vila et al., 2005). El GHR pertenece a la familia de receptores de la citoquina/eritropoyetina, con un único dominio transmembrana. La unión de la hormona al GHR (o a su dímero) provoca la activación de una compleja transducción de la señal que incluye tirosinas kinasas: Janus kinasas y los factores STAT. Posteriormente en la cadena de señalización se suceden distintas vías de señalización como: 1) Fosfolipasa C (PLC) y PKC; 2) RAS, RAF y MAPK; 3) PI3K/AKT (figura 5). Sin embargo, todas estas vías de transducción son poco conocidas en peces.

Más recientemente, se ha descubierto en diversas especies de peces la existencia de dos tipos de receptores de GH: GHRI y GHRII, que se diferencian en la estructura de la molécula (Saera-Vila et al., 2005). Algunos trabajos demuestran que ambos receptores realizan funciones distintas en hígado y músculo de dorada. Y así mientras el GHRI y el GHRII disminuyen durante el ayuno en hígado y tejido adiposo, en músculo no se observan diferencias en el GHRI y se observa un aumento de GHRII (Saera-Vila et al., 2005).

La somatolactina

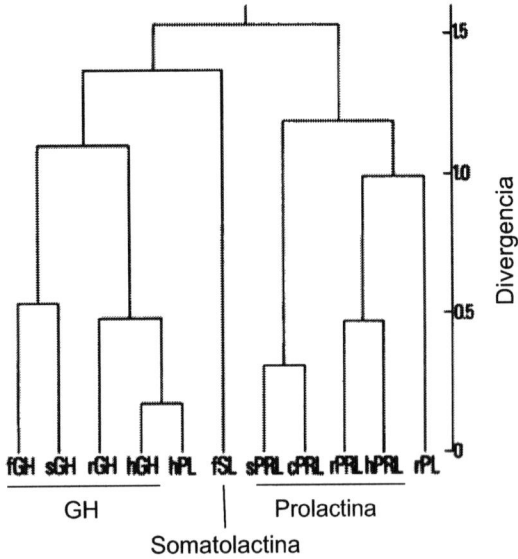

Fig. 6. Árbol filogenético de los distintos miembros de la familia de la GH (GH, Somatolactina, Prolactina y Lactógeno placentario (PL)). Adaptado de Ono et al. 1990.

La somatolactina (SL) es la última de las moléculas de este grupo que ha sido descubierta, y además lo fue por primera vez en peces (Rand-Weaver et al., 1991). La SL es un péptido hipofisario (*pars intermedia*) de 28 KDa, 207 AA con 7-8 cisteínas. La secuencia de AA es parecida a la de la GH y la prolactina (tiene un 60% de semejanza con la GH) (figura 6). Se descubrió inicialmente en bacalao atlántico y posteriormente en otras especies. A lo largo de la evolución se ha conservado más que las otras moléculas de la familia.

Se han asignado a la SL diversas funciones en peces: regulación de iones calcio y fósforo, respuesta al estrés, funciones inmunitarias, regulación de los ritmos estacionales, funciones metabólicas y en la reproducción.

Funciones de la GH

La GH aumenta el crecimiento en peso en peces. Implantes intraperitoneales de GH incrementan la síntesis proteica y la relación RNA/proteína. Inyecciones regulares de GH aumentan el número de fibras pequeñas en músculo de trucha, indicando que tiene un efecto hiperplásico. La GH aumenta la tasa específica de crecimiento y uno de los estudios más relevantes sobre el papel de esta hormona lo realizan Devlin et al. (revisado en Devlin et al., 2001) cuando producen salmones transgénicos para GH, en los que demuestran un mayor crecimiento, entre 3 y 10 veces respecto a los animales control. Por otro lado, Le Bail et al. (1991) provocaron un bloqueo de la GH mediante la administración en trucha de su anticuerpo, que resultó en una importante disminución del peso corporal (figura 7). La inmunoneutralización de la GH provocó una disminución de la síntesis proteica del 1 al 0,3% diaria.

En distintas especies se ha comprobado también que la GH estimula la expresión de IGF a nivel hepático y muscular. La GH tiene además un papel esencial en la síntesis proteica en músculo, tejido diana muy importante. El número total de GHR en músculo es mayor que en hígado ya que la masa muscular total es 2,5 veces mayor.

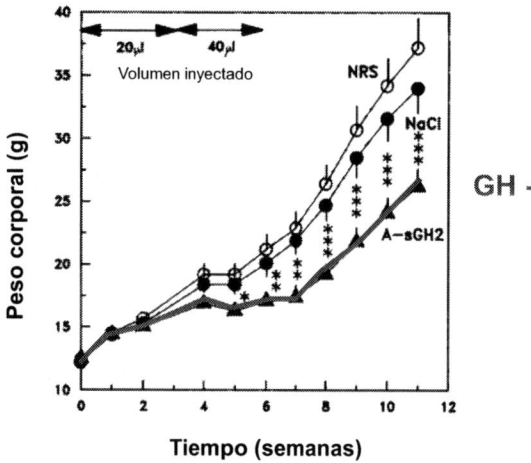

Fig. 7. Inmunodepleción de GH a lo largo del tiempo en relación al peso corporal. ● representa la respuesta del cloruro de sodio (NaCl), O representa la respuesta de los receptores nucleares (NRS) y ▲ representa la depleción de GH. Adaptada de Le Bail et al. 1991.

La GH incrementa el apetito, la retención de nitrógeno y la incorporación de AA. El crecimiento está limitado por el aporte de nutrientes y la GH aumenta la captación de AA en el intestino, su incorporación al músculo y por tanto el crecimiento muscular.

A nivel del metabolismo lipídico, la GH es en general en los vertebrados lipolítica (sobre todo a dosis altas), y también lo es en peces juveniles y adultos. En salmónidos y ciprínidos provoca disminución del número de adipocitos, de su diámetro medio y de la grasa perivisceral, pero no afecta en cambio a la grasa muscular. La GH tiene una función movilizadora de grasas y sus niveles incrementan durante el ayuno.

Interacción entre la GH y la SL

En la dorada, el grupo de Pérez-Sánchez (IATS, CSIC) realiza los principales estudios sobre ambas hormonas. Así, la SL aumenta con la edad mientras la GH disminuye. Igualmente en la dorada, el aumento de la ración disminuye la GH y aumenta SL. A los ocho días de ayuno SL y GH tienen una respuesta semejante; pero en ayunos prolongados la SL se queda en unos niveles estables, mientras la GH aumenta y adquiere una función relevante.

En ciclos anuales de dorada, el mismo grupo demuestra ciclos complementarios de las dos hormonas, y así, mientras la GH disminuye en invierno, la SL aumenta (Mingarro et al., 2002). Los triglicéridos también están elevados en invierno en paralelo a la SL, lo que apunta a una función movilizadora de la SL. La SL aumenta en paralelo con la adiposidad de la dorada y puede utilizarse como un índice de obesidad. Puede tener así un papel en la reproducción y el crecimiento. La SL aumenta en otoño tras los procesos de engorde y crecimiento. Durante el ayuno a corto plazo la SL participa en la adaptación, hasta que la GH inicia su aumento en sangre para movilizar las reservas. En la misma línea, tenemos el caso de la trucha cobalto que presenta bajos niveles de SL y mayor grasa visceral (Kaneko et al., 1993). La SL en salmónidos tiene también un papel importante en el estrés agudo y durante el ejercicio. En resumen, la SL tiene un papel complementario a la GH para movilizar reservas energéticas, regular la grasa corporal y la conducta alimenticia en diferentes situaciones fisiológicas.

LOS FACTORES DE CRECIMIENTO TIPO INSULINA (IGF) I Y II

Los IGF son proteínas de cadena única de 7.5 kDa, entre 67 y 70 AA, de la superfamilia de la insulina (figura 8). La secuencia de AA de los IGF se ha conservado mucho en los vertebrados (80%). Los niveles circulantes de IGF varían ampliamente en función de las condiciones nutricionales, y son claramente superiores a los de la insulina. Pero además, debe considerarse el efecto de las proteínas transportadoras o *binding proteins* (BP), como reserva importante de IGF en sangre.

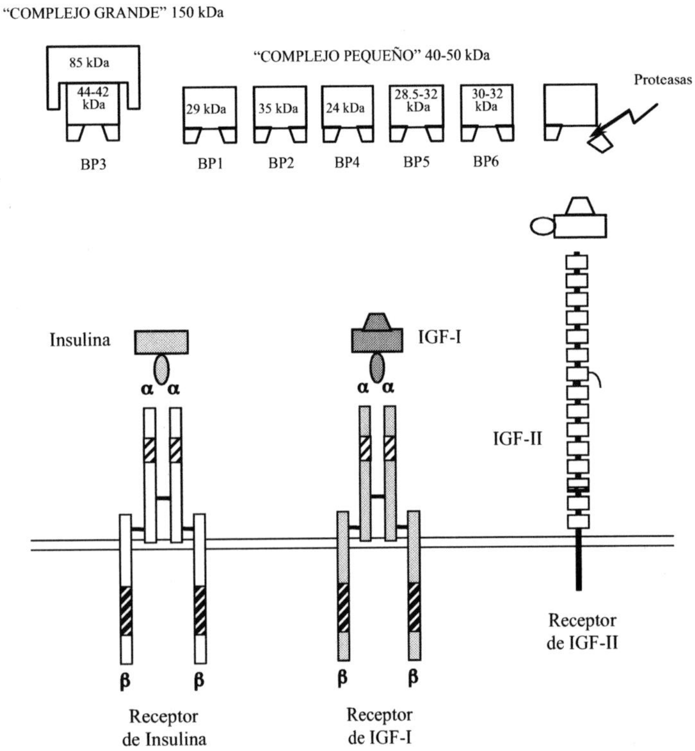

Fig. 8. Sistema Insulina/IGFs. IGFs (*Insulin-like growth factors*, factores de crecimiento tipo insulina), receptores e IGFBPs (*IGF binding proteins*, proteínas de unión de IGFs).

A parte de la producción de IGF por parte del hígado con funciones sistémicas, otros tejidos (como el músculo) también los producen, con funciones autocrinas y paracrinas que pueden ser independientes o complementarias a la acción de la GH.

La estructura del gen de los IGF está bien descrita en diversas especies de peces (Duguay et al., 1992; Company et al., 2001). Los estudios de expresión demuestran una amplia distribución en diversos tejidos. Además, en distintas especies se ha demostrado la regulación de la expresión de los IGF por GH (Vong et al., 2003).

Proteínas transportadoras de los IGF

Se trata de una familia de seis proteínas con afinidades por los IGF superiores a las de su propio receptor, pero que no unen insulina y por ello juegan un papel clave en la evolución al diferenciar la función de los IGF de la función de la insulina. Estas *binding proteins*, BP, transportan los IGF en sangre y regulan su acción sobre los receptores de los tejidos diana. Las distintas BP comparten una homología entre ellas del

50%; y una misma BP en distintas especies presenta una homología del 80%. Tienen entre 216 y 289 AA y varían según modificaciones en la parte central de la molécula. Se producen principalmente en el hígado aunque también en otros tejidos hay producción local: cartílago, hueso, músculo, gónada, etc.

Las BP pueden agruparse en mamíferos en dos grupos: 1) BP 3, 5, 6 y 2) BP 1, 2, 4. Se han descrito en peces diversas BP, como la BP de 40 kDa, candidata a BP3 de función anabólica; la de 30 kDa, candidata a BP1 y la de 24 kDa, candidata a BP2 con funciones catabólicas (Kelley et al., 2002). En peces los niveles circulantes de BP son inferiores a los encontrados en mamíferos. Por ejemplo, en mamíferos la BP3 transporta el 90% del IGF circulante, siendo la principal reserva de IGF y aumentando la vida media de la molécula hasta 12 horas (en comparación a solo 10 minutos en forma libre). En peces, la BP de 40 kDa está aumentada en estados anabólicos y las BP de 24 y 30 kDa en estados catabólicos (Kelley et al., 2002).

Receptores de IGF y transducción de la señal

Los receptores de IGF-I, como los de insulina, son heterotetrámeros, con dos subunidades α y dos β que tienen actividad tirosina quinasa (TKA) con la que se inicia la transducción de la señal (Navarro et al., 2004) (figura 8). Los receptores de IGF-I responden al IGF-I y al IGF-II, y con menor afinidad pueden unir también insulina. Hay una gran presencia de receptores de IGF-I en músculo, mayor que de insulina, lo que indica la importancia del papel de los IGF sobre el músculo en los peces. De igual forma a como ocurre con la GH, se han descrito dos isoformas de receptor de IGF-I: A y B, con funciones distintas; así en trucha, mientras la forma B responde al ayuno, la A no lo hace, pero sí que aumenta con la realimentación (Montserrat et al., 2007) (figura 9).

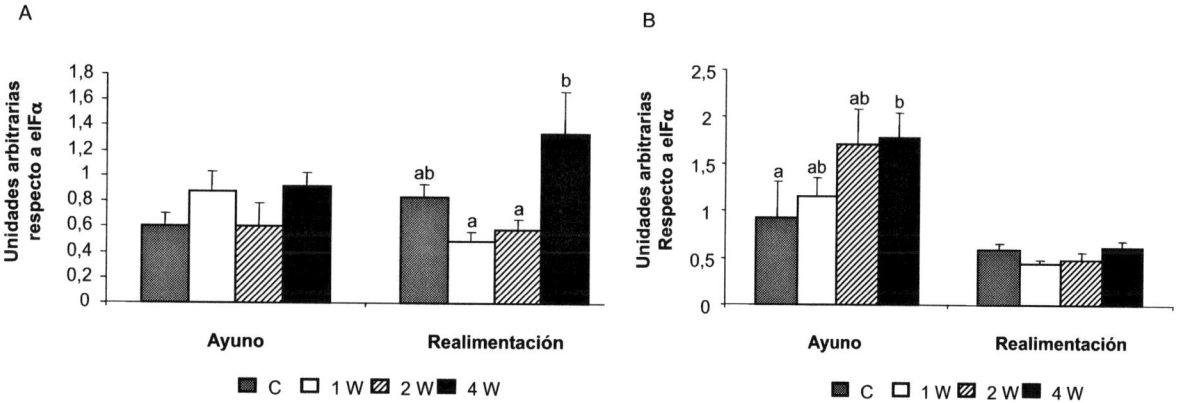

Fig. 9. Expresión de ARNm del receptor de IGF-I tipo A en músculo blanco de trucha (*Oncorhynchus mykiss*) después de 0 (C: Control), 1 (1W), 2 (2W) o 4 (4W) semanas de ayuno y después de 4 semanas de realimentación. Adaptado de Montserrat et al. 2007.

El receptor de IGF-II pertenece a la familia de la manosa-6-fosfato; no tiene actividad TKA y se sugiere que se ocupa de la eliminación del exceso de IGF.

La transducción de la señal de los IGF y de la insulina puede dirigirse a la vía de la MAPK o de la AKT y estudios de Castillo et al. (2006) y Montserrat et al. (2007) demostraron, en trucha o dorada, la activación diferencial de ambas vías en función del estado de desarrollo de los miocitos en cultivo.

Funciones de los IGF

Los IGF son moléculas pluripotentes, que aumentan la mitosis, la proliferación y la diferenciación celular. Además inhiben la degradación proteica y aceleran la captación de AA y glucosa por los tejidos. Utilizando un modelo de células satélite de músculo esquelético, se ha comprobado que el efecto de los IGF sobre la captación de glucosa y los AA por los miocitos da un resultado incluso superior al de la insulina. Igualmente se ha observado el efecto de los IGF sobre la incorporación de timidina, lo que sugiere la estimulación de la proliferación por parte de estas moléculas (Castillo et al., 2006, y Montserrat et al., 2007).

Los IGF son los principales reguladores del control del crecimiento muscular, actuando directamente o asistiendo a otros factores endocrinos, a nivel de receptor, postreceptor o incluso a través de factores de transcripción. Incrementan los parámetros corporales, el consumo de alimento, crecimiento, etc. A nivel del músculo, el IGF-I aumenta la tasa de ADN y la síntesis proteica y también estimula la captación de sulfato por el cartílago e incrementa la tasa de biosíntesis de colágeno tipo I. Diversos estudios en salmónidos indican la correlación entre los niveles circulantes de IGF-I y de insulina como respuesta a la ingesta o a la administración de AA (Baños et al., 1999).

La comparación de niveles de IGF-I demuestra que son más elevados en especies de teleósteos marinos con mayores crecimientos (Company et al., 2001). En cambio, distintas condiciones de estrés provocan una caída de los niveles circulantes de IGF-I (Dyer et al., 2004). En el ciclo anual de dorada se demuestra la buena correlación entre los niveles de IGF-I y GH y la relación inversa respecto a la SL (Mingarro et al., 2002). Vega-Rubín de Celis et al. (2004) analizaron la relación positiva entre crecimiento y el IGF-I en la dorada y la lubina; y semejantes relaciones ha demostrado en salmón (Larsen et al., 2001).

Por el contrario, se dispone de mucha menos información sobre los niveles de IGF-II. Peterson et al. (2004) han descrito la elevada expresión de IGF-II en músculo del pez gato y han observado que familias de mayor crecimiento también presentaban una expresión superior de IGF-II a nivel muscular. Estudios de Codina et al. (2008) mostraron los efectos metabólicos y de proliferación del IGF-II en miocitos en cultivo y todo ello sugiere que el IGF-II puede tener un papel importante sobre la función del músculo en peces (figura 10).

En resumen, los IGF son los principales reguladores del control del crecimiento muscular, actuando directamente sobre la captación de substratos, síntesis proteica, número y tamaño de las fibras musculares, número de enlaces de colágeno, etc. Todo ello los hace ser moléculas clave de estudio de cara a desarrollar una estrategia de mejora genética a nivel de la acuicultura.

A

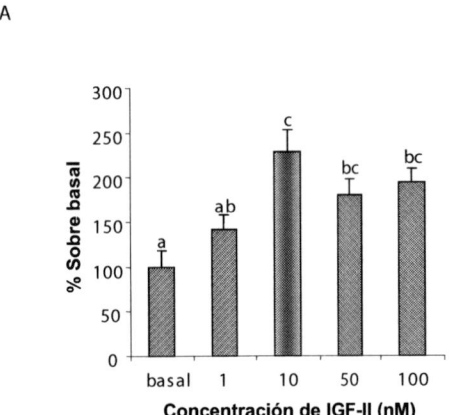

B

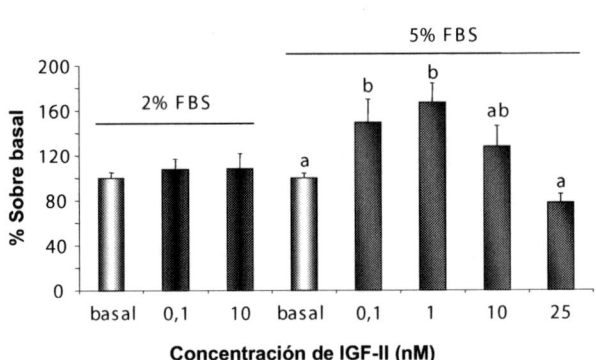

Fig. 10A. Efecto del IGF-II sobre la captación de glucosa en miocitos de trucha (*Oncorhynchus mykiss*). Adaptado de Codina et al. 2008

Fig. 10B. Efecto del IGF-II sobre la incorporación de timidina a dos concentraciones de suero (2 y 5%) en miocitos de trucha (*Oncorhynchus mykiss*). Adaptado de Codina et al. 2008

OTROS FACTORES ENDOCRINOS

Hormonas Tiroideas (HT)

Estas hormonas están implicadas en la metamorfosis de los peces planos, la diferenciación de las aletas o de distintos tejidos (Richardson et al., 2007). Aparecen muy pronto en el desarrollo ontogénico. Muchos genes del músculo están regulados por las HT, afectando al fenotipo muscular. Durante la metamorfosis existen picos de HT.

Su papel metabólico es en general dual en función de la dosis: dosis bajas tienen efectos anabólicos y dosis altas efectos catabólicos. La T3 aumenta la tasa de crecimiento, el apetito, los enzimas digestivos, la conversión del alimento y el balance positivo de nitrógeno. La T3 estimula la incorporación de leucina marcada en músculo de trucha y tilapia.

Existe interacción entre HT y GH. La GH puede aumentar la disponibilidad de T3 por sus efectos a nivel de deionidasa hepática. La administración de HT aumenta la tasa de crecimiento muscular, el incremento de la incorporación de sulfato al cartílago, y provoca incremento en longitud y peso. Algunos efectos se dan a través de la GH y los IGF, mientras que otros son independientes de dicho eje.

Insulina

Esta hormona se produce exclusivamente en las células β del páncreas endocrino. Aunque las concentraciones plasmáticas son inferiores a las de los IGF, al no existir BP para insulina sus concentraciones efectivas en sangre son superiores (Navarro et al., 2004).

La insulina estimula la captación de AA en músculo, disminuye sus niveles en sangre y aumenta la síntesis proteica en músculo. En peces responde menos a la glucosa sanguínea, contrariamente a como sucede en mamíferos, siendo los AA los principales estimuladores de su secreción. La insulina en peces tiene un papel antilipolítico, inhibiendo la lipólisis y la salida de ácidos grasos libres a la sangre. En trucha activa directamente la lipogénesis y aumenta el flujo de glucosa a lípidos y AA. Es en general hipoglucémica, aunque con variaciones según las especies. El papel más importante de la insulina en peces está relacionado con la captación de AA en el músculo. Además activa la proliferación de células satélite durante el crecimiento larvario y también está implicada en la hiperplasia posterior de dicho tejido.

Esteroides

Los esteroides anabólicos, especialmente los andrógenos, son potentes promotores del crecimiento en peces, especialmente en juveniles (Carrillo et al., 2009). Mejoran el crecimiento ligado a la síntesis proteica muscular y la captación de AA por el intestino.

En salmónidos se demuestra que los esteroides estimulan la secreción de GH (el gen GH tiene un lugar para unión esteroides). El efecto sobre el crecimiento puede ser en parte vía GH. También tienen una acción anticatabólica, evitando la acción del cortisol. El cortisol es en general catabólico, incrementa en condiciones de estrés o en fases de movilización de reservas, afectando negativamente al crecimiento.

En resumen, los esteroides sexuales estimulan el crecimiento muscular, directamente o vía GH. A su vez, la GH regula la esteroidogenesis. Esta interacción GH-esteroides puede ser muy importante en la regulación del crecimiento estacional en peces.

RESUMEN

En este capítulo se ha revisado el papel que juegan los factores endocrinos en el crecimiento de los peces. Sin embargo, no debe olvidarse que los factores externos ejercen influencias muy importantes. Así, no se ha tratado aquí el efecto de la alimentación, o la reproducción, que se revisan en otros capítulos de este texto. Pero, además, el fotoperiodo o la temperatura provocan cambios muy importantes en el crecimiento de los peces, como puede verse en distintos estudios (Carrillo et al., 2009; Johnston et al., 2009).

La GH estimula el crecimiento, la síntesis proteica, y moviliza reservas. La SL moviliza reservas energéticas, regula el nivel de grasa corporal y la conducta alimenticia. Los IGF son los principales reguladores del crecimiento muscular y la captación de substratos por el músculo. Otras hormonas como las tiroideas, los esteroides o la insulina ejercen también efectos importantes, dependiendo de la fase del crecimiento considerada. Además, otros parámetros ambientales como la temperatura, la luz, o el momento del ciclo y la alimentación modulan el ritmo de crecimiento en peces. En muchas especies el crecimiento es continuo e indeterminado, lo que ofrece un modelo de investigación muy interesante. Las condiciones de cultivo han de avanzar para conseguir los mejores resultados de crecimiento, combinando la calidad del producto y la sostenibilidad del proceso.

AGRADECIMIENTOS

Parte de estos estudios se han realizado en el marco de diversos proyectos de investigación del Ministerio de Ciencia e Innovación, AGL2008-00783 y AGL2009-12427, y la Acción Integrada 222719, de la «Xarxa de Referència de Recerca i Desenvolupament en Aqüicultura (XRAq2008-304894) i 2009 SGR 402 de la Generalitat de Catalunya» y del LIFECYCLE 7COKBB 222719.

Bibliografía

Baños, N, Planas, JV, Gutiérrez, J, Navarro, I. Regulation of plasma insulin-like growth factor-I levels in brown trout (Salmo trutta). Comparative Biochemistry and Physiology C-Toxicology & Pharmacology. 1999; 124C, 33-40

Carrillo M, Zanuy S, Felip A, Bayarri MJ, Molés G, Gómez A. Hormonal and environmental control of puberty in perciform fish: the case of sea bass. Ann N Y Acad Sci. 2009; 1163: 49-59

Castillo, J, Ammendrup-Johnsen, I, Codina, M, Navarro, I, Gutiérrez, J. IGF-I and insulin receptor signal transduction in trout muscle cells. American Journal of Physiology-Regulatory Integrative and Comparative Physiology. 2006; 290, 6, R1683-R1690

Codina, M, Chistiokova OV, García de la Serrana, D, Navarro, I, Gutiérrez, J. Metabolic and mitogenic effects of IGF-II in rainbow trout myocytes in culture and the role of IGF-II PI3/AKTand MAPK signaling pathways. General and Comparative Endocrinology. 2008; 157, 2, 116-124

Coll Morales, J. Acuicultura Marina Animal. Madrid: Ediciones Mundi Prensa; 1986

Company, R, Astola, A, Pendón, C, Valdivia, M, Pérez-Sánchez, MJ. Somatotropic regulation of fish growth and adiposity: growth hormone GH/ and somatolactin SL/relationship. Comparative Biochemistry and Physiology Part. 2001; C 130, 435-445

Devlin, RH, Biagi, CA, Yesaki, TY, Smailus, DE, Byatt, JC. Growth of domesticated transgenic fish. Nature. 2001; 409: 781-782

Duguay, SJ, Park, LK, Samadpour, M, Dickhoff, WW. Nucleotide sequence and tissue distribution of three insulin-like growth factor I prohormones in salmon. Molecular Endocrinology. 1992; 6, 1202_1210

Dyer, ARZ, Upton, D, Stone, P, Thomas, M, Soole, KL, Higgs, N, Quinn, K, Carragherd. JF. Development and validation of a radioimmunoassay for fish insulin-like growth factor I (IGF-I) and the effect of aquaculture related stressors on circulating IGF-I levels. General and Comparative Endocrinology. 2004; 135, 268-275

Johnston, IA, Lee, HT, Macqueen, DJ, Paranthaman, K, Kawashima, C, Anwar, A, Kinghorn JR, Dalmay, T. Embryonic temperature affects muscle fibre recruitment in adult zebrafish: genome-wide changes in gene and microRNA expression associated with the transition from hyperplastic to hypertrophic growth phenotypes. Journal of Experimental Biology. 2009; 212(Pt 12): 1781-93

Kaneko, T, Kakizawa, S, Yada, T. Pituitary of 'cobalt' variant of rainbow trout separated from the hypothalamus lacks most pars intermedial and neurohypophysial tissue. General and Comparative Endocrinology. 1993; 92, 31-40

Kelley, KM, Schmidt, KE, Berg, L, Sak, K, Galima, MM, Gillespie, C, Balogh, L, Hawayek, A, Reyes, JA, Jamison, M. Beyond carrier proteins. Comparative endocrinology of the insulin-like growth factor-binding Protein Journal of Endocrinology. 2002; 175, 3-18

Larsen DA, Beckman, BR, Dickhoff, WW. The Effect of Low Temperature and Fasting during theWinter on Metabolic Stores and Endocrine Physiology (Insulin, Insulin-like Growth Factor-I, and Thyroxine) of Coho Salmon, Oncorhynchus kisutch. General and Comparative Endocrinology. 2001; 123, 308-323

Le Bail, PY, Sumpter, JP, Carragher, JF, Mourot, B, Niu, PD, Weil C. Development and validation of a highly sensitive radioimmunoassay for chinook salmon (Oncorhynchus tshawytscha) growth hormone. General and Comparative Endocrinology. 1991; 83(1): 75-85

Martí-Palanca, H, Pérez-Sánchez J. Developmental regulation of growth hormone binding in the gilthead sea bream, Sparus aurata. Growth Regulation. 1994; 4(1): 14-19

Mingarro, MS, Vega-Rubin de Celis, A, Astola, BC, Pendón, M, Martínez-Valdivia, Pérez-Sánchez, J. Endocrine mediators of seasonal growth in gilthead sea bream (*Sparus aurata*): the growth hormone and somatolactin paradigm. General and Comparative Endocrinology. 2002; 128, 102-111

Montserrat, N, Gabillard, JC, Navarro, MI, Gutierrez, J. Role of insulin, insulin like growth factors, and muscle regulatory factors in the compensatory growth of the trout Oncorhynchus mykiss. General and Comparative Endocrinology. 2006; 150 3: 462 472

Montserrat, N, Sánchez-Gurmaches, J, García de la Serrana, D, Navarro, MI, Gutierrez, J. IGFs stimulate gilthead sea bream (*Sparus aurata*) cultured muscle cells through its specific type I receptorby MAPK and PI3-kinase signaling pathways. Cell and Tissue Research. 2007; 330, 503-513

Navarro, I, Rojas, P, Capilla, E, Albalat, A, Castillo, J, Monstserrrat, N, Codina, M, Gutiérrez, J. Insights into insulin and glucagon responses in fish. Fish Physiology and Biochemistry. 2004; 27, 205-216

Peterson, BC, Waldbieser, GC, Bilodeau, L. IGF-I and IGF-II mRNA expression in slow and fast growing families of USDA103 channel catfish (*Ictalurus punctatus*). Comparative Biochemistry and Physiology. 2004; Part A 139 317-323

Rand-Weaver, M, Noso, T, Muramoto, K, Kawauchi, H. Isolation and characterization of somatolactin, a new protein related to growth hormone and prolactin from Atlantic cod (*Gadus morhua*) pituitary glands. 1991; Biochemistry 30: 1509-1515

Richardson, S, Power, D, Klaren, P. Comparative thyroid endocrinology. General and Comparative Endocrinology. 2007; 152(2-3): 1761-177

Saera-Vila, A, Calduch-Giner, JA, Pérez-Sánchez, J. Duplication of growth hormone receptor (GHR) in fish genome: gene organization and transcriptional regulation of GHR type I and II in gilthead sea bream (*Sparus aurata*). General and Comparative Endocrinology. 2005; 142, 193-203

Vega-Rubín de Celis, S, Gómez-Requeni, P, Pérez-Sánchez, J. Production and characterization of recombinantly derived peptides and antibodies for accurate determinations of somatolactin, growth hormone and insulin-like growth factor-I in European sea bass (*Dicentrarchus labrax*). General and Comparative Endocrinology. 2004; 139, 266-277

Vong, QP, Chan, KM, Cheng, CHK. Quantification of common carp (*Cyprinus carpio*) IGF-I and IGF-II mRNA by real-time PCR: differential regulation of expression by GH, Journal of Endocrinology. 2003; 178, 513-521

Tema 4a
Bases metabólicas de la nutrición. Requerimientos energéticos: proteínas, glúcidos, vitaminas y minerales

Antoni Ibarz, Josefina Blasco, Jaume Fernández*

Se entiende por *nutrición* la provisión de los nutrientes indispensables en cantidades adecuadas para el mantenimiento de las funciones corporales y el correcto desarrollo, lo cual implica desde la ingestión, digestión, absorción y uso de los nutrientes hasta la eliminación de los productos de desecho. El objetivo de la *alimentación animal*, por un lado, es diseñar raciones alimenticias optimizadas para las especies domesticadas, y por otro, manejar correctamente dichas raciones. Para ello es necesario conocer a fondo los factores que intervienen en la alimentación, es decir, el animal (especie, estado fisiológico y productivo, etc.), sus condiciones ambientales (marino, dulciacuícola, etc.) y los alimentos disponibles para diseñar las raciones. En suma, se debe conocer, tal y como se ha venido haciendo en otras especies, cuáles son los nutrientes que cada especie necesita y en qué cantidad son necesarios para obtener la máxima productividad sin comprometer la salud de los animales. Al conjunto de todas estas necesidades se las conoce como *requerimientos nutricionales* de la especie.

En este capítulo vamos a tratar de las necesidades de animales acuáticos y sus factores de variación. Para mantener todas sus actividades vitales y productivas, los animales deben tener un aporte constante de *energía* que van a obtener mediante la combustión biológica de las materias orgánicas procedentes del alimento (glúcidos, lípidos y proteínas). Si bien la proteína es el componente de la dieta que más determina el crecimiento, es indispensable conocer qué nutrientes son esenciales o indispensables para la vida del animal. Estos *elementos esenciales* incluyen aminoácidos esenciales (componentes de las proteínas), ácidos grasos esenciales (componentes de las grasas) y vitaminas, requeridas en cantidades mínimas pero indispensables, o minerales, formadores del tejido de sostén, presentes en los fluidos corporales e indispensables en muchas reacciones bioquímicas.

Como en cualquier proceso productivo, los cultivos de peces cumplen la ley de los factores limitantes (ley de los mínimos o ley de Leibniz): será necesario aportar todos y cada uno de los nutrientes y en las proporciones requeridas. La no inclusión, o inclusión en un nivel inferior, limitará la producción hasta ese nivel.

1. METABOLISMO ENERGÉTICO

El término metabolismo incluye el conjunto de las reacciones químicas que interconvierten las moléculas biológicas en el interior de las células. Las rutas anabólicas son aquellas reacciones que permiten construir macromoléculas complejas, como lípidos, proteínas, ácidos nucleicos y carbohidratos. Las rutas catabólicas permiten a las células romper las macromoléculas en formas que puedan destinarse a otros fines. El *metabolismo energético* incluye aquellos procesos de las rutas metabólicas que permiten obtener ATP y otras moléculas ricas en energía, proporcionando la energía química necesaria para el mantenimiento celular y la biosíntesis y así, en último término, el crecimiento del organismo.

* Departamento de Fisiología, Facultad de Biología, Universidad de Barcelona (tibarz@ub.edu, jblasco@ub.edu, jaume.fernandez@ub.edu).

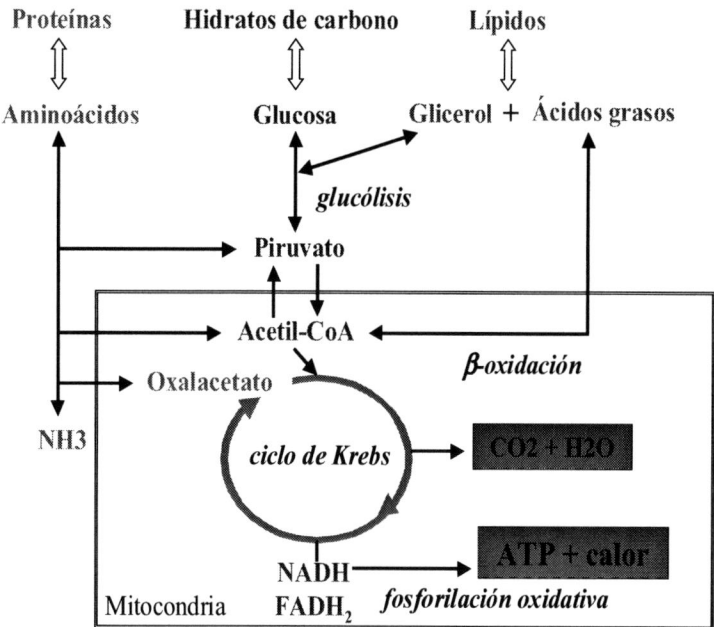

Figura 4.1. Principales vías del metabolismo intermediario en animales.

Debido a que el ambiente de los organismos cambia constantemente, las reacciones metabólicas se encuentran reguladas para mantener el buen funcionamiento celular, una condición denominada *homeostasis*. Esta regulación permite a los organismos responder a estímulos e interactuar con el ambiente. Así, con una alimentación adecuada la energía excedente de la alimentación servirá para la biosíntesis y el crecimiento mientras que en situaciones de gran demanda energética, como el ayuno o la migración, los procesos catabólicos para obtener energía serán preeminentes.

Las reacciones químicas del metabolismo, debido a la economía que la actividad celular impone sobre sus recursos, se encuentran estrictamente organizadas en vías o rutas metabólicas. Una característica del metabolismo es la similitud de las rutas metabólicas básicas incluso entre especies muy diferentes. De forma resumida, las vías principales se exponen en la figura 4.1. Las células producen energía mayoritariamente a través de dos vías, la *glucólisis* y la *fosforilación oxidativa*. La mayoría de combustibles celulares (azúcares, lípidos y varios aminoácidos) pueden convertirse en una molécula denominada acetil-CoA. Cuando el acetil-CoA entra en el *ciclo de Krebs* (o de los ácidos tricarboxílicos) se oxida para producir equivalentes de reducción, $FADH_2$ y NADH. La oxidación de estos en la cadena transportadora de electrones permite generar ATP (fosforilación oxidativa). La glucólisis es menos efectiva generando ATP, pero es mucho más rápida y su destino puede ser aeróbico (en presencia de oxígeno) o anaeróbico (en ausencia de oxígeno, como por ejemplo la fermentación láctica en las fibras musculares blancas de los peces). La oxidación de ácidos grasos (componentes de los lípidos) en las células se da por la β-*oxidación* mitocondrial, la cual viene condicionada por el transporte de estos sustratos al interior de la mitocondria. En ciertas condiciones, como la inanición, los ácidos grasos en exceso pueden convertirse en el hígado en cuerpos cetónicos para ser usados por otros tejidos. Las vías biosintéticas, por su lado, deben suministrar aquellas macromoléculas necesarias para el crecimiento y el mantenimiento celular. La glucosa es el sustrato energético principal y los animales que no pueden obtener suficiente de la dieta pueden sintetizarla por la ruta de la *gluconeogénesis*. La *lipogénesis* es la vía de síntesis de ácidos grasos, que pueden ser almacenados como combustible de reserva. Por su lado, la síntesis de nuevos aminoácidos se produce mediante distintas vías, muchas veces usando precursores biosintéticos de otras vías o interconvirtiendo otros aminoácidos mediante transformaciones de transaminación o desaminación.

A pesar de la gran capacidad celular en aprovechar o biosintetizar nuevas moléculas, la peculiaridad metabólica de cada especie determinará qué moléculas son *nutritivas* (se aprovechan para dar energía) o *tóxicas* (no se pueden aprovechar) y qué moléculas tienen *carácter esencial*, o sea que no pueden ser sintetizadas y por lo tanto deben ser, a nivel productivo, suministradas en la dieta (aminoácidos esenciales, ácidos grasos esenciales y vitaminas).

2. ENERGÉTICA DE LA ALIMENTACIÓN

2.1. Medida de los requerimientos de energía

Cuando se habla de aportar la energía necesaria a través de la alimentación para mantener las actividades vitales de un animal estamos asumiendo el conocimiento previo de los gastos energéticos de dicho organismo. En los gastos energéticos se incluyen las necesidades de mantenimiento y las de producción.

Se distinguen dos tipos de necesidades o gastos energéticos de mantenimiento: los debidos al metabolismo basal y los llamados gastos suplementarios debidos al movimiento. Las necesidades de producción son más complejas de definir y, aunque normalmente en acuicultura se busca como producto el peso final del animal, van a depender del periodo de crecimiento, las fases de reproducción, la temperatura óptima de cultivo, etc.

El alimento debe cubrir estos costes energéticos y por lo tanto es imprescindible conocer cuáles son, especialmente en especies de nuevo cultivo. Hay diferentes modos de medir el consumo de energía de un animal, pero todos ellos se basan en valorar el subproducto del metabolismo: el calor.

1) La *calorimetría directa* mide el calor disipado por el organismo (energías conductiva, convectiva y radiante). Las medidas se efectúan en cámaras calorimétricas o calorímetros. En peces, estas técnicas son muy difíciles de plantear debido a que la capacidad calorífica del agua es muy elevada, el metabolismo basal de los animales es muy bajo y los recintos deben ser pequeños.

2) La *calorimetría indirecta* permite estimar el calor producido por los procesos oxidativos, asumiendo que el oxígeno consumido por un animal durante un periodo suficientemente largo será proporcional a los gastos de energía. Aunque el consumo de oxígeno es buen indicador del gasto energético, de hecho el más comúnmente usado, la valoración es mucho más precisa cuando se analizan adicionalmente otros factores, como la excreción de dióxido de carbono y de nitrógeno. Se puede estimar el calor producido para cada gramo de oxígeno consumido; pero este *coeficiente oxicalórico* depende de la naturaleza de los sustratos oxidados (véase la tabla 4.1), dando como promedio que cada mg de oxígeno consumido presente un equivalente energético de 14.3 julios. Estos métodos de calorimetría indirecta se pueden aplicar tanto a sistemas cerrados como, y aquí está la principal ventaja, a sistemas abiertos de producción.

Tabla 4.1. Equivalentes energéticos del oxígeno respirado (coeficiente oxicalórico).

a partir de:	Brafield & Solomon (1972)	Gnaiger (1983)
Carbohidratos	14,78 J/mg O_2	14,72 J/mg O_2
Lípidos	13,69 J/mg O_2	13,75 J/mg O_2
Proteínas (a amonio)	13,44 J/mg O_2	13,97 J/mg O_2

En los dos sistemas se mide la desaparición del O_2 del medio con métodos químicos (método de Winkler), más lentos y costosos, o a partir de sensores polarográficos de oxígeno (o electrodos de oxígeno u *oxímetros*), más rápidos pero que necesitan de agitación o movimiento del agua y pueden presentar una cierta deriva que se debe corregir. En un sistema cerrado se pueden realizar medidas individuales o de pocos peces. Estos sistemas presentan un volumen limitado de agua (en el que puede producirse hipoxia, si los tiempos de medida son excesivos), y en ellos suele ser complicado obtener muestras del agua; pero los sistemas cerrados son uniformes y requieren un solo aparato de medición. Un sistema abierto (figura 4.2), por su lado, puede ser individual o permite tener un grupo más grande de animales, incluso se puede realizar en tanques de producción; no presenta además limitación de tiempo (registro continuo de los niveles de oxígeno), aunque puede ser complicado limitar la actividad de los animales. En ambos sistemas es necesario no sobrestimar el consumo de oxígeno de los microorganismos presentes en el agua, por lo cual será necesario realizar un consumo blanco o cero (sin animales en el sistema).

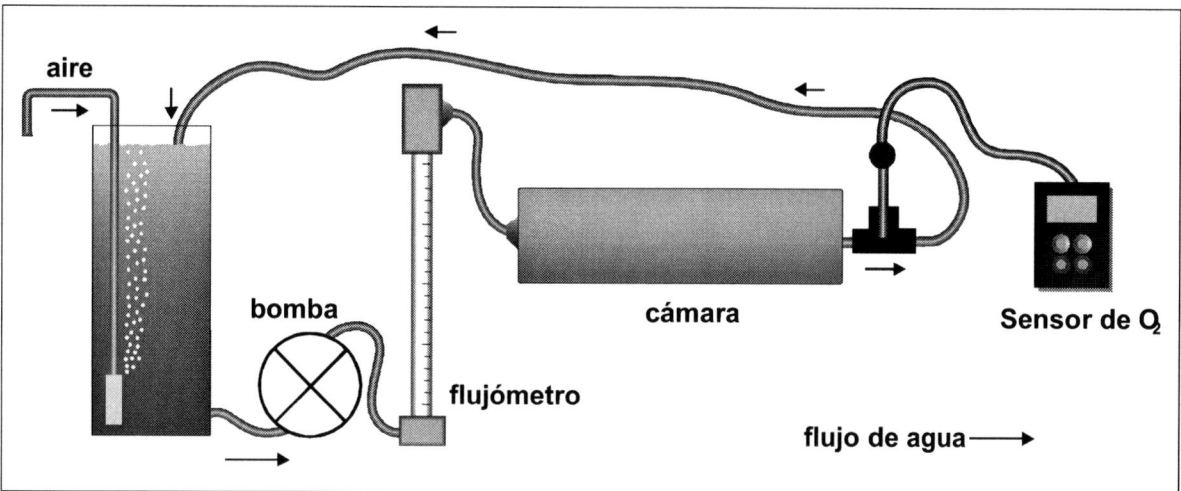

Figura 4.2. Sistema abierto de medida del consumo de oxígeno en animales acuáticos.

El consumo de oxígeno evaluado como energía (julios) se puede referir al tiempo de medida (horas, días) y al peso del animal para obtener la *tasa metabólica específica* de los animales. Esta tasa definida como la energía necesaria por kg de animal y unidad de tiempo permite valorar las necesidades de mantenimiento (tasa metabólica mínima), las necesidades complementarias (tasa metabólica de rutina = mantenimiento + movimientos espontáneos), las necesidades en actividad (en ejercicio variable, pero controlado) o las necesidades de alimentación (*acción dinámica específica* o, por sus siglas en inglés, SDA, modernamente denominado *incremento calórico del alimento* o *heat increment*, HI). Este último término no es baladí; se ha demostrado que los peces, incluso en cautividad, gastan una cantidad importante de energía durante la alimentación que incluye la actividad física de búsqueda, captura e ingestión del alimento, su posterior digestión, asimilación y transformación. Esta tasa metabólica de alimentación además puede servir para determinar si los regímenes de alimentación (ración, dosis diarias, etc.) están bien ajustados o no a la especie y a sus necesidades.

2.2. Obtención y distribución de la energía

Evidentemente, la entrada de la energía de la dieta se dará a partir del alimento. En la producción de peces en cautividad nada es más importante que la alimentación, ya que no es inusual que más del 50% de los gastos productivos en una piscifactoría intensiva estén relacionados con la alimentación; lo que determina una importante relación entre el coste del alimento y el buen crecimiento. El objetivo final es obtener piensos mejores y más baratos que mejoren la salud y el crecimiento del pez, aumentando el rendimiento económico y la calidad del producto final, sin afectar de forma importante al medio ambiente. Sin embargo, la ciencia de la nutrición para peces cultivados es relativamente reciente, no tiene el nivel de conocimiento que existe en las explotaciones ganaderas y muchas veces asume ciertos parámetros basados en pocas especies, especialmente en los salmónidos. Así, hemos pasado por periodos en que las dietas para peces se formulaban a partir de las dietas de mamíferos y aves (años sesenta), a periodos donde el pienso para salmón y trucha eran la base de todos los piensos piscícolas (años ochenta-noventa); otros de dietas altamente ricas en proteína y energía, con hasta más del 30% de grasa en la dieta (finales de los años noventa). Actualmente, debido a coyunturas económicas, la necesidad pasa por sustituir los nutrientes de origen animal (harina y aceites de pescado) por materiales de origen vegetal y por la reducción de los desechos, principalmente del fósforo.

En conclusión, la energía necesaria para la vida del animal provendrá de la combustión orgánica de los nutrientes de la dieta que han de ser previamente ingeridos, digeridos y asimilados. Por lo tanto, la *ingesta* (composición de la dieta, ración y dosis), la *digestibilidad* de los nutrientes (capacidad de cada especie para digerir un nutriente en concreto) y la *asimilación* de los mismos (capacidad de transformar el nutriente en energía o en otros componentes para el crecimiento) determinarán la energía neta que obtendrá el animal para el crecimiento, que es el objetivo final del proceso productivo. Así podemos esquematizar el rendimiento energético según la utilización de la energía suministrada, tal y como se muestra en la figura 4.3.

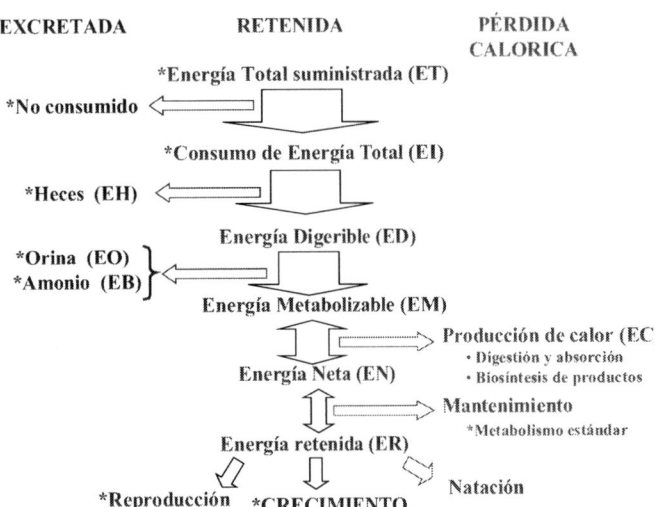

Figura 4.3. Flujo energético en peces. *Energía directamente cuantificable.

El primer problema que se va a encontrar cualquier productor piscícola va a ser que la transferencia de nutrientes de la dieta al pez es a través del medio acuático, lo que presenta unos problemas que no se dan en la producción de animales terrestres. En sentido literal los peces no se pueden alimentar «a demanda» o *ad libitum*, como pasa con los animales de granja. Lo más parecido va a ser alimentarlos a *saciedad aparente*. Eso quiere decir que se va repartiendo el alimento mientras se observa a los peces hasta que ya no aceptan más o visualmente no comen ni muestran interés por el alimento. En este sentido alimentar a los peces sigue siendo un arte, complejo y subjetivo. Recientemente y para abaratar costes de alimentación mediante dispensadores de pienso automáticos, la *energía total suministrada*, ET (o cantidad de pienso «tirado» al agua multiplicado por la energía de ese pienso) cada vez más se aproxima a la *energía total ingerida*, EI (o cantidad de energía que el animal ingiere en función del pienso consumido y el número de animales). Para ello se realizan estudios de monitorización de la alimentación intentando reducir al máximo las pérdidas del alimento no consumido. Por un lado se puede evaluar el comportamiento de captura del pienso del animal mediante el movimiento grupal (el agua «hierve» en superficie) durante la alimentación hasta que el movimiento y el interés por el alimento cesan. Por otro lado se pueden evaluar las pérdidas del alimento no capturado, en tanques mediante la extracción del gránulo (*pellet*) después de la alimentación, o en jaulas mediante un contador de partículas sumergido, cámaras o la observación visual mediante buzos. Con estos parámetros podremos conocer cuáles son los regímenes de alimentación (raciones y dosis) más adecuados o aproximados para cada especie.

La tasa de ingesta determinará, en primer lugar, el total de energía que entra en el animal. Otros factores intervendrán en la apetencia de los peces por el pienso y por lo tanto en la tasa de ingesta: tamaño del pienso y procesado (granulado, extrusionado), palatabilidad, color, etc. Estos factores, inherentes a la formulación del pienso adecuado, se desarrollan con más profundidad en el capítulo 9. La mayoría de fabricantes de pienso suministran unas tablas de alimentación asociadas a cada especie en función básicamente de dos factores, que son el peso del animal y la temperatura del cultivo. A pesar de eso, otros factores como la estación anual, el oxígeno disuelto o el ciclo reproductor pueden modificar la tasa de ingesta.

Una vez el alimento ha sido ingerido, debe digerirse antes de poder transferir los nutrientes al cuerpo del animal (suministrando la *energía digerible*, ED) y perdiéndose siempre una parte en forma de heces (EH). La cantidad de energía incorporada dependerá de la digestibilidad del pienso (véase apartado 4.1.3) y del tiempo de tránsito del material por el tracto digestivo. La regulación de la ingesta por el tránsito digestivo está ligada al volumen gástrico, a la temperatura, al peso corporal y a la ración. El conocer la ración ingerida o consumida voluntariamente en una comida y la cinética del vaciado gástrico permite calcular el número de comidas y la ración diaria total. La asimilación del alimento genera la energía disponible para el metabolismo (*energía metabolizable*, EM) de la cual se extraerá la *energía neta* (EN) y, una vez eliminada la pérdida calórica, la *energía retenida* (ER). Esta energía retenida es la que realmente determinará el valor real de un pienso pues es la que el animal puede destinar a su crecimiento y a la reproducción. Una vez en el interior del animal, la transformación de la energía (EM, EN, ER, EC) es complicada de medir y analizar (véase cuadro 4.1), de forma fácil solo podemos analizar el producto final: el crecimiento.

Se han propuesto distintos índices para medir la utilización del alimento: el porcentaje de ingesta, la tasa de crecimiento específico (o SGR, por sus siglas en inglés: *standard growth rate*), la eficiencia de conversión bruta (ECB), la eficiencia de utilización proteica o PER (*protein efficiency ratio*), el índice o tasa de conversión del alimento (*feed conversión ratio* o FCR) o la tasa de crecimiento específico. La forma de calcularlos sería:

1) Porcentaje de ingesta:
$$\%I = (\text{Cantidad de alimento consumido} / \text{Peso corporal}) \times 100$$
2) Eficiencia de conversión bruta:
$$ECB = (\Delta \text{ peso corporal} / \text{ingesta de alimento}) \times 100$$
3) Eficiencia de utilización proteica:
$$PER = (\Delta \text{ peso corporal} / \text{proteína ingerida})$$
4) Índice o tasa de conversión del alimento:
$$FCR = \text{kg alimento ingerido} / \Delta \text{ kg de peso corporal}$$
5) Tasa de crecimiento específico:
$$SGR = (\ln PCF - \ln PCI) / D$$
[siendo PCF = peso corporal final (g), PCI = peso corporal inicial (g), D = número de días]

2.3. Digestibilidad

La digestibilidad es la medida global de los procesos que preparan los alimentos para la absorción intestinal de los nutrientes. Una parte de ellos, como ya hemos comentado, no puede ser absorbida y se elimina con las heces; estas incluyen además enzimas y secreciones, mucus y descamación del epitelio intestinal. La digestibilidad de una dieta (y de sus nutrientes) son el objeto de estudio necesario para: *1*) conocer mejor el uso potencial de los nutrientes de una dieta para la especie en cuestión; *2*) obtener calidades del alimento y del producto mejoradas; y *3*) conseguir una menor producción de desechos y, por lo tanto, un mejor rendimiento de la dieta mejorando paralelamente la calidad del medio ambiente.

Existen *métodos directos* e indirectos para estudiar la digestibilidad. Los primeros se basan en la cuantificación de la totalidad del alimento ingerido y en la totalidad de las heces emitidas. Esto implica una recogida continua de las heces por decantación, filtración o sedimentación de las mismas o bien una recogida directa (si se hace un estudio con un número reducido de peces) mediante un masaje abdominal, una succión anal o incluso una disección intestinal. En los *métodos indirectos*, la utilización de componentes indigestibles en la dieta o la adición de *marcadores no digeribles* artificiales eliminan la necesidad de una recolección total de heces, pero requiere de una cantidad representativa de las mismas. Un marcador debe cumplir unos requisitos básicos: ser inerte, no ser digerible ni absorbible, debe tener la capacidad de ser incluido en un alimento de forma homogénea y debe ser fácil de determinar en laboratorio cuando está presente en bajas concentraciones, no debe afectar el metabolismo del animal y se recomienda que sea higiénico y respetuoso con el medio ambiente. El marcador inerte más usado en estudios de digestibilidad en peces es el *óxido de cromo* (Cr_2O_3), pero recientemente se emplea el *óxido de itrio* (Y_2O_3) porque se incorpora en menores proporciones debido a que su metodología de determinación es más precisa y estudios recientes demuestran que no existen diferencias significativas entre las digestibilidades calculadas con cada uno de ellos. Además el tamaño de los peces no es un factor muy importante, encontrándose por tanto iguales digestibilidades entre peces de una misma especie pero de distinto tamaño. Aunque también se podría determinar la digestibilidad sin la necesidad de utilizar marcadores externos, utilizando las cenizas insolubles en ácido presentes en el alimento, este método está en desuso debido a que un porcentaje significativo de cenizas es absorbido por el animal alterando de esta forma los resultados finales de digestibilidad.

La digestibilidad del alimento se calcula diferentemente según sea el método de análisis. Así, seguidamente se recogen los cálculos más comunes para los métodos directos y para los métodos indirectos.

1. Métodos directos

% Digestibilidad dieta (aparente) = $100 \times (AI - H) / AI$

% Digestibilidad dieta (real) = $100 \times (AI - H - HEn) / AI$

% Energía digerible = $100 \times (EA - EH) / EA$

% Proteína digerible = $100 \times (PrA - PrE) / PrA$

2. Métodos indirectos

% Digestibilidad dieta = $100 - 100 \times (\% MA / MH)$

% Digestibilidad energía = $100 - 100 \times [(EH / EA) / (\% MA / \% MH)]$

% Digestibilidad nutriente = $100 - 100 \times [(NH / NA) / (\% MA / \% MH)]$

en donde AI = alimento ingerido; H = heces; Hen = heces endógenas; EA = energía del alimento; EH = energía de las heces; PrA = proteína del alimento; PrH = proteína de las heces; MA = cantidad de marcador en el alimento; MH = cantidad de marcador en las heces; NA = cantidad de un nutriente específico en el alimento; y NH = cantidad de un nutriente específico en las heces.

Como resultante se puede calcular la energía digerible de una dieta:

$$\text{Energía digerible (kcal·kg}^{-1}) = \Sigma \ (\text{nutriente}_i) \times \text{equivalente calórico}_i \times \text{digestibilidad nutriente}_i$$

La digestibilidad de un pienso va a depender de los ingredientes usados para su formulación. Así, en función del origen de la fuente proteica, harina de pescado o harina vegetal, la digestibilidad de la proteína oscilará entre el 80-90% (para los subproductos de la anchoa) y entre el 50%-80% (proteína de origen vegetal como la soja). Esta digestibilidad será también dependiente de la especie en estudio. Por su lado, los lípidos normalmente son altamente digeribles (>80%), y cuanto más insaturados sean sus componentes (más proporción de aceite de pescado) más digeribles serán. En cambio, la digestibilidad de los hidratos de carbono es normalmente baja. En los últimos años, la *extrusión* —proceso en el cual un material alimenticio rico en proteína y/o almidón es forzado a fluir bajo diversas condiciones de humedad, temperatura, presión y fuerza mecánica a través de un molde o matriz que le da forma al producto extraído— ha sido un método beneficioso por aumentar la digestibilidad de los piensos. Así, en el proceso de extrusión ocurren una serie de fenómenos, casi todos ellos ventajosos: los almidones se gelatinizan, mejorando su digestibilidad y disponibilidad calórica, las proteínas se coagulan parcialmente mejorando su digestibilidad. Además se inactivan, por medio del tratamiento térmico, los enzimas de la digestión de las materias grasas de las harinas, como lipasas y lipoxigenasas, que catalizan reacciones químicas que llevan a la formación de compuestos fácilmente enranciables.

2.4. Ración e ingesta. Aspectos prácticos

Muchas operaciones en el cultivo de peces presentan una eficiencia baja (ganancia conseguida/alimento suministrado) y esto contribuye a incrementar el coste de la producción e incluso supone un incremento de la polución del agua. Por lo tanto, es necesario optimizar los regímenes de alimentación para mejorar la sostenibilidad económica y ambiental de la acuicultura.

Como ya se ha comentado, la ingesta se corresponde con la cantidad de alimento consumido por masa de pez (en kilogramos) y normalmente se expresa como un porcentaje (kg de pienso por 100 kg de masa animal). Este alimento supondrá la energía real de la cual los animales van a disponer, pero además determinará el coste de la alimentación y su rendimiento. Hay muchos factores que influyen en la tasa de ingesta: el tamaño corporal, la temperatura, el oxígeno disuelto, la estación anual y también la fase del ciclo reproductor.

En una producción piscícola no siempre está claro si unas bajas eficiencias alimentarias en ciertas condiciones son debidas a una pérdida de alimento o a una baja eficiencia de utilización del mismo por los peces. Por ejemplo, algunos estudios en salmónidos sugieren que la eficiencia óptima del alimento se consigue a niveles de alimentación por debajo de los requeridos para el crecimiento máximo. Otros estudios, en cambio, sugieren que la eficiencia mejora a su máximo cuando se limita la ración (alimentación a restricción, por ejemplo, al 50% de la ración máxima), y otros aún indican la necesidad de una ración máxima para una mayor eficiencia. Muchos de estos estudios no representan las necesidades actuales de los requerimientos nutritivos de las especies y en algunos casos se realizaron con escaso control de las condiciones experimentales (como la distribución mecánica del alimento, temperatura variable, etc.).

La cantidad física del alimento usado no es una medida de la disponibilidad biológica de los nutrientes y de la energía suministrada a los animales. Además no siempre la ganancia de peso de los animales refleja la ganancia de proteínas, lípidos o energía. La deposición de proteína va asociada con un depósito de agua mientras que los depósitos de lípidos contienen muy poca agua. La relación entre la deposición de proteína y de lípido tendrá un impacto en la ganancia de peso y por lo tanto en la eficiencia alimentaria.

Siendo animales poiquilotermos, la tasa metabólica, el crecimiento y la tasa de ingesta de los peces están altamente influenciados por la temperatura del agua. Por lo tanto, es no solo importante, sino necesario conocer cómo afecta la temperatura del agua a estos parámetros. Por ejemplo, estudios en condiciones de riguroso control (alimentación manual precisa, control de la temperatura, etc.) demuestran que los peces consumen más pienso cuando la temperatura aumenta, sin embargo la eficiencia de uso de los nutrientes es similar. Así, la tasa de alimentación o la temperatura del agua tienen poco efecto en la eficiencia del alimento. Los principales factores que afectan a la eficiencia del alimento cuando los peces se alimentan con una dieta balanceada, en la práctica, corresponden a la pérdida de alimento.

El tiempo y la frecuencia de alimentación son otros factores que afectan a la ingesta y utilización del alimento por los peces. En un esquema semanal, hay estudios que demuestran que una alimentación equivalente a seis días por semana supone un crecimiento similar a alimentar siete días por semana. En cambio, reducir a cinco días supone una disminución del crecimiento. El factor más importante es asegurar un frecuente y espaciado suministro de comida, que asegure que los peces puedan consumir suficiente alimento para desarrollar su crecimiento potencial. Esto significa generalmente una mayor frecuencia en animales de talla pequeña. La mayoría de casas comerciales proponen unas tablas de ración diaria de alimento ajustadas a sus productos.

Aunque hay pocas diferencias «entre» y «dentro» de las variaciones diarias en el apetito de los peces (estudiadas mediante alimentación «a demanda», donde los peces seleccionan cuando quieren comer), sí que cada especie puede presentar una preferencia horaria de alimentación acorde con su biología. Como se ha comentado, escoger entre una, dos o más dosis diarias de alimentación va a depender de la ración total, del lapso entre comidas (para asegurar una adecuada digestión de cada dosis) y de la biología de la especie, y los estudios realizados presentan muchas controversias según la especie. La mayoría de los peces, sin embargo, se adapta fácil y rápidamente a un horario de alimentación, pero estar atento a los cambios en el apetito y al comportamiento durante la alimentación de los peces debe ser una de las capacidades que debe adquirir cualquier cultivador de peces.

3. METABOLISMO Y REQUERIMIENTO EN PROTEÍNAS Y AMINOÁCIDOS

La proteína es el componente principal en la formulación de las dietas de peces debido a que es el factor que más afecta al crecimiento, se necesita en grandes cantidades y representa el mayor porcentaje de coste de la dieta. Las primeras observaciones sobre los requerimientos de los peces en proteína y aminoácidos provienen del estudio de las dietas naturales de diferentes peces y demuestran que los requerimientos en proteína son mayores que los que se han sugerido para mamíferos y aves. La dieta natural (plancton, invertebrados y otros peces) es generalmente rica en proteína y presenta un buen balance o proporción entre los distintos aminoácidos. Sin embargo, en comparación con homeotermos terrestres de interés económico, los peces necesitan un menor aporte energético para mantenimiento y crecimiento, lo que se traduce en unas necesidades absolutas de proteína e índice de conversión proteica similares pero con menor aporte calórico de la dieta; por lo tanto, la aparente elevada necesidad de proteína es realmente una baja necesidad calórica y, en consecuencia, el contenido proteico relativo de la dieta es más elevado.

En el cultivo intensivo, la harina de pescado se considera generalmente como la mejor fuente de proteína para los animales acuáticos, a pesar de que su producción mundial está estancada o se va reduciendo; además presenta una gran variabilidad estacional y geográfica en composición y se considera como un vector de contaminación. En los últimos años, paralelamente a la expansión de la acuicultura intensiva, la demanda y el precio de esta fuente de proteínas ha experimentado un crecimiento espectacular. Con el creciente interés en obtener fuentes de proteína alternativas y más económicas, el uso de sustitución de la proteína animal por la proteína vegetal debe mantener los niveles de factores como la tasa de ingesta, la eficiencia de conversión, así como la tasa de crecimiento y de supervivencia de los peces. De esta manera, cada vez más, será necesario establecer los requerimientos óptimos en aminoácidos (AA) y caracterizar las fuentes de proteínas/AA alternativas. Además, no todas las proteínas tienen el mismo valor nutritivo. Este va a depender, como ya hemos comentado, de su digestibilidad y de los aminoácidos que las compongan.

3.1. Síntesis de aminoácidos

Como ocurre en vertebrados superiores, los peces son incapaces de sintetizar ciertos aminoácidos y, por tanto, deben ser suministrados por la dieta. Los aminoácidos son los constituyentes de las proteínas y en los tejidos animales se incorporan hasta 23 aminoácidos distintos. A pesar de su distinta naturaleza bioquímica (neutros, ácidos o básicos), a nivel nutritivo la clasificación de los AA responde a la capacidad del organismo en sintetizarlos o no (tabla 4.2).

Tabla 4.2. Clasificación de los aminoácidos según su esencialidad en los peces

AA esenciales	AA no esenciales	AA semiesenciales
Arginina	Alanina	Cisteína
Histidina	Asparagina	Glutamina
Isoleucina	Aspartato	Hidroxiprolina
Leucina	Glutamato	Prolina
Lisina	Glicina	Taurina
Metionina	Serina	
Fenilalanina	Tirosina	
Treonina		
Triptófano		
Valina		

Fuente: Li et al., 2009

Se consideran *AA esenciales o indispensables* (AAE) aquellos para los cuales existe una incapacidad cualitativa y/o cuantitativa en su síntesis. Para peces, al igual que en el resto de vertebrados no ureotélicos, se han definido un total de diez AA con carácter esencial: para la arginina y la histidina se ha descrito una síntesis muy reducida con actividades enzimáticas bajas; la leucina, la isoleucina, la valina, el triptófano, la fenilalanina y la metionina presentan una velocidad de síntesis por transaminación insuficiente, mayoritariamente por falta de sustrato, y para la lisina y la treonina no existen transaminasas. Los *AA no esenciales o dispensables* (AANE) son aquellos que pueden ser sintetizados adecuadamente a partir de los α-cetoácidos correspondientes por transaminación. El carácter esencial de un AA se ha determinado mediante su supresión en la dieta dando lugar a síntomas carenciales. Recientemente se ha clasificado a un tercer grupo de AA como *AA semi-esenciales*, cuando estos deben ser añadidos en la dieta en aquellas condiciones donde su tasa de utilización exceda a su tasa de síntesis endógena.

3.2. Utilización de las proteínas

Las proteínas corporales tienen un carácter dinámico, su síntesis y su degradación es constante (figura 4.4) La proteína de la dieta es digerida mediante los enzimas digestivos (peptidasas) que rompen los enlaces peptídicos liberando los aminoácidos. Estos aminoácidos libres son absorbidos por los enterocitos, gracias a la presencia de unos transportadores específicos, incorporándolos al organismo. Los AA incorporados de la dieta y los AA de nueva síntesis (AANE) entran en un *pool* de AA libres que servirán por un lado para la construcción biosintética de nuevas proteínas y de otros compuestos nitrogenados, como fuente de carbono en el metabolismo intermediario o para su oxidación con fines energéticos. A su vez, las proteínas corporales presentan unas determinadas tasas de degradación (o vida media) dando lugar a nuevos aminoácidos libres. A nivel celular, mecanismos como la transaminación, la desaminación o la transdesaminación, consistentes en transferir o liberar grupos amino desde los aminoácidos, son muy importantes para la síntesis de los aminoácidos necesarios para la construcción de proteínas nuevas, para la degradación de los mismos y para determinar la excreción nitrogenada. En los elasmobranquios esta vía de degradación se dará a partir del glutamato y de su relación con el ciclo de la ornitina para la producción de urea. En los teleósteos la liberación de los productos nitrogenados radica básicamente en la producción de amonio no ligado que se libera directamente por branquias y riñón.

Se denomina *recambio* (turnover) *proteico* a la relación entre la tasa de síntesis (ks) de nuevas proteínas y la tasa de degradación (kd) de las mismas. En condiciones de mantenimiento estas dos tasas se igualan, el recambio proteico presenta un valor nulo y el animal no crece ni pierde peso. En condiciones de crecimiento la tasa de síntesis incrementa mucho más que la degradación tanto por el aporte de nuevos AA, especialmente aquellos que son esenciales, como por situaciones óptimas como la temperatura, el estado hormonal adecuado, etc. En estados carenciales, como en dietas no balanceadas, o en situaciones de estrés o ayuno, la degradación de proteína se ve estimulada en mayor proporción y la tasa de crecimiento pasa a ser negativa.

Los peces, a diferencia de los vertebrados terrestres, oxidan sobre un 40% de los aminoácidos de la dieta con fines energéticos. Durante el catabolismo, aunque el esqueleto carbonado del AA puede ser empleado para la síntesis de otros compuestos nitrogenados (AANE, nucleótidos), entra mayoritariamente en el ciclo de Krebs para ser oxidado y suministrar energía. Los tejidos más oxidativos son el hígado, las branquias o el músculo rojo.

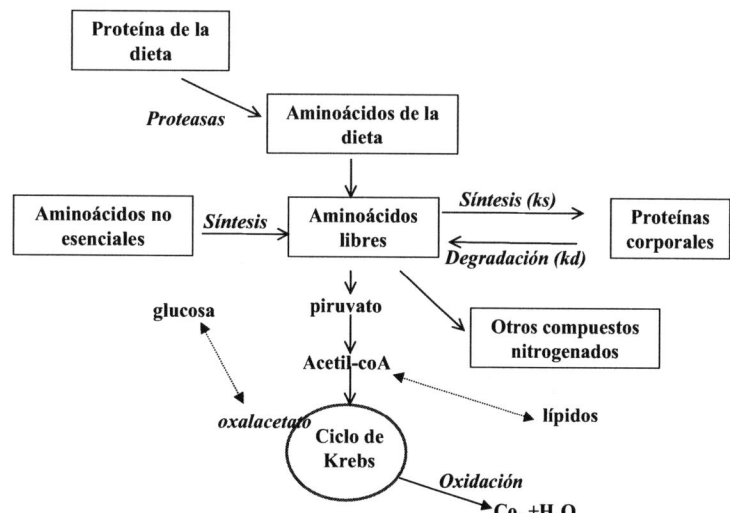

Figura 4.4. Utilización de la proteína de la dieta

El dinamismo proteico se ve reflejado en las concentraciones plasmáticas de los diferentes AA después de una ingesta. Este flujo postprandial, que por ejemplo en la trucha arcoiris es máximo a las 11 horas postingesta, también tiene su reflejo en los diferentes tejidos. Así el hígado parece ser el primer órgano receptor de los AA de la dieta, mientras que más lentamente, aunque de forma constante, los AA llegan a otros tejidos como el músculo. La síntesis proteica es estimulada por la alimentación, aunque los incrementos postingesta de la síntesis de proteína varían entre los diversos tejidos y según las especies. Como regla general, la tasa de síntesis proteica en los diferentes tejidos sería (de mayor a menor): hígado > branquia = tracto digestivo = riñón > músculo. En cambio, teniendo en consideración la relación entre síntesis y degradación, la mayor eficacia de retención de la proteína la presenta el músculo. La eficiencia de retención sintética es superior en peces (50-70%) que en mamíferos (25-40%). Estas diferencias pueden relacionarse con las particularidades en el crecimiento muscular de los peces que tiene lugar por hiperplasia (incorporación continua de nuevas fibras) y no por simple hipertrofia como ocurre en mamíferos. Teniendo en cuenta las proporciones relativas del cuerpo entero, la síntesis de proteínas en hígado contribuye en menos de un 2% a la retención proteica total del animal frente a un 65% para el músculo.

Existe una relación directa entre la síntesis proteica y la tasa de crecimiento, de manera que se ha propuesto una relación lineal entre ambos parámetros

$$Y = a + b \cdot X$$

siendo Y la tasa de síntesis, X la tasa de crecimiento, y a la tasa de síntesis a crecimiento cero. Y también entre la tasa de síntesis del músculo blanco y la del total corporal, de manera que la tasa de síntesis muscular puede ser utilizada para estimar la tasa de crecimiento del animal.

3.3. Requerimientos proteicos y de aminoácidos de los peces

La proteína de la dieta es utilizada con fines de mantenimiento, repleción de tejidos y crecimiento. La síntesis de proteínas funcionales y el mantenimiento de procesos biológicos básicos no pueden modificarse sin consecuencias negativas. Sin embargo, otros destinos distintos del crecimiento, como la utilización energética y gluconeogénica de los AA, hasta cierto punto, pueden ser controlados. Por lo tanto, el uso relativo de los aminoácidos, con diversos fines, dependerá no solo de la calidad y cantidad de la proteína dietaria, sino del ajuste de este delicado balance que constituye la relación proteína/energía.

Las necesidades proteicas y aminoacídicas para crecimiento se definen como la mínima cantidad de este nutriente que sustenta un crecimiento óptimo. En la determinación del requerimiento de un aminoácido esencial debe asegurarse que la composición de la proteína dietaria permita cubrir los requerimientos de todos los AAE excepto aquel que sea objeto de estudio. Si estos requerimientos son desconocidos se debe utilizar una proteína de referencia. El perfil de AAE del esqueleto, músculo o huevos de la especie afectada, expresado en g/16g de nitrógeno, puede servir a tal efecto. Este tipo de estudios se llevan a cabo formulando una dieta a partir de materias primas carentes en su forma natural o bien reemplazando la proteína verdadera por una mezcla de AA purificados. En el primer caso, la formulación es delicada y la elección de concentraciones de AA muy limitada. En el segundo caso, el crecimiento a menudo es lento, pudiéndose deber al hecho de que los AA purificados se absorben más rápidamente que los resultantes de la digestión de las proteínas. Cuando los AA cristalinos se encapsulan con gelatina o similar, su absorción se retarda y la utilización metabólica mejora.

Los ensayos para establecer los requerimientos se realizan con individuos en crecimiento activo y durante un periodo suficientemente largo como para que los efectos se definan claramente. La relación causa-efecto entre contenido proteico y ganancia de peso se manifiesta en forma hiperbólica, puesto que un aumento continuo del contenido proteico cursa con un incremento decreciente de la ganancia de peso hasta alcanzar un límite de respuesta obteniéndose una meseta (figura 4.5), o incluso en algunos casos una disminución con concentraciones superiores de proteína dietaria. Las necesidades proteicas se establecen a partir de la intersección entre la línea de dicha meseta y la prolongación de la porción inicial de la curva.

En general, los valores oscilan entre 35 y 55% de proteína en dieta, situándose en el rango inferior las especies herbívoras y omnívoras y en el superior las carnívoras. Sin embargo, se debería revisar la valoración de las necesidades con estudios de estimación de la óptima relación proteína/energía, evaluando dietas con distinto contenido energético para cada nivel proteico, al objeto de tener una mayor aproximación a las necesidades proteicas reales de las especies. Ante los posibles destinos de los AA: mantenimiento, crecimiento, gluconeogénesis y energía, una finalidad práctica sería mantener crecimientos máximos minimizando el destino energético y gluconeogénico de los AA. Esto supone optimizar la relación proteína/energía con un aporte adecuado de lípidos e hidratos de carbono. Como sucede con otros vertebrados, los peces comen hasta satisfacer sus necesidades calóricas, lo que supone que dietas con una baja relación P/E digestible puedan provocar un cese de la ingesta antes de haber cubierto sus necesidades proteicas para un óptimo crecimiento. El requerimiento proteico absoluto aumenta con la talla del pez, mientras que el relativo tiende a decrecer. A nivel práctico, se utiliza la cantidad de proteínas necesarias por kg de pez y día.

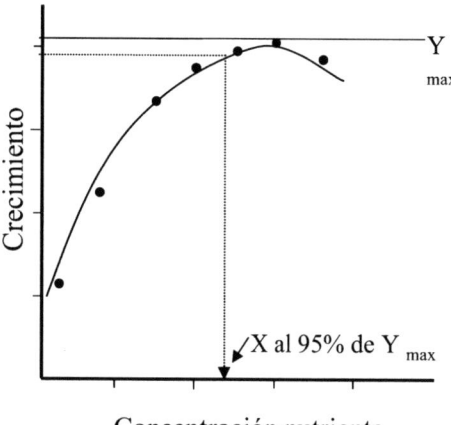

Figura 4.5. Determinación del requerimiento cuantitativo de un nutriente esencial. El requerimiento se establece a aquella concentración del nutriente que promueve el 95% del crecimiento máximo.

Un aspecto práctico al ajustar la proteína de la dieta a las necesidades de una especie es la capacidad de algunos AA esenciales de ser sustituidos parcialmente por no esenciales. Esto permite no desestimar una fuente proteica por ser deficiente en un aminoácido de esencialidad parcial, sin considerar la suma del no esencial que lo sustituye, como sucede con los azufrados metionina por cistina y con los aromáticos fenilalanina y tirosina. Los estudios emergentes en la nutrición animal han demostrado que muchos AA regulan vías metabólicas clave no solo en el crecimiento sino también en la reproducción y las respuestas inmunes. A estos aminoácidos se les han denominado AA funcionales y su suplementación dietética (o la de sus metabolitos precursores) puede ser especialmente relevante para compensar posibles carencias en dietas de sustitución de la harina de pescado:

- Alanina, aspartato y asparragina: son los principales precursores gluconeogénicos e importantes substratos energéticos en los peces. La alanina es el principal transportador de nitrógeno en los peces y el aspartato es esencial para la síntesis de nucleótidos. El aspartato de la dieta parece ser, al igual que sucede en mamíferos, catabolizado en el propio intestino de manera que su fuente principal será por interconversión. Estos AA pueden ser añadidos en la dieta mejorando el balance nitrogenado, ya que estimulan el apetito en algunas especies y se reduce la excreción amoniacal.
- Glutamato y glutamina: representan cerca del 20% de los AA de las proteínas. La suplementación de glutamina en la dieta de los peces mejora el apetito y el crecimiento y también la capacidad inmunitaria.
- Glicina y serina: también participan en la gluconeogénesis, en el metabolismo de los AA con grupos sulfuro y estimulan la tasa de ingesta en algunas especies. Además la glicina desarrolla un papel esencial en la respuesta osmorreguladora ante el estrés ambiental.
- Tirosina y fenilalanina: son precursores de muchas hormonas y neurotransmisores y su niveles en la dieta pueden afectar profundamente a la pigmentación, ingesta, crecimiento, inmunidad y a la supervivencia a cambios de ambiente. Son especialmente importantes durante las etapas larvarias y la metamorfosis.
- Prolina e hidroxoprolina: en peces las vías biosintéticas de la prolina no están bien establecidas a pesar de que en mamíferos se ha descrito su origen a partir de arginina, glutamato, glutamina y ornitina. La hidroxiprolina se obtiene de la prolina y es básica para la formación de colágeno y esencial para la formación de la piel y los huesos en los peces. Sus niveles en proteínas de origen vegetal son inferiores a las de origen animal y, por lo tanto, su adición en dietas con sustitución vegetal debe garantizar los niveles adecuados para un buen crecimiento.

- Arginina: especialmente abundante en las proteínas, tiene un papel importante como precursor de diferentes moléculas y es un regulador de funciones endocrinas y reproductivas. Sus requerimientos en peces son elevados debido a que su síntesis es muy limitada o ausente.
- Histidina: la histidina sirve como fuente de energía sobre todo en situaciones de ayuno o durante la migración. Además su suplementación en la dieta incrementa los atributos sensitivos de la carne dándole una textura y un gusto mejorados.
- Lisina: es uno de los principales AA limitantes en la utilización de proteína vegetal, afectando al crecimiento y a la salud de los peces. A pesar de eso, la posibilidad de añadir lisina a las dietas con proteínas vegetales reduce los efectos carenciales.
- Metionina, cisteína y taurina: los tres se agrupan bioquímicamente dentro de los aminoácidos sulfurados. La metionina es el primer AA limitante para la mayoría de dietas de acuicultura, especialmente en aquellas que contienen elevados niveles de proteína vegetal. La cisteína podría ahorrar entre un 40 y el 60% de la metionina para diferentes especies de peces. Uno de los principales destinos de la metionina es la formación de glutatión, con un gran efecto antioxidante, y la suplementación del mismo puede reducir los requerimientos dietéticos de metionina. Por su lado la taurina es abundante en la proteína animal, especialmente en invertebrados, pero ausente en la proteína vegetal. La taurina, a pesar de que no se incorpora en la formación de las proteínas, juega un papel muy importante en la digestión de grasas, en la defensa antioxidante o en el desarrollo neural, y su suplementación sería necesaria en una dieta con materiales vegetales.
- Leucina, isoleucina y valina: estos aminoácidos ramificados no han sido muy estudiados en peces y sus requerimientos mínimos no son muy conocidos, básicamente porque tanto en la proteína animal como en la vegetal son relativamente abundantes y normalmente no se han descrito estadios carenciales.

3.4. Calidad nutricional de las proteínas de la dieta

La calidad de las proteínas depende de su contenido en aminoácidos y de la utilización fisiológica de aminoácidos específicos después de la digestión, absorción y de las obligadas mínimas tasas de oxidación. Es decir, depende de la concentración y proporción de aminoácidos en una proteína específica, que determinará su valor biológico, y de la digestibilidad de esta. Puesto que la energía retenida o neta se deposita principalmente en forma de proteínas y lípidos, la proporción de estos componentes dependerá de la relación entre el valor biológico de la proteína y la digestibilidad de esta. Cuando los requerimientos proteicos se expresan en forma de proteína bruta, estos son inversamente proporcionales a la digestibilidad de la proteína, siendo independientes de esta cuando estos requerimientos se expresan en proteína digeribles.

Digestibilidad

Los peces en general digieren las proteínas con unos coeficientes de digestibilidad que sobrepasan el 90%, valores iguales a los observados en vertebrados terrestres. La digestibilidad de la proteína de una fuente dada varía bastante poco de una especie a otra. Para una misma especie es muy constante, aunque a veces aumenta ligeramente con la talla del pez, siendo prácticamente independiente del nivel de ingesta y de la temperatura. No está afectada por el nivel de lípidos de la dieta, ni siquiera a altas concentraciones.

Sin embargo, la digestibilidad está en función de la naturaleza misma de las fuentes proteicas, de los tratamientos tecnológicos que hayan podido sufrir e incluso del tamaño de las partículas alimentarias. Las proteínas de origen animal son, en su conjunto, más digeribles que las de origen vegetal, si bien estas últimas, con tratamientos tecnológicos adecuados, pueden mejorar su digestibilidad por destrucción de factores antinutricionales. Así, por ejemplo, la cocción del grano entero de soja comporta un aumento del 70 al 85% en el coeficiente de digestibilidad.

Valor biológico

Cuanto mayor es la proporción de aminoácidos indispensables, mayor es el valor biológico o calidad de la proteína. La distribución de un aminoácido específico en esta proporción es también importante. Las proteínas que son deficientes en uno o más aminoácidos son de baja calidad. Así, por ejemplo, el triptófano y la lisina son limitantes en maíz, la lisina en el trigo y otros cereales, y la metionina en soja y otras leguminosas. Sin embargo, es posible tener dos alimentos de bajo valor proteico y complementarlos entre sí, para formar una buena mezcla de proteína cuando se consumen simultáneamente. Aunque se considera que la energía de la dieta es el factor principal en regular la ingesta, la disponibilidad de nutrientes esenciales específicos, como las proteínas y aminoácidos, es también muy importante. Cuando los animales se alimentan con dietas deficientes, se pueden producir dos respuestas opuestas: un aumento de la ingesta para alcanzar el nivel de requerimiento absoluto si la deficiencia no es severa, o bien una respuesta inhibitoria si la deficiencia es mayor. Una posible explicación a este último tipo de respuesta es que, en términos de ahorro metabólico, los animales prefieren reducir su ingesta en vez de forzar su metabolismo comiendo una dieta no balanceada. De esta manera se preserva o retarda la aparición de desórdenes metabólicos. En peces, uno de los primeros síntomas de deficiencia es la pérdida de apetito y en consecuencia el cese del crecimiento. Estudios realizados en trucha han evidenciado que incrementando la disponibilidad de aminoácidos esenciales se estimula la ingesta hasta alcanzar el nivel de requerimiento específico.

El objetivo de todos los métodos que evalúan el grado de idoneidad del componente proteico de una dieta es estimar la cantidad de proteína biológicamente utilizable, lo cual viene determinado por la cantidad total consumida y su calidad. Las siguientes definiciones breves son una muestra de las técnicas más ampliamente usadas para medir la calidad nutricional de la proteína (FAO/WHO, 1991):

$$\text{Disponibilidad del aminoácido \%} = [(\text{ingesta total del aa} - \text{excreción fecal del aa}) / (\text{ingesta total del aa})] \times 100$$

$$\text{Índice químico (\textit{chemical score})} = (\text{mg aa} \cdot \text{g}^{-1} \text{ de proteína problema} / \text{mg aa} \cdot \text{g}^{-1} \text{ de proteína referencia})$$

Aminoácido limitante = el aminoácido esencial de una proteína que presenta la mayor diferencia en concentración respecto al mismo aminoácido en una proteína de referencia o alta calidad

$$\text{Coeficiente de digestibilidad verdadero} = [(\text{N ingerido} - (\text{N excretado} + \text{N metabólico en heces})) / (\text{N ingerido})] \times 100$$

$$\text{Utilización de proteína neta (UPN)} = (\text{N ingerido} - \text{N excretado} / \text{N ingerido}) \times 100$$

$$\text{Tasa de eficiencia proteica (PER)} = (\text{peso ganado} / \text{proteína consumida})$$

$$\text{Valor biológico (VB)} = (\text{utilización de proteína neta} / \text{digestibilidad proteica}) \times 100$$

4. LOS HIDRATOS DE CARBONO EN LA NUTRICIÓN DE LES PECES

Los hidratos de carbono —también llamados carbohidratos, glúcidos o azúcares— son compuestos orgánicos que se caracterizan por estar formados por átomos de C, O y H en una proporción que se corresponde a la fórmula $(CH_2O)_n$. Son polialcoholes que tienen una o varias funciones aldehído o cetona. De entre todos ellos, los azúcares simples, o monosacáridos, tienen una única unidad hidroxialdehído o hidroxiacetona y se clasifican normalmente en función del número de átomos de carbono en triosas (con tres carbonos, como, por ejemplo, el gliceraldehído), tetrosas (cuatro carbonos; por ejemplo, la eritrosa), pentosas (cinco carbonos, como la ribosa) y hexosas (seis carbonos, como la glucosa, la galactosa, la manosa o la fructosa). Los oligosacáridos contienen entre 2 y 10 moléculas de monosacáridos ligadas por enlaces alfa-glucosídicos $1 \rightarrow 4$ (unión entre el carbono 1 del primer monosacárido y el carbono 4 del segundo monosacárido en orientación cis o alfa); entre los más abundantes biológicamente están los disacáridos como la maltosa (formada por dos glucosas), la sacarosa (formada por una glucosa y una fructosa) o la lactosa (formada por una glucosa y una galactosa). Los polisacáridos son polímeros de cadena lineal o ramificada, distinguiéndose los homopolisacáridos u homoglucanos (hechos de un solo monómero, p. ej. glucógeno, almidón o celulosa) y los heteropolisacáridos (hechos de dos o más tipos de monómeros, p. ej. hemicelulosa, pectina o mucopolisacáridos). De forma general la cadena principal presenta enlaces entre sus monómeros del tipo alfa 1→4 y las ramificaciones enlaces del tipo alfa 1→6 (entre el carbono 1 y el carbono 6). En algunas clases de polisacáridos el enlace entre los monómeros presenta una orientación distinta (orientación trans), denominada beta 1→4 como es el caso de la celulosa, hemicelulosa y pectinas. Esta diferencia establece diferencias físico-químicas y, por tanto, la facilidad con la cual pueden ser digeridos por los animales. La amilasa ataca los enlaces α pero no los β, por eso la celulosa es altamente indigerible por los animales monogástricos. A estas moléculas que presentan una baja o nula digestibilidad se las conoce con el nombre de «fibras».

De entre todos los carbohidratos, tienen valor nutritivo las hexosas, como la glucosa, los disacáridos y algunos homopolisacáridos, como el almidón. Esta es la principal reserva carbohidratada de los vegetales terrestres y se acumula en gránulos. Existen dos tipos de almidón:

- la amilosa: largas cadenas no ramificadas de unidades de glucosa unidas por enlaces α-1,4
- la amilopectina: una cadena de α-1,4 glucanos muy ramificada con enlaces α-1,6

La principal forma de reserva de glúcidos en los animales es el glucógeno, más ramificado que la amilopectina y que se acumula en hígado y músculo principalmente.

Las fibras y los agentes de relleno denominados plantix (cualquier sustancia compleja de vegetales) son compuestos celulósicos, o sea polisacáridos complejos no hidrolizables por los enzimas de vertebrados superiores. En muchos casos se utilizan como agentes de relleno, que facilitan el tránsito intestinal, aunque algunos compuestos pueden ser débilmente atacables por enzimas. La celulosa se usa en dietas experimentales como agente de relleno, puesto que no interfiere con la utilización de nutrientes, junto con aglutinantes, que aumentan la consistencia de las heces.

4.1. Importancia de los glúcidos

Para muchos organismos la molécula central del metabolismo es la glucosa, pero la importancia de los hidratos de carbono en la alimentación de peces es menor que en mamíferos. Los hidratos de carbono no son esenciales en la nutrición de los peces, pues su ausencia en la dieta se cubre con un incremento de la utilización de las proteínas y de los lípidos. En ausencia de glúcidos la utilización de proteínas y lípidos aumenta estos como fuente energética y aquellas para proporcionar aminoácidos que serán, en parte, transformados en glucosa por gluconeogénesis y, en parte, oxidados. Aunque los glúcidos no sean esenciales en la alimentación de peces, constituyen una fuente de energía barata, por lo que la inclusión de determinadas proporciones de carbohidratos digeribles en la dieta favorece el crecimiento al ahorrar aminoácidos para la síntesis de proteínas y disminuir la excreción de amonio. Por lo tanto, en numerosas especies, parece ser necesario el aporte de glúcidos para favorecer el crecimiento y sobre todo reducir la utilización proteica con fines energéticos.

En el medio natural, la alimentación de los peces carnívoros es pobre en glúcidos y hasta puede estar desprovista de ellos, a excepción de la quitina poco o nada digerible. La mala aptitud de muchas especies de peces carnívoros para asimilar los glúcidos de la dieta podría relacionarse con esa escasez de glúcidos en la alimentación natural. Por ello se ha indicado como un problema el emplear cantidades importantes de carbohidratos en la nutrición de los peces carnívoros. Las razones para ello se justifican en dos aspectos: *1*) baja digestibilidad de glúcidos complejos, como el almidón, y *2*) baja utilización metabólica de los azúcares simples (mono o disacáridos). Si en salmónidos se sobrepasa un cierto nivel de incorporación en la dieta se producen fenómenos de hiperglucemia, hepatomegalia, engrasamiento del músculo, etc., conocidos como síntomas de su intolerancia a la glucosa, pero la gran variabilidad de resultados según las especies, las dietas y las condiciones de cultivo determinan una revisión de la situación.

4.2. Digestibilidad de los carbohidratos

La digestibilidad, o capacidad de hidrolizar los hidratos de carbono durante todo el proceso digestivo, depende de la especie y del estado de desarrollo, de la complejidad de la molécula y de su cantidad en el alimento, del resto de componentes de la dieta y de la temperatura y salinidad del agua. Todas las especies de peces estudiadas hasta el momento poseen la dotación enzimática para la hidrólisis y absorción tanto de carbohidratos simples como de los más complejos. Además, sean las especies herbívoras, omnívoras o carnívoras, la digestión y absorción se da por las mismas rutas metabólicas. Los polisacáridos se rompen mediante endoglucosidasas α y β de origen pancreático, y los disacáridos y oligosacáridos se hidrolizan por la acción de enzimas de la membrana de las microvellosidades intestinales. Sin embargo, el control digestivo de los hidratos de carbono aún es poco conocido en los peces.

El principal enzima que interviene en la digestión de los hidratos de carbono es la *α-amilasa*. La amilasa intestinal cataliza la endohidrólisis de los enlaces glucosídicos tipo α 1→4 del almidón, o de moléculas similares, a oligosacáridos más cortos, maltosa, que es hidrolizada por la maltasa y la sucrasa-isomaltasa. En contraste con los mamíferos, que sintetizan esta enzima en la saliva y en las células pancreáticas, el único lugar de producción en los peces es el páncreas exocrino. Este enzima se distribuye por todo el tracto gastrointestinal y presenta características óptimas de pH y temperatura distintas según la especie. A pesar del interés que puede representar, se conoce poco de los mecanismos de regulación de la actividad amilásica y de su secreción o biosíntesis en peces. Y lo poco que se sabe está relacionado con el tipo de hábito alimenticio de las especies. Así, la actividad es mayor en especies herbívoras y omnívoras que en especies carnívoras, en las cuales los niveles pueden ser muy bajos o incluso se presentan por debajo de los límites de detección. La actividad intestinal está directamente relacionada con los niveles de carbohidratos en la dieta y con la ración, aunque la capacidad para adaptar la secreción de amilasa estaría restringida a especies no estrictamente carnívoras.

Aunque desde el inicio de la vida larvaria se detecta actividad amilásica, los hábitos alimentarios condicionan una gran variabilidad de esta actividad amilasa en peces juveniles. Así, la digestibilidad de los glúcidos es menor en peces carnívoros que en los de hábitos de tipo omnívoro o herbívoro.

Independientemente de la especie, la digestibilidad de los glúcidos está ligada a la complejidad de la molécula, aumentado la eficacia de la digestión cuando disminuye el peso molecular. Por lo tanto, azúcares simples como la sacarosa o la glucosa, incluso en grandes cantidades, tienen mayor digestibilidad que la dextrina o el almidón crudo. Ahora bien, en la práctica no es interesante incorporar azúcares simples en los alimentos, por lo que los únicos glúcidos que pueden entrar en la composición de dietas artificiales son los azúcares vegetales de estructura compleja: principalmente almidones de cereales. Pero en este caso, para una misma especie, varía la eficacia en la utilización de las diferentes fuentes de almidón, puesto que hay diferencias de uso según el origen vegetal de los almidones. En general, el gránulo de almidón de maíz o de patata se digiere peor que el de trigo, por ejemplo. Así, en la carpa y la trucha, el almidón crudo de trigo se utiliza mejor que el de maíz o el de patata. Con estos últimos parece indispensable un tratamiento térmico. En cambio, la presencia de inhibidores amilásicos en el trigo no parece tener un efecto negativo notable, al menos en la carpa común.

Casi todos los tipos de almidón precisan un proceso de calentamiento para incrementar su digestibilidad en peces carnívoros y herbívoros. En todos los peces en que se ha estudiado, tanto de agua dulce como marinos, el tratamiento hidrotérmico previo (cocción-extrusión, fabricación de copos, tostado) mejora la digestibilidad de los glúcidos complejos, puesto que cuando se calienta almidón en agua, los gránulos se hinchan. Este proceso, llamado de gelatinización, permite el empleo del almidón de cereales (trigo, maíz) o de proteaginosas (guisantes) como fuente energética en los alimentos artificiales de peces. Así, una tasa de gelatinización del 70% parece maximizar la digestibilidad de los glúcidos y, por lo tanto, que contribuyan al ahorro proteico. En los salmónidos se puede incorporar hasta un 25% de guisantes, siempre que previamente se descascarillen, extrusionen y micronicen, con lo que el almidón llega a gelatinizarse en un 80%.

Otras actividades enzimáticas también son importantes en la capacidad de las distintas especies de peces para digerir los carbohidratos que puede presentar la dieta. Por ejemplo, la actividad *quitinasa* es especialmente relevante en especies que consumen artrópodos, ya que presentan un exoesqueleto quitinoso que puede suponer hasta un 20% de la energía bruta. La *lisozima* es otro enzima que potencialmente puede degradar la quitina y está normalmente relacionado con la protección frente a la infección bacteriana. Algunas especies de peces presentan una cierta actividad *celulasa*, siendo así capaces de hidrolizar distintos tipos de fibras vegetales. Aunque se ha demostrado que esta actividad está muy ligada a la presencia de microorganismos intestinales con función «rumiante», no se ha descartado la capacidad endógena de síntesis de este enzima. En especies herbívoras su actividad también se puede inducir con el aumento de la concentración de fibras vegetales en la dieta.

En las membranas de las microvellosidades intestinales se encuentran enzimas capaces de hidrolizar los disacáridos y pequeños oligosacáridos. Estos enzimas se encuentran a lo largo de toda la mucosa intestinal, desde la zona pilórica hasta la media y la distal en especies herbívoras, omnívoras y carnívoras, pero su actividad también es mayor en peces herbívoros que en carnívoros. Sin embargo, su actividad no es inducible por la cantidad de carbohidratos de la dieta.

4.3. Niveles óptimos de carbohidratos en dieta

El nivel óptimo o recomendado de carbohidratos en la dieta varía entre las diferentes especies de peces, pero en general se ha considerado que un nivel menor del 20% de carbohidratos digeribles parece óptimo para peces carnívoros marinos o de aguas frías (salmónidos). En peces de aguas dulces templadas o cálidas se pueden emplear niveles más elevados.

El valor medio de la energía bruta de los glúcidos es cercano a 16,7 kJ/g (15,9 para la glucosa y 17,6 para el almidón). Pero en la alimentación de los peces se debe prestar atención a los valores de la energía digerible de los glúcidos, puesto que ya se ha apuntado que varían considerablemente. Además, el valor energético, en términos de energía neta, también puede diferir según la especie. Desde un punto de vista práctico los únicos carbohidratos que se utilizan en la formulación de piensos son los glúcidos complejos. En este sentido, el desarrollo de la fisiología nutricional y la tecnología y economía piscícolas han permitido, y a la vez condicionado, el uso de ingredientes cada vez más baratos y de sistemas de procesado de materiales que incrementan la cantidad digerible de carbohidratos en la dieta. Una mayor cantidad de estos componentes en la dieta significa, por un lado, una fuente de energía alternativa, pero por otro lado aporta otras ventajas por sus características físicas. Así, los almidones, pectinas y hemicelulosas facilitan la formación de los «gránulos» (*pellets*) de las dietas artificiales, de gran importancia para las casas productoras, por lo que muchas veces se han añadido mayores cantidades de carbohidratos en el pienso de lo que determinaría la eficiencia energética adecuada del nutriente por sí mismo.

Altos niveles de ingestión de carbohidratos digeribles en salmónidos provocan un aumento del tamaño del hígado y del contenido de glucógeno, proporcional a los niveles de carbohidratos de la dieta. Y similares efectos se han apreciado en el pagel (*Chrysophrys major*) y en seriola. Pero varios trabajos han mostrado que, en la trucha, con un contenido proteico equivalente, los resultados de crecimiento y los índices de consumo pueden mejorarse con dietas que contengan polisacáridos como el almidón, previamente tratado.

El aumento de la frecuencia de comidas puede mejorar la utilización de los carbohidratos. Sin embargo, el efecto de ahorro de las proteínas por los glúcidos digeribles es controvertido, aunque la energía que aportan parece tener un efecto beneficioso global en el crecimiento y en la utilización de proteína en la mayoría de especies. Lo cual contribuye también a reducir la elevada excreción nitrogenada de dietas altamente proteicas.

En los inicios de los estudios de nutrición de peces en cultivo, en la década de los cincuenta, se propuso que los niveles óptimos de carbohidratos en la dieta de salmónidos, como la trucha, no debían superar el 12% de almidón. Posteriormente, estos niveles se modificaron diferenciando entre especies con hábitos naturales más herbívoros, u omnívoros, y especies básicamente carnívoras. Los estudios de los años noventa demostraron que en los peces carnívoros se podía mejorar el crecimiento con la inclusión de bajas cantidades de almidones gelatinizados. Así, en especies como el bacalao, el fletán, el salmón, la trucha o la anguila, niveles bajos de carbohidratos en el pienso mejoran la utilización de la comida y la retención de proteína, comparándolos con alimentos carentes de ellos. Este hecho se relaciona con un uso energético estimulado de la glucosa y con una gluconeogénesis a partir de aminoácidos disminuida. Así, las especies adaptadas a dietas herbívoras u omnívoras, como las distintas especies de carpa, presentan una capacidad mayor para el uso de la glucosa con fines energéticos. De manera que las proteínas de la dieta se destinarían al crecimiento sin ser derivadas en cantidades importantes a la obtención de energía. En cambio, las especies carnívoras presentarán unas capacidades menores tanto de digestión como de asimilación de los carbohidratos y una parte significativa de proteínas se derivarían a la obtención de energía.

4.4. Glucosa circulante y utilización de la glucosa

La eficacia global de los glúcidos no estará únicamente ligada a la digestibilidad. Incluso cuando los peces digieren bien los glúcidos, el uso que hacen de la glucosa absorbida puede ser escaso. En salmónidos, se han señalado fenómenos de intolerancia a carbohidratos a partir de un 20% de azúcares simples (glucosa, sacarosa) en el alimento. Estos casos no se explican por una mala digestibilidad, ya que los azúcares simples derivados de la digestión se absorben bien y de forma rápida.

La intolerancia a la glucosa (término clínico utilizado para diagnosticar la *diabetes mellitus* dependiente de glucosa) se refiere a la incapacidad de un organismo a responder rápidamente frente a una sobrecarga de glucosa (*test* de tolerancia a la glucosa). En el caso de peces se han realizado diversos estudios, pudiéndose observar en general hiperglucemias persistentes dependiendo de la especie y de la condición: a mayor concentración de carbohidratos, más elevada es la hiperglucemia. En general, cuanto más carnívora es la especie, más tiempo se necesita para el aclaramiento de la sobrecarga de glucosa. Las consecuencias son hiperglucemia persistente y, en muchos casos, crecimiento reducido. De forma general, la ingesta de grandes cantidades de glúcidos digeribles induce una disfunción hepática asociada a otros efectos sobre el metabolismo glucídico y lipídico. En algunas especies, como en el pez gato, se ha observado que los enzimas lipogénicos hepáticos, los cuales se inhiben frente a altos niveles de lípidos en dieta, incrementan su actividad frente a una ingesta alta de carbohidratos. Ahora bien, se mantienen sin cambios en el salmón plateado (*Oncorhynchus kisutch*).

El seguimiento metabólico de la glucemia postprandial permite interpretar las posibles causas de una mala tolerancia hacia los glúcidos. Al contrario de los animales monogástricos terrestres, en todos los teleósteos la concentración de glucosa en sangre tras una ingesta oral parece mantenerse muy elevada por largo tiempo. Una hiperglucemia tan marcada (hasta 17 mmol/L o 300 mg/100 ml) y prolongada (ya que puede durar más de 24 horas) tras la administración de glucosa indicaría una carencia de sistemas para controlar la glucemia y, con ligeras diferencias entre las especies, se ha observado en la mayor parte de los teleósteos. En contraposición el incremento postprandial en el hombre se sitúa en menos de 7 mmol/L y no dura más de algunas horas.

¿Cuáles son las causas de esta posible intolerancia? Básicamente hay dos posibilidades:

a) los niveles de insulina en sangre, y
b) la utilización periférica de la glucosa.

En el caso de los mamíferos, va ligada a la ausencia de secreción de insulina; a la ausencia de receptores de insulina, de su actividad o ambos factores, y a la ausencia o limitación de los transportadores de glucosa. En primera instancia, estos niveles altos y sostenidos se atribuyeron a una ausencia de secreción de insulina, sugiriéndose que los peces eran animales «diabéticos». Ahora bien, los peces secretan insulina (de 1 a 3 ng/ml en ayunas y de 5 a 48ng/ml tras la alimentación) y la función de las hormonas pancreáticas es similar a la observada en animales terrestres. Así pues, la insulina en peces disminuye de forma efectiva la glucosa circulante. Además, muchos tejidos presentan receptores de insulina, aunque existen grandes diferencias interespecíficas en la receptividad tisular y en la actividad tirosina-quinasa.

Segundo, se han medido flujos de glucosa en reposo en diversas especies de peces (tabla 4.3). Normalmente medidos en condiciones de estado estacionario y, por ello, representan tanto la tasa de producción basal de glucosa como la de su desaparición a nivel de todo el organismo.

Los valores del recambio (turnover) para distintas especies de peces son, comparados con los de mamíferos de tamaño similar en reposo, del orden de 20 a 100 veces inferiores (con la excepción de túnidos y anguilas). Lo cual explicaría también la lentitud en retirar la glucosa circulante después de una sobrecarga. En general parece que las especies que presentan elevados recambios también tienen mayores capacidades para mantener la concentración de glucosa plasmática estable. No toda la glucosa que deja la circulación sanguínea es oxidada. Cuando se ha comparado la recuperación de $^{14}CO_2$ espirado después de una inyección de glucosa-^{14}C se ha demostrado que la glucosa se oxida a tasa inferiores a las de los ácidos grasos-^{14}C o de los aminoácidos-^{14}C. Sin embargo, prácticamente no hay datos sobre tasas absolutas de oxidación, pues debería monitorizarse la producción de CO_2 a partir de una infusión continua de sustratos marcados.

Tabla 4.3. Flujos de producción y de uso de glucosa en teleósteos.

Especie	µmol glucosa·kg^{-1}·min^{-1}	Referencia
Dicentrarchus labrax	0.6	1
Oncorhynchus mykiss	1.0	1
Paralabrax sp.	2.1	1
Oncorhynchus kisutch	2.2	1
Hemitripterus americanus	3.6	1
Hoplias malabaricus	3.9	1
Salmo trutta	5.2	2
Salmo trutta (en ayuno)	3.9	2
Pleronectes platessa	5.7	1
Katsuwonus pelamis	15.3	1

Se han medido en estado estacionario, cuando las tasas de producción son las mismas que las velocidades de desaparición de la circulación.
1 Weber y Zwingelstein, 1995.
2 Blasco et al., 2001.

Diversos factores pueden modificar la tasa de recambio de la glucosa; como el ayuno, que en general disminuye el recambio; el ejercicio, que en trucha, por ejemplo, produce un aumento del uso de glucosa de 28 veces por parte del músculo rojo (pero sin efectos sobre el músculo cardíaco), y la hipoxia.

4.5. Metabolismo de los carbohidratos

Los enzimas de las principales vías metabólicas, como la glucólisis, el ciclo de Krebs, la vía de las pentosas, la gluconeogénesis y la síntesis del glucógeno, se han encontrado en los peces. Aunque diversos estudios han caracterizado diferentes enzimas del metabolismo de los carbohidratos, su papel y la contribución de los carbohidratos de la dieta a los requerimientos de energía total en peces no parecen estar aún totalmente clarificados, pues varios de ellos han indicado que la regulación hormonal y metabólica de los carbohidratos y del gasto energético varían según las especies de peces y son diferentes a mamíferos (Cowey y Walton, 1989; Mommsen y Plisetskaya, 1991).

La entrada de la glucosa circulante al interior de las células está condicionada por la presencia de transportadores específicos situados en las membranas celulares denominados GLUT. En mamíferos se han descrito unos 13 tipos de transportadores distintos y algunos de ellos pueden ser inducidos por la insulina, favoreciendo así la captación de la glucosa por los tejidos. En los peces, los niveles de transportadores independientes de la insulina (GLUT-1, el mayoritario en mamíferos) son muy bajos y la presencia de transportadores dependientes de insulina (como el GLUT-4) solo ha sido demostrada recientemente en trucha y en salmón y aún es poco conocida. Sin embargo, en general, los niveles de estos transportadores son bajos, estando estrechamente relacionados con una baja capacidad de internalización de la glucosa.

Otro punto limitante en el uso metabólico de la glucosa se encuentra en su fosforilación intracelular. El primer paso de «activación» de la glucosa es su fosforilación a glucosa-6-fosfato, lo cual permitirá su posterior uso energético o su almacenamiento. La reacción está mediada por un enzima denominado hexoquinasa (cuando el sustrato es cualquier hexosa) y glucoquinasa (cuando es específico de la glucosa). Este último, típico del hígado, no es saturado por el producto, actuando en mamíferos en la rápida retirada de glucosa de la circulación, pero tiene una actividad relativamente baja en los peces en que se ha encontrado, lo cual limita la capacidad de extracción de la circulación de los carbohidratos de la dieta. Por su parte, las hexoquinasas son enzimas de baja especificidad que fosforilan no solo la glucosa sino también otras hexosas, y que presentan alta afinidad, por lo cual son fácilmente saturables y además son inhibidas por el producto de la reacción, la glucosa-6-fosfato. De hecho se ha demostrado que estas actividades son las más bajas de todos los enzimas glucolíticos en la mayoría de especies y solo en tejidos con necesidades energéticas mayores como el músculo rojo y el músculo cardíaco, o tejidos dependientes de la glucosa, como el cerebro, la actividad de estos enzimas es más elevada. La inyección de insulina parece tener un efecto estimulante de la actividad hexoquinasa, siempre en valores muy bajos con respecto a especies terrestres, pero en cambio no depende del nivel de carbohidratos de la dieta.

En los peces la obtención de energía a partir de la glucosa sigue las mismas vías catabólicas que las descritas para mamíferos. La *glucólisis* transforma la glucosa en ácido pirúvico, formándose ATP mediante la vía oxidativa de los ácidos tricarboxílicos (ciclo de Krebs). En el músculo blanco de los peces, tejido principalmente anaeróbico, el producto final es el ácido láctico. Todos los enzimas relacionados con estas rutas metabólicas se han encontrado en peces, aunque con algunas peculiaridades con respecto a los de los mamíferos. Por ejemplo, la lactatodeshidrogenasa, que regula la formación anaeróbica de lactato, presenta una serie de isoenzimas que hacen que su actividad sea menos sensible a la temperatura o al pH como adaptación a condiciones de temperatura o de hipoxia más severas en estos animales. La glucólisis en peces, como veremos posteriormente, tiene más importancia como suministradora de productos biosintéticos que como una vía de producción de piruvato para su posterior oxidación.

Por el contrario, la gluconeogénesis, o formación de glucosa-6-fosfato a partir de piruvato, también se da en peces por la misma ruta que en mamíferos y su importancia viene dada por los elevados niveles de aminoácidos procedentes de la degradación proteica. El excedente de proteína (o de aminoácidos libres) no se puede almacenar, sino que los aminoácidos serán degradados, interconvertidos o servirán como sustrato de esta ruta anabólica. En la trucha, la producción hepática de glucosa no es inhibida por la entrada de carbohidratos con la dieta, contribuyendo a alargar la hiperglucemia.

Otra vía de degradación de la glucosa es el *shunt* de las hexosas-monofosfato o vía de las pentosas, la cual genera la ribosa necesaria para la síntesis de los ácidos nucleicos y a la vez genera NAPDH. Este metabolito constituye el poder reductor necesario para la síntesis de lípidos, además de contribuir al poder antioxidante de la célula. En los peces, estos enzimas se localizan principalmente en el hígado y aumentan con las bajas temperaturas o los niveles elevados de carbohidratos en la dieta. De manera que, si incrementan los carbohidratos ingeridos, aumenta esta ruta, seguramente, como indican diversos estudios, estimulando la producción de lípidos.

Mediante el uso de sustratos marcados con isótopos radioactivos o isótopos estables, se puede ver cuál es la distribución de los carbohidratos ingeridos. La tasa de utilización de la glucosa es específica del tejido y los tejidos con elevada actividad glucolítica presentan las mayores tasas de utilización. Si se induce una sobrecarga de glucosa su utilización glucolítica aumenta en la mayoría de tejidos, determinando que la potencialidad celular de regular el uso de la glucosa como sustrato energético se da también en los peces. Un porcentaje aproximado del 15% de la glucosa absorbida se almacena rápidamente en forma de glucógeno hepático. Esta reserva se puede movilizar también de forma rápida, de manera que hay un ciclo diario que está ligado al aporte del alimento. Un porcentaje igual o inferior es absorbido por el músculo y también almacenado en forma de glucógeno muscular. El porcentaje mayor, sin embargo, de glucosa absorbida (entre el 40 y el 70) se usa para obtener energía o como precursor de otros componentes. Entre estos componentes, la síntesis de proteína es mucho más rápida que la formación de nuevos lípidos por la vía lipogénica.

Comparando el uso de los hidratos de carbono de la dieta marcados con el isótopo estable ^{13}C en dos especies, una dulceacuícola (trucha arcoiris) y otra marina (dorada), a las 24 horas postingesta, se observa que en las especies de peces que obtienen poco provecho de los carbohidratos, como es la trucha, más del 75% del carbono marcado no ha llegado a su destino final, mientras que en la dorada cerca del 60% del ^{13}C de la dieta se ha depositado ya en su forma final como glucógeno de reserva (20-25%), se ha transformado en proteína (15%) o en lípidos (2-3%). Esta diferencia refleja que la capacidad de uso de los carbohidratos en una especie como la dorada, clasificada como carnívora pero con una demostrada capacidad omnívora, es mucho más efectiva que en una especie estrictamente carnívora como la trucha.

4.6. Conclusión

Los hidratos de carbono son importantes constituyentes de las dietas de peces por sus interesantes propiedades físicas (almidón, pectina y hemicelulosa actúan de aglomerantes de los gránulos) y por suponer una fuente de energía barata. Sin embargo, pueden suponer una fuente de materiales no digeribles que pueden afectar a la digestión de los demás nutrientes. El conocimiento de las muy diversas capacidades de aprovechamiento que presentan las distintas especies de peces de los carbohidratos de la dieta ha de permitir ajustar su incorporación permitiendo disminuir los requerimientos de proteínas, y con ello la reducción de excreción nitrogenada, pero sin afectar a un óptimo crecimiento ni a la calidad del producto final conseguido.

5. REQUERIMIENTOS EN VITAMINAS Y MINERALES

5.1. Vitaminas

Las vitaminas son un grupo heterogéneo de componentes orgánicos esenciales para el crecimiento y el mantenimiento de la vida animal. La mayoría de vitaminas no se sintetizan en absoluto o no lo hacen a la tasa suficiente para cubrir las necesidades de los animales. En animales salvajes se desconocía el carácter esencial de estos componentes y solo se observaron carencias cuando las especies fueron alimentadas con dietas simples artificiales. Son compuestos normalmente presentes en muy bajas cantidades en las fuentes dietarias animales y vegetales, pero el organismo las necesita en esas muy bajas cantidades, a niveles traza. Se han descrito 15 vitaminas (tabla 4.4), aunque su esencialidad depende de cada especie animal, la tasa de crecimiento, la composición de la dieta y la presencia o ausencia de bacterias gastrointestinales con capacidad de sintetizar algunas de ellas. De forma genérica se clasifican en vitaminas liposolubles y vitaminas hidrosolubles.

Tabla 4.4. Clasificación de las vitaminas

Vitaminas hidrosolubles	Vitaminas liposolubles
Tiamina (vitamina B1)	Retinol (vitamina A)
Riboflavina (vitamina B2)	Colecalciferol (vitamina D3)
Piridoxina (vitamina B6)	Tocoferol (vitamina E)
Cianocobalamina (vitamina B12)	Filoquinona (vitamina K)
Ácido ascórbico (vitamina C)	
Ácido fólico	
Ácido nicotínico	
Ácido pantoténico	
Biotina	
Colina	
Inositol	

Las primeras se absorben en el tracto digestivo en presencia de la grasa de la dieta y se pueden almacenar en las reserves lipídicas del organismo. Sin embargo, cuando se encuentran de manera sostenida en exceso en la dieta pueden acumularse generando una condición potencialmente tóxica: la hipervitaminosis. En cambio, las vitaminas hidrosolubles no pueden almacenarse en cantidades apreciables y se agotan rápidamente si no se incorporan en la dieta.

5.1.1. Función metabólica y síntomas de carencias
Un buen número de vitaminas, hasta 11, son moléculas fundamentales del metabolismo intermediario, normalmente como coenzimas; un total de 6 vitaminas intervienen en la transferencia de protones o electrones; dos presentan una función pro-hormonal, y una tiene carácter protector de las membranas celulares.
Aunque las funciones son muy diversas, en la siguiente lista se destacan algunas de las funciones principales de cada vitamina:

- La *tiamina* es una coenzima que interviene en el metabolismo de los carbohidratos.

- La *riboflavina* y el ácido nicotínico actúan como componentes de los flavin-nucleótidos (FMN y FAD) y de los nicotin-adenin-nucleótidos (NAD y NADP), respectivamente, y tienen un papel muy importante en el metabolismo energético, por ello son básicas en el metabolismo de carbohidratos, lípidos y proteínas. La riboflavina es particularmente importante también en la respiración en tejidos poco vascularizados, como la córnea del ojo.

- La *piridoxina* en su forma de piridoxal-fosfato es un coenzima en las reacciones de transaminación, desaminación, descarboxilación y sulfidación de los aminoácidos. Además también es necesaria para la síntesis de hemoglobina, del acetil-CoA y para la liberación del glucógeno desde el músculo y el hígado.

- La *cianocobalamina* se precisa para la formación de los eritrocitos y el mantenimiento del tejido nervioso.

- El *ácido ascórbico* actúa como molécula antioxidante, facilitando el transporte de hidrógeno dentro de las células animales. Tiene una importancia vital también en la maduración del colágeno, en la síntesis de catecolaminas y en la síntesis de la carnitina que interviene en la β-oxidación de los lípidos.

- La *biotina* y el *ácido fólico* funcionan como coenzimas en aquellas reacciones de transferencia del dióxido de carbono de un componente a otro (reacciones de carboxilación) y en la transferencia de unidades de un grupo carbono (grupos formil, metil, etc.), respectivamente. Así, ambas son compuestos básicos en la mayoría de rutas biosintéticas y metabólicas.

- El *ácido pantoténico* es imprescindible para formar coenzima A dentro de la célula. Los principales nutrientes, carbohidratos, lípidos y proteínas en su metabolismo energético se han de convertir primeramente a acetil-CoA antes de oxidarse en el ciclo de Krebs, siendo por ello una molécula esencial del metabolismo. También está directamente ligado con la biosíntesis de los ácidos grasos, del colesterol, de los esteroides y de la hemoglobina.

- El *inositol* y la *colina* son componentes básicos de los fosfolípidos y por tanto tienen un especial interés en el mantenimiento de la integridad de las membranas celulares y sus funciones. La colina, además, como componente de la acetilcolina interviene en la transmisión neuronal.

- La *vitamina A* se encuentra presente en todos los tejidos animales en su forma de retinol (vit A1: mamíferos y peces marinos) o de 3,4-dehidroretinol (vit A2: peces dulceacuícolas). Es imprescindible para la formación de los pigmentos retinianos y, por lo tanto, para una visión normal. También se necesita para el mantenimiento de la mucosa del tracto digestivo, de la piel y del hueso.

- El *colecalciferol* es esencial en el metabolismo del calcio y del fósforo en los peces. En concreto, se necesita para la absorción del calcio, la calcificación de los huesos, la mineralización ósea del fósforo y la reabsorción renal del fósforo y de los aminoácidos.

- El *tocoferol* actúa como un antioxidante liposoluble tanto a nivel extracelular como intracelular en los animales. Protege a los ácidos grasos poliinsaturados (PUFA) y a otros componentes (como las vitaminas A y C) del ataque oxidativo, actuando como trampa para los radicales libres.

- La *vitamina K* o sus derivados son especialmente necesarios para la correcta coagulación de la sangre.

5.1.2. Requerimientos de vitaminas

Los requerimientos de estos componentes se han determinado a partir de estudios clásicos de dosis-respuesta en condiciones de laboratorio. De manera que los requerimientos dietarios se toman del punto de cambio (*break point*) en las curvas de crecimiento, eficiencia, o su concentración en los tejidos. En la práctica, existen una serie de condicionantes que se deben tener en cuenta en la cantidad de suplemento necesario en la dieta. Por ejemplo, la capacidad biosintética que presenta la flora intestinal de cada especie. Así, los peces herbívoros y omnívoros requerirán niveles menores de la mayoría de vitaminas B, de vitamina K, de ácido pantoténico, de biotina o de inositol. El sistema de cultivo también determinará la necesidad de una mayor o menor cantidad de suplementos, de manera que la presencia de alimento natural en sistemas semiintensivos o extensivos reducirá las necesidades con respecto a los sistemas intensivos donde todo el alimento será «artificial». Los requerimientos diarios también dependen del tamaño del animal, reduciéndose al incrementar el peso de los animales. Los componentes de la dieta pueden condicionar las necesidades de ciertas vitaminas. Por ejemplo, si se incrementan los niveles de ácidos grasos insaturados, de carbohidratos o de proteínas se requerirán mayores niveles de tocoferol, tiamina o piridoxina, respectivamente.

Finalmente, tal y como se comenta en el capítulo 9 el proceso de manufactura del pienso puede alterar o destruir en gran proporción las vitaminas más lábiles.

Tabla 4.5. Diagnóstico de la deficiencia en vitaminas

Vitaminas	Signos de deficiencia
Tiamina	Alteraciones nerviosas Melanismo Despigmentación de la piel Hemorragias subcutáneas Congestión de las aletas
Piridoxina	Alteraciones nerviosas: nado errático, convulsiones, hiperirritabilidad Coloración azul-verdosa
Biotina	Degeneración de las laminillas branquiales Atrofia muscular Degeneración acinas pancreáticos Despigmentación…
Ácido Fólico	Letargo y anemia Melanismo Hipersensibilidad bacteriana Congestión aletas
Retinol	Lesiones oculares Despigmentación de la piel Edemas y hemorragias
Riboflavina	Letargo Fotofobia Dermatitis Necrosis renal
Ácido Ascórbico	Hemorragias externas y internas Lordosis y escoliosis Ascitis Granulomatosis renal
Tocoferoles	Distrofia muscular Despigmentación Fragilidad eritrocitaria Lordosis

Fuentes: Guillaume et al. (1999), Nutritional fish pathology (FAO)

5.2. Minerales

Los elementos inorgánicos (minerales) son importantes en distintas funciones del metabolismo y en la osmorregulación, 20 de ellos se consideran esenciales en toda vida animal, incluidos los peces. Los elementos minerales esenciales se clasifican básicamente en dos grupos, según su concentración en el organismo: los *macroelementos* y los *microelementos* o elementos traza (tabla 4.6). La función general es variada, pero se puede resumir en que:

- son esenciales para la correcta formación de las estructuras esqueléticas.
- intervienen en el mantenimiento de la presión osmótica y en la regulación del intercambio de agua y solutos en el organismo, en el equilibrio ácido-base y en el control del pH de la sangre y otros fluidos.
- son esenciales para la transmisión de los impulsos nerviosos y de la contracción muscular.

▪ sirven como componentes de las enzimas, vitaminas, hormonas, pigmentos respiratorios o como cofactores en el metabolismo.

Tabla 4.6. Diagnóstico de la deficiencia en minerales

Macro-minerales	Funciones	Interacciones	Síntomas de deficiencia
Calcio	Crecimiento de los huesos Coagulación sanguínea Cofactor enzimático Neurotransmisión	Vitamina D P, Zn, Mg	Disminución del crecimiento Descalcificación huesos y escamas
Fósforo	Crecimiento de los huesos Metabolismo energético Constituyente celular y de las membranas Coenzima	Ca, Mg, Mn Vit PP Vit B1 Vit B6	Disminución del crecimiento Deformaciones Desmineralización Aumento depósitos lipídicos …
Magnesio	Crecimiento Integridad muscular Respiración Cofactor Metabolismo tiroideo	Proteínas Ca, P	Degeneración muscular Deformación vértebras Calcinosis, anorexia, convulsiones Cataratas …
Potasio	Regulación enzimas Osmorregulación Equilibrio iónico Contracción muscular Neurotransmisión	Na	Disminución del crecimiento Convulsiones Tetania
Sodio	Equilibrio iónico Osmorregulación Regulación enzimática	K, Cl	
TRAZA			
Hierro	Hemoglobina. mioglobina, citocromos Respiración Coagulación Enzimas	Cu, Co, Mn, Zn HUFA	Anemia hematocrítica Hígado amarillo Concentraciones tisulares Oxidación de los lípidos
Cobre	Cit-c-oxidasa, SOD… Transporte electrones (hemocianina, crustáceos)	Vit C, Zn, Se, Fe	Disminución del crecimiento Cataratas Sensibilidad a infecciones
Zinc	Deshidrogenasas, peptidasas, aldolasas	Ácido fítico, Ca, P	Disminución del crecimiento Cataratas Disminución fecundidad
Manganeso	Cofactor enzimático	Ca, P Ácido fítico	Disminución del crecimiento Anomalías esqueléticas Disminución actividad enzimática Disminución de la fecundidad
Selenio	Prevención autooxidación Cofactor SOD	HUFA Vit E	Peroxidación lípidos Disminución resistencia a patógenos Disminución actividad enzimática
Yodo	Hormonas tiroideas		Hiperplasia de la tiroides

Fuentes: Watanabe et al., (1997), Guillaume et al., (1999), Nutritional fish pathology (FAO)

La mayoría de los minerales se requieren en bajas o muy bajas cantidades (trazas) y ya se encuentran en concentración suficiente en el agua que envuelve al animal, para ser absorbidos a través de sus branquias. El medio marino es hipertónico respecto al animal y este tiende a sufrir desecación perdiendo agua por las branquias; para compensarlo los peces marinos beben continuamente agua ingiriendo adicionalmente un exceso de sales minerales que se elimina al exterior activamente por las branquias. En consecuencia, simplemente bebiendo los peces marinos satisfacen substancialmente los requerimientos minerales. Así, en los diferentes estudios realizados, solo la adición de fósforo, potasio y hierro en la dieta determina un resultado positivo en el crecimiento. La situación de los peces dulceacuícolas es inversa, se encuentran en un medio hipoosmótico con carencia de sales, por lo que son animales que prácticamente no beben y que compensan la pérdida renal de sales mediante el bombeo activo branquial de iones desde el exterior al plasma. Por todo ello, los peces de agua dulce necesitan de un aporte adecuado de minerales que cubra sus requerimientos, para así ahorrarse la energía de su captación. Los requerimientos normalmente se analizan mediante una gradación de los niveles de cada elemento en dietas experimentales purificadas o semipurificadas observando las curvas de crecimiento (*break-point*), la eficiencia alimentaria o los niveles de algún enzima indicador. Como en el caso de las vitaminas, los estudios con minerales se han realizado en condiciones experimentales y poco se conoce de los requerimientos minerales en cultivos semiintensivos o intensivos usando dietas comerciales.

Referencias

Blasco, J, Marimón, I, Viaplana, I, Fernández-Borràs, J. Fate of plasma glucose in tissues of brown trout in vivo: effects of fasting and glucose loading. Fish Physiology and Biochemistry. 2001; 24, 247-258

Brafield, A E, Solomon, D J. Oxycalorific coefficients for animals respiring nitrogenous substrates. Comparative Biochemistry and Physiology. 1972; 43ª, 837-841

Cowey, C, Walton, M. Fish Nutrition. En: John Halver, editor. Washington: Academic Press; 1989

Gnaiger, E. Calculation of energetic and biochemical equivalents of respiratory oxygen consumption. En: Gnaiger, E, Forstner, H, editores. Polarographic oxygen sensors. Berlín: Springer; 1983

Guillaume, J, Kaushik, S, Bergot, P, Métailler, R. Nutrición y alimentación de peces y crustáceos. En Guillaume, Kaushik, Bergot y Métailler, editores. Madrid: Mundi-Prensa, 2004

Hemre, GI, Mommsem, TP, Krogdahl, A. Carbohydrates in fish nutrition: effects on growth, glucose metabolism and hepatic enzymes. Aquaculture Nutrition. 2002; 8, 175-194

Houlihan, D, Boujard, T, Jobling, M. Food Intake in Fish. Oxford: Blackwell Publications; 2001

Kasumyan, AO, Doving, K. B. Taste preferences in fishes. Fish and Fisheries. 2003; 4, 289-347

Krogdahl, A, Hemre, GI, Mommsem, TP. Carbohydrates in fish nutrition: digestion and absorption in postlarval stages. Aquaculture Nutrition. 2005; 11; 103-122

Li, P, Mai, K, Trushenski, J, Wu, G. New developments in fish amino acid nutrition: towards functional and environmentally oriented aquafeeds. Amino Acids. 2009; 37, 43-53

Lovell, T. Nutrition and feeding of fish. Massachusetts: Kluwer Academic Publishers; 1989

Mommsen, TP, Plisetskaya, EM. Insulin in fishes and agnathans: History, structure, and metabolic regulation. Reviews in Aquatic. Sciences. 1991; 4, 225-259

Tacon, AJG. Nutritional fish pathology: Morphological signs of nutrient deficiency and toxicity in farmed fish; 1992. Disponible en: http://www.fao.org/documents

Watanabe, T, Kiron, V, Satoh, S. Trace minerals in fish nutrition. Aquaculture. 1997; 151, 185-207

Weber, JM, Zwingelstein, G. Circulatory substrate fluxes and their regulation. En: Hochachka, PW, editor. Biochemistry and Molecular Biology of Fishes. Amsterdam: Elsevier; 1995

Bases metabólicas de la nutrición. Requerimientos de lípidos en peces

Patricio Dantagnan*

1. ESTRUCTURA Y ORIGEN DE LOS LÍPIDOS Y ÁCIDOS GRASOS DE IMPORTANCIA EN NUTRICIÓN DE PECES

Los lípidos pueden ser clasificados en dos grandes grupos, lípidos saponificables y no saponificables. Los primeros se caracterizan por estar estructurados a partir de una molécula de glicerol y por hidrolizarse en soluciones alcalinas. Además de producir ésteres de ácidos grasos, están constituidos por los llamados lípidos neutros o simples (representados por los triglicéridos, ceras y ésteres de colesterol) y por los llamados lípidos polares o compuestos (representados por los fosfoglicéridos y esfingolípidos). Los lípidos no saponificables son un grupo de compuestos que se diferencian de los saponificables por no estar estructurados a partir de una molécula de glicerol, pero que no producen ésteres de ácidos grasos, estando representados por vitaminas, hormonas esteroidales, prostaglandinas y terpenos (figura 4.1). En nutrición animal en ge-

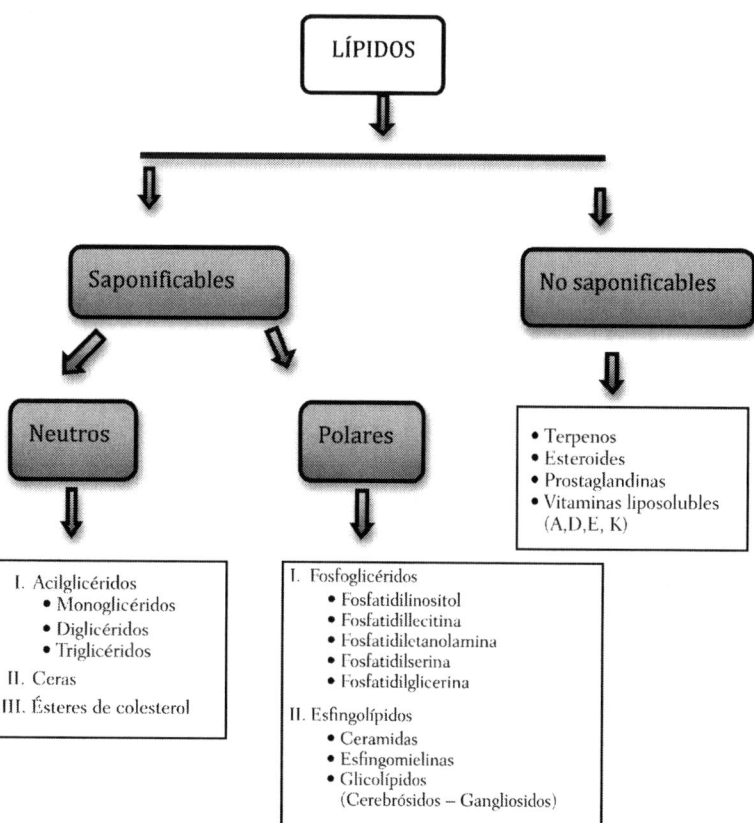

Figura 4.1. Clasificación de lípidos de acuerdo con su capacidad de saponificación.

---

* Director Laboratorio de Nutrición. Facultad de Recursos Naturales, Universidad Católica de Temuco (Chile) (dantagna@uct.cl).

neral, los lípidos más importantes, que son considerados en los componentes dietarios en el momento de la formulación y fabricación del alimento, son los triglicéridos y los fosglicéridos; ambos son fundamentales para satisfacer las necesidades de lípidos totales y de ácidos grasos esenciales de los organismos de cultivo. Los ácidos grasos son cadenas lineales de carbono, que poseen un grupo carboxilo (COOH) y una cola hidrocarbonada, que confiere la naturaleza insoluble en agua a la mayoría de los lípidos, cuyos átomos de carbono pueden estar unidos por enlaces simples o dobles, lo cual determina el grado de insaturación del ácido graso. Se denominan ácidos grasos saturados (SAFA) aquellos que no poseen dobles enlaces en su cadena, donde el ácido palmítico (16:0) suele ser el más abundante. Los ácidos grasos monoinsaturados son aquellos que en su cadena poseen solo un doble enlace, siendo el más característico y abundante en la naturaleza el ácido oleico (18:1n-9). Mientras que los ácidos grasos poliinsaturados (PUFA) son aquellos que poseen más de un doble enlace en su cadena, con 18–24 átomos de carbono en su cadena. Dentro de los poliinsaturados, se denominan altamente insaturados aquellos ácido grasos que poseen más de 20 carbonos y más de 4 dobles enlaces en su cadena, siendo los más representativos el ácido araquidónico (20:4n-6), el ácido eicosapentaenoico (20:5n-3) y el docosahexaenoico (22:6n-3) (véase tabla 1). De acuerdo con la posición del último doble enlace en la cadena, los ácidos grasos monoinsaturados y poliinsaturados se clasifican en tres grupos: los de la serie n-3, que pertenecen a aquellos en los que el último doble enlace está a tres carbonos del carbono terminal; los de la serie n-6, cuyo último doble enlace está a 6 carbonos del carbono terminal, y aquellos con el último doble enlace a 9 carbonos del carbono terminal, que pertenecen a la serie n-9. Dentro de los ácidos grasos, existen aquellos derivados de la síntesis *de novo* desde precursores no lipídicos, y aquellos ácidos grasos esenciales (AGE), que no son sintetizados por los organismos y que necesariamente deben ser incorporados en la dieta. Estos últimos son los tipos de ácidos grasos que los nutricionistas de animales tratan de satisfacer, de acuerdo con las necesidades de cada organismo y para cada etapa del desarrollo, utilizando diferentes fuentes, ya sea de origen animal, vegetal, acuático o terrestre.

El medio acuático provee de variedad y abundancia de algunos ácidos grasos que son escasos en el ambiente terrestre, como aquellos que poseen más de 20 átomos de carbono y más de cuatro dobles enlaces en su cadena (tabla 4.1). Su presencia está fundamentalmente asociada a funciones específicas de este tipo de ambiente, como el proceso de osmorregulación al cual la mayoría de los organismos están sometidos, y donde estos ácidos grasos juegan un rol fundamental. Entre los ácidos grasos más característicos y que dominan en la cadenas tróficas superiores del ambiente acuático marino están el ácido eicosapentaenoico (20:5n-6) y el ácido docosahexaenoico (22:6n-3). Ambos son ácidos grasos altamente insaturados de la serie n-3, cuya función en la salud humana y animal ha sido ampliamente reconocida (Ackman, 2002). De hecho estos ácidos grasos suelen ser abundantes en las membranas celulares de los peces de aguas frías, donde juegan un importante rol en la fluidez de estas, debido a su bajo punto de fusión. El origen de estos ácidos grasos de cadena larga está en las microalgas, que en algunos casos pueden llegar a representar hasta el 15-20% de todos los ácidos grasos presentes en sus células (Sargent et al., 1989), los cuales son traspasados a los productores secundarios y desde ahí hacia los eslabones superiores de las cadenas tróficas acuáticas, donde suelen encontrarse incluso en mayor cantidad que en la base de la pirámide (Sargent et al., 1989). En el agua dulce, si bien también hay una predominancia de los ácidos n-3, principalmente del linolénico (18:3n-3), hay una mayor abundancia de los ácidos grasos n-6 debido a la mayor influencia del ambiente terrestre, donde abundan los ácidos grasos de esta serie, especialmente aquellos de cadena corta como el linoleico (18:2n-6) y el araquidónico (20:4n-6). Esto tiene especial importancia para los nutricionistas de peces, dado que, en general, la razón n-3/n-6 PUFA tiende a ser más baja en peces de agua dulce que en peces marinos. Por ello, en los primeros los requerimientos de ácidos grasos de la serie n-6 PUFA llegan a ser más importantes que los de la serie n-3 PUFA, aunque se debe resaltar que usualmente la presencia de n-3 PUFA en las dietas siempre será más determinante que la sola presencia de n-6 PUFA (Cowey & Sargent, 1972; Sargent et al., 1989).

Tabla 4.1. Nomenclatura, estructura y principales fuentes de ácidos grasos.

	Nombre	Nomenclatura abreviada	Estructura[1]	Principales fuentes[2]	Referencia
Saturados	Palmítico	16:0	$CH_3(CH_2)_{14}COOH$	Aceite de coco, aceite de palma, aceite de colza, fruto de oliva, semilla de linaza, fruto de palta, semilla de lupino, semilla de durazno, semilla de almendra, maní, germen de arroz, semilla de zapallo, quínoa, germen de trigo, semilla de soja, semilla de tomate, germen de maíz, pepa de uva, grasa de ovino, mantequilla, grasa de vacuno, manteca de cerdo, aceite de yema de huevo, machas, jurel, almejas, anchoveta.	Mathews et al. (2002)[1] Masson y Mella (1985)[2]
	Esteárico	18:0	$CH_3(CH_2)_{16}COOH$	Manteca de cacao, aceite de palma, semilla de linaza, semilla de durazno, maní, semilla de zapallo, semilla de nuez, semilla de girasol, pepa de uva, grasa de ovino, mantequilla, grasa de vacuno, manteca de cerdo, aceite de yema de huevo, grasa de pollo.	Mathews et al. (2002)[1] Masson y Mella (1985)[2]
	Araquídico	20:0	$CH_3(CH_2)_{18}COOH$	Aceite de maní, aceite de pescado y gónadas de erizo.	Mathews et al. (2002)[1] Masson y Mella (1985)[2]; López (2002)[2]
	Behénico	22:0	$CH_3(CH_2)_{20}COOH$	Aceite de colza, ceras, semilla de lupino, maní.	Mathews et al. (2002)[1] Masson y Mella (1985)[2]; López (2002)[2]
	Lignocérico	24:0	$CH_3(CH_2)_{22}COOH$	Aceite de maní.	Mathews et al. (2002)[1] López (2002)[2]

(*continúa*)

(*continuación*)

	Nombre	Nomenclatura abreviada	Estructura[1]	Principales fuentes[2]	Referencia
Monoinsaturados	Palmitoleico	16:1n-9	$CH^3(CH^2)^5CH=CH(CH^2)^7COOH$	Semilla de avellana, palta, quínoa, mantequilla, grasa de vacuno, grasa de caballo, manteca de cerdo, grasa de pollo, macha, gónada de erizo, jurel, almeja, anchoveta.	Mathews et al. (2002)[1] Masson y Mella (1985)[2]
	Vaccénico	18:1n-7	$CH^3(CH^2)^5CH=CH(CH^2)^9COOH$	Mantequilla, grasas de rumiantes.	Mathews et al. (2002)[1] Morrison (1965)[2]
	Oleico	18:1n-9	$CH^3(CH^2)^7CH=CH(CH^2)^7COOH$	Aceite de oliva, aceite de coco, manteca de cacao, semilla de avellana, aceite de palma, semilla de colza, semilla de linaza, palta, semilla de lupino, semilla de durazno, almendras, semilla de damasco, maní, germen de arroz, rosa mosqueta, semilla de zapallo, quínoa, germen de trigo, semilla de soja, germen de maíz, semilla de nuez, semilla de girasol, pepa de uva, grasa de ovino, mantequilla, grasa de vacuno, manteca de cerdo.	Mathews et al. (2002)[1] Masson y Mella (1985)[2]
	Nervónico	24:1n-9	$CH^3(CH^2)^7CH=CH(CH^2)^{13}COOH$	Jurel y almeja.	Mathews et al. (2002)[1] Masson y Mella (1985)[2]
Poliinsaturados	Linoleico	18:2n-6	$CH^3(CH^2)^4CH=CHCH^2CH=CH(CH^2)^7COOH$	Aceite de coco, semilla de avellana, aceite de palma, palta, semilla de colza, aceite de oliva, semilla de linaza, lupino, semilla de durazno, almendra, maní, germen de arroz, quínoa, germen de trigo, semilla de soja, germen de maíz, nuez, manteca de cerdo, grasa de pollo, aceite de yema de huevo.	Mathews et al. (2002)[1] Masson y Mella (1985)[2]
	Linolénico	18:3n-3	$CH^3(CH^2)CH=CHCH^2CH=CHCH^2CH=CH(CH^2)^7COOH$	Semilla de colza, semilla de linaza, lupino, rosa mosqueta, quínoa, semilla de soja, nuez, grasa de caballo, mantequilla.	Mathews et al. (2002)[1] Masson y Mella (1985)[2]
	Gamma linolénico	18:3n-6	$CH^3(CH^2)^4CH=CHCH^2CH=CHCH^2CH=CH(CH^2)^4COOH$	Aceite de borraja y aceite de onagra.	Mathews et al. (2002)[1] Sabaté (2005)[2]
	Araquidónico	20:4n-6	$CH^3(CH^2)^4CH=CHCH^2CH=CHCH^2CH=CHCH^2CH=CH(CH^2)^3COOH$	Jurel, almeja, gastrópodos, anchoveta, grasas del hígado.	Mathews et al. (2002)[1] Masson y Mella (1985)[2]
	Eicosapentaenoico	20:5n-3	$CH^3(CH^2)CH=CHCH^2CH=CHCH^2CH=CHCH^2CH=CH(CH^2)^3COOH$	Macha, almeja, gastrópodos, anchoveta y aceite de pescado.	Mathews et al. (2002)[1] Masson y Mella (1985)[2]
	Docosahexaenoico	22:6n-3	$CH^3(CH^2)CH=CHCH^2CH=CHCH^2CH=CHCH^2CH=CH(CH^2)^2COOH$	Gónadas de erizo, almeja, anchoveta y aceite de pescado.	Mathews et al. (2002)[1] Masson y Mella (1985)[2]

2. ROL DE LOS LÍPIDOS Y ÁCIDOS GRASOS, Y SU IMPORTANCIA EN LA NUTRICIÓN DE PECES

El rol de los lípidos y ácidos grasos ha sido siempre ampliamente reconocido y estudiado en la nutrición de larvas, juveniles, adultos y reproductores de peces (Watanabe, et al., 1982; Sargent et al., 1989; Izquierdo, 1996), siendo uno de los temas más estudiados en acuicultura. Además de servir como una importante fuente de energía para los diversos procesos biológicos durante el desarrollo de los organismos (Vázquez et al., 1994) y cumplir importantes funciones en el metabolismo y transporte de otros nutrientes, como las vitaminas liposolubles (Bell et al., 1986), ellos juegan un rol fundamental en la estructura de todas las membranas celulares. Es conocida su función como componente clave de las membranas del sistema nervioso y de las funciones visuales (Ronayne de Ferrer, 2000). De hecho, el ácido docosahexaenoico (DHA) está directamente asociado a la constitución de tejidos neurales, como los que conforman el cerebro, teniendo por lo tanto un rol preponderante en el desarrollo de la visión (Mourente y Tocher, 1992; Navarro y Sargent, 1992) y en los tejidos olfatorios (Bell et al., 1986; Sargent et al.,1993), lo cual puede llegar a ser muy importante para la localización y captura de la presas (Rodríguez et al., 1998), así como en los procesos de metamorfosis y desarrollo de la pigmentación (Kanazawa, 1993; Estévez et al.,1999). Por otra parte, el ácido eicosapentaenoico (EPA) también cumple roles estructurales en las membranas celulares, mientras que el ácido araquidónico (ARA) ha estado asociado a problemas de pigmentación (Estévez et al., 1999) y maduración sexual en reproductores (Carrillo et al., 1995).

Además de cumplir roles estructurales, los ácidos grasos contribuyen a mantener la fluidez y estabilidad de las membranas celulares. Esto es vital para los peces y demás organismos poiquilotermos, donde el grado de insaturación de los ácidos grasos es muy importante en los procesos de adaptación a las diferentes temperaturas ambientales. Así, es conocido que cuanto más insaturado es un ácido graso, más bajo es el punto de fusión, por lo cual la presencia de PUFA en las membranas de los organismos acuáticos en ambientes de bajas temperaturas cobra mayor relevancia (Bell et al., 1986). Varios estudios han demostrado que las disminuciones de temperatura producen un marcado incremento en la insaturación de los ácidos grasos (Kayama et al., 1986; Greene y Selivonchick, 1987), principalmente en el DHA correspondiente a la fracción de fosfolípidos, uno de los componentes más importantes de las membranas celulares (Thomson et al., 1977; Farkas, 1984; Kayama et al., 1986). Olsen y Skjervold (1995) encontraron que disminuciones en la temperatura del agua de mar aparentemente explicaron el incremento significativo en DHA en salmones alimentados con la misma dieta, pero cultivados en diferentes latitudes. Esto se explica por el hecho de que el DHA es un constituyente esencial de las membranas biológicas, cumpliendo un rol fundamental en la fluidez de estas (Bell et al., 1986), y que cualquier variación externa de temperatura provocará cambios en las conductas metabólicas, como por ejemplo un incremento de la actividad de las enzimas desaturasas a bajas temperaturas (Kayama et al., 1986; Greene y Selivonchick, 1987), lo cual repercutirá en cambios de las estructuras bioquímicas de las células. Estos cambios en la composición de ácidos grasos pueden entonces considerarse como un mecanismo de adaptación de las membranas a diferentes temperaturas ambientales (Bell et al., 1996), lo que puede significar en los peces un factor decisivo de supervivencia (Farkas et al., 1980). Hall et al. (2002) han establecido por su parte una estrecha relación entre el EPA y la fluidez de las membranas en el molusco bivalvo *Placopecten magellanicus* como respuesta a las bajas temperaturas. Otro factor mencionado en la literatura, que ejerce claros efectos en la composición de lípidos y ácidos grasos en los organismos acuáticos es la salinidad, la cual es particularmente importante en los peces migratorios, puesto que sucesivos cambios en la salinidad durante su movimiento entre el agua dulce y el agua salada provocan cambios en el metabolismo que repercuten en la composición bioquímica de las membranas celulares (Sheridan, 1989). Incrementos en los ácidos grasos altamente insaturados, principalmente DHA y ARA, en respuesta a incrementos en la salinidad, han sido demostrados en experimentos de adaptación al agua de mar (Daikoku et al., 1982; Borlongan y Benitez, 1992). Estos resultados sugieren que el incremento de los n-3 PUFA, principalmente en el DHA, juegan un rol preponderante en la osmorregulación (Sampekalo et al., 1992; Tocher et al., 1995) y pueden interpretarse como respuestas adaptativas al trasladado desde un ambiente a otro, donde los cambios en la composición de ácidos grasos parecen estar más determinados por variaciones en la salinidad que por cambios dietarios (Dantagnan, 2003). Tocher y Sargent (1984) han señalado además la importancia que tiene el DHA en la fluidez de las membranas branquiales como componente de algunas formas lipídicas como los glicerofosfolípidos, donde su importancia en los procesos osmorregulatorios puede llegar a ser vital para la supervivencia, sobre todo en peces anádromos o catádromos (Sampekalo et al., 1992). Sin embargo, algunas evidencias indican que estos cambios en la composición pueden incluso ocurrir antes que los peces cambien de ambiente, como una respuesta «preadaptativa», aunque los aspectos fisiológicos y los mecanismos bioquímicos que esto involucra son complejos y poco claros (Tocher et al., 1984). Existen muchos otros factores que pueden incidir tanto en la acumulación como en el metabolismo de los lípidos y ácidos grasos, aunque existen pocas evidencias concretas que lo demuestren. En este sentido, es esperable que el efecto de pequeñas variaciones en la temperatura y la salinidad provoque también cambios en los requerimientos nutricionales específicos que permitan a los peces adaptarse fisiológicamente a las diferentes condiciones ambientales. Esto es particularmente importante para los nutricionistas de peces, que deben adaptar los requerimientos dietarios de lípidos y ácidos grasos a las diferentes condiciones ambientales en las cuales se cultivan los peces. La adaptación de las dietas a condiciones estacionarias y ambientales es un desafío que los nutricionistas deben abordar para hacer más eficiente el proceso de alimentación en cualquier etapa del ciclo biológico.

Otra función que cumplen los lípidos es servir como fuente de ácidos grasos altamente insaturados que actúan como precursores de otros componentes metabólicamente activos llamados eicosanoides, un grupo de componentes que cumplen diversas funciones en el sistema inmunológico y en el control de la reproducción. Así, una alta o baja acumulación de ácidos grasos que son reconocidos como precursores de eicosanoides puede ser un indicio de la capacidad de los peces de soportar o no ciertas situaciones de estrés. Varios estudios han dado buenas evidencias de que un desbalance de ciertos ácidos grasos provoca efectos adversos sobre el sistema inmune en peces de cultivo. Los eicosanoides más característicos y cuya función en los peces ha sido estudiada son las prostaglandinas y los leucotrinos; ambos constituyen un grupo de moléculas que son parte del sistema de defensa de los organismos, derivados de la acción de la ciclooxigenasa y lipooxigenasa respectivamente sobre ácidos de cadena larga, principalmente ácidos araquidónico (ARA) y ácido eicosapentaenoico (EPA). Desde este punto de vista, la calidad de los lípidos dietarios y la concentración de ácidos grasos esenciales tendrían un efecto directo sobre el metabolismo y producción de los eicosanoides, y por consiguiente sobre la función inmune, por su efecto directo sobre la capacidad de acción de los macrófagos y linfocitos (Rowly, 1995). Estudios en animales de laboratorio han demostrado que la composición de ácidos grasos en la dieta influencia claramente la producción de eicosanoides. Así, dietas ricas en n-6 PUFA, principalmente en ácido araquidónico, generalmente pueden llegar a producir potentes efectos inmunoestimulatorios y proinflamatorios, derivados de los mayores niveles de algunas prostaglandinas, leuctrienos y tromboxanos, especialmente de la PGE2, LT4 y LX respectivamente, mientras que altos niveles de n-3 PUFAs, principalmente en 20:5n-3, producen generalmente efectos antiinflamatorios, derivados de la PGE3 y la LT5 (Lall, 2000; Balfry y Higgs, 2001). Aunque se ha visto que una sobreproducción de PGE2, debido a un exceso de ARA en la dieta, también puede llegar a tener un efecto inmunosupresor (Bell et al., 1996), efecto que puede llegar a atenuarse, dependiendo de la concentración del 20:5n-3 y 20:3n-6, puesto que se ha observado que estos ácidos grasos pueden llegar a inhibir competitivamente la síntesis de eicosanoides derivados del araquidónico, por lo cual su efecto, ya sea como inmunosupresor o inmunoestimulador, parece depender de la proporción de estos tres ácidos grasos en la dieta. Diversos estudios realizados en peces muestran que dietas con diferentes niveles de n-3 PUFA y n-6 PUFA pueden modificar y afectar la síntesis y el tipo de eicosanoides producido de acuerdo con su nivel de incorporación. Así, cuando el nivel de n-6 se incrementa en la dieta, se observan altos niveles de eicosanoides derivados del araquidónico, los cuales, de acuerdo con resultados obtenidos en mamíferos, podrían ayudar a intensificar la respuesta inmune en los peces, mientras que dietas que contienen altos niveles de n-3 PUFA pueden llegar a ejercer efectos inmunosupresores debido a altos niveles de eicosanoides derivados del EPA. Esto, sin embargo, no puede ser totalmente concluyente en peces, dado que la relación entre n-3 PUFA y producción de eicosanoides, y como esto impacta a la respuesta inmune es muy compleja y ha sido contradictoria en sus resultados, sobre todo porque su efecto parece también estar relacionado con los factores ambientales, tales como la temperatura. Lingenfelser et al. (1995) observaron que peces alimentados con altos niveles de n-3 PUFA provocaron un incremento de la actividad fagocítica a bajas temperatura, mientras que peces alimentados con altos niveles de n-6 PUFA mejoraron su resistencia cuando fueron expuestos a ciertas enfermedades, aunque a altas temperaturas. Boureau et al. (2008) encontraron que variaciones en los n-3 PUFA de la dieta no afectan los parámetros de inmunidad en trucha arcoiris, pero si lo hace cuando hay cambios en la temperatura, por los que se ven afectadas tanto la actividad de la lizozima como la de los macrófagos. En peces de agua dulce se asume que los requerimientos de ácidos grasos para crecimiento pueden ser mantenidos por el suministro de 18:3n-3 y 18:2n-6, puesto que son capaces de elongar y desaturar hacia ácidos grasos de cadena más larga, como el EPA (20:5n-3) y el ARA (20:4n-6), respectivamente. Esto permite utilizar ciertos niveles de aceites de origen vegetal que normalmente son ricos en ácidos grasos poliinsaturados de cadena corta. Sin embargo, no está claro si estos mismos requerimientos son suficientes para mantener o reforzar el sistema inmune en los peces, por lo cual la necesidad de incorporar ácidos grasos de cadena larga en la dieta para peces de agua dulce, principalmente araquidónicos, parece ser una buena recomendación (Bell et al., 2003), siempre y cuando se mantenga una adecuada relación EPA/DHA.

Dado que los peces marinos y de agua dulce tienen altos requerimientos de ácidos grasos altamente insaturados como el EPA y el DHA, y que estos están mayoritariamente en el ambiente acuático marino, la principal fuente de lípidos a utilizar en el alimento de peces es harina y aceite de pescado, productos que son cada vez más escasos y menos disponibles para la acuicultura. En la actualidad existe una alta demanda de estos ácidos grasos, tanto para alimentación humana como para producción animal, y el incremento de la acuicultura como actividad productiva en el mundo hace que estos ácidos grasos sean altamente requeridos y que compitan por su uso con la nutrición humana. El ajuste de los requerimientos de ácidos grasos altamente insaturados en los organismos acuáticos de cultivo y la búsqueda de nuevas fuentes es un desafío y una responsabilidad que la industria de alimentos para organismos acuáticos necesita abordar permanentemente, incluyendo a las nuevas especie que se integran a la matriz productiva en los diferentes países.

3. REQUERIMIENTOS DE LÍPIDOS TOTALES EN PECES

La tendencia general en alimentación de peces es hacia el incremento de los lípidos en la dieta a medida que el pez alcanza mayores tamaños. Esto es particularmente observable en peces salmonídeos, para los que los lípidos puede alcanzar desde un nivel de 14-16% en dietas para larvas de primera alimentación, hasta niveles de entre 33-39% en dietas de alta energía para peces adultos (tabla 2), con los cuales el nivel de ácidos grasos n-3 PUFA fácilmente puede llegar a sobrepasar hasta 3 o 4 veces los requerimientos de estos ácidos grasos (Bureau et al., 2008). Esto puede llegar a ser peligroso, toda vez que un incremento de los ácidos grasos en las dietas está directamente relacionado con un incremento de la oxidación de los lípidos, los cuales, si no están suficientemente protegidos, pueden llegar a generar efectos negativos en los organismos, como por ejemplo una disminución de la respuesta inmune y por consiguiente una menor capacidad de resistencia a las diferentes situaciones de estrés que los peces deben soportar. Por esta razón, incrementos o variaciones en los niveles de lípidos en la dieta deben necesariamente estar asociados a una adecuación de requerimientos de otros nutrientes o componentes funcionales que cumplen roles protectores de la oxidación, como algunas vitaminas y minerales u otros tipos de antioxidantes.

Por otra parte, se ha observado que el nivel de lípidos en la dieta también está asociado al nivel de proteínas. Así, el efecto de la relación proteína/lípidos sobre la utilización de los lípidos ha sido ampliamente investigado, encontrándose que incrementos en el nivel de lípidos permiten «ahorros» de proteínas que podrían ser utilizadas para propósitos energéticos y, por tanto, ser destinadas principalmente para crecimiento. Se ha estimado en salmónidos, por ejemplo, que un incremento en el nivel de lípidos de un 15 a 20% permite que el contenido de proteína pueda disminuirse desde un 48 a un 35%, sin alterar el crecimiento, permitiendo así un incremento en la eficiencia de la proteína y una mejor utilización de la energía (Corraze, 2001). Niveles de requerimientos de lípidos totales pueden variar considerablemente entre las especies, pudiéndose hallar en la literatura científica valores que van desde un 8-10% para peces como el pez gato (*Ictalurus punctatus*), hasta 18-20% para la trucha (*Onchorhynchis mykiss*) (tabla 3), aunque normalmente los niveles de lípidos en las dietas casi siempre están por encima de los requerimientos. El reemplazo cada vez más frecuente de aceites de pescado por aceites vegetales en las dietas para peces —debido a las dificultades para mantener un abastecimiento seguro de aceite de origen marino— no ha afectado ni ha cambiado los niveles de lípidos en las dietas para peces; sin embargo, las consecuencias que esto ha generado en los peces son un tema de amplia investigación para los nutricionistas en la actualidad. De esta manera, hay acuerdo en que, junto con la cantidad de lípidos dietarios, es importante la calidad de los lípidos, principalmente en relación con la composición de ácidos grasos y los requerimientos mínimos para mantener un crecimiento y un estado general del pez óptimos.

Tabla 4.2. Relación calibre del alimento y porcentaje de lípidos en dietas comerciales para especies salmonídeas.

	Calibre (mm)	Peso del pez (g)	Lípidos (%)	
			Min.	Máx.
Fase agua dulce	0,35	< 0,15-0.5	14	16
	0,50	0,18-1,0	15	20
	0,75	0,5-1,5	16	–
	0,8	2,0-8,0	20	–
	1,1	1,5-6,0	20	–
	1,2	8,0-15	20	–
	1,3	7-15	18	–
	1,5	15-30	18,5	20
	1,7	>13-50	22	–
	2,0	30-60	18,5	20
	2,2	40-100	22	–
	2,6	40-100	24	–
	3,0	50-250	22	24
Fase agua mar	3,0	150-350	24	–
	4,0	150-350	26	–
	5,0	350-600	26	30
	6,0	600-1200	24	30
	7,0	600-1500	30	32
	8,0	600-1500	31	–
	9,0	1500-2500	29	35
	11,0	>2500	30	35
	12,0	2500-3500	30	36
	12	>3500	33	39

Fuentes: Biomar Chile S.A (www.biomar.com); Salmofood S.A (www.salmofood.cl); Ewos Chile Alimentos Ltda (www.ewos.com)

Si bien el crecimiento larval durante la etapa de nutrición endógena está influenciado por una serie de parámetros abióticos (Watanabe y Kiron, 1994), algunos autores han sugerido que las reservas nutritivas del saco vitelino aportan los requerimientos necesarios para pasar esta etapa crítica del desarrollo y que el patrón de conservación y uso de los nutrientes utilizados por los embriones y larvas recién eclosionadas puede indicar las necesidades nutricionales de las larvas durante su primera alimentación (Vázquez et al., 1994), suponiendo que el sistema nutricional endógeno podría ser también el mismo para la alimentación exógena (Ostrowski y Divakaran, 1990). Los principales ácidos grasos en los lípidos de huevos y larvas en peces son el DHA, el ácido palmítico, el EPA y el ácido oleico, aunque se debe indicar que la importancia relativa de cada ácido graso puede diferir entre distintas puestas en una misma especie (Izquierdo, 2006). Estas diferencias pueden estar relacionadas principalmente con la dieta de los reproductores (Watanabe et al., 1984; Watanabe, 1985; Fernández Palacios et al., 1995), o con las condiciones ambientales en las cuales los reproductores han sido cultivados, tales como la salinidad (Dantagnan et al. 2007) (tabla 4.3).

Estos patrones de conservación y utilización durante la absorción del saco de vitelo varían entre las especies y parecen depender del nivel de lípidos totales. Rainuzzo et al. (1992) han propuesto que en peces con bajo contenido de lípidos en sus huevos existe una tendencia a la conservación de ácidos grasos poliinsaturados de cadena larga durante la absorción del saco, como el DHA, el ácido araquidónico y, en algunas especies, el EPA, a expensas de otros ácidos grasos durante la inanición (Koven et al., 1989; Tandler et al., 1989; Rainuzzo et al., 1994; Rodríguez, 1994), existiendo una utilización de los saturados durante esta etapa, mientras que peces con altos contenidos de lípidos en sus huevos tienden a una utilización de los poliinsaturados de cadena larga y una conservación de los saturados durante la etapa de absorción del saco, como ocurre en larvas de *Galaxias maculatus* (Dantagnan et al., 2007). Estas estrategias permiten la preservación de componentes esenciales de las membranas biológicas durante los períodos críticos.

Tabla 4.3. Requerimientos de ácidos grasos esenciales en larvas y de lípidos totales en peces dulceacuícolas y marinos.

	Nombre común	Nombre científico	n-3 HUFA (% de materia seca)	DHA (%)	EPA/DHA	Lípidos totales (%)	Referencia[a]
Peces de agua dulce	Carpa	*Cyprinus carpio*	> 0,5	0,5		< 18	1,5,9,10
	Trucha arcoíris	*Oncorhynchus mykiss*	0,5-1	1		15-20	1,5,9
	Lubina estriada	*Morone saxatilis*	> 0,5	0,5		12-15	1, 2,10
	Pez gato	*Ictalurus punctatus*	1	0,5-0,75		8-16	2,4,9
	Salmón coho	*Oncorhynchus kisutch*	0,5-1		2,5	15-20	7,9
	Tilapia del nilo	*Oreochromis niloticus*	0,5-1 (18:2n-6)			< 10	8,10
Peces Marinos	Bacalao	*Gadus morhua*		~ 1			1
	Dorada	*Sparus aurata*	5,5 1,5	0,6-0,8	0,3 2	12-15	1,6,10
	Lenguado	*Pleronectes paltessa*	0,03				11
	Dorada japonesa	*Pagrus major*	2,1	1-1,6		10	1,10
	Seriola coreana	*Seriola quinqueradiata*	3,9	1,4-2,6	0,5	11	1,10
	Turbot	*Scophthalmus maximus*	1,2-3,2	0,8	1,2-2		2,3,6

[a] Clave de las referencias: (1) Halver & Hardy (2002); (2) NCR (1993); (3) Gajardo & Coutteau (1996); (4) Satoh et al. (1989b); (5) Webster y Lim (2002); (6) Izquierdo (2005); (7) NRC (1981); (8) Val y Randall (2006); (9) Guzmán et al. (1996); (10) Corraze (1999); (11) Dickey-Collas y Geffen (1992).

4. REQUERIMIENTOS DE LÍPIDOS Y ÁCIDOS GRASOS

Todos los estudios indican que los ácidos grasos esenciales más importantes y requeridos en los peces para un normal crecimiento y supervivencia son los ácidos grasos poliinsaturados (PUFA) y, dentro de ellos, principalmente los llamados altamente insaturados (HUFA) (Izquierdo et al., 1989; Izquierdo et al., 1992; Rodríguez et al., 1993; Mourente et al., 1993; Salhi et al., 1994). Los requerimientos de estos ácidos grasos en los peces pueden ser variables, tanto entre especies diferentes, como dentro de la misma especie, siendo normalmente el requerimiento de las larvas el doble que el de los juveniles (Izquierdo, 1996).

Se conoce que existen diferencias entre peces marinos y de agua dulce en términos de requerimientos cualitativos y cuantitativos para los ácidos grasos esenciales. Todas las evidencias indican que los peces de agua dulce requieren tanto 18:2n-6 como 18:3n-3 para satisfacer las necesidades de ácidos grasos, debido a la habilidad que tienen los peces de agua dulce de elongar y desaturar ácidos de cadena larga a partir de ácidos grasos de cadena corta; por ello cabe esperar que el 18:3n-3 sea precursor de ácidos grasos más insaturados como el EPA y el DHA, así como que el 18:2n-6 sea precursor del 20:4n-6 u otros de la serie n-6 de cadena más larga (Henderson, 1996; Sargent et al., 1997). Aunque en los peces de agua dulce la adición de 18:3n-3 y 18:2n-6 sí mejora el crecimiento y disminuye algunos síntomas de enfermedades que se producen por deficiencias de ácidos de cadena larga, varias evidencias indican también que la adición de ácidos grasos altamente insaturados (HUFA) como el 20:5n-3 y 22:6n-3 también es efectiva y necesaria para mejorar el crecimiento y la supervivencia. Takeuchi (1997), en una amplia revisión acerca de los requerimientos en peces de agua dulce, indica que los requerimientos de n-3 HUFA suelen ir acompañados de requerimientos de 18:3n-3 o 18:2n-6. Así, la trucha arcoiris (*Oncorhynchus mykiss*) requiere un 0,5% de n-3 HUFA, junto con un 1% de 18:3n-3, la carpa herbívora (*Ctenopharyngodon idella*) requiere 0,5% de n-3 HUFA y 1% de 18:2n-6 y el catfish (*Ictalurus punctatus*) 1-2% de 18:3n-3 y 0,5-0,75% de n-3 HUFA, principalmente aquellos derivados del ácido linolénico (18:3n-3) y linoleico (18:2n-6) (Satoh et al., 1989). En este sentido, tanto en peces de agua dulce como marinos, se puede obtener un buen crecimiento cuando los peces son alimentados con dietas que contienen solo ácidos grasos n-3 HUFA, pero no cuando contienen solo n-6 PUFA. Sin embargo, una adecuada relación n-3/n-6 PUFA es la que determina los mejores indicadores de crecimiento y supervivencia; así, se ha observado por ejemplo que, si bien el salmón rey (*Oncorhynchus tshawytscha*), mantenido en agua dulce, requiere 0,5% de n-3HUFA más la adición de 1% de 18:2n-6 o 18:3n-3 para mejorar el crecimiento, su supervivencia se ve claramente reducida con la adición únicamente de 0,5% de 18:3n-3 (Takeuchi et al., 1979). Por otra parte, también se ha demostrado que en la trucha arcoiris no hay diferencias en eficiencia de utilización entre EPA y DHA, aunque el crecimiento se ve aumentado por la combinación de ambos ácidos grasos (Watanabe, 1982). En general, los requerimientos de ácidos grasos insaturados en peces de agua dulce suelen ser más bajos, oscilando entre 1-2% (Sargent et al., 1995) o incluso menos. Experimentos en larvas de carpa (*Cyprinus carpio*) han mostrado que, a diferencia de los peces marinos, estas pueden sobrevivir y crecer bien con dietas que poseen niveles de n-3 HUFA tan bajos como 0,05-0,1% (Guerden et al., 1995). Según esto, los ácidos grasos de la serie n-6 suelen ser más determinantes en la supervivencia y el crecimiento de los peces de agua dulce que de los peces marinos, aunque siempre acompañados de los ácidos grasos de la serie n-3, por lo cual el requerimiento de la relación n-3/n-6 HUFA también suele ser más bajo (Cowey & Sargent, 1972) y los ácidos grasos derivados del ácido linoleico (18:2n-6), como el ARA (20:4n-6), también cobran mayor relevancia en los peces de agua dulce que en los peces marinos.

Por otra parte, también se ha establecido que los peces marinos son incapaces de sintetizar ácidos grasos altamente insaturados (HUFA), como el DHA y el EPA, a partir de ácidos grasos de cadena corta como el ácido linolénico (18:3n-3) o el ácido linoleico (18:2n-6), observándose que altas mortalidades y ciertas deficiencias en la natación están relacionadas precisamente con bajos niveles de n-3 HUFA (Koven et al., 1992). Por ello, la adición directa de EPA y/o DHA en la dieta de peces marinos es lo que contribuye a mejorar el crecimiento larval, pero no si se le adiciona el precursor (Watanabe, 1982). Esto explica el que normalmente los requerimientos de EPA y DHA sean mayores que los requerimientos para peces de agua dulce. Diversos estudios han reportado que los requerimientos de n-3 HUFA en larvas de peces marinos pueden variar entre 0,03% para larvas de *Pleuronectes platessa* (Dickey-Collas & Geffen, 1992) y cerca del 4% para larvas de *Seriola quinqueradiata* (Watanabe, 1993) (tabla 4.3), los cuales en su mayoría pueden ser mantenidos principalmente con ácidos grasos de cadena larga como el EPA (20:5n-3), DHA (22:6n-3) y ARA (20:4n-6). Sin embargo, hay que considerar que los ácidos grasos, además de cumplir roles individuales, interactúan entre sí, dependiendo la efectividad de su función de la relación establecida entre ellos. Así, por ejemplo, uno de los primeros índices estudiados fue la relación EPA/DHA, considerándose esta como crítica para la viabilidad larval y el éxito de la pigmentación en larvas de rodaballo (Reitan et al., 1994) y dorada (Rodríguez et al., 1998), aunque posteriormente Estévez et al. (1999) propusieron que esta relación por sí sola no era suficiente para explicar las anormalidades en la pigmentación del turbot (*Scophthalmus maximus*) si no se considera el ARA en una relación EPA/DHA/ARA. En este sentido, Sargent et al. (1999b) propusieron que el estudio de los requerimientos dietarios óptimos, más que determinar cantidades relativas en forma individual, deben considerar una proporción equilibrada de los tres principales ácidos grasos de cadena larga más importantes, DHA/EPA/ARA, siendo esta relación la que realmente juega un rol en el mantenimiento de la integridad estructural y funcional de las membranas celulares de los diferentes tejidos en formación.

Estudios en reproductores han mostrado que los requerimientos de ácidos grasos suelen ser mayores que en las larvas de peces, dado que existe una relación directamente proporcional entre los niveles dietarios, el proceso reproductivo y la calidad de las puestas Así, se ha observado que en peces como la dorada (*Sparus aurata*) y la trucha arcoiris (*O. Mykiss*) la calidad de los desoves generalmente se ha visto desmejorada con dietas que contienen bajos niveles de ácidos grasos esenciales, especialmente DHA y EPA (Fernández-Palacios et al., 1995; Watanabe et al., 1984). Navas et al. (1993, 1997) concluyeron en sus trabajos que la calidad de los huevos de la lubina, más que por los efectos individuales y concentraciones absolutas de estos ácidos grasos, está determinada por la relación DHA/EPA.

Referencias

Ackman, RG, MacPherson, EJ. Coincidence of *cis-* and *trans*-monoethylenic fatty acids simplifies the open-tubular gas-liquid chromatography of butyl esters of butter fatty acids. Food Chemistry. 1994; 50(1): 45-52

Ackman, RG. Freshwater fish lipids — an overlooked source of beneficial long-chain n-3 fatty acids. European Journal of Lipid Science Technology. 2002; 104: 253-254

Balfry, SK, Higgs, DA. Influence of dietary lipid composition on the immune system and disease resistance of finfish. En: Lim, C, Webster, CD, editores. Nutrition and Fish Health. Nueva York: Haworth Press In; 2001. p. 213-234

Bell, MV, Henderson, RJ, Sargent, J. The role of polyunsaturated fatty acids in fish. Comp. Biochem. Physiol. 1986; 83B: 711-719

Bell, M, McEvoy, LA, Navarro, JC. Deficit of didocosahexaenoyl phospholipid in eyes of larval sea bass fed an essential fatty acid deficient diet. J. Fish Biol. 1996; 49: 941-952

Bell, JG, McEvoy, LA, Estevez, A, Shields, RJ, Sargent, JR. Optimising lipid nutrition in first-feeding flatfish larvae. Aquaculture. 2003; 227: 211-220

Borlongan, IG, Benitez, LV. Lipid and fatty acid composition of milkfish (*Chanos chanos* Forksskal) grown in freshwater and seawater. Aquaculture. 1992; 104: 79-89

Bureau, DP, Hua, K, Harris, AM. The effect of dietary lipid and long-chain n-3 PUFA levels on growth, energy utilization, carcass quality, and immune function of rainbow trout, *Oncorhynchus mykiss*. Journal of the world aquaculture society. 2008; 39(1): 1-21

Carrillo, M, Zanuy, S. Manipulación de la reproducción de los teleósteos y calidad de las puestas. Instituto de Acuicultura de Torre de la Sal, CSIC, Universidad de Barcelona. España. 1995; p. 450

Corraze, G. Lipid nutrition. En: Guillaume, J, Kaushik, S, Bergot, P, Metailler, R, editores. Nutrition and feeding of fish and crustaceans. Francia: Editions INRAIFREMER; 1999. p. 111-129

Cowey, CB, Sargent, JR. Fish nutrition. En: Russell, FS, Yonge, M, editores. Advances in marine biology. Londres: Academic Press, vol. 10: 383-492; 1972

Dantagnan, HP, Bórquez, A, Quevedo, J, Valdebenito, I. Cultivo larvario del Puye (*Galaxias maculatus*) en un sistema intensivo recirculado. Información Tecnológica. 2002; 13 (2): 15-21

Dantagnan, HP. (2003). Requerimientos de ácidos grasos esenciales en larvas de puye (*Galaxias maculatus*): Efecto de la salinidad. Tesis Doctoral, Universidad de Las Palmas de Gran Canaria

Dantagnan H, Bórquez, AS, Valdebenito, IN, Salgado, IA, Serrano EA, Izquierdo, MS. Lipid and fatty acid composition along embryo and larval development of puye (*Galaxias maculatus* Jenyns, 1842) obtained from estuarine, fresh water and cultured populations. Journal of fish Biology. 2007; 70: 770-781

Daikoku, T, Yano, I, Masui, M. Lipid and fatty acid composition and their changes in the different organs and tissue of guppy, *Poecilia reticulata* on sea water adaption. Comp. Biochem. Physiol. 1982; 73A: 167-174

Dickey-Collas, M, Geffen, AJ. Importance of the fatty acids 20: 5n-3 and 22:6n-3 in the diet of plaice (*Pleuronectes platessa*) larvae. Mar. Biol. 1992; 113: 463-468

Estévez, A, McEvoy, LA, Bell, JG, Sargent, JR. Growth, survival, lipid composition and pigmentation of turbot (*Scophthalmus maximus*) larvae fed —prey enriched in arachidonic and eicosapentaenoic acids. Aquaculture. 1999; 180: 321-343

Farkas, T, Csengeri, I, Majoros, F, Oláh, J. Metabolism of fatty acids in fish. III. Combined effect of environmental temperature and diet on formation and deposition of fatty acids in the carp, *Cyprinus carpio* Linnaeus 1758. Aquaculture. 1980; 20(1): 29-40

Farkas, T. Adaptation of fatty acid composition to temperature — a study on carp (*Cyprinus carpio* L.) liver slices. Comp. Biochem. Physiol. 1984; 79B: 531-535

Fyhn, HJ. First feeding of marine larvae: are free aminoacids the source of energy?. Aquaculture. 1989; 80: 111-120

Fernández-Palacios, H, Izquierdo, MS, Robaina, L, Valencia, A, Salhi, M, Vergara, J. Effect of n-3HUFA level in broodstock diets on egg quality of gilthead seabream (*Sparus aurata* L.). Aquaculture. 1995; 132: 325-337

Gajardo, G, Coutteau, P. Improvement of the comercial production of marine aquaculture sepecies. Proceedings of a workshop on fish and mollusc larviculture; 1996. p. 31-44

Geurden, I, Radünz-Neto, J, Bergot, P. Essentiality of dietary phospholipids for carp (*Cyprinus carpio* L.) larvae. Aquaculture. 1995; 131: 303-314

Greene, D, Selivonchick, D. Lipid metabolism in fish. Prog. Lipid Res. 1987; 26: 53-85

Guzmán, DF, Dorado L, MP, A. Eraso K, A, Ortega C E, Rodríguez G et al. Fundamentos de nutrición y alimentación en acuicultura. Serie de fundamentos n.° 3. Santa Fe de Bogotá: Editorial Cal Publicidad Ltda.; 1996. p. 64-65

Hall JM, Parrish, C, Thompson, R. Eicosapentaenoic acid regulates scallop (*Placopecten megallinicus*) membrane fluidity in response to cold. Biol. Bull. 2002; 3: 201-203

Halver, JE, Hardy, RN. Fish nutrition. 3a edición. California: Edition Academic Press; 2002. p. 208

Henderson, RJ. Fatty acid Metabolism in freshwater fish with particular reference to polyunsaturated fatty acids. Arch. Anim. Nutr. 1996; 49: 5-22

Izquierdo, MS, Watanabe, T, Takeuchi, T, Arakawa, T, Kitajima, C. Requirement of larval red seabream *Pagrus major* for essential fatty acids. Nippon Suisan Gakkaishi. 1989; 55: 859-867

Izquierdo MS, Arakawa, T, Takeuchi, T, Haroun, R, Watanabe, T. Effect of n-3HUFA levels in *Artemia* on growth of larval Japanese flounder (*Paralichthys olivaceus*). Aquaculture. 1992; 105: 73-82

Izquierdo MS. Essential fatty acid requirements of cultured marine fish larvae. Aquacult. Nutr. 1996; 2: 183-191

Izquierdo MS. Essential fatty acid requirements in Mediterranean fish species. En: Montero D, Basurco B, Nengas I, Alexis M, Izquierdo M, editores. Mediterranean fish nutrition Zaragoza: CIHEAM-IAMZ. Cahiers Options Méditerranéennes, vol. 63. Zaragoza: CIHEAM; 2005. p. 158 [Workshop on Mediterranean Fish Nutrition, 2002/06/01-02, Rhodes (Greece)]

Kanazawa, A. Importance of dietary docosahexaenoic acid on growth and survival of fish larvae. Finfish hatchery in Asia. Proceedings of finfish hatchery in Asia'91. Tungkang Marine Laboratory, Tfri, Keelung (Taiwan). Tml conference proceedings. Tungkang [TML CONF. PROC.]. 1993; 3: 87:95

Kayama M, Hirata, M, Hisai, T. Effect of water temperature on the desaturation of fatty acids in carp. Bull. Jap. Soc. Fish. 1986; 52: 853-857

Koven, WM, Kissil, GW, Tandler, A. Lipid and n-3 requirement of *Sparus aurata* larvae during starvation and feeding. Aquaculture. 1989; 79: 185-191

Koven, WM, Tandler, A, Kissil, GW, Sklan, D. The importance of n-3 highly unsaturated fatty acids for growth in larval *Sparus aurata* and their effect on survival, lipid composition and size distribution. Aquaculture. 1992; 104: 91-104.

Lall, SP. Nutrition and health of fish. Avances en Nutrición Acuícola V. Memorias del V Simposium Internacional de Nutrición Acuícola. Mérida, Yucatán, México; 2000. p. 19-22

Lingenfelser, JT, Blazer, VS, Gay, J. Influence of fish oils in production catfish feeds on selected disease resistance factors. J. Appl. Aquac. 1995; 5: 37-48

López, BL. Cultivos industriales. Madrid: Ediciones Mundi-prensa libros; 2002

Masson, SL, Mella R, MA. Materias grasas de consumo habitual y potencial en Chile. Composición de ácidos grasos. Santiago de Chile: Revista de la editorial universitaria de la facultad de ciencias químicas y farmacéuticas de la Universidad de Chile; 1985

Mathews, CK, Van Holde, E, Ahren, KG. Bioquímica. Capítulo 18. Metabolismo lipídico I: ácidos grasos, triagliceroles y lipoproteínas. 3a edición. Madrid: Editorial Orymu; 2002

Morrison, BF. Alimentos y alimentación del ganado: Fundamentos de la nutrición animal productos alimenticios. Volumen 1. Editorial hispanoamericana. Universidad de Wisconsin-Madison; 1965

Mourente, G, Tocher, DR. Effects of weaning onto a pelleted diet on docosahexaenoic acid (22:6n-3) levels in brain of developing turbot (*Scopthalmus maximus* L.). Aquaculture. 1992; 105: 363-377

Mourente, G, Rodriguez, A, Tocher, D, Sargent, J. Effects of dietary docosahexaenoic acid (DHA; 22:6n-3) on lipid and fatty acid compositions and growth in giilthead sea bream (*Sparus aurata* L.) larvae during first feeding. Aquaculture. 1993; 112: 79-98

National Research Council (NRC). Nutrient Requirements of coldwater fishes. Washington: National Academy Press; 1981. N.º 16, vol. 16

National Research Council (NRC). Nutrient Requirements of fish. Washington: National Academy Press; 1993

Navarro, JC, Sargent, J. Behavioural differences in starving herring *Clupea harengus* L. larvae correlated with body levels of essential fatty acids. J. Fish Biol. 1992; 41: 509-513

Olsen, Y, Skjervold, H. Variation in content of ω3 fatty acids in farmed Atlantic salmon, with special emphasis on effects of non dietary factors. Aquaculture International. 1995; 3: 22-35

Ostrowsky, AC, Divakaran, S. Survival and bioconversion of n-3 fatty acids during early development of dolphin (*Coryphaenus hippurus*) larvae fed oil enriched rotifers. Aquaculture. 1990; 89: 273-285

Planas, M, Garrido, JL, Labarta, U, Ferreiro, MJ, Fernández-Reiriz, MJ, Munilla, R. Changes of fatty acid composition during development in turbot (*Scophthalmus maximus*) eggs and larvae. En: Walther, BT, Fyhn, HJ, editores. Univ. de Bergen; 1993. p. 323-329

Rainuzzo, JR, Reitan, K, Jorgensen, L. Comparative study on the fatty acid and lipid composition of four marine fish larvae. Comp. Biochem. Physiol. 1992; 103B: 21-26

Rainuzzo, JR, Reitan, KI, Jorgense, L, Olsen, Y. Lipid composition in turbot larvae fed live feed cultured by emulsions of different lipid classes. Comp. Biochem. Physiol. 1994; 107: 699-710

Reitan, KT, Rainuzzo, JR, Olsen, Y. Influence of lipid composition of live feed on growth, survival and pigmentation of Turbot larvae. Aquaculture International. 1994; 2: 33-48

Rodríguez, C, Pérez, JA, Izquierdo, MS, Mora, J, Lorenzo A, Fernández-Palacios, H. Essential fatty acid requirement of larval gilthead sea bream, *Sparus aurata* (L.). Aquac. Fish. Manage. 1993; 24: 295-304

Rodríguez, C. Estudio de los requerimientos de ácidos grasos esenciales de la dorada europea durante las dos primeras semanas de alimentación. Tesis Doctoral, Universidad de La Laguna, España; 1994

Rodríguez, C, Pérez, JA, Lorenzo, M, Izquierdo, MS, Cejas, JR. N-3 HUFA requirement of larval gilthead seabream *Sparus aurata* when using high levels of eicosapentaenoic acid. Comp. Biochem. Physiol. 1994; 107 A: 93-698

Rodríguez, C, Pérez, J, Badía, P, Izquierdo, M, Fernández-Palacios, H, Hernández, L. The n-3 highly unsaturated fatty acids requirements of gilthead seabream (*Sparus aurata* L.) larvae when using an appropriate DHA/EPA ratio in the diet. Aquaculture. 1998; 169: 9-23

Ronayne de Ferrer, PA. Importancia de los ácidos grasos poliinsaturados en la alimentación del lactante. Arch Argent Pediatr. 2000; 98: 231-238

Rowley, AF, Knight, J, Lloyd-Evans, P, Holland, JW, Vickers, PJ. Eicosanoids and their role in immune modulation in fish—a brief overview. Fish & shellfish immunology. 1995; 5(8): 549-567

Sabaté, J. Nutrición vegetariana. Madrid: Editorial Safeliz; 2005

Salhi, M, Izquierdo, MS, Hernández-Cruz, CM, González, M, Fernández-Palacios, H. Effect of lipid and n-3HUFA levels in microdiets on growth, survival and fatty acid composition of larval gilthead seabream (*Sparus aurata*). Aquaculture. 1994; 124: 275-282

Sampekalo, J, Takeuchi, T, Watanabe, T. Comparison of gill lipids between freshwater fish. J. Tokyo Univ. Fish. 1992; 79 (1): 71-76

Sargent, J, Henderson, JR, Tocher, DR. The lipids. En: Halver, JE editor. Fish Nutrition. San Diego: Academic press; 1989. p. 154-219

Sargent, JR, Bell, MV, Tocher, DR. Docosahexaenoic acid and the development of brain and retina in marine fish. En: Devron, CA, Baksaas, I, Krokan, HE, editores. Omega-3 fatty acids: metabolism and biological effects. Basel: Birkhauser Verlag; 1993. p. 139-149

Sargent, J, Bell, JG, Bell, MV, Henderson, RJ, Tocher, DR. Requirement criteria for essential fatty acids. J. Appl. Ichthyol. 1995; 11: 183-198

Sargent, J, McEvoy, L, Bell, JG. Requirement, presentation and sources of polyunsaturated fatty acids in marine fish larval feed. Aquaculture. 1997; 155: 117-127

Sargent J, Bell, G, McEvoy, L, Tocher, D, Estevez, A. Recent developments in the essential fatty acid nutrition of fish. Aquaculture, 1999. 177: 191-199

Satoh, S, Poe, WR, Wilson, RP. Effect of dietary n-3 fatty acids on weight gain and liver polar lipid fatty acid composition of fingerling channel catfish. J. Nutr. 1989a; 120: 23-28

Satoh, S, Poe, WE, Wilson, RP. Studies on the essential fatty acid requirements of channel catfish *Ictalurus punctatus*. Aquaculture. 1989b; 79: 121-128

Sheridan, M. Alterations in lipid metabolism accompanying smoltification and seawater adpation of salmonid fish. Aquaculture. 1989; 82: 191-203

Stottrup, JG. First feeding in Marine fish larvae: Nutritional and environmental aspects. En: Walther, BT, Fyhn, HJ, Physiological and Biochemical aspects of fish development. Univ. de Bergen; 1993. p. 123-131

Tandler, A, Watanabe, T, Satoh, S, Fukusho, K. The effect of food deprivation on the fatty acid and lipid profile of red seabream larvae (*Pagrus major*). Br. J. Nutr. 1989; 62: 349-361

Takeuchi, T., Watanabe, T, Nose, T. Requirement for essential fatty acids of chum salmon (*Onchorhynchus keta*) in freshwater environment. Nippon Suisan Gakkaishi. 1979; 45: 1319-1323

Takeuchi T. Essential fatty acid requirement of aquatic animals with emphasis of fish larvae and fingerling. Reviews in Fisheries Science. 1997; 5(1): 1-25

Thomson, A, Sargent, J, Owen, J. Influence of acclimatization temperature and salinity on ($Na^+ + K^+$) dependent adenosine triphosphatase and fatty acid composition in the gills of the eel (*Anguilla anguilla*). Comp. Biochem. Physiol. 1977; 56B: 223-228

Tocher, DR, Sargent, JR. Analysis of lipid and fatty acids in ripe roes of some Northwest European marine fish. Lipids. 1984; 19: 492-499

Tocher, DR, Fraser, AJ, Sargent, JR, Gamble, JC. Lipid class composition during embryonic and early development in Atlantic herring (*Clupea harengus* L.). Lipids. 1985; 20: 84-89

Tocher, DR, Castell, JD, Dick, JR, Sargent, J. Effects of salinity on the fatty acid composition of total lipid and individual glycerophospholipid classes of Atlantic salmon (*Salmo salar*) and turbot (*Scopthalmus maximus*) cells in culture. Fish Physiol. Biochem. 1995; 14: 125-137

Vázquez, R, Gonzales, S, Rodríguez, A, Mourente, G. Biochemical composition and fatty acid content of fertilized eggs, yolk sac stage larvae and first feeding larvae of the Senegal sole (*Solea senegalensis* Kaup). Aquaculture. 1994; 119: 273-286

Val, AL, Randall, DJ. The physiology of tropical fishes. Academic Press; 2006

Watanabe, T. Lipid nutrition in fish. Comp. Biochem. Physiol. 1982; 73B: 1-16

Watanabe, T, Arakawa, I, Kitajima, C, Fujita, S. Effect of nutritional quality broodstock diet on reproduction of red sea bream. Bull. Japan. Soc. Sci. Fish. 1984a; 50: 495-501

Watanabe, T, Takeuchi, T, Saito, M, Nishimura, K. Effect of low protein-high calory or essential fatty acid deficiency on reproduction of rainbouw trout. Bull. Jap. Soc. Sci- Fish. 1984b; 50: 1207-1215

Watanabe, T. Importance of the study of broodstock nutrition for further development of aquaculture. En: Cowey, CB, Mackie, AM, Bell, JG, editores. Nutrition and feeding in fish. Londres: Academic Press; 1985. p. 395-414

Watanabe, T. Importance of dosahexanoic acid in marine larval fish. J. World Aquacult. Soc. 1993; 24: 152-161

Watanabe, T, Kiron, V. Prospects in larval fish dietetics. Aquaculture. 1994; 124: 223-251

Webster, CD, Lim, C. Nutrient requirements and feeding of finfish for aquaculture. CABI Publishing Series; 2002

Tecnología de la producción

Manejo de reproductores y control de la reproducción

Francesc Castelló i Orvay*

Para asegurar el éxito en una empresa de piscicultura marina es imprescindible la formación de un buen stock de futuros reproductores. Para ello, y puesto que Latinoamérica está iniciando su camino en este sector, será imprescindible acudir a la captura de ejemplares salvajes, tarea que debe realizarse cumpliendo una serie de normas:

- *Arte de captura*: el más indicado es la pesca con anzuelo, ya que es la menos abrasiva para los individuos. La utilización de redes, nasas, etc., puede producir descamaciones en los animales, heridas que son una fácil vía de entrada de muchos tipos de infecciones.
- *Transporte*: como muy posiblemente el lugar de captura estará alejado del sitio donde se van a instalar los peces, es muy aconsejable que durante el viaje los individuos estén lo mejor acondicionados posible, para que sufran el mínimo stress. Para ello se sedarán los individuos (no se anestesiarán) utilizando cualquiera de los productos anestésicos al uso. Se transportarán en cubas (viveros), con provisión de oxígeno en cantidad superior a los 5 ppm y procurando que la temperatura dentro de los contenedores no supere en 2/3 °C la temperatura del agua del mar.

Se puede aprovechar el desplazamiento para tratar a los peces cautivos con baños de furazonas, antibióticos, o cualquiera de los productos que se utilizan en la desparasitación.

- *Selección*: de los peces capturados se seleccionarán los que presenten mejor aspecto, mejor coloración, ausencia de posibles daños en la piel, etc. En cuanto al tamaño, dependerá de los conocimientos que se tengan sobre su biología, sobre todo de la edad (tamaño, peso) de su primera maduración sexual y de su longevidad. La primera maduración acostumbra a ser pobre, en cantidad y calidad, en lo que se refiere a la producción de gametos, y lo mismo ocurre con las últimas maduraciones.

Es muy difícil que los peces capturados y que ya estén maduros proporcionen una puesta adecuada e, incluso, es muy probable que no finalicen la maduración y no se obtengan puestas. De ahí que sea aconsejable que los peces que se vayan a utilizar como reproductores lleven ya un tiempo de aclimatación en los estanques. Este tiempo varía de una especie a otra, pero se aconseja un mínimo de seis meses, tiempo suficiente para que se acostumbren a la estabulación, al régimen de alimentación y estén ya suficientemente adaptados como para realizar, de manera natural, todas sus funciones biológicas

Cuarentena: una vez llegados a destino los peces se estabularán en grandes depósitos (con un mínimo de 20 m³) o incluso en jaulas, a densidades no superiores a los 3 kg/m³, y allí serán sometidos a tratamientos sanitarios según el siguiente protocolo (figuras 1 y 2):

```
FORMALINA
AGUA DULCE
FURAZONAS
CADA 3-4 DÍAS, 3-4 SEMANAS
```

Fig. 1. Protocolo de tratamiento durante la cuarentena.

* Dpto. de Biología Animal. Facultad de Biología. Universidad de Barcelona (fcastello@ub.edu).

Una vez pasada la cuarentena, los reproductores ya adaptados podrán ser trasladados a los estanques interiores (no menores de 10/12 m³) de la granja de cría en los que va tener lugar la reproducción. Se aconsejan densidades no superiores a los 3 kg/m³ y una proporción de sexos de dos machos por cada hembra.

Fig. 2. Estanque de cuarentena.

- *Alimentación*: para obtener una buena puesta es imprescindible una óptima alimentación, lo más parecida a la alimentación natural, es decir a base de pescado, crustáceos y moluscos. Se les proporcionará la comida *ad libitum*, una vez al día y durante toda la semana (se les puede dejar un día en ayunas sin ningún problema). Dicho alimento será enriquecido con EHA (20:5ω3) y DHA (20:6ω3) durante el proceso de la gametogénesis.

Ciclo sexual

Para llevar a buen término la reproducción en cautividad, es conveniente conocer algunas peculiaridades de la especie con la que se está trabajando:

- Si son especies que cambian de sexo (proterándricas o proterogínicas), es decir si la primera maduración sexual es como macho (o hembra) para luego cambiar de sexo. Normalmente este cambio de sexo se da una sola vez en la vida del animal
- Si la expulsión de los oocitos en las hembras se realiza de manera total (sincrónica) o parcial (asincrónica).
- Conocer bien el ciclo sexual de la especie en libertad.

Tal y como se ha explicado ya en el capítulo 2, el ciclo sexual en los peces teleósteos depende de factores ambientales y de factores hormonales (figura 3) y se da una vez al año. El ciclo sexual puede resumirse en cuatro fases:

- Fase de reposo: durante este periodo no se encuentran desarrollados los órganos sexuales y, normalmente, es bastante difícil distinguir los machos de las hembras. En esta fase no se dan las condiciones ambientales requeridas por la especie para su maduración. El tiempo en que los peces permanecen en esta fase será más o menos largo según la latitud y las condiciones climatológicas.
- Fase de recrudescencia: en cuanto las condiciones climáticas empiezan a ser adecuadas, se inicia el periodo de la oogénesis y el de la espermatogénesis, y debido al crecimiento del número de células empiezan a manifestarse y a ser visibles los ovarios y los testículos. Tal y como se explicó en el capítulo 2, debi-

do al efecto de los factores climáticos empiezan a sintetizarse y a movilizarse las hormonas en las correspondientes glándulas que intervendrán en el proceso. Este proceso será, también, más o menos largo según las especies. Durante este tiempo se van formando los espermatozoos y los óvulos.

- Fase de expulsión de los gametos: durante este periodo, más o menos largo en el tiempo, se produce la maduración de los gametos (hidratación de lo oocitos) y su expulsión al exterior para que tenga lugar la fecundación.

- Este periodo puede durar desde pocos meses (peces de mares templados) a prácticamente todo el año (peces tropicales). Durará mientras las condiciones climatológicas sean las adecuadas para que se sigan segregando las hormonas sexuales.

- Fase de reabsorción: una vez finalizado el periodo adecuado para la expulsión de gametos y vacíos los ovarios y testículos, ambos órganos son reabsorbidos y desparecen.

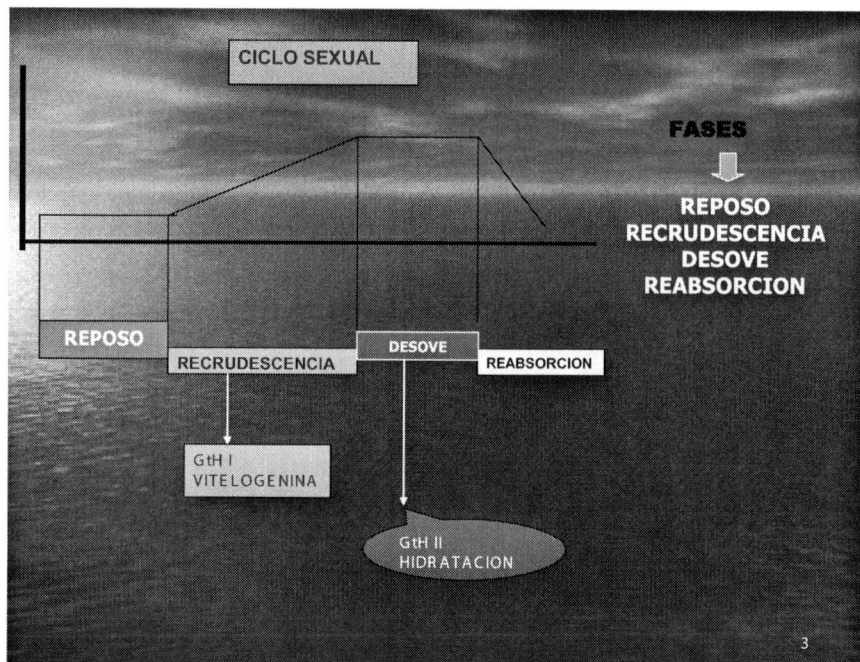

Fig. 3. Ciclo sexual.

En piscicultura marina es fundamental conocer la época del año en que se da cada una de las fases en la naturaleza y en la especie que estamos trabajando, para poder controlar dicho ciclo según la conveniencia del productor.

Control del ciclo sexual

Dos son los aspectos clave a controlar: época de maduración y desove:

- *Época de maduración*: aunque los peces se reproduzcan cuando las condiciones ambientales son las adecuadas, es posible cambiar este momento conociendo bien los valores de los parámetros climatológicos que afectan al proceso de la reproducción. Aunque son muchos los parámetros que actúan sobre este proceso, dos de ellos son los más estudiados y conocidos: el *fotoperiodo* y a la *temperatura* del agua. Ambos factores, que actúan complementándose, son decisivos a la hora de marcar el momento del desarrollo del ciclo sexual, aunque pueden presentar preponderancia uno sobre el otro según la especie en cuestión sea de mares templados o tropicales.

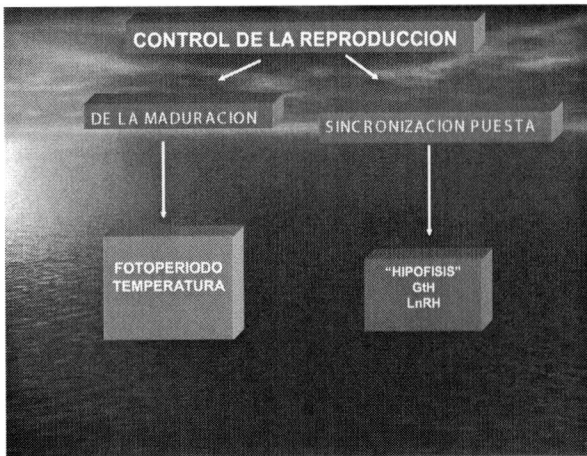

Fig. 4a. Control de la reproducción.

Fig. 4b. Depósitos control fotoperiodo.

Conociendo los valores de estos parámetros, es posible desplazar la época de reproducción de la especie, haciéndola madurar antes o después de su época «natural». En los mares de zonas templadas, con acusada diferencia entre verano e invierno, parece que el más efectivo de estos parámetros es el *fotoperiodo*; como también es el más económico, es el que más se usa (figura 4b).

Manteniendo a la especie sometida a valores desfavorables para la maduración es posible adelantar o atrasar la época de maduración todo el tiempo que se quiera. Por ejemplo, si una especie se reproduce en invierno (fotoperiodo corto), manteniéndola a condiciones de fotoperiodo largo (16 o más horas de luz), la especie no inicia el proceso de recrudescencia hasta que las condiciones no son favorables para ello. De esta manera se pueden tener varios stocks de reproductores, acondicionados cada uno, para que la reproducción se dé en el momento que se desee.

En las especies del Mediterráneo se ha demostrado que la temperatura no es un factor tan imprescindible como el fotoperiodo, al tener puestas de especies que se reproducen en invierno a temperaturas de verano.

■ *Sincronización de la puesta*: Puede ser interesante, para el acuicultor, sincronizar el desove de todas las hembras, sobre todo en aquellas especies en las que el desove es asincrónico o parcial. Para ello se utilizan las hormonas.

Hoy en día se utilizan las inyecciones de GtH. Estas hormonas, sintéticas, inyectadas con valores de 500/1000 UI por kilógramo de hembra, hacen su efecto a las 48/72 horas. Es decir, en este momento todas las hembras inyectadas desovan al mismo tiempo, expulsando los oocitos ya completamente maduros y los aún inmaduros.

Esto facilita que el productor pueda calcular, con tiempo y dimensión, la cantidad de huevos que eclosionarán; por lo tanto puede prever la cantidad de rotíferos y de artemias que va a necesitar para alimentar a las larvas que de ellos nazcan. Asimismo puede servir para estudios de desarrollo larvario.

Dado que la GtH sintética no deja de ser un cuerpo extraño que se introduce en la especie, al cabo de una serie de tres cuatro años puede producir en la hembra reacciones que van desde una disminución de la puesta a una mala calidad de los oocitos, por lo que hay que cambiar el stock de hembras

Actualmente se está estudiando el uso de la LnRh, u hormona liberadora del hipotálamo. Hormona de cadena más corta que la GtH, y que al estar más arriba en la cadena de hormonas que gobiernan el proceso sexual, no produce reacciones de tipo anticuerpo, además de actuar de manera más natural al obligar al propio pez a segregar su hormona GtH.

La LnRh, a diferencia de la anterior, se utiliza en mucha menos cantidad (50-100 UI/kg de hembra), es por lo tanto más económica y se puede usar mediante implantes (pequeños gránulos que se inyectan en la cavidad abdominal del pez) que van liberando la cantidad de hormona que necesita en cada momento el pez.

Fecundación

La fecundación en los peces marinos utilizados en piscicultura marina es siempre externa y en la práctica puede realizarse de dos maneras:

- *Fecundación natural*: se deja a los peces inyectados que vayan expulsando los oocitos de manera natural. Dado que estarán en depósitos de más de diez mil litros, el índice de fecundación puede ser más bajo que el normal
- *Fecundación asistida*: mediante un masaje abdominal se vierten los gametos femeninos en un pequeño recipiente. A continuación se vierten los productos masculinos. Con una pluma de ave se revuelve bien y después de un corto periodo de tiempo se lavan los huevos. El índice de fecundación aumentará, pero como hemos obligado a los oocitos maduros y no maduros a ser expulsados, no todos serán viables, por lo que el resultado final en cuanto a número de huevos será parejo al del sistema anterior.

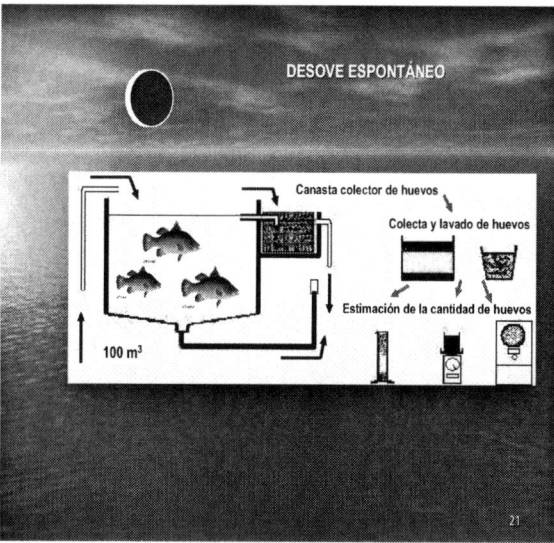

Fig. 5. Fecundación natural.

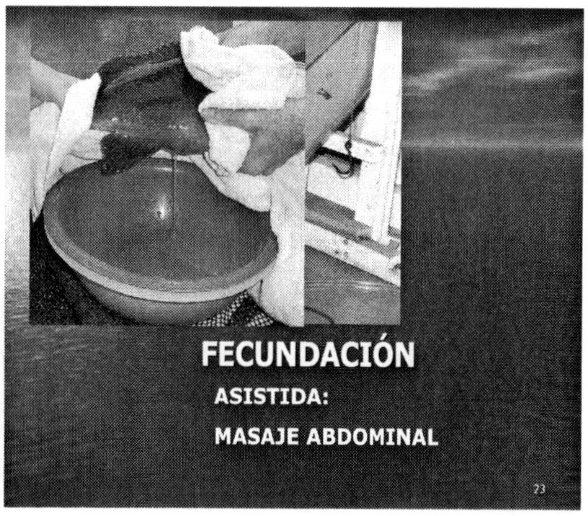

Fig. 6. Fecundación asistida.

Huevos

Los huevos de los peces marinos son, normalmente, demersales y flotan en la superficie del tanque donde se realiza la fecundación. Por lo tanto, es fácil recogerlos a través del desagüe del tanque (figura 7) y en un malla de plancton de unas 300/400 µ ya que los huevos no miden más de 1-1,5 mm.

Fig. 7. Recolector de huevos.

Una vez recogidos los huevos, hay que separar los viables de los no viables. Esta selección se realiza en una probeta, con agua de mar y sin oxígeno. Al poco se separarán dos fases. Los huevos no viables se depositan al fondo de la probeta y los viables en la parte superior (figura 8). Por simple decantación se separan unos de otros.

Fig. 8. Selección de huevos.

Una vez seleccionados los huevos viables se procede a su lavado y desinfección (figura 9) mediante baños de cualquier antibiótico permitido y se llevan a la incubación. Con dichos baños se evitarán las posibles infecciones de los huevos.

Sustancia activa	Dosis	Tiempo
PENICILINA G 500 mg/10 L de agua marina para 100 - 200 g de huevos	80 UI/mL	1 min
STREPTOMICINA-SO$_4$ 500 mg/10 L de agua marina para 100 - 200 g de huevos	50 Ug/mL	1 min
ACTIVEIODINE Ocho litros para 1×10^6 huevos de lubina y $1,5\times10^6$ huevos de dorada	50 ppm/L	10 min

Fig. 9. Tabla de desinfección para huevos.

Incubación

La incubación se puede realizar en vasos apropiados o bien en los tanques donde se va a realizar el preengorde (figura 10). Cuanto menos se manipulen mucho mejor, ya que en este estadio son muy delicados y su manejo puede provocar grandes mortalidades.

La incubación pude durar más o menos tiempo según la temperatura del agua. En peces como la dorada y la lubina se utilizan aguas con temperatura dos o tres grados por encima de lo normal, y los huevos eclosionan en 36/40 horas.

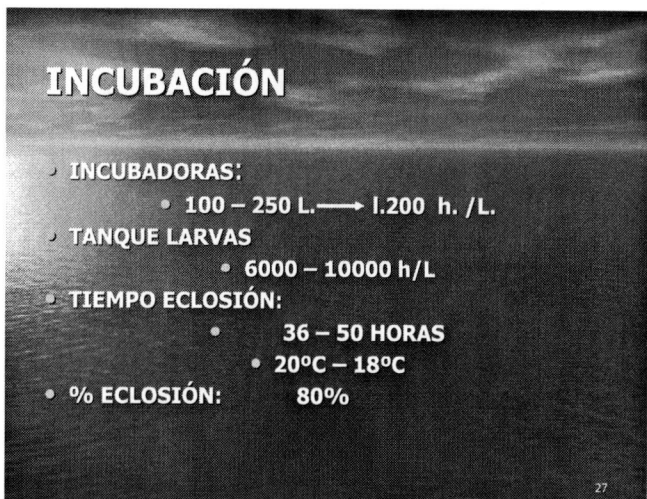

Fig. 10. Tabla de temperaturas y tiempo de eclosión.

Larvas

Las larvas eclosionadas miden entre 4/5 mm y no están completamente desarrolladas. No tienen aún comunicación con el exterior y deben alimentarse por un tiempo (3/4 días) de la reserva vitelina que contenían los huevos. En estos momentos el tubo digestivo no está completamente formado. La boca no existe y el ano no comunica con el exterior, de ahí que sea muy importante la alimentación que han recibido los padres durante la formación de los oocitos, ya que esta será la reserva de la cual se alimentarán durante 2/4 días las larvas (figura 11).

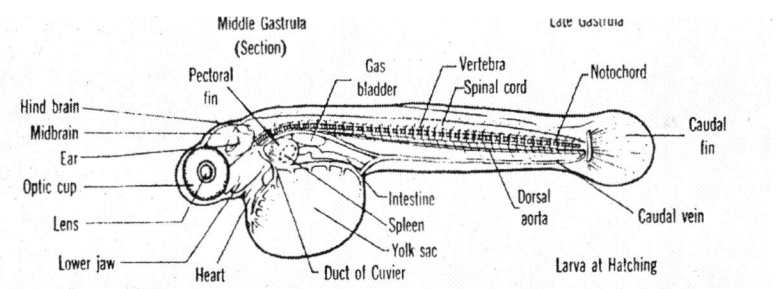

Fig. 11. Larva recién eclosionada.

Las larvas empiezan a alimentarse exógenamente a los tres o cuatro días de la eclosión. En este momento se produce una gran mortalidad, ya que las larvas no pueden nadar y solo ingieren aquellos *Brachionus* que al azar chocan con su boca y tienen un tamaño menor que la mitad de la abertura bucal.

Calidad de las larvas

Durante el periodo larval es necesario llevar una serie de controles que nos indicarán si el cultivo va bien:

- Chequeo de calidad: en las larvas de cultivo son frecuentes las malformaciones de la columna vertebral, lo que da lugar a movimientos extraños en la natación. Cuando se observan lordosis o natación en espiral, se aconseja separar estas larvas de las demás, ya que no crecerán al mismo ritmo y lo único que harán es distorsionar el cultivo. Al parecer estas manifestaciones se deben a mala calidad de la alimentación, por falta de vitaminas.
- Calidad del agua: es muy importante mantener el agua libre de aceites o grasas (procedentes de la alimentación con *Brachionus* enriquecidos) puesto que la fina capa que se formará en superficie dificulta el perfecto desarrollo de la *vejiga natatoria*. Esta aparece en forma de una gota de aire y, en los peces euro-

93

peos, al octavo día aparece una segunda gota de aire que se une a la primera y con la que conforma la vejiga. Dado que las larvas absorben el aire de la atmósfera, es posible que la presencia de la fina capa de aceite en superficie impida esta absorción y no se desarrolle a la perfección la vejiga natatoria. Las consecuencias son malformaciones en la columna vertebral y por tanto la muerte de las larvas (figura 12).

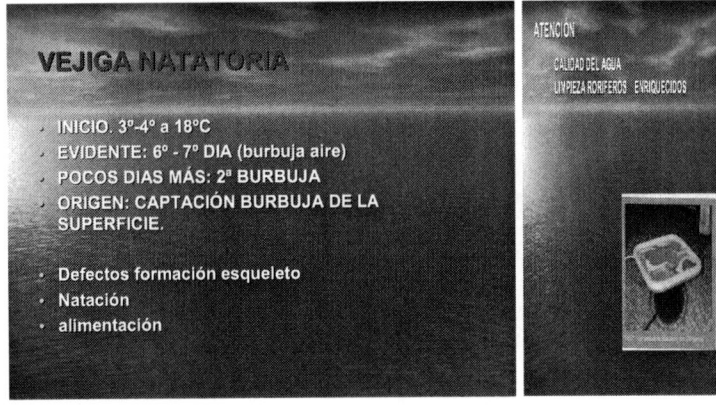

Fig. 12. Formación de vejiga natatoria y skimmer limpiador de superficie.

Alimentación larvaria

Hasta el momento solo es posible una alimentación larvaria a base de presa viva. Es decir, dependemos del cultivo de otras presas, lo que encarece enormemente la producción de alevines de peces marinos.

La alimentación generalizada es a base de un rotífero (*Brachionus*) y posteriormente un crustáceo (*Artemia*). La secuencia se debe al tamaño de la presa en relación al tamaño de la boca de la larva.

En *Brachionus* se usan diferentes cepas según su tamaño (*small* o *large*, según sea su tamaño). En *Artemia*, debido a su peculiar desarrollo, es posible usar los diferentes estadios de su metamorfosis.

Ni el uno ni el otro contienen todos los elementos para una buena alimentación en peces marinos, por lo que se recomienda su «enriquecimiento» a base de productos artificiales, sobre todo ricos en ácidos grasos (ω3 y ω6). Tanto los rotíferos como la artemia (excepto en la fase *Nauplius*, en la cual aún no tiene la boca formada) capturan las pequeñas gotas de preparado sintético y, antes de que puedan digerirlo, son suministrados a las larvas.

Con este enriquecimiento se consigue mejorar en mucho la producción de alevines. Esta alimentación dura unos 45/50 días; luego, de manera paulatina, se realiza el cambio de dieta por un alimento balanceado.

Los cambios de dieta, tanto de *Brachionus* a *Artemia*, como a la dieta seca o balanceada, deben realizarse con mucho cuidado. Nunca se debe pasar de una dieta a otra de manera brusca (figura 13).

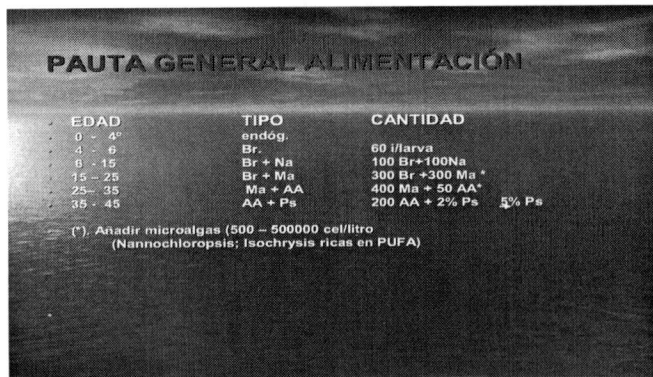

Fig. 13. Posible pauta de alimentación.

Siguiendo estas recomendaciones, se consigue entre un 25-30% de supervivencia larvaria. Esto puede parecer poco al no iniciado en piscicultura marina, y más si lo comparamos con el 90% de supervivencia en la mayoría de peces continentales. Pero si comparamos la producción de oocitos entre un grupo y otro de peces, la diferencia ya no es tanta. Téngase en cuenta que un ciprinoideo (continental) produce en cautividad unos 8.000/10.000 oocitos por kilógramo de hembra, mientras que una dorada (marina) puede llegar a producir hasta 500.000 oocitos por kilogramo de hembra.

Aun así, hasta que no se desarrolle un sistema de cultivo de algún copépodo, de manera que se pueda expandir por todo el mundo, tal y como se hace con el cultivo de *Brachionus* y *Artemia*, o bien se desarrolle una dieta balanceada, habrá que sufrir estas grandes mortalidades en los cultivos marinos.

Bibliografía

Andrades, JA, Becerra, J, Fernández-Flores, P. Skeletal deformities in larval, juvenile and adult stages of cultura gilhead sea bream (*S. auratus* L.). Aquaculture. 1996; 141: 1-11

Azzaydi, M, Martínez, FJ, Zamora, S, Sánchez-Vázquez, FJ, Madrid, JA. The influence of nocturnal vs diurnal feeding Ander winter conditions on grow and feed conversión of European sea bass (*Dicentrarchus labrax*, L.). Aquaculture. 2000; 182: 329-338

Baskerville-Bridges, B, Kling. LJ. Early weaning of Atlantic cod (*Gadus morua*) larvae onto a microparticulate diet. World Aquac, 97 Book of Abs, 1997; p. 36-37

Berlinsky, DL, King V, W, Smith, TIJ, Hamilton II, Rd, Holloway, J, Sullivan, CV. Hormone induced spawing of summer flounder *Paralichthys dentatus*. J. Word Aquac. Soc. 1997; 28: 79-86

Bromage, N, Porter, M, Randall, C. The environmental regulation of maturation in farmed fin fish with special reference of the role of photoperiod and melatonin. Aquaculture. 2001; 197: 63-98

Browley, PJ, Sykes, PA, Howell, BR. Egg production of turbot (*Scophtalmus maximus*) spawing in tank conditios. Aquaculture. 1986; 53: 287-293

Carrillo, M, Zanuy, S, Prat, F, Cerda, J, Mañanos, E, Bromage, et al. Nutricional and photoperiodic effects on hormonal cycles and quality of spawing in sea bass (*Dicentrarchus labrax* L); 1995

Cerda, J, Carrillo, M, Zanuy, S, Ramos, J, Higuera, M. Influence of nutricional composition of the dieto n sea bass, *Dicentrarchus labrax* L., reproductive performance and egg and larval quality. Aquaculture. 1994; 128: 345-361

Chatain, B. Abnormal swimblader development and lordosis in sea bass (*Dicentrarchus labrax*) and sea bream (*Sparus auratus*). Aquaculture. 1994; 119: 371-379

Devauchelle, N, Alexandre, JC, Le Corre, N, Letty, Y. Spawning of sole (*Solea solea*) in captivity. Aquaculture. 1987; 66: 125-147

Dou, S, Seikai, T, Tsukamoto, K. Cannibalism in japanese flounder juveniles, Paralichthys olivaceus, reared under controlled conditions. Aquaculture. 2000; 182: 149-159

Downing, N. Maintenance of turbot broodstock. The production of turbot eggs and larvae, 1979-1980. White fish Authority Field Report 893; 1980

Fernández-Díaz, Yúfera, M. Detecting growth in gilthead sea bream, *Sparus aurata* L., larvae fed microcapsules. Aquaculture. 1997; 153: 93-102

Forés, R, Iglesias, J, Olmedo, M, Sánches, FJ, Peleteiro, JB. Induction of spawing in turbot (*Scophthalmus maximus* L) by a sudden change in the photoperiod. Aquaculture Engineering. 1990; vol. 9, n.º 5: 357-366

Hansen, T, Karlsen, O, Taranger, GL, Hemre, GI, Holm, JC, Kjesbu, OS. Growth gonadal development and spawning time of Atlantic con (*Gadus morhua*) reared under different photoperiods. Aquaculture. 2001; 2003: 51-67

Izquierdo, MS, Fernández-Palacios, H, Tacon, AGJ. Effect of broodstock nutrition on reproductive performance of fish. Aquaculture. 2001; 197: 25-42

Lam, TJ. Hormones and eggs/larval quality in fish. Journal of the World Aquaculture Society. 1994; 25 (1): 2-11

Moretti, A, Pedini, M, Cittolin, G, Guidastri, R Manual on Hatchery Production of Seabass and Gilthead Seabream. Roma: FAO. 1990; vol 1

Ramos, J. Inducttion of spawning in common sole (*Solea solea*) with human chorionic gonadotropin (HCG). Aquaculture. 1986; 56: 239-242

Silva, A. Observaciones sobre el desarrollo del huevo y estadios larvarios de lenguado *Paralichthys microps* (Gunther, 1881). Rev. Lat. Acui. 1988; n.º 35: 19-25

Silva, A. Spawning of the chilean flounder *Paralichthys microps* Gunther, 1881 in captivity. J. World Aquac. Soc. 1994; 25: 342-344

Sorgeloos, P, Leger, P. Improved larviculture of marine fish, shrimp and prawn. Journal of the World Aquaculture Society. 1992; vol. 23, n.º 4: 251-264

Tema 6

Alimentación larvaria. Producción de alimento vivo

Alfonso Silva Arancibia y Antonio Vélez Medel

1. INTRODUCCIÓN

Sabido es que, idealmente, las larvas de peces marinos deberían ser alimentadas, tal como sucede en la naturaleza, con una amplia variedad de organismos acuáticos, como fitoplancton (flagelados, diatomeas), zooplancton (copépodos, en sus diferentes estados de desarrollo, larvas de decápodos, etc.) y organismos de diferentes tamaños y composición bioquímica. Sin embargo, en la práctica de la acuicultura intensiva a escala comercial, con una producción programada según las necesidades de producción, la colecta y posterior manutención de estas especies acuáticas para ser utilizadas como alimento en forma rutinaria y constante constituyen aún sólo un sueño de los técnicos acuícolas.

Enfrentada a esta problemática, la acuicultura de organismos marinos ha centrado sus esfuerzos en la obtención y producción de algunos alimentos vivos que respondan en general a los requerimientos nutricionales de los estados larvales tempranos de las especies de cultivo. La tendencia ha sido a simplificar la trama trófica en una simple cadena alimenticia constituida principalmente por alimentos vivos, constituidos por un número bastante limitado de organismos acuáticos, tales como las microalgas, rotíferos y *Artemia*, en sus diferentes estados de desarrollo, que pueden ser producidos de forma más o menos controlada y mediante la utilización de dietas formuladas, de composición conocida y manejable.

El presente capítulo presenta las diferentes técnicas de cultivo de algunos alimentos vivos, tales como los rotíferos y *Artemia*, incluyendo aspectos sobre su biología, tecnologías de cultivo, enriquecimiento y problemas aún presentes para el cultivo de peces marinos. El capítulo es en gran medida una actualización de la revisión hecha por Silva y Vélez (2005) en el tema.

2. CULTIVO DE ROTÍFEROS

Dentro de los organismos presa anteriormente nombrados, el rotífero *Brachionus plicatilis* aún es considerado como la presa más determinante para la alimentación temprana de la mayoría de las larvas de peces actualmente cultivadas (Flux y Main, 1991), dado su pequeño tamaño (130-320 µm), natación lenta (Snell et al., 1987), distribución homogénea en la columna de agua (Lubzens et al., 1989), elevada tasa reproductiva y factibilidad de cultivo masivo (Hoff y Snell, 1989), así como la facilidad de manipular su valor nutricional (Satuito y Hirayama, 1986).

Según Nellen (1985), la selección, adopción, diseño y desarrollo de sistemas para el cultivo masivo de alimento vivo deberían atender, entre otros factores, a dos importantes premisas: conocimiento básico de sus parámetros biológicos y conocimiento de las técnicas de cultivo, temas que pasaremos a revisar a continuación.

2.1. Biología y ciclo de vida

Los rotíferos están considerados dentro de los metazoos (multicelulares) filtradores más pequeños. Se cree que su origen es limnético, pues la mayor parte de sus representantes se encuentra en aguas dulces. Sus estructuras celulares son de naturaleza sincitial (masas plurinucleares que no poseen una división clara entre células) y eutélicos, es decir, se componen de un número determinado de células (cerca de mil) desde su nacimiento hasta su muerte.

Estos metazoos forman una clase dentro del *phylum Asquelmintos*, aunque en algunas instancias se les crea un *phylum* distinto, el de los rotíferos, que se puede subdividir en tres clases: *Seisionidea, Bdelloidea* y *Monogonta* (Kinne, 1977).

Los rotíferos monogontes, clase a la que pertenece *Brachionus* spp., son morfológicamente muy simples. Su cuerpo se compone de tres secciones: cabeza, tronco y pie. Se moviliza gracias a una banda circular de cilios, denominada corona, que rodea la cabeza. Una rígida concha quitinosa exterior denominada lórica le sirve de cubierta y además permite dar la forma distintiva de su cuerpo. A veces la lórica posee espinas anteriores y posteriores que le permiten defenderse, en cierto grado, de ciertos predadores. Poseen especializados sistemas excretores, digestivos, reproductivos y nerviosos. El pie es usado para fijarse al sustrato; sin embargo los rotíferos *Brachionus plicatilis, Brachionus rotundiformes* y *Brachionus rubens* se caracterizan por ser organismos de vida planctónica que nadan continuamente en la columna de agua (figura 1).

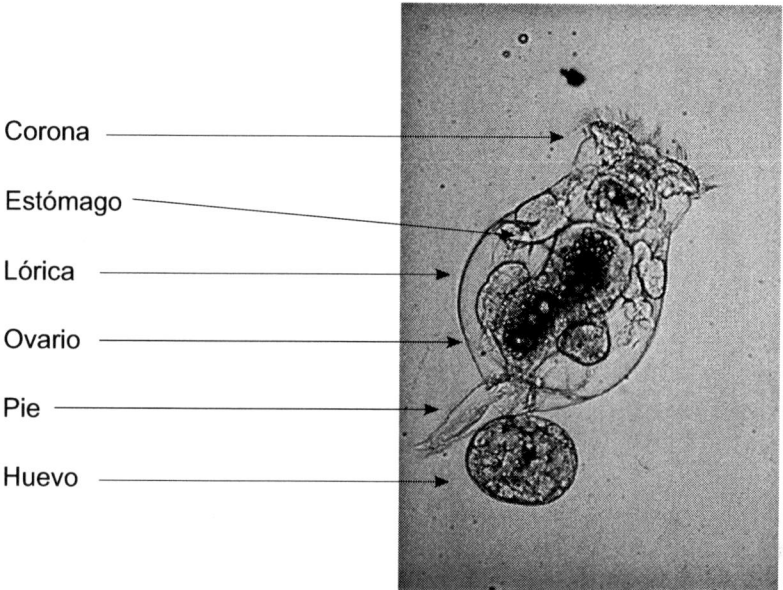

Corona
Estómago
Lórica
Ovario
Pie
Huevo

Figura 1. Descripción de *B. plicatilis*

Los rotíferos monogontes desarrollan notables grados de poliformismos, a los cuales se les añaden variaciones de tallas que caracterizan poblaciones genéticamente aisladas que acompañan diferencias ecofisiológicas. Así, podemos mencionar formas pequeñas (*Brachionus rotundiformes*) o tipo S, que oscilan entre las 150-250 micras (0,22 microgramos/rotífero), o tipo SS, de tamaño entre 70 a 160 micras, ligadas a la existencia de temperaturas superiores a los 28-35 °C, y cepas normales (*Brachionus plicatilis*) o conocidas como L de tamaños de 200-350 micras (0,33 microgramos/rotífero), que presentan su tasa de crecimiento óptima a temperaturas bajo los 25 °C. (figura 2). Esto permite el cultivo de diferentes tamaños de rotíferos, ventaja muy importante en su utilización como alimento en las primeras etapas de cultivo, ya que se pueden acomodar a las necesidades de las diferentes especies y tamaños de larvas (Fukusho, 1983; Fukusho, 1989; Kurunuma y Fukusho, 1987; Segers, 1995).

El rotífero puede reproducirse tanto asexualmente (reproducción partenogénica o amíctica), en cuyo caso una hembra diploide (2n) produce clones genéticamente idénticos a ella, como sexualmente (reproducción míctica), bajo condiciones desfavorables, situación en la cual una hembra produce machos haploides enanos en ausencia de fecundación, o huevos císticos diploides de duración indefinida si ha sido fecundada. Estos quistes tienen una cáscara gruesa y presentan una eclosión diferida. De ella nace, en condiciones ambientales adecuadas, nuevamente una hembra amíctica dotada de reproducción partenogénica, asegurando la continuidad de la especie. Se atribuye a cambios en los factores ambientales combinados tales como temperatura (Snell, 1987), salinidad (Minkoff et al., 1984), nutrición, densidad poblacional y otros (Hirayama, 1985), la responsabilidad de la alternancia de una a otra estrategia reproductiva. Aunque ambos sistemas de reproducción tienen ventajas y desventajas, normalmente los cultivadores prefieren incentivar la reproducción amíctica, dado que presenta una tasa de reproducción más rápida. Además, aunque la reproducción míctica permite obtener cistos fáciles de guardar y transportar, una reproducción míctica de los cultivos produce esencialmente machos enanos, que son nutricionalmente inferiores, dada la carencia de un sistema digestivo funcional, lo que puede provocar la caída de los cultivos (Meragelman et al., 1985).

La reproducción asexual es la más común entre la mayoría de especies de rotíferos, con la excepción del orden Seisonideoa, en el cual los machos están siempre presentes, siendo poco habitual la reproducción asexual (Amat, 1991). En el orden Bdelloidea se desconocen los machos y la reproducción es siempre asexual, por ameiosis y partenogénesis. En el orden Monogonta se han encontrado machos en un 10% de las especies. No obstante, se acepta que los machos están presentes en todas las especies. Cualquiera que sea la situación, los machos no se dan constantemente todo el año, sino que muestran una variación cíclica, en tanto la reproducción asexual se da durante prácticamente todo el año.

Entre los monogontes, el diformismo sexual se materializa en varios grados de reducción de ciertas estructuras en los machos. En efecto, los machos son siempre más pequeños que las hembras y viven menos días. Su sistema digestivo está muy reducido y el ano y la cloaca ausentes. La vejiga y el sistema excretor no existen y la estructura de la corona ciliada está muy simplificada.

En términos productivos y dependiendo de las condiciones de cultivo, una hembra amíctica puede producir, durante un lapso de 7 días de vida, 20 a 25 huevos viables, los que transporta sujetos a la porción posterior de su cuerpo hasta su eclosión (Hoff y Snell, 1989).

Brachionus sp. es un animal filtrador y por ende se puede alimentar de una extensa variedad de alimentos, incluyendo microalgas, levaduras, bacterias y alimentos inertes (Gatesoupe y Robin, 1981; Gatesoupe et al., 1989). Sin embargo, su óptimo comportamiento se obtiene al consumir microalgas (Snell, 1987; Korstad et al., 1989). No obstante, en cultivos masivos, las cantidades requeridas de microalgas son altas (se estima que un rotífero tipo L puede consumir 115.000 células de *Nannochloropsis* por día) y deben cultivarse, lo que aumenta ostensiblemente los costos. En el intento de sustituir la microalga por un alimento similar y de bajo costo se han desarrollado dietas secas solas y enriquecidas y realizado numerosos ensayos con diversas levaduras, ya sea como dieta específica o combinada (Yufera y Pascual, 1980; Hernández et al., 1986), obteniéndose buenos resultados en términos de producción. Con todo, en el caso de las levaduras, su uso exclusivo produce rotíferos con cantidades insuficientes de ácidos grasos altamente insaturados como el eicosapentanoico y docosahexaenoico, los cuales son esenciales para la supervivencia y desarrollo de las larvas de peces marinos (Watanabe et al., 1983), razón por la cual se ha debido utilizar enriquecedores comerciales o bien la técnica de cultivo combinada para mejorar este factor (Linares et al., 1990). Recientemente se han desarrollado, con buenos resultados, alimentos balanceados que contienen todos los elementos nutritivos necesarios para el crecimiento de los rotíferos.

2.2. El rotífero como alimento

Aun cuando el alimento original del rotífero está compuesto de microalgas, problemas de tipo práctico como el alto consumo de estas, las temperaturas utilizadas para su cultivo (28 a 30 °C), no aptas para microalgas, así como aspectos de tipo económico, han propiciado el empleo generalizado de dietas secas, concentrados de microalgas y levaduras, que permiten un buen desarrollo y crecimiento del rotífero. Sin embargo, el uso de dietas secas y levaduras hace más difícil el manejo de los cultivos, ya que los ensucia rápidamente, propicia el aumento de bacterias y la presencia de amonio, y generalmente no proporciona a los rotíferos una composición bioquímica favorable como alimento para las larvas, especialmente en lípidos y ácidos grasos poliinsaturados (n-3 HUFA), considerados como el principal factor limitante del valor nutritivo de los organismos que se utilizan como alimento vivo.

En efecto, recientes estudios han revelado la importancia de los ácidos altamente insaturados eicosapentaenoico (EPA) y docosahexaenoico (DHA) y muy particularmente los requerimientos de una alta relación DHA/EPA para obtener altas tasas de crecimiento, resistencia al estrés y pigmentación en las larvas de peces. En tales casos se hace imprescindible el empleo y adición de medios enriquecedoras (concentrados de microalgas — emulsiones de ácidos grasos), con el objeto de aumentar los niveles de ácidos grasos insaturados del tipo 20:5w3 (EPA) y de cadena larga e insaturada 22:6w3 (DHA) en los rotíferos (Watanabe et al., 1983; Sorgeloos, 1995). De ellos se recomienda el uso de concentrados de microalgas o mezclas de ellas por su valor nutritivo, control de la proliferación de bacterias y mejor manutención del sistema.

Las necesidades de rotíferos son altas para un cultivo, estimándose que se necesitan entre 40.000 y 173.000 rotíferos para alimentar a una larva antes de cambiar a otro tipo de alimento (Okauchi et al., 1980). En todo caso, su número exacto dependerá de la especie en cultivo, temperatura y densidad, así como del período en que es utilizado en el cultivo. Por otro lado, es necesario considerar que no todos los rotíferos que entran al sistema pueden ser capturados por las larvas, razón por la cual es recomendable agregar siempre más rotíferos que los que la larva podría consumir.

2.3. Factores que afectan su desarrollo

2.3.1. Alimento

El cultivo de rotíferos con microalgas puede afectar la calidad nutricional de estos, incluyendo tamaño, composición química y condiciones microbiológicas de las presas vivas. Los primeros factores podrían afectar la disposición y el valor nutritivo de las presas, así como la microflora, la digestión y calidad sanitaria de las larvas. Así, el contenido de proteínas, lípidos y composición de ácidos grasos y niveles microbiológicos de los rotíferos refleja la composición del alimento utilizado en los cultivos, ya sea levaduras o microalgas, siendo estas últimas un efectivo medio para controlar los niveles microbiológicos y el contenido de ácidos grasos esenciales de los cultivos. Al mismo tiempo, entre las especies de microalgas más utilizadas a causa de su buen rendimiento se encuentran *Chaetoceros* sp., *Nannochloris* sp., *Dunaliella* spp., *Phaeodactylum tricornutum*, *Isochrysis galvana*, *Tetraselmis* sp. y *Pavlova lutheri*, siendo las mejores desde el punto de vista nutricional (lípidos) *I. galvana* y *P. lutheri* (Reitan et al., 1997).

En cuanto a la cantidad de alimento necesaria para una determinada cantidad de rotíferos, esta es muy variable, dado que ello depende de la técnica de cultivo, de los rendimientos, las temperaturas utilizadas y el tipo de alimento entregado. Por ejemplo, Fuchimi (1989) estima consumos de 100.000 a 150.000 células/rotífero/día de *Nannochloropsis oculata* y de 0,4 a 1,2 mg/rotífero/día de levadura. En todo caso, es necesario monitorizar diariamente el consumo de microalgas y levadura de cada cultivo para determinar sus propios consumos.

2.3.2. Oxígeno

En general, los rotíferos pueden tolerar en forma relativa bajos niveles de oxígeno. Schluter y Groeneweg (1981) observan que por encima de 1,15 ppm de oxígeno disuelto no inhiben la reproducción de *Brachionus rubens*, en cambio bajo 0,72 ppm estos cesan completamente su reproducción y mueren al cabo de 5 días. Por su parte, Fukusho (1989) reporta que a 20 °C, tanto las cepas L como S, consumen $7,07 \times 10^5$ ml de oxígeno/día. Este se incrementa a $10,04 \times 10^5$ ml/día a 25 °C y $16,48 \ 10^5$ ml/día para 30 °C, dado el aumento de la tasa metabólica que sufren los rotíferos, debido a la elevación de la temperatura. En general, se considera que al utilizar microalgas como alimento, el nivel de aireación necesario disminuye en comparación con el uso de levadura. Ello, debido a que con suficiente luz, la microalga produce oxígeno, en cambio la levadura está asociada con el incremento de bacterias que la consumen.

2.3.3. Luminosidad

Poco se sabe sobre la real importancia de este factor. Por lo general, los cultivos interiores se desarrollan con luz permanente o parcial, utilizando intensidades entre 2000 y 5000 lux con un fotoperiodo de 16:8 horas de luz:oscuridad. En todo caso, si los cultivos son alimentados con microalgas, convendría mantener luz continua superficial con el objeto de permitir la proliferación permanente de estas (Rivas et al., 1990).

2.3.4. Ph

La literatura muestra un amplio rango de mantención de los rotíferos (5 a 10), sin embargo observaciones realizadas por Hirayama (1990) en estanques de producción masiva, indican que los valores más adecuados de pH están entre 7,1 a 7,5 para levadura marina y 7,5 a 8,1 para levadura de panificación. Al mismo tiempo, y concordando con nuestras observaciones, señala que en términos generales el espectro de pH entre 7,8 y 8,5 no afecta el crecimiento de la población, 7,2 se considera bajo y 9,5 debe considerarse alto.

2.3.5. Temperatura

La temperatura afecta la tasa neta de reproducción y la composición bioquímica de los rotíferos (Scout y Baynes, 1978; Pascual y Yufera, 1983). Así, la duración entre la puesta y desarrollo embrionario está influenciada por la temperatura e igualmente a temperaturas altas las tasas de absorción y composición bioquímica de los rotíferos varían con mayor celeridad después de agotarse el alimento. Al mismo tiempo, es sabido que la temperatura afecta la productividad de diferentes cepas de rotíferos (Miracle y Serra, 1989). Así, la cepa japonesa de *B. rotundiformis* es más productiva a temperaturas por encima de los 30 °C, mientras que la cepa *B. plicatilis* es más productiva a temperaturas por debajo de los 26 °C. En general, y aunque las temperaturas óptimas de cultivo dependen de las cepas utilizadas, el rango de temperaturas de cultivo recomendado va de 20 a 30 °C. En todo caso, al alimentarlas con microalgas, se recomienda mantener las temperaturas entre 21 y 25 °C para evitar la muerte de estas en los estanques. En términos de uso como alimento por parte de las larvas, es necesario considerar que la viabilidad de los rotíferos dentro de los estanques larvales se reduce al traspasarlos de 23 °C a 18 °C y no es afectada al transferirlos de 23 °C a 28 °C (Fielder et al., 2000). En ese sentido, se recomienda cultivar los rotíferos a una temperatura cercana a la de los estanques larvales o aclimatarlos al menos durante seis horas antes de transferirlos a los estanques larvales.

2.3.6. Salinidad

Brachionus plicatilis es considerada una especie mixohalina. Aunque es frecuente, abundante y hasta dominante en salinidades del orden de 1,8 a 36 ppm, se le halla también en densas poblaciones en medios hipersalinos de hasta 100 ppm de salinidad.

Su tasa reproductiva está fuertemente influenciada por la salinidad del medio (Lubzens et al., 1985), encontrándose en rango óptimo entre 4-35 ppm, dependiendo de la cepa y de las condiciones de cultivo. Asimismo, la tasa de filtración se reduce a medida que aumenta la salinidad (Hirayama y Ogawa, 1972), lo cual podría responder en parte a las bajas tasas de producción obtenidas a salinidades mayores. Su mejor desarrollo en cultivo en términos productivos se halla entre los 10 y 25 ppm (Hoff y Snell, 1989; Merino y Silva, 1994). La salinidad tiene un gran efecto en la viabilidad de los rotíferos, decreciendo estos fuertemente al decrecer la salinidad, por lo cual se recomienda cambiar la salinidad lentamente y cultivarlos a salinidades similares a las de los estanques larvales (Fielder et al., 2000).

2.3.7. Productos nitrogenados

Se dispone de poca información sobre la toxicidad de los componentes nitrogenados, como amonio, urea, nitrito, nitrato, que se acumulan en el medio de producción de rotíferos. Yu y Hirayama (1986) reportan en un test de toxicidad que niveles de NH_3-N de 17 ppm no tienen efectos tóxicos sobre los rotíferos; sin embargo, niveles de 2 ppm afectan su reproducción. Los mismos autores encuentran una relación entre altos niveles de amonio no-ionizado y producción de rotíferos, señalando que la presencia del amonio no-ionizado podría ser una de las causas que provoca muertes repentinas de la población de rotíferos. Es más, el pH afectaría indirectamente el desarrollo de los cultivos al mediar en el equilibrio de las concentraciones de amonio no ionizado. En este sentido, Hoff y Snell (1989) recomiendan que las concentraciones de amonio libre (tóxico) en los cultivos de rotíferos no excedan de 1 mg/l.

2.3.8. Pureza del medio

La suciedad que se acumula durante los cultivos masivos de rotíferos, especialmente en su cultivo con levaduras, es perjudicial para su desarrollo y el manejo de la cosecha, y peligroso para las larvas, razón por la cual se recomienda mantener limpios los cultivos filtrándolos. Para ello se pueden utilizar filtros insertados directamente en el interior de los estanques de cultivo o filtros externos, colocados en la parte exterior de los mismos (Fushimi, 1989; Merino y Silva, 1994; Suantika et al., 2000). Ello permite bajar el nivel de detritus, ciliados y bacterias que proliferan normalmente al interior de los cultivos, lo que admite mejorar los resultados finales de los cultivos de rotíferos y de larvas.

2.4. Sistemas de cultivo

La práctica básica del cultivo masivo de rotíferos requiere de la disponibilidad de una cepa pura seleccionada para la partida, ya que de ella dependen factores como la tasa reproductiva, tamaño y condiciones de cultivo. Respecto a estas últimas, si bien es cierto que *B. plicatilis* soporta un gran rango de tolerancia tanto para temperatura como salinidad (Pascual y Yúfera, 1983), las mejores producciones se obtienen a temperaturas entre 25 y 28 °C, y salinidades entre 20 y 25 ppm (Merino y Silva, 1994).

En general, existen varios sistemas de cultivo utilizados para la producción masiva de rotíferos, los que dependen fundamentalmente del alimento, niveles de producción del cultivo y el sistema de cosecha utilizado. Así, desde el punto de vista del alimento, es posible reconocer cultivos que utilizan sólo microalga como alimento (90% de *Nannochloropsis* y 10% de *Tetraselmis*), cultivos que utilizan una combinación de microalgas y levaduras, y cultivos que utilizan solamente alimentos formulados. En este último caso, y de acuerdo con las características del alimento formulado, no sería necesario un enriquecimiento final de los rotíferos. En términos de niveles de producción del cultivo, es posible reconocer cultivos de baja densidad (150 a 500 rotíferos/ml) y cultivos de alta densidad (1000 a 3000 rotíferos /ml). Por otra parte, desde el punto de vista del sistema de cosecha, es posible reconocer cultivos semicontinuos con cosechas y renovación de agua parciales (5% a 40% por día) y cultivos Batch o de cosecha total (Fukusho, 1983; Hirayama, 1985).

La producción de rotíferos envuelve las fases de mantención de stock o cepas de rotíferos, la fase de inoculación, la fase de crecimiento y la fase de cosecha.

Las cepas iniciales se pueden mantener temperadas (25-28 °C), iluminadas (3000 a 5000 lux) y a bajas densidades (2 a 50 rotíferos/ml), en frascos de 50 ml a 5 litros, con agua de mar esterilizada y alimentadas con cultivos puros de microalga por un máximo de 7 días, período después del cual los cultivos son renovados. Cada 60-90 días, las cepas iniciales deben ser desinfectadas con antibióticos para mantener el sistema libre de gérmenes.

Llegado el momento de iniciar el cultivo masivo se procede a la fase de inoculación desde el cultivo base (150 a 300 rotíferos/ml en baja densidad), utilizando estanques de 30 a 100 l, previa desinfección y llenado con agua microfiltrada y esterilizada a la temperatura adecuada y conteniendo microalgas a densidades de 0,2 a 1 millón de células/ml (90% *Nannochloropsis* y 10% *Tetraselmis*).

A partir de la inoculación se produce la fase de crecimiento exponencial del cultivo, que puede durar de 4 a 5 días. Durante el proceso de crecimiento, la microalga puede ser consumida, razón por la cual se suplementa el cultivo diariamente con más microalga, o levadura de panificación (0,4-0,8 gr/millón de rotíferos) y vitaminas (vitamina B_{12} y vitamina A), o alimento formulado comercial.

Dependiendo de la cantidad inicial de la inoculación, del alimento entregado y del método de cultivo utilizado, se obtiene la cantidad final de rotíferos obtenidos. Al mismo tiempo, dependiendo de las necesidades de rotíferos planificadas para el cultivo, se determinan el sistema de inoculación (baja o alta densidad) y los volúmenes de los recipientes utilizados en la siguiente fase de crecimiento (200 l. a varias toneladas de volumen).

El cultivo Batch es fiable y por ende es uno de los sistemas de producción más ampliamente utilizados en el mundo. Su estrategia de cultivo puede consistir en mantener un volumen estable y un incremento en la densidad de los rotíferos inicialmente inoculados, o mantener una densidad constante de rotíferos y un aumento paulatino del volumen del estanque de cultivo (fig. 8.2).

A continuación se describe un cultivo Batch de baja densidad realizado en el Laboratorio de Cultivo de Peces (LCP) de la Universidad Católica del Norte (UCN), y los resultados obtenidos:

- Utilización de estanques cónicos de 500 l desinfectados, mantenimiento de aireación suave para estabilizar niveles de oxígeno y movimiento de rotíferos y luminosidad entre 16 y 24 horas día.
- Llenado total con 60% de microalgas (90% de *Nannochloropsis* y 10% de *Tetraselmis* o *Isochrysis*) a una densidad de 500-1000 × 10³ cel/ml y 40% de agua de mar (salinidad final de 25‰) microfiltrada y esterilizada.

- Ajuste del pH a 8,0 y temperatura entre 25 °C y 27 °C.
- Inoculación de rotíferos con un mínimo de 150 rotíferos/ml (cultivo baja densidad) para minimizar las posibilidades de pérdida del mismo.
- A partir del segundo día, alimentación dos veces al día con levadura de panificación *Sacharomicces cerevisiae* (segundo día: 0,6 gr/millón rotíferos – tercer día en adelante: 0,8-1 gr/millón rotíferos). Adicionalmente se puede agregar aceite emulsionado (1-2 ml/10 L agua) y vitaminas (B$_{12}$ y E).
- Inicio de cosecha entre el cuarto y quinto día de cultivo.

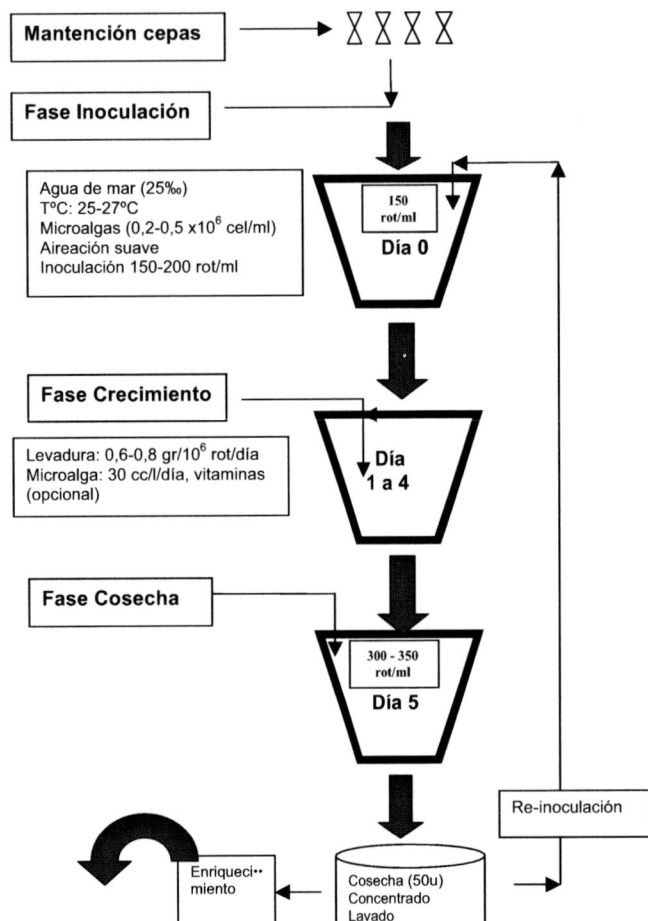

Figura 2. Sistema Batch de cultivo de rotíferos (baja densidad), Laboratorio de Cultivo de Peces (LCP) de la Universidad Católica del Norte (UCN), Chile.

Este sistema Batch entrega producciones finales de entre 350.000 y 400.000 rotíferos/litro (figura 3).

Días	Rotíferos	% Hembras
0	150	44
1	215	40
2	258	23
3	283	29
4	320	30
5	357	22

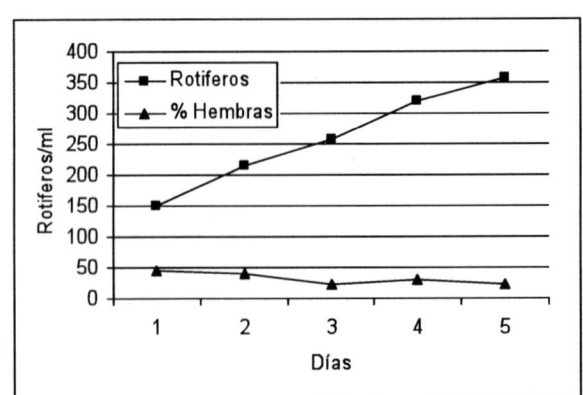

Figura 3. Evolución cultivo Batch alimentado con levadura de panificación realizado en el LCP de la UCN, Coquimbo, Chile.

El sistema semicontinuo de cultivo es considerado menos fiable, por la acumulación de materiales de desecho, pero más eficiente en términos de producción por volumen de agua. En este caso el sistema sigue los mismos pasos que el sistema Batch, con la salvedad de que a partir del tercer día, o cuando se haya alcanzado la densidad deseada (250-300 rotíferos/ml), se comienza a cosechar el 10% del volumen diario, rellenándose con igual volumen de microalga, pudiéndose mantener el cultivo durante 10 a 15 días o hasta que se detecte una caída de la producción diaria del mismo, momento en el cual se debe cosechar completamente, limpiar y desinfectar el estanque, y comenzar un nuevo cultivo en un nuevo estanque.

Este sistema semicontinuo entrega producciones finales entre 250.000 y 300.000 rotíferos/litro/día y su duración depende fundamentalmente de su limpieza, del tipo de alimento y de la forma de entrega y de su nivel de cosecha (figura 4).

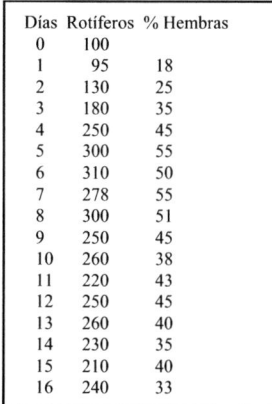
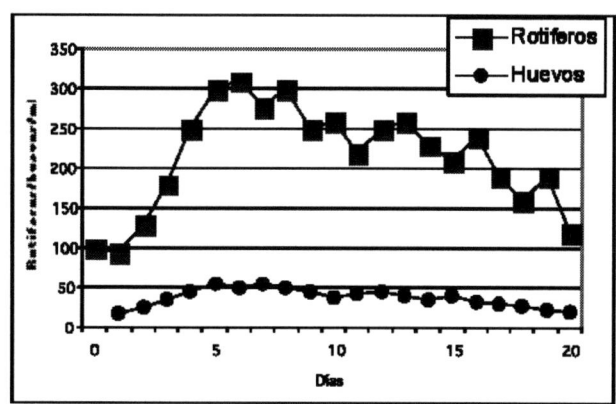

Días	Rotíferos	% Hembras
0	100	
1	95	18
2	130	25
3	180	35
4	250	45
5	300	55
6	310	50
7	278	55
8	300	51
9	250	45
10	260	38
11	220	43
12	250	45
13	260	40
14	230	35
15	210	40
16	240	33

Figura 4. Evolución cultivo semicontinuo alimentado con levadura enriquecida (LCP de la UCN).

En el caso de alimentar solamente con microalgas, debe cuidarse que el cultivo no quede «claro» antes de 24 horas. Igualmente, el porcentaje de cosecha/día depende del nivel de producción del estanque. Un exceso de cosecha puede colapsar rápidamente el estanque. La tabla 8.1 muestra el nivel de cosecha recomendado para un cultivo semicontinuo de rotíferos alimentados con una mezcla de microalgas y levadura enriquecida (Merino et al., 1996).

Tabla 1. Porcentaje de cosecha diario (volumen) recomendado para cultivo semicontinuo (Merino et al., 1996).

Densidad (rot/ml)	Cosecha/día (%) recomendada
150-250	5
250-350	10
350-450	15
>450	20

La fase de colecta de rotíferos se lleva a cabo mediante un filtrado a través de mallas nylon de 60 a 70 micras; una vez concentrados deben someterse, si es necesario, a su enriquecimiento con el objeto de incorporarles los ácidos grasos esenciales de los cuales carecen. Este se puede llevar a cabo utilizando el método «corto», por el cual se suspenden los rotíferos por no más de 24 horas, en altas concentraciones de mezclas de microalgas puras o concentradas (80% de *Isochrysis* o *Pavlova* y 20% de *Nannochloropsis*) o diferentes emulsionantes comerciales especialmente formulados, que tienen como característica su alto contenido de ácidos grasos poliinsaturados (n-3)HUFA, proteínas y opcionalmente antibióticos y prebióticos. Al consumirlos, los rotíferos los incorporan a su estructura, incrementando notablemente su valor nutritivo y calidad como dieta para larvas de peces (Watanabe et al., 1983; Sorgeloos y Léger, 1992). También puede utilizarse el método de enriquecimiento «largo», que consiste en cultivar los rotíferos con alimentos ricos en ácidos grasos esenciales para, una vez cosechados, entregarlos directamente a las larvas.

Finalmente, y dado que los rotíferos elevan sustancialmente su nivel de bacterias durante su cultivo y enriquecimiento, es necesario tratarlos para bajar dichos niveles, antes de ser entregados a las larvas. Para ello existen diferentes sistemas que incluyen lavado con agua dulce o esterilizada (2 min), tratamiento con antibióticos (7-10 mg/lt de furazolidona u oxitetraciclina), uso de ozono, o bien enriquecimiento con sustancias que contienen inhibidores bacterianos.

2.5. Problemas y perspectivas

Muchos criaderos presentan frecuentes problemas en la producción constante de altas cantidades de rotíferos necesarios para alimentar cientos de miles de larvas de peces. Ello, por cuanto aún persiste el cultivo de «baja densidad» y aún es frecuente en los criaderos la ocurrencia de bajas producciones o la pérdida total del cultivo (crash), por mal manejo o problemas no bien identificados. Algunos autores han propuesto que la calidad del agua es uno de los factores importantes (Schluter y Groeneweg, 1981; Hirayama, 1985; Meragelman, 1985), mientras otros plantean que la acumulación de desechos, la deficiencia en vitaminas (Hirayama y Funamoto, 1983; Satuito y Hirayama, 1986; Yu et al., 1988) y la presencia de ciliados (Reguera, 1984) son elementos importantes en la disminución de la producción de rotíferos.

En el intento de solucionar estos y otros problemas en el cultivo de rotíferos, los investigadores y productores están buscando nuevos y más eficientes sistemas de producción (sistemas de recirculación) y nuevas especies de alimentos vivos adecuados a las condiciones de cultivo larval.

El cultivo continuo-recirculante, aún en incorporación, busca aumentar la eficiencia productiva y ha sido diseñado para producir altas densidades de rotíferos (1.000 a 10.000 rotíferos/ml). Sin embargo, debe mantenerse bajo estrictas medidas de control y su costo de operación es mayor que el cultivo tradicional.

Básicamente el sistema cuenta con un estanque de producción masiva de rotíferos, un sistema de filtro de malla de 30-40 µ que impide la perdida de rotíferos y un sistema de aireación circular para homogenizar el cultivo. El agua que sale es conducida a un estanque de decantación que permite el asentamiento de las partículas mayores en suspensión. A continuación, el agua pasa por un fraccionador de espuma o *skimmer* que permite extraer la materia orgánica menor en suspensión, y luego por un filtro biológico que mantiene equilibrado el contenido de amonio producido en el sistema. Finalmente el agua es devuelta al estanque inicial que contiene los rotíferos. Utilizando alimentos comerciales especialmente formulados o microalga concentrada y una cosecha semicontinua, un sistema de estas características es capaz de producir en forma constante densidades tan altas como 2.500 a 3.000 rotíferos/ml durante 15 a 30 días (Suantika et al., 2000). Por otra parte, el uso de ozono en el mismo sistema mejora ostensiblemente estas producciones, pudiendo llegar a producir 16.000 rotíferos/ml (Suantika et al. 2001). Las mayores producciones comparativas respecto al sistema Batch tradicional se explican por el mejoramiento de la calidad del agua que se obtiene al hacer uso de un fraccionador, del ozono y de un filtro biológico en el sistema.

En el ámbito de la búsqueda de nuevos alimentos y considerando que algunas larvas de peces tienen bocas que requieren de presas más pequeñas que los rotíferos, se ha considerado la utilización de algunos dinoflagelados como el *Gimnodinium*, de ciliados como los *Euplotes*, de nauplios de muchos copépodos y de larvas de ostras y mitílidos que tienen el tamaño requerido. Sin embargo, en la mayor parte de los casos su disponibilidad y calidad es aún limitada. También se han hecho avances en el área de los alimentos formulados. De este modo, actualmente, en el cultivo larval de varias especies comerciales se practica la mezcla del alimento vivo con el alimento formulado (*co-feeding*), el cual también tiene la propiedad de poder integrar agentes terapéuticos o de otro tipo a las larvas. Sin embargo, estos alimentos artificiales, muchos de ellos ya en el mercado, aún no han sido capaces de reemplazar por completo el uso de rotíferos en cultivos comerciales.

Así, y a pesar de estos avances y de todos los problemas de inseguridad y costo que conlleva el sistema de producción actual de rotíferos para el cultivo masivo de larvas de peces marinos, estos seguirán constituyendo durante bastante tiempo todavía la única dieta susceptible de ser manejada como alimento para las primeras etapas de cultivo larval de la mayor parte de los peces marinos de importancia comercial en el mundo. Esto justifica seguir investigando nuevas formas de producción y mejoramiento nutricional de los rotíferos.

3. CULTIVO DE *ARTEMIA*

3.1. *Artemia* presente en la acuicultura

La importancia de *Artemia* en la acuicultura actual radica en que los nauplios de reciente eclosión no sólo constituyen la mejor, sino a menudo la única opción de alimento vivo para los estadios larvales y postlarvales de peces y crustáceos. Tanto es así que se puede asegurar que el actual éxito logrado en el desarrollo de muchas especies se debe al uso de rotíferos y *Artemias* como dieta viva.

Otra característica de *Artemia* la constituye el hecho de que las hembras, de acuerdo con las condiciones ambientales imperantes, pueden poner huevos provistos de una corteza gruesa o cistos. El embrión puede permanecer durante varios años dentro de este medio de aislamiento, hasta que se den nuevamente las condiciones para permitir la eclosión y liberar el nauplio nadador, el cual se desarrollará normalmente.

Esta capacidad de producción de huevos resistentes o cistos es otra de las causas que explican el éxito de *Artemia* en la acuicultura, toda vez que permite disponer de un alimento vivo en condiciones bastantes atípicas de almacenamiento, transporte, conservación, etc. De hecho, esta característica ha permitido la creación de toda una industria productora de cistos de *Artemia* en varios países del mundo.

Un grave déficit en la disponibilidad de cistos a finales de la década de los sesenta incrementó los precios sustancialmente (fenómeno que se repite este último año), estimulando el inicio de nuevas investigaciones con relación al uso y producción de *Artemias*. En este sentido y gracias a las investigaciones llevadas a cabo en el Artemia Reference Center de la Universidad de Gantes (Bélgica), como también en laboratorios de EE.UU., la situación fue revertida, explotándose varias zonas naturales de *Artemia* en Europa, Asia, Australia y América. A partir de ese momento, el uso de cistos de *Artemia* en acuicultura mejoró significativamente.

3.2. El género *Artemia*

La clasificación sistemática nos indica que este crustáceo pertenece al orden Anostraceo y a la familia *Artemiidae*.

El género *Artemia* está compuesto por varias especies, definidas por el criterio de aislamiento reproductivo sobre la base de los resultados obtenidos de cruces experimentales de diferentes poblaciones de *Artemias*, que revelaron la existencia de este aislamiento en varios grupos.

Este hecho sirvió para reconocer diferentes especies, a las cuales se han dado diferentes nombres taxonómicos.

En el género *Artemia* encontraremos especies bisexuales (poblaciones compuestas por ejemplares machos y hembras), que se citan a continuación:

Artemia salina: Lymington, Inglaterra (extinta)
Artemia tunisiana: Europa
Artemia franciscana: América (Norte, Centro, Sur)
Artemia persimilis: Argentina
Artemia urmiana: Irán
Artemia mónica: California

Además, varias cepas partenogenéticas (poblaciones compuestas sólo por ejemplares hembras, cuyos huevos no necesitan ser fertilizados para desarrollarse) se pueden hallar en Europa y Asia. Dadas las importantes diferencias genéticas observadas en estas cepas, como el nivel de ploidía, han sido clasificadas bajo la denominación específica de «*Artemia* partenogenética».

3.2.1. Biología de *Artemia*

La *Artemia* es un crustáceo de unos 8 a 12 mm de longitud en su estado adulto, que en condiciones naturales se encuentra en lagos salados, costeros o mediterráneos, y especialmente en salinas costeras de prácticamente todo el mundo.

Las poblaciones de *Artemia* sólo se manifiestan en aguas desde una salinidad intermedia de 100 ppt, medio hipersalino de diferente composición iónica donde los predadores han sido eliminados por estrés salino, hasta cerca de los 200 a 250 ppt, niveles en los cuales el alimento llega a ser un factor limitante, debido al más alto consumo energético como resultado del aumento de la actividad osmoreguladora.

Gracias a la ya mencionada capacidad de generar cistos de un diámetro cercano a los 300 um, los embriones de *Artemia*, secos e inactivos, pueden permanecer en estado de diapausa tanto tiempo como puedan estar secos y/o en condiciones anaeróbicas. Una vez sumergidos en agua, el cisto se hidrata, asume la forma esférica y, aún dentro de él, el metabolismo embriónico se reinicia.

Tras 20 horas, aproximadamente, la cáscara del cisto, compuesta por tres capas (corion, membrana cuticular externa y cutícula embriónica) se rompe, apareciendo el embrión cubierto por la membrana de la eclosión (estado 1 o de ruptura).

En unas pocas horas, el embrión abandona el cisto definitivamente, pasando al estado 2 o de «paraguas». El desarrollo del nauplio se completa dentro de la membrana de eclosión, se inicia el movimiento de sus apéndices y, en poco tiempo, esta membrana se rompe, dando origen al crecimiento del nauplio nadador libre (figura 5).

La larva nacida, en estado Instar I, mide aproximadamente 400 a 500 u. de longitud, presenta un color anaranjado y posee 3 pares de apéndices: una pequeña anténula sensorial, una antena bien desarrollada, con una función locomotora y alimentaria, y mandíbulas rudimentarias; un único ocelo rojo se sitúa en la región de la cabeza, en medio de las anténulas sensoriales. La región de la futura boca, zona ventral de la cabeza, está cubierta por un gran *labrum* (figura 6).

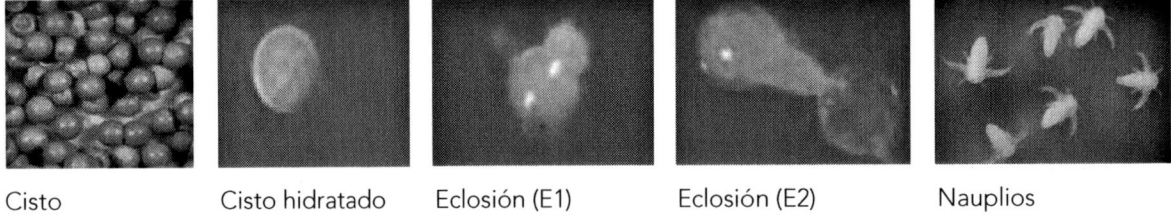

Cisto   Cisto hidratado   Eclosión (E1)   Eclosión (E2)   Nauplios

Figura 5. Desarrollo de cistos de *Artemia* de incubación a eclosión.

En este estado de Instar I, el sistema digestivo de la larva no es funcional, permaneciendo aún cerrados la boca y el ano. Por este motivo no es posible alimentar a las larvas recién nacidas.

Tras unas doce horas, las larvas mudan y pasa al segundo estadio larval o Instar II. Pequeñas partículas de alimento, como células de algas, bacterias o detritus (tamaños de 1 a 40 μm), son capturadas. Estas partículas son filtradas por las *Artemias* e introducidas en el ahora funcional sistema digestivo. Desde el punto de vista de la nutrición y el enriquecimiento larval, este estado es de suma importancia, pues a partir de él es cuando se puede alterar la composición nutricional del nauplio, en la búsqueda de nuevos componentes.

La *Artemia* crece y se diferencia a través de unas quince mudas. A partir del décimo estadio larval, importantes cambios morfológicos y funcionales se llevan a cabo. Por ejemplo, los toracópodos alcanzan una función locomotora y respiratoria (branquias), y además actúan como filtros de alimento. La antena pierde su función locomotora primitiva para alcanzar una diferenciación sexual. En los ejemplares machos, la antena se desarrolla en una especie de garfios de sujeción, los cuales son funcionales durante la copulación, mientras que en las hembras la antena degenera a un apéndice sensorial.

En las especies bisexuales, el adulto de *Artemia* mide alrededor de 10 mm, mientras que en algunas especies partenogenéticas, poliploides, alcanza hasta los 20 mm.

El adulto se caracteriza por un cuerpo alargado, con dos ojos pedunculares complejos en la región de la cabeza, once pares de apéndices toráxicos y un abdomen que termina en una bifurcación cubierta con espinas.

3.2.2. Aspectos reproductivos
Se le reconocen dos modos reproductivos:

- *Ovoviviparidad*: en que los huevos se desarrollan en larvas nauplios de vida libre.
- *Oviparidad*: en condiciones ambientales extremas (alta salinidad, bajo nivel de oxígeno o ausencia de alimento), las «glándulas de la cáscara», localizadas en el útero, se activan y secretan un producto color café.

El embrión sólo se desarrolla hasta el estado de gástrula, para luego ser recubierto con la secreción citada, denominada corion, entrar en un estado de inactividad o diapausa, y ser depositado a la espera de condiciones favorables.

El corion es una capa dura compuesta por lipoproteínas impregnadas con chitina y hematina (producto de la descomposición de la hemoglobina), cuya concentración determina el color de la cáscara. La principal función del corion es proteger al embrión mecánicamente y de la radiación ultravioleta.

Las mismas características reproductivas son válidas para las especies partenogenéticas, excepto porque la fertilización no se lleva a cabo y el desarrollo embrionario se inicia tan pronto como los óvulos alcanzan el útero.

La *Artemia* puede vivir durante varios meses. El estado adulto lo alcanza en menos de dos semanas y se reproduce a razón de hasta 50-300 nauplios o cistos cada 4-6 días, dependiendo de la especie.

3.3. La *Artemia* como dieta viva para larvas de peces marinos

La evaluación de *Artemia* como dieta viva para dichos animales debe considerar básicamente dos aspectos: los requerimientos del predador y también los del cultivador.

Desde el punto de vista del cultivador, se deben considerar aspectos como la disponibilidad, factibilidad de uso, precio y versatilidad. Por cierto, la Artemia cumple con estos requisitos dado que se cultiva en diversos ambientes, resiste un manejo intenso, puede ser desinfectada externamente, se puede cultivar y engordar, se puede utilizar como un transportador biológico, de componentes nutritivos o terapéuticos y se puede almacenar en bodegas.

Ciertamente, dentro de las desventajas que se observan se puede mencionar la conocida variabilidad en el porcentaje de eclosión, así como su disponibilidad y precio.

En lo que al predador se refiere, podríamos citar dos características básicas que necesita cumplir cualquier alimento vivo, a saber:

- *a*) Características físicas de la presa: aspecto positivo en *Artemia*, ya que se pueden obtener nauplios limpios, libres de impurezas y desinfectables a través de la descapsulación. Además, la aceptabilidad por parte del predador está favorecida por la perceptibilidad, la facilidad de caza y la palatabilidad de la presa. Como desventaja física se puede citar el inadecuado tamaño para alimentar los primeros estadios larvarios de peces (428 um o más de longitud), razón por la cual es precedida de otras presas vivas más pequeñas, como rotíferos, lo que ciertamente complica la rutina de los criaderos.
- *b*) Características nutricionales de la presa: factor negativo ya que se observan diferencias significativas en la calidad nutricional de las diferentes cepas o especies de *Artemias*, influidas por la composición bioquímica del embrión, que a su vez es producto de la cantidad y calidad de nutrientes que recibieron los padres y la estructura genética de la especie. Estudios interdisciplinarios internacionales, tendientes a caracterizar las cepas comerciales existentes como alimento para varios peces y crustáceos, revelaron que la presencia en mayor o menor grado de porcentaje de ácidos grasos poliinsaturados (HUFAS) puede estar relacionada con los malos crecimientos obtenidos en peces y crustáceos. Este estudio confirmó la hipótesis de Watanabe et al. (1978) que postulaba que el principal factor para valorizar *Artemia* como alimento es la presencia de HUFAS esenciales. Bajos niveles del HUFA 20:5 w3 o EPA en *Artemia*, produjeron baja supervivencia y bajo crecimiento en todas las larvas de peces marinos y crustáceos analizados.

Aun cuando se reconoce la importancia del EPA para la obtención de un buen crecimiento y supervivencia larval, en los años recientes se ha descubierto la importancia de otro ácido graso insaturado, el 22:6 w3 o DHA, en el proceso de pigmentación de la piel de los peces planos. En este contexto se discute actualmente la adecuada relación DHA:EPA que debiera existir para la obtención de una apropiada pigmentación en peces como el turbot, especie de tremenda importancia en Europa, cuyo cultivo fue introducido en América en 1982 (Rodríguez et al., 1997). Está comprobado, por ejemplo, que cultivos alimentados con *Artemias* con un alto porcentaje de EPA producen larvas de buen crecimiento y supervivencia, pero con un bajo porcentaje de pigmentación.

Manipulando las condiciones de alimentación, tendientes a incrementar los niveles de HUFA en *Artemias*, se pueden obtener porcentajes deseados de ciertos componentes para mejorar los resultados del cultivo. Aun cuando estas técnicas son efectivas, sólo son aplicables a sistemas intensivos o de pequeña escala. El nivel de HUFA en los cistos de Artemia producidos en grandes estanques o charcos solo está determinado por la naturaleza.

3.4. Manejo y tratamiento de *Artemia* para alimento de larvas

El cultivo de *Artemia* en sistemas de producción intensivo de peces difiere del cultivo de otros alimentos vivos (microalgas, rotíferos), debido a que no es necesario mantenerla en cepas o producirla masivamente en sistemas de cultivo, sino que es obtenida de la eclosión de cistos que son comercializados mundialmente.

Esto le confiere una gran ventaja a la hora de utilizarla en sistemas de producción intensiva. Sin embargo, a diferencia de los otros alimentos vivos, la disponibilidad de cistos en el mercado depende de ciclos de producción natural, que ocurren en sus diferentes fuentes de origen. Estos ciclos son variables y, por tanto, inseguros tanto en cantidad como en calidad, reflejándose en los constantes cambios de precios y calidad existentes actualmente en el mercado.

A continuación se hará una breve reseña de su manejo y tratamiento, desde su desinfección hasta su enriquecimiento, de acuerdo con lo descrito por Lavens y Sorgeloos (1996) y los procedimientos seguidos en el Laboratorio de Peces de la UCN, Chile

3.4.1. Desinfección y decapsulación

Dado que los cistos de *Artemia* contienen bacterias, hongos y otras impurezas que eventualmente pudiesen contaminar y afectar el cultivo de larvas, se hace necesario primeramente desinfectar los cistos antes de proceder a iniciar su incubación. El procedimiento de desinfección consiste básicamente en colocar los cistos a incubar en un estanque con una solución de hipoclorito de sodio (200 ppm) durante 30 min, aireado fuertemente con un tubo de vidrio de extremo abierto. Luego se filtra el contenido del estanque a través de malla de 90 µ y se lavan vigorosamente los cistos con agua potable.

La descapsulación de los cistos consiste básicamente en la extracción del corion sin afectar la viabilidad del embrión, y es también un buen procedimiento de desinfección de los mismos. Adicionalmente, la descapsulación asegura la completa eliminación de la cubierta de los cistos, que es una fuente de contaminación, y permite un mejor aprovechamiento energético del nauplio.

El procedimiento de descapsulación consiste primeramente en una hidratación de los cistos mediante la cual se suspenden en agua potable, a una temperatura de 25 °C, 100 gr o más de cisto en 1 a 5 l de agua potable por un tiempo de 12 horas con vigorosa aireación. Cumplido el tiempo, se filtran con malla de 125 um y se procede a tratarlos con solución decapsuladora que consiste en una mezcla de agua de mar, hipoclorito NaOCl (para 100 gr de cistos = 50 gr de Na OCl activo) e hidróxido de sodio (NaOH) para aumentar el pH de la solución, a razón de 0,15 gr de NaOH (grado técnico) o 0,33 ml de solución NaOH (40%) por gramo de cisto seco. La proporción total de solución será de 14 ml de solución descapsuladora por cada gramo de cisto seco.

Los cistos deberán ser mantenidos en suspensión, vía agitación manual, o con fuerte aireación desde el fondo. Al iniciarse la reacción de oxidación exotérmica, se formará espuma, y debido a la disolución del corion, un gradual cambio de color se observa en los cistos, desde el café oscuro, pasando por el gris, hasta el salmón. Se debe controlar constantemente la temperatura de la solución, adicionando hielo si es necesario, eZcuQOAQOARl.ion larvaria. Producción de alimento vivo

para evitar que esta alcance los 40 °C, letales para el cisto. El tratamiento de descapsulación dura de 5 a 15 minutos, según el tipo de cepa o procedencia, y finaliza una vez que el corion ha sido disuelto, lo cual se evidencia por el color salmón de los embriones. Inmediatamente se filtran los cistos descapsulados por un tamiz de 120 um, a la vez que se adiciona abundante agua de mar. Una vez que ya no se perciba el aroma a cloro se deja de enjuagar.

Los residuos de hipoclorito adsorbidos sobre los cistos descapsulados serán desactivados en un baño de tiosulfato ($Na_2S_2O_3$) al 0,1% utilizando la proporción de 1,12 gr de tiosulfato (98%) por cada litro de agua potable. Así, inmediatamente, una vez finalizado el enjuague de los embriones, se sumerjen en esta solución, durante unos 30 segundos.

Tras este baño, se enjuagan nuevamente los cistos con abundante agua de mar y se procede a verificar la ausencia de cloro, tomando una pequeña muestra y llevándola a un *kit* de los que habitualmente se utilizan en el control de cloro en piscinas.

Posteriormente se transfieren los descapsulados a un balde con agua de mar, permitiendo que decanten para, tras unos 5 minutos y mediante un sifón, retirar desde la superficie del balde los restos de cistos o embriones flotantes.

A continuación, los cistos descapsulados pueden seguir su proceso de incubación o ser almacenados. Para este último caso se procede a distribuir los descapsulados en jarros de poco volumen (p.ej. 500 cc), para luego cubrirlos con una pequeña capa de agua y llevarlos al refrigerador a unos 5 °C. En estas condiciones podrán permanecer hasta una semana. Así se puede programar la necesidad semanal de nauplios, y disponer diariamente de ellos, según sea el consumo de los peces.

3.4.2. Incubación de cistos

Para la incubación de cistos de *Artemia* se usan estanques cónicos transparentes que facilitan la aireación, iluminación y cosecha del proceso. Se utiliza agua de mar a 28 °C, iluminación adecuada (2000 lux) sobre el estanque, aireación fuerte desde el fondo y densidades máximas de 5 gr de cistos por litro de agua. En estas condiciones la eclosión de los cistos se produce aproximadamente a las 20-24 horas, dependiendo de las características de los cistos.

3.4.3. Cosecha de nauplios

Se procede a cosechar los cistos/nauplios, sembrados el día anterior, utilizando una malla de 90 μ dentro de un balde con agua de mar a 20 °C dispuesta en la parte inferior del estanque incubador. Se corta la aireación del estanque a cosechar, se cubre con tapa negra y se ilumina la cara inferior del estanque. Tras unos 10 minutos se succiona del fondo o se abre válvula de cosecha, según corresponda, para extraer los nauplios desde el sector iluminado del estanque. Se dirije la manguera de cosecha al interior del tamiz, en el cual además se encuentra la manguera con el suave flujo de agua de mar. Se finaliza la cosecha, una vez que la mayor cantidad de nauplios ha sido obtenida. En el estanque deberá quedar agua y la mayoría de los cistos flotando.

3.4.4. Enriquecimiento de nauplios.

La práctica general consiste en que, una vez que los nauplios están separadas de los restos de membrana o cáscara, se los mantiene en agua de mar natural, a unos 24-30 °C. Al cabo de 10-12 horas, cuando ya el sistema digestivo es funcional, se les ofrece el enriquecimiento utilizado. La duración total del proceso así como el producto utilizado para enriquecer depende de la cantidad de HUFA que es preciso incorporar. El procedimiento normal, también denominado enriquecimiento largo, dura 24 horas, durante las cuales tradicionalmente el enriquecedor se entrega en dos dosis, una al comienzo y otra a las 12 horas o según las instrucciones entregadas por el fabricante (figura 6).

En este proceso de enriquecimiento, varios factores han demostrado en la práctica ser importantes, tales como: aireación, temperatura, densidad de nauplios, concentración del alimento, estabilidad de la dieta, etc.

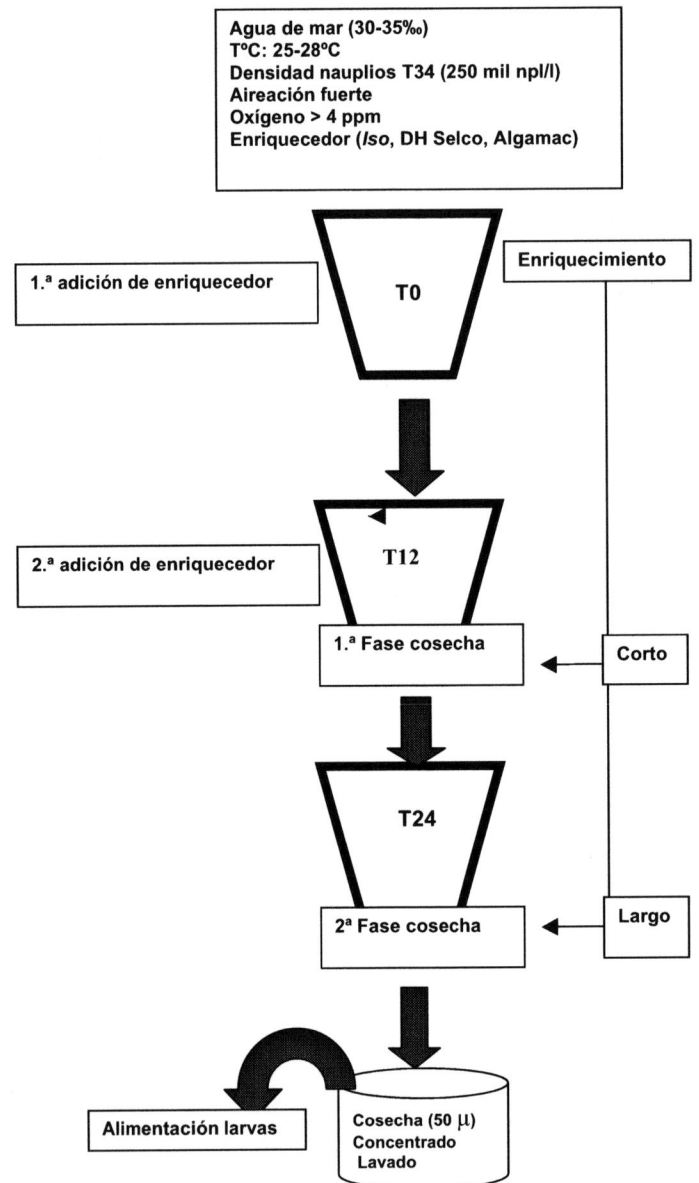

Figura 6. Sistema de enriquecimiento para *Artemia*, utilizado en LCP de la UCN, Chile.

La ventaja de enriquecer nauplios de *Artemia* con dietas formuladas sobre la base de aceites de pescado y emulsiones comerciales ricas en ácidos grasos poliinsaturados permite que *Artemia* no sólo incremente los contenidos de EPA, sino que además pueda obtener niveles interesantes de DHA, el cual está normalmente ausente en *Artemia*.

El enriquecimiento de *Artemia* ha tenido tal impacto positivo en la acuicultura intensiva en el ámbito de los criaderos que ha permitido incrementar la supervivencia y el crecimiento larval, dar a las larvas una mayor resistencia al estrés, mejorar la pigmentación, etc. En general, se puede asegurar que se observa una mejor condición fisiológica de la larva, lo que repercute en la producción de un juvenil de mejor calidad.

3.4.5. Calidad de la eclosión

Una detallada evaluación de los cistos de *Artemia*, con vistas a su utilización como alimento en las fases de desarrollo larval de peces marinos, tendrá que incluir el análisis de la calidad de la eclosión de los cistos, la biometría de cistos y nauplios, un análisis del perfil de ácidos grasos de los nauplios, y, eventualmente, un bioensayo.

La calidad de la eclosión de los cistos de *Artemia* puede ser medida de diferentes formas, tales como porcentaje de eclosión definido como el número de nauplios producidos por 100 cistos, eficiencia de eclosión definido como el número de nauplios producidos por gramo de cisto (el mejor producto rinde 300.000 nauplios/gr de cistos), el rendimiento de eclosión definido como la biomasa naupliar (expresada en mg de peso seco) producida por gramo de cisto (el mejor producto rinde 600 mg de nauplio por gramo de cisto), la proporción de eclosión definida como la razón y sincronía a la cual los nauplios eclosionan (el mejor producto inicia la eclosión después de 15 horas de incubación en agua de mar natural, a 25 °C, y obtiene un 90% de su máxima eclosión dentro de las 5 próximas horas).

Referencias

Amat, F. Biología, cultivo y uso de especies auxiliares en acuicultura. Apuntes curso de especialización. Universidad de Antofagasta. Instituto de Cooperación Iberoamericana España; 1991

Fielder, DS, Purser; GJ, Battaglene, SC. Effect of rapid changes in temperature and salinity on availability of the rotifers *Brachionus rotundiformes* and *Brachionus plicatilis*. Aquaculture. 2000; 189: 85-99

Fuchimi, T. Sytematizing large-scale culture methods. En: Fukusho, K, Hirayama, K, editores. A live feed- the rotifer *Brachionus plicatilis*. Toquio: Koseisha-koseikaku; 1989

Fukusho, K. Present status and problems in culture of rotifer *Brachionus plicatilis* for fry production of marine fishes in Japan. En: Proceedings Symposium Internacional Avances y Perspectivas de la Acuacultura en Chile. Coquimbo: U. Católica del Norte; 1983

Fukusho, K. Biology and mass production of the rotifer, *Brachionus plicatilis*. Int. J. Aqu. Fish Technol. 1989; 1: 232-240

Fulks, W, Main, K., editores. Rotifers and Microalgae Culture Systems. Proceeding of a U.S. – Asia Workshop. Washington: Argent Laboratories; 1991

Gatesoupe, F., Robin, J. Commercial single cell proteins either as sole food source or in formulated diets for intensive and continuos production of rotifers (*Brachionus plicatilis*). Aquaculture. 1981; 25: 1-15

Gatesoupe, F, Arakawa, T, Watanabe, T. The effect of bacterial additives on the production rate and dietary value of rotifers as food for Japanese flounder *Paralichthys olivaceos*. Aquaculture. 1989; 83: 39-44

Hernández, C, De la Portilla, Y, Fernández, H, González, J. Mantenimiento y cultivo masivo de una cepa Bs del rotífero *Brachionus plicatilis* o.f. Müller, 1786, en Canarias. Inf. Téc. Inst. Esp. Oceanogr. 1986; 46: 1-19

Hirayama, K., Ogawa, S. Fundamental studies on physiology of rotifer for its mass culture. Filter feeding of rotifer. Bull. Jpn. Soc. Sci. Fish. 1972; 38: 1207-1214

Hirayama, H, Funamoto, H. Supplementary effects of several nutrients on nutritive deficiency of baker's yeast for population growth of the rotifer *Brachionuis plicatilis*. Bulletin of the Japanese Society of Scientific Fisheries. 1983; 49(4): 505-510

Hirayama, K. Biological aspects of the rotifer *Brachionus plicatilis* as a food organism for mass culture of seedling. Coll. Franco-Japonais Océanogr. 1985; 8: 41-50

Hirayama, K. A physiological approach to problems of mass culture of the rotifer. En: Sparks, A, editor. Marine Farming and Enhancement; 1990

Hoff, H, Snell, TW. Plankton culture manual. 2nd. Edition. Florida Aqua

Korstad, J, Vadstein, o, Olsen, Y. Feeding kinetics of *Brachionus plicatilis* fed *Isochrysis galbana*. Hydrobiología. 1989; 186/187: 51-57

Kurunuma, K, Fukusho, K. Rearing of Marine Fish Larvae in Japan. IDRC, Ottawa, 1987

Lavens, P, Sorgeloos, P. Manual on the production and use of live food for aquaculture. FAO Fisheries Technical Paper. Roma: FAO, n.° 361; 1996

Linares, F, Bellver, P, Teijeiro, M, Pérez G, Amoedo, F. Influencia de la utilización de enriquecimientos en ácidos grasos sobre la composición del rotífero (*Brachionus plicatilis*) y *Artemia sp.* y su evolución en condiciones de ayuno. Actas III Congreso Nac. Acuicult., España; 1990. p. 675-680

Lubzens, E, Minkoff, G, Maron, S. 1985. Salinity dependence of sexual and asexual reproduction in the rotifer *Brachionus plicatilis*. Mar. Biol. 85: 123-126

Lubzens, E, Tandler, A, Minkoff, G. Rotifers as food in aquaculture. Hydrobiologia. 1989; 186/187: 387-400

Meragelman, E, Lubzens, E, Minkoff, G. A modular system for small scale mass production of the rotifer *Brachionus plicatilis*. Israel J. of Zoology 1985; 33: 186-194

Merino, G, Silva, A. Estudio de la producción masiva de rotíferos en tres sistemas de cultivo, utilizando levadura enriquecida como alimento. En: Hernández, A, Hernández, C, Morales, J, Pereira, F, Perdomo, J, editores. Memorias

VIII Congreso Latinoamericano de Acuicultura. La Acuicultura y el Desarrollo Sostenible. Asociación Latinoamericana de Acuicultura. CILDESERC. Colombia; 1994. p. 219-226

Merino G, Silva, A, Mujica, A. Cultivo masivo de rotíferos *Brachionus plicatilis* con técnica semicontinua: Estimación de la tasa de dilución. En: Silva, A, Merino, G editores. Acuicultura en Latinoamérica. Comunicaciones cortas. Departamento de Acuicultura, Facultad de Ciencias del Mar, Universidad Católica del Norte. Asociación Latinoamericana de Acuicultura (ALA). Coquimbo, Chile; 1996; p. 338-341

Minkoff, G, Lubzens, E, Meragelman, E. Improving asexual reproduction rates in a rotifer (*Brachionus plicatilis*) by salinity manipulations. Israel J. of Zoology, 1984, 33: 195-203

Miracle, MR, Serra, M. Salinity and temperature influence in rotifer life history characteristics. Hidrobiologia. 1989; 52: 81-102

Nellen, W. Live animal food for larval rearing in aquaculture: non-artemia organism. En: Bilio, M, Rosenthal, H, Sinderman, CJ, editores. Realism in aquaculture: Achievements, Constraints, Perspectives. Bredene: European Aquaculture Society; 1985. p. 215-249

Okauchi, M, Ossiri, T, Kitamura, S. Tsujigado, A, Fukusho, K. Number of rotifer, *Brachionus plicatilis*, consumed daily bay a larva and juvenile of porgy, *Acanthopagrus schlegeli*. Bull. Nat. Res. Inst. Aqu. 1980; 1: 39-45

Pascual, E, Yufera, M. Crecimiento en cultivo de una cepa de *Brachionus plicatilis* O.F. Müller en función de la temperatura y de la salinidad. Inv. Pesq. 47: 151-159

Reguera, B. 1984. The effects of ciliate contamination in mass cultures of the rotifer, *Brachionus plicatilis* O.F. Müller. Aquaculture. 1983; 40: 103-108

Reitan, K, Rainuzzo, J, Oie, G. Olsen, Y. A review of the nutritional effects of algae in marine fish larvae. Aquaculture. 1997; 155: 207-221

Rivas, M, Cejas, J, Villamandos, J. Nota sobre la producción de rotíferos *Brachionus plicatilis* Müller en grandes volúmenes de cultivo. Inf. Técn. Inst. Esp. Oceanogr. 1990; 82: 1-11

Rodríguez, C, Pérez, JA, Díaz, M, Izquierdo, S, Fernández-Palacios, H, Lorenzo, A. Influence of the EPA/DHA ratio in rotifers on gilhead seabream (Sparus aurata) larval development. Aquaculture. 1997; 150: 77-89

Snell, TW, Childress, MJ, Boyer, EM. Assessing the status of rotifer cultures. J. World Aquacult. Soc. 1987; 18: 270-277

Satuito, CG, Hirayama, K. Fat-soluble vitamin requirements of the rotifer *Brachionus plicatilis*. En: Maclean, L, Dizon, LB, Hosillos, LV, editores. The First Asian Fisheries Forum. Manila: Asian Fisheries Society; 1986. p. 619-622

Scott, P, Baynes, S. Efecto de la dieta algal y la temperatura en la composición bioquímica del rotífero *Brachionus plicatilis*. Aquaculture. 1978; 14: 247-260

Segers, H. Nomenclatural consequences of some recent studies on *Brachionus plicatilis* (Rotifera Brachionidae). Hydrobiologia. 1995; 313, 121-122

Schluter, M. Groeneweg, J. Mass production of freshwater rotifers on liquit wastes. The influence of some environmental factors on population growth of *Brachionus rubens* Ehrenberg 1838. Aquaculture. 1981; 25: 17-24

Snell, T. Sex population dynamics and resting egg production in rotifers. Hydrobiologia. 1987; 144: 105-111

Snell T, Childress, M, Boyer, F, Hoff, F. Assessing the status of rotifer mass cultures. J. World Aquaculture Society. 1987; 8: 270-277

Silva, A, Velez, A. Cultivo de alimento vivo para larvas de peces marinos. En: Silva, A, editor. Cultivo de Peces Marinos. Coquimbo: Facultad de Ciencias del Mar. Universidad Católica del Norte; 2005. p. 61-100

Sorgeloos, P, Leger, P. Improved larviculture outputs of marine fish, shrimp and prawn. Journal of the World Aquaculture Society. 1992; vol. 23, n.º 4: 251-264

Sorgeloos, P. State of the art in marine fish larviculture. Technical Report. World Aquaculture. 1995; 25(3): 34-37

Suantika, G, Dhert, P, Nurhuah, M, Zorruelos, P. High-density production of the rotifer *Brachionus plicatilis* in a recirculation system; consideration of the water quality, zootechnical and nutricional aspects. Aquaculture Engineering. 2000; (21): 201-204

Suantika, G, Dhert, P, Rombaut, G, Vandenberghe, J, De Wolf, T, Sorgeloos, P. The use of ozone in a high density recirculation system for rotifers. Aquaculture. 2001; 201: 35-49

Watanabe, T, Kitajima, C, Arakawa, T, Fukusho, K, Fujita, S. Nutritional quality of rotifer, *Brachionus plicatilis*, as a living feed from the viewpoint of essential fatty acids for fish. Bull. Jpn. Soc. Sci. Fish. 1978; 44: 1109-1114

Watanabe, T., C. Kitajima & S. Fujita. Nutritional values of live organisms used in Japan for mass propagation of fish: a review. Aquaculture. 1983; 34: 115-143

Yufera, M, Pascual, E. Estudio del rendimiento de cultivos del rotífero *Brachionus plicatilis* O.F. Müller alimentados con levadura de panificación. Inv. Pesq. 1980; 44: 361-368

Yu, J, Hirayama, K. The effect of un-ionized ammonia on the population growth of the rotifer in mass culture. Bull. Jap. Soc. Scient. Fish. 1986; 52: 1509-1513

Yu, JP, Hino, A, Hirano, R, Hirayama, K. Vitamin B_{12} producing bacteria as nutritive complement for a culture of rotifer *Brachionus plicatilis*. 1988; Nippon Suisan

Elaboración de alimentos
balanceados, su manejo y distribución

M. Àngels Gallardo Romero*

Un pienso balanceado debe conseguir la adecuada nutrición del animal y permitir un buen índice de crecimiento. Para su elaboración se ha de considerar que la base de la nutrición no son los ingredientes, sino los distintos nutrientes y el equilibrio entre ellos. El alimento debe cubrir los requerimientos de la especie a alimentar y no sobrepasar las cantidades máximas de cada ingrediente aceptadas por el pez. Se han de considerar, además, otros factores como la sostenibilidad del cultivo, la estabilidad en el agua, la seguridad alimentaria y la calidad del producto final.

1. MATERIAS PRIMERAS

Las materias primas más utilizadas para la elaboración de piensos para peces tienen un origen animal o son productos de origen vegetal. Aunque también debe señalarse que los productos derivados de algas, levaduras y bacterias podrían tener un futuro en la nutrición animal. A continuación, se revisan las características de los ingredientes más utilizados para la formulación de piensos para peces.

1.1. Materias primeras de origen animal

Fundamentalmente se utiliza harina y aceite de pescado.

La harina de pescado

Es una excelente materia primera para la alimentación de peces con un alto y equilibrado contenido en nutrientes (66-71% de proteínas, 9-12% de lípidos y 12-15% de cenizas). Este ingrediente presenta una alta digestibilidad y palatabilidad, no obstante su disponibilidad es limitada.

El valor biológico de la proteína de la harina de pescado es muy alto, aunque hay que considerar que su perfil de aminoácidos puede modificarse según el origen de la harina; varían especialmente los niveles de la histidina.

La harina de pescado es, también, una buena fuente de ácidos grasos poliinsaturados de cadena larga (EPA y DHA), de minerales y de vitaminas. Así, contiene aproximadamente un 10% de grasa altamente insaturada, una alta cantidad y disponibilidad de minerales como el calcio, el fósforo, el magnesio y oligoelementos, y también contiene cantidades importantes de las vitaminas A, B_{12}, colina, D_3 e inositol y, en menor medida, del resto de vitaminas, a excepción de la vitamina C. Además, suele aportar carotenoides.

La harina de pescado no contiene celulosa, ni factores antinutricionales, pero presenta un escaso poder aglutinante.

El proceso de fabricación de la harina de pescado incluye:

* Departamento de Fisiología, Facultad de Biología, Universidad de Barcelona (mgallardo@ub.edu).

- la molienda;
- el cocinado al vapor;
- el prensado;
- un posterior centrifugado del líquido extraído del prensado para recuperar la proteína que contiene,
- el secado del prensado con vapor;
- el empacado.

Para asegurar la calidad de la harina de pescado, esta se tendría que producir a partir de peces enteros y frescos, y, durante y después de la producción, es necesario estabilizarla con un antioxidante. El más utilizado actualmente es la etoxiquina.

En función del origen y de las especies utilizadas para la elaboración de la harina de pescado, su calidad varía y puede contener metales pesados, dioxinas y PCB similares a las dioxinas. Estos compuestos comprometen la seguridad alimentaria ya que son estables y bioacumulables. Las harinas y aceites procedentes del hemisferio norte están más contaminados que las procedentes del hemisferio sur.

El aceite de pescado

Es la mejor fuente de ácidos grasos altamente insaturados como el EPA y el DHA, esenciales para los peces y los consumidores.

El origen del aceite de pescado determina el perfil de ácidos grasos. Así, el aceite de pescado sudamericano (chileno o peruano) contiene más del doble de n-3 HUFA y aproximadamente un 70% más de ácidos grasos saturados que el aceite de pescado de origen escandinavo. El aceite de pescado es, además, una buena fuente de vitaminas liposolubles como la A y la D. El aceite de capelín es rico en astaxantina.

El aceite de pescado se produce durante la fabricación de la harina de pescado; así, el líquido extraído tras el prensado es centrifugado, separándose proteína soluble y el aceite. Como los ácidos grasos altamente insaturados se oxidan con mucha facilidad, las fábricas añaden al aceite de pescado BHT como antioxidante durante su fabricación.

El criterio de calidad para el aceite de pescado está basado en su grado de oxidación; este debe ser inferior a 5 meq/kg. En este punto, también se ha de considerar que el aceite de pescado contiene dioxinas y PCB similares a las dioxinas.

1.2. Materias primeras de origen vegetal

Numerosas materias primeras de origen vegetal se utilizan como sustitutas de la harina y del aceite de pescado para la elaboración de piensos para peces, debido a su mayor disponibilidad y también a la estabilidad de su calidad.

Estos ingredientes vegetales constituyen una fuente de vitaminas del grupo B y suelen tener cierto poder aglutinante, pero presentan ciertas desventajas frente a los ingredientes de pescado, entre ellas:

- su muy baja concentración de ácidos grasos altamente insaturados;
- su uso puede llevar a un déficit de aminoácidos, sobre todo de lisina y metionina, pudiendo ser necesaria la incorporación de estos aminoácidos a la dieta;
- su elevado contenido en almidón, que no siempre es bien tolerado en los peces;
- su elevado contenido en glúcidos complejos como la hemicelulosa, la lignina o la celulosa, que son indigeribles para el animal;
- su palatabilidad es inferior a la de la harina de pescado;
- y, además, frecuentemente presentan sustancias antinutricionales (véase apartado 3).

A continuación, se describen las características de las materias primeras de origen vegetal más utilizadas en nutrición de peces:

La soja

Glycine max constituye una buena fuente de energía y proteína para los peces, aunque es relativamente deficitaria en metionina y triptófano. No obstante hay que considerar que la haba de soja contiene un elevado número de factores antinutricionales (véase apartado 3) y que estos afectan a la digestibilidad de la proteína en mayor o menor grado en función de la tolerancia de la especie, siendo los salmónidos muy sensibles a ellos.

Se comercializan diferentes productos de la soja que han sido tratados térmicamente para minimizar la presencia de antinutrientes. Entre ellos encontramos:

- la soja tostada (36% de proteína y 20% de lípidos),
- las harinas con proteína concentrada tras la extracción de las grasas, como la hipro soya y la soja concentrada (con 47% y 64% de proteína, respectivamente).

La soja concentrada presenta mejor digestibilidad que la soja tostada y la hipro soya ya que en el proceso de extracción se eliminan, además de los lípidos, oligosacáridos y factores antinutricionales.

La colza

Actualmente, en nutrición animal, se utilizan las variedades *Brassica napus* y *Brassica campestres*, mucho menos tóxicas que las otras variedades de la colza. Son una buena fuente de proteína tanto por la cantidad que aportan (35-38%), como por su perfil de aminoácidos esenciales, que se complementa bien con el de las leguminosas. También es rica en S, Se, biotina, colina y niacina. Los productos de colza son muy económicos respecto a la harina de pescado y pueden complementar el uso de la soja. De todas formas su uso está limitado por su contenido de fibra (13%) y de factores antinutricionales como los taninos y los glucosinolatos (véase apartado 3).

Los guisantes y las habas

Esta leguminosas contienen un 18-25% de proteína, que presenta una buena digestibilidad y es rica en lisina, pero deficitaria en triptófano y aminoácidos sulfurados. Los guisantes y las habas son pobres en lípidos (1-2%) y minerales (3%), pero aportan un alto porcentaje de almidón (35-40%) muy digerible, con una alta proporción de amilopectina, que mejora la aglutinación del pienso tras su extrusión.

Actualmente, en nutrición animal se utiliza la subespecie del guisante *Pisum sativum* y la *Vicia faba L* de las habas. Según las variedades, se cosechan en invierno o primavera. Conviene señala que el haba de invierno contiene mayor porcentaje de proteínas y almidón, y el guisante de primavera un menor contenido de factores antinutricionales (lectinas, véase apartado 3).

El nivel de inclusión de las habas ha de ser inferior al del guisante, ya que las habas contienen una mayor cantidad de factores antinutricionales (sobre todo fitatos y taninos, véase apartado 3). Para incluir estas leguminosos en piensos es necesario mejorar su digestibilidad descascarillando y tratando con calor.

El trigo, el maíz y otros cereales

El contenido proteico del *Triticum aestivum* y del *Zea mays* oscila entre 10-20%, siendo deficitarios en lisina y triptófano. Estos cereales, además, son pobres en minerales, pero son unas buenas fuentes de vitamina E y de vitaminas del grupo B. Hay que considerar también que el trigo y el maíz contienen elevados niveles de almidón (un 60%). Los tratamientos térmicos mejoran su digestibilidad, y entonces pueden constituir buenas fuentes energéticas. De hecho, los almidones de los cereales son más digeribles que los de las proteaginosas. El maíz contiene xantofilas, especialmente zeaxantina, por lo que su uso debe limitarse en los peces de carne blanca porque adquieren color amarillo y el producto final pierde valor en el mercado.

El gluten de estos cereales contiene un 60% de proteína y un 17% de almidón, y constituye un concentrado de proteína muy digerible para los peces, proporcionándoles un alto valor energético.

En piensos para acuicultura también se utilizan los salvados de trigo y arroz (*Oryza sativa*); estos contienen mucha fibra, pero son una buena fuente de vitamina E y de vitaminas del grupo B. El salvado de arroz es rico en minerales y se utiliza sobre todo en la zona intertropical.

El resto de cereales se utilizan poco en acuicultura.

La harina de girasol

La harina de *Helianthyus annus* es una fuente barata de proteína, con un contenido de un 32-34%. Es relativamente rica en triptófano y ácidos sulfurados, y pobre en factores antinutricionales (aunque presenta polifenoles, véase apartado 3). Sin embargo su utilización en nutrición de peces está limitada por su elevado contenido en fibra (18%) y lignina, y por su deficiencia en lisina.

Para obtener la harina de girasol la semilla se somete normalmente a un descascarillado y a una extracción con disolventes.

La torta de cacahuete

La harina de *Arachis hypogea* es rica en proteínas de alta digestibilidad, con un contenido de un 50%. Presenta pocos factores antinutricionales, pero es deficitaria en lisina y metionina, y puede estar contaminada con aflatoxina, una micotoxina.

El altramuz

Lupinus sp. es rico en proteína y lípidos (34 y 8,4%, respectivamente), pero su composición de almidón es muy baja y su contenido de factores antinutricionales es alto (factores antitrípsicos, saponinas y alcaloides, véase apartado 3).

Aceites de origen vegetal

Los aceites vegetales más utilizados para la nutrición de peces son los de soja, girasol, colza y palma. Estos aceites son buenas fuentes de energía y contienen pocos factores antinutricionales. Pero, a diferencia del aceite de pescado, no contienen ni vitamina A o D, ni astaxantina; aun así, lo más importante es que no contienen ácidos grasos altamente insaturados (EPA y DHA).

Los únicos ácidos grasos esenciales que incluyen son el linoleico y, en menor cantidad, el linolénico. Este hecho limita el uso de los aceites de soja y girasol en la alimentación en peces, ya que estos aceites presentan niveles de linoleico de un 53% y un 62%, respectivamente. En cambio, los aceites de colza y palma son mejores alternativas al aceite de pescado, ya que contienen niveles de linoleico más bajos (20,5% y 10,3%, respectivamente), y son ricos en oleico (57,5% y 42,2%), aunque el aceite de palma es menos energético, factor que limita su incorporación en los piensos.

Actualmente se formulan alimentos con sustitución parcial del aceite de pescado por mezclas de aceites vegetales, y se utilizan dietas de lavado para asegurar que no se modifique la calidad final del producto, ya que los aceites de girasol y palma presentan niveles de linolénico muy bajos (inferiores al 1%), y además sólo los peces de agua dulce pueden transformarlo en ácidos grasos más insaturados.

1.3. Productos derivados de algas, levaduras y bacterias

Los productos procedentes de las algas como *Spirulina*, *Chlorella*, *Spirogyra* o *Cladophora*, las levaduras como *Saccharomyces*, *Candida* o *Torula*, y las bacterias como *Pseudomonas* o *Methanobacter* tienen hoy en día un interés experimental y podrían en un futuro convertirse en materias primas disponibles para la elaboración de piensos.

Estos ingredientes son una buena fuente de proteína equilibrada en aminoácidos esenciales y en vitamina E y vitaminas del grupo B. Además, pueden ser cultivados sin terreno y se podría mejorar mediante la genética su calidad nutricional, de manera rápida, para adaptarla a las necesidades.

2. ADITIVOS

Son ingredientes que se añaden en baja cantidad a los alimentos. Se utilizan por razones diversas, como la conservación del pienso, la compensación del déficit de un determinado nutriente, como suplemento de vitaminas o minerales, o para mejorar el aspecto del producto final.

La lista de aditivos que pueden incorporarse a los piensos está fijada por la legislación. En este apartado trataremos los antioxidantes y los carotenoides.

Antioxidantes

Los ácidos grasos altamente insaturados presentes en el aceite y la harina de pescado se peroxidan con facilidad; aparecen entonces el olor y el sabor a rancio, se altera el color de la harina o el aceite, y baja el valor nutritivo de los lípidos, de la vitamina A y de los carotenoides. Además, la peroxidación acaba produciendo aldehídos y cetonas estables que tienen cierta toxicidad.

Los antioxidantes ralentizan las reacciones de peroxidación a costa de destruirse a sí mismos, por lo que no la evitan de manera definitiva. Los más utilizados en nutrición son la etoxiquina, el BHT (butil-hidroxi-tolueno) y el BHA (butil-hidroxi-anisol). La FDA permite 150 mg.kg^{-1} de etoxiquina y 0,02% del contenido graso del alimento de BHT o BHA. No se utiliza vitamina E sintética ya que se suele incorporar al alimento en forma de éster, que no tiene actividad antioxidante hasta que se hidroliza en el intestino a alcohol.

Carotenoides

Los peces no pueden sintetizar estos pigmentos, por lo que deben ser administrados en la dieta. Por ejemplo, los piensos de salmón han de contener astaxantina. Este carotenoides, procedente del zooplancton, proporciona al salmón su calor naranja característico. En cambio, en la dieta de salmón no debe incluirse carotenoides como la luteína o la zeaxantina, presentes por ejemplo en el maíz, ya que dan al filete un color amarillo y amarillo anaranjado, respectivamente.

3. FACTORES ANTINUTRICIONALES

Son sustancias que por sí mismas o por sus productos metabólicos interfieren en la utilización del alimento y/o afectan a la salud de animal. Los factores antinutricionales son comunes en los plantas, siendo considerados el principal factor que limita la utilización de materias primas vegetales para la elaboración de piensos para peces.

Factores antitrípsicos

Tienen naturaleza proteica. A altas concentraciones provocan una disminución de la digestibilidad de la proteína, por inhibición de la tripsina, y en menor medida de la quimotripsina y la elastasa, ya que forman complejos irreversibles entre el factor antitrípsico y el enzima digestivo.

Los peces presentan una capacidad parcial de compensación:

- aumentando la secreción de colecistoquina, que a su vez estimula la secreción de proteasas pancreáticas, aunque este proceso puede originar una deficiencia de aminoácidos sulfurados, debido al elevado contenido de cisteína de la tripsina;
- aumentando la capacidad de absorción en porciones distales del intestino.

Los factores antitrípsicos están presentes en la mayoría de semillas de legumbres y, en menor cantidad, en los cereales. En estos últimos, su papel antinutricional es insignificante.

El nivel de tolerancia a los factores antitrípsicos depende de:

- el origen: así, por ejemplo, en soja se han descrito dos proteínas antitrípsicas, la de tipo I, que es sensible al calor y al ácido y que une a un enzima proteolítico, y la tipo II, mucho más estable y que inactiva dos enzimas proteolíticos.
- la especie a la que va dirigido el alimento: las especies omnívoras y herbívoras como la carpa, el siluro y la tilapia toleran mejor los factores antitrípsicos que los salmónidos.

Los factores antitrípsicos son termolábiles, pero el proceso de calentamiento debe estar regulado (temperatura, presión, humedad y tiempo del tratamiento) para minimizar la pérdida de la calidad nutricional de la harina, tanto por bajada de la disponibilidad de aminoácidos como la lisina y la metionina, como por la disminución de la degradabilidad de la proteína por un exceso de desnaturalización.

Ácido fítico

El hexafosfato de mioinositol contiene entre el 60-80% del fósforo de las materias primeras de origen vegetal. El ácido fítico quela iones di- y trivalentes como: el calcio, el magnesio, el zinc, el cobre, el manganeso y el hierro, siendo la forma en la que la planta almacena fósforo y metales.

Los fitatos son comunes en las semillas, como la de soja o altramuz, y sus nutrientes no están disponibles, ya que los peces no pueden hidrolizarlos. Los fitatos forman, también, complejos con las proteínas, disminuyendo su digestibilidad y bajando así la disponibilidad de los aminoácidos.

La adición de fitasas mejora la disponibilidad del fósforo, de los iones di- y trivalentes y la utilización de proteínas. También se puede optar por suplementar la dieta con minerales.

Glucosinolatos

Se encuentran en la colza y la soja. En sí mismos, los glucosinolatos no son muy tóxicos, aunque pueden provocar una disminución de la ingesta por su sabor amargo. Pero cuando los glucosilatos son hidrolizados por la mirosinasa se libera tiocionato, isotiocionato, goitrina y nitrilos. Estos compuestos tienen efectos antitiroideos, provocando la inhibición de la fijación de yodo a las hormonas tiroideas. Estos efectos no se ven compensados por el aporte de suplementos de yodo, y en salmónidos, carpa y tilapia conducen a una hiperplasia de la tiroides con hipertrofia folicular. Se ha de señalar que la sensibilidad de los peces a los gluxosinolatos es bastante variable entre especies.

El tratamiento con calor inactiva la mirosinasa, pero no elimina los glucosinolatos. En cambio, la selección genética ha permitido la obtención de variedades de colza pobres en glucosinolatos.

Saponinas

Son glucósidos amargos que disminuyen la apetencia por la dieta, se encuentran ampliamente distribuidos en los vegetales como la soja, los guisantes y la alfalfa. Tienen acción detergente, lo que los hace muy tóxicos para los peces. Las saponinas alteran la morfología intestinal, forman complejos con la proteína reduciendo su digestibilidad, aumentan la permeabilidad de los enterocitos e inhiben el transporte activo, interfieren en la absorción de esteroles limitando el reciclaje de las sales biliares, pero aumentan la digestibilidad de los alimentos ricos en carbohidratos.

Se pueden extraer con agua o etanol, aunque lo mejor es utilizar en nutrición variedades con bajos contenidos en saponina. Se conoce también que forman complejos con los taninos que provocan la inactivación de ambos factores.

Taninos

Son polifenoles que se encuentran en las cáscaras de algunas leguminosas como las habas, crucíferas como la colza o gramíneas como el sorgo.

Se han descrito dos tipos de taninos: los hidrolizables y los condensados. Los primeros se degradan con facilidad en los sistemas biológicos y provocan toxicidad en hígado y riñón. En cuanto a los taninos condensados, provocan inapetencia, se unen a enzimas digestivos y a proteínas dietarias, quelan minerales y provocan la reducción de la absorción de la vitamina B_{12}, provocando un descenso del crecimiento.

La tolerancia a los taninos depende de su estructura, siendo las harinas de colza y de guisante mejor toleradas que la de haba, y esta a su vez mejor aceptada que la de sorgo.

Los taninos concentrados son moléculas termolábiles, pero el descascarillado también es efectivo para eliminarlos. En este caso, también, se han obtenido variedades genéticas desprovistas de taninos.

Lectinas

Son fitohematoglutininas, abundantes en los guisantes y en otras leguminosas. Presentan afinidad por ciertos polisacáridos presentes en las membranas celulares. Las lectinas se unen a la superficie del ribete en cepillo e inhiben la absorción y aumentan la densidad de células mucosas, provocando una producción hipertrofiada de mucus, perjudicando así la capacidad digestiva y absortiva del intestino; además estas moléculas provocan un acortamiento de los microvillis.

Las lectinas se pueden eliminar mediante cocción; sin embargo algunas de ellas son termoresistentes.

Alcaloides

Son metabolitos secundarios derivados de aminoácidos (lisina, ornitina, tirosina, fenilalanina y triptófano). Se encuentran, por ejemplo, en los altramuces, y dan un sabor amargo, reduciendo la ingesta y la eficiencia de la comida.

Son eliminados por remojo o mediante selección genética de variedades dulces.

Fitoestrógenos

Sustancias con acción estrogénica no esteroideas, mayoritariamente son glucósidos de isoflavonas como la genisteina, el comestrol, la formononetina, la diadzeina, la biochanina o el equol. Se encuentran ampliamente distribuidas en plantas como la soja, la semilla de algodón y la linaza.

Se han descrito efectos estrogénicos, inducción de la vitelogénesis e hipertrofia del hígado, así como unos pobres índices de crecimiento. Los efectos desaparecen al administrar una dieta libre de fitoestrógenos.

Gosipol

Es un polifenol que se encuentra, por ejemplo, en las glándulas de pigmentación del algodón. Provoca una depresión del crecimiento y de la digestibilidad de la proteína, por la formación de complejos proteína-gosipol. También se ha relacionado al gosipol con daño intestinal y de diferentes órganos como el hígado, el riñón o bazo, y en reproductores con anormalidades e inmovilización de espermatozoides, con una baja fertilidad y con un aumento de la anormalidad de los embriones. También hay que considerar que el gosipol se acumula en hígado, siendo difícil su detoxificación.

La tolerancia al gosipol depende de la especie, siendo muy sensible la trucha, y soportando niveles moderados de inclusión la carpa o el siluro.

El procesado con calor húmedo da buenos resultados, eliminando hasta un 90% de gosipol. Además, se han obtenido variedades de algodón muy productivas sin glándulas, y por tanto sin gosipol.

Ácidos grasos ciclopropenoides

Cabe mencionar, por ejemplo, los ácidos estercúlico, malválico y erúdico presentes en los aceites y harinas de la semilla de algodón. Estos ácidos grasos provocan un descenso del crecimiento, aumentan la deposición de glicógeno en hígado, alteran el metabolismo lipídico y provocan anormalidades del ciclo reproductivo.

Los ácidos grasos ciclopropenoides están presentes en todas las variedades de la semilla de algodón y no se eliminan completamente de la harina tras la delipidación. Por refinado o hidrogenación pueden ser eliminados de los aceites.

Otros factores antinutricionales

Deberían considerarse, también, las siguientes sustancias:

- Las *sustancias antigénicas* (como la β-conglicina, presente en algunos cereales y legumbres como la soja) provocan lesiones en la mucosa intestinal, un movimiento anormal del contenido digestivo y respuestas inmunes, viéndose afectado el crecimiento del animal.
- Los *glucósidos cianógenos* presentes, por ejemplo, en la mandioca o en la linaza. Cuando se hidrolizan liberan cianuro de hidrógeno y otros compuestos carbonilos, siendo muy tóxicos. El remojo y secado da buenos resultados, eliminando hasta un 90%.
- *Aminoácidos libres no proteicos* como la canavalina (antagonista de la arginina). Están presentes en algunas legumbres como las judías. Bloquean la síntesis de proteína por competición con los aminoácidos proteicos y provocan una depresión del apetito. El remojo y secado permiten eliminarlos.
- Las *antivitaminas* tienen una naturaleza variada, pero bajan la eficiencia de la dieta. Por ejemplo, el enzima lipoxidasa es una proteína antivitamina A presente en las harinas de soja y alfalfa.

En resumen, los ingredientes vegetales más utilizados para la nutrición de peces contienen diversos factores antinutricionales (tabla 1). Esto hace que a la hora de formular una dieta sea necesario conocer los límites de tolerancia de la especie a alimentar para cada ingrediente, y puede al final hacer necesario la adición de suplementos.

Tabla 1. Antinutrientes presentes en algunos ingredientes utilizados para elaborar piensos para peces.

Ingrediente	Antinutrientes presentes
Harina de soja	Factores antitrípsicos, lectinas, ácido fítico, saponinas, fitoestrógenos, antivitaminas, alérgenos.
Harina de colza	Factores antitrípsicos, glucosinolatos, ácido fítico, taninos.
Harina de altramuces	Factores antitrípsicos, saponinas, fitoestrógenos, alcaloides.
Harina de semilla de guisante	Factores antitrípsicos, lectinas, taninos, cianógenos, ácido fítico, saponinas, antivitaminas.
Pastel de aceite de girasol	Factores antitrípsicos, saponinas.
Harina de semilla de algodón	Ácido fítico, fitoestrógenos, antivitaminas, ácido ciclopropenoico.
Harina de hoja de alfalfa	Factores antitrípsicos, saponinas, fitoestrógenos, antivitaminas.

3. FORMULACIÓN Y FABRICACIÓN

3.1. Formulación

El *mejor alimento* es aquel que beneficia más ampliamente a los fabricantes de piensos, piscicultores y transformadores, a la conservación del medio ambiente, y evidentemente al consumidor.

Para la formulación de un pienso se han de considerar aspectos relacionados con:

- la especie y su engorde, como:
    - las necesidades nutritivas del animal: peso, edad, particularidades metabólicas, estado fisiológico, comportamiento alimentario, etc. Los requerimientos pueden conseguirse en publicaciones periódicas científicas y en las revisiones del NRC y del INRA.
    - el sistema de cultivo.

- las materias primeras a utilizar para elaborar el pienso. Hay que considerar los límites mínimos y máximos de incorporación de los ingredientes. Los porcentajes de inclusión de cada materia primera están limitados por la calidad de su proteína, la digestibilidad de cada nutriente, la palatalibidad y la presencia de factores antinutricionales. Hay que considerar que:

  – para la nutrición de peces el número de ingredientes a utilizar para formular un pienso está limitado por la elevada cantidad de proteína que requieren en la dieta, y la baja capacidad que tienen en general para utilizar carbohidratos.
  – también es necesaria la adición de alguna materia primera que permita la aglutinación del pienso.

Deben considerarse también restricciones económicas, legales y medioambientales.

Actualmente se utiliza la técnica de la formulación lineal al mínimo coste. Al sistema de cálculo deben incorporarse:

- los datos disponibles sobre los requerimientos y las restricciones de la especie a alimentar.
- la lista de materias primeras disponibles y su precio.

El proceso está informatizado y resuelve un sistema de ecuaciones e inecuaciones, algunas relativas a restricciones nutricionales y otras a restricciones técnicas de fabricación.

Las restricciones nutricionales son de valor:

- máximo para la grasa y la fibra.
- máximo y mínimo para la proteína y la energía.
- mínimo para los compuestos esenciales.

Las restricciones técnicas debe considerar, por ejemplo, si:

- afecta a la palatabilidad.
- presenta cierta toxicidad.
- afecta al proceso de fabricación.
- es poco digerible, y por tanto contaminante.
- es poco conocido por el fabricante,

El método de la formulación lineal al mínimo coste plantea problemas, ya que el valor energético de un ingrediente puede descender con el nivel de incorporación, como ocurre en peces para el almidón. Además la digestibilidad de un ingrediente puede depender de la presencia de otros ingredientes; por ejemplo, la presencia de ácidos grasos insaturados en un ingrediente mejora la digestibilidad de los ácidos grasos saturados de otro ingrediente, o por poner otro ejemplo, los requerimientos de metionina dependen de los niveles de cisteína. En este último caso, la incertidumbre se puede paliar asumiendo un margen de seguridad que corresponda a la diferencia entre la norma y el requerimiento. Por lo tanto, son necesarios cálculos suplementarios, con incorporación de nuevas restricciones para llegar a la formulación final.

Hay que considerar también que las formulaciones para peces carnívoros pueden contener pocos aglutinantes naturales, por lo que se tendrán que añadir.

3.2. Fabricación

Es el proceso de transformación de la fórmula diseñada en un soporte físico susceptible de ser ingerido por el animal en cantidades adecuadas. El proceso incluye la molienda, la dosificación, el mezclado y la granulación o extrusión, según el caso. Otros procesos como recubrimiento o triturado pueden ser también realizados.

La molienda

Los ingredientes sólidos son triturados para permitir una mezcla homogénea y aumentar la digestibilidad. Normalmente se utilizan molinos de martillos; en ellos la materia prima es triturada hasta que puede pasar por tamices de diámetro determinado. Se recomienda un tamaño medio de partícula final inferior a los 500 μm para adultos y dos veces inferior para juveniles.

La dosificación y mezclado

Las materias primas se pesan en las proporciones fijadas de antemano y son mezcladas hasta alcanzar su homogeneidad. Se pueden homogenizar en mezcladoras horizontales de doble cinta, de paletas o de aspas; estas dos últimas proporcionan mejores resultados para la incorporación de lípidos. En esta fase se incorporan como premezcla los complementos de minerales y vitaminas.

Presentación del alimento: granulación o extrusión

Para la *granulación* la mezcla es forzada a pasar por una matriz de diámetro determinado, según el tipo y la talla del animal a alimentar. De la prensa sale en forma de pequeños cilindros, que son humidificados por agua y/o vapor y cortados. Un granulado debe presentar cierta resistencia a la disgregación en agua, por este motivo puede ser conveniente una precompactación.

Para la *extrusión* se somete la mezcla a presión (30-120 bares) y temperatura (90-180 °C) durante un tiempo inferior a los 30 segundos. La mezcla puede preacondicionarse con agua y vapor antes de la extrusión. Se utilizan extrusores de uno o dos tornillos; en el primero la fricción se consigue entre el tornillo y la carcasa, y en el segundo entre los dos tornillos. En ambos casos, se consigue pasar la mezcla en una capa fina. A la salida, el producto es cortado, enfriado y secado a un 10-12% de humedad. Los extrusores de dos tornillos permiten incorporar niveles de lípidos elevados. La extrusión comporta un amasado intenso, una cocción y cambios en la estructura particular del producto que adquiere nuevas propiedades. La extrusión en presencia de gluten, a elevada humedad y temperaturas inferiores a los 90 °C evita la expansión y permite obtener piensos estables en el fondo durante horas. En cambio, menor humedad y temperaturas de extrusión entre 140-160°C permiten obtener alimentos expandidos flotantes. La extrusión mejora la digestibilidad del almidón, pero puede desnaturalizar las proteínas y alterar vitaminas y ácidos grasos insaturados.

Tras el granulado o el extrusionado el pienso es *enfriado y secado* con una corriente de aire durante 9-14 minutos.

Operaciones complementarias: recubrimiento y triturado

Los piensos pueden ser *pulverizados con aceite* para incorporar ácidos grasos esenciales y vitaminas liposolubles. También pueden incorporarse vitaminas hidrosolubles en emulsión. Estos compuestos penetran en los poros que han quedado tras el secado del alimento. La capacidad de absorción del granulado es inferior a la del extrusionado. Este recubrimiento ralentiza la disgregación del pienso en el agua.

Finalmente, el producto puede ser *triturado* para adaptar el tamaño de la partícula a la boca del animal.

Como consideración final, cabe señalar que la calidad de un alimento, que depende de sus características físicas como el tamaño de partícula, la densidad, la durabilidad y la dureza, y también de su comportamiento en el medio acuático medido como su estabilidad en el agua y su capacidad de rehidratación, se ve influenciada por el sistema de fabricación.

4. MANEJO Y DISTRIBUCIÓN DEL ALIMENTO BALANCEADO

La alimentación es actualmente el capítulo que más costes origina en una piscifactoría; por este motivo, es fundamental considerar cuándo, cómo y cuánto alimentar, ya que el pienso no consumido, además de una pérdida económica, deteriora la calidad medioambiental del cultivo y del medio ambiente próximo.

Los requerimientos de alimento están determinados por múltiples factores ligados al animal, como la especie, la talla y el estadio y estado fisiológico, o ligados al medio como la temperatura, la salinidad, el contenido de oxígeno disuelto o la calidad del agua. Habría que considerar a todos ellos para establecer la tasa de alimentación.

4.1. ¿Cuándo alimentar?

La elección del momento de alimentación debe considerar los ritmos (diarios, lunares y estacionales) de la especie a cultivar. Por otro lado, horarios regulares en la alimentación permiten al pez anticiparse, pueden ayudar a sincronizar sus ritmos digestivos y metabólicos y a aprovechar mejor el alimento.

4.2. ¿Cómo alimentar?

La manera de alimentar a los peces es un factor de mucha importancia en el rendimiento de la explotación, ya que afecta al crecimiento de los peces, al coste de la mano de obra y al desperdicio de alimento. Pueden utilizarse distintas estrategias para alimentación:

- *Administrar raciones predeterminadas* a partir de las tablas suministradas por el fabricante *a horarios determinados*. Las tablas suelen considerar la especie, la talla o el peso de los peces y la temperatura del agua y son específicas de cada pienso. Las tablas deben ser consideras como indicativas y deben ser adaptadas a cada explotación. La alimentación puede realizarse a mano o con dispositivos automáticos.
- *Administrar alimento a saciedad a horarios determinados*. La saciedad puede detectarse por control visual, mediante la detección del pienso no consumido con sistemas del tipo Aquasmart que utilizan sensores infrarrojos, detectando la posición de los peces en la jaula mediante una sonda hidroacústica o detectando el sonido generado por la ingestión de alimento con control acústico.
- *Administrar alimento a demanda*. Los sistemas de alimentación automática constan de un sensor, un distribuidor de alimento y opcionalmente de un controlador. El sensor debe ser fácilmente activado, y su diseño ha de evitar activaciones como consecuencia del movimiento del agua y de acciones involuntarias del pez. Los sensores de estiramiento dan buen resultado.

La alimentación a demanda se está imponiendo en las instalaciones en tierra, tanto en tanques como en esteros. En estos últimos es muy recomendable, ya que permite compensar las variaciones de ingesta debidas a los cambios en la disponibilidad de presas naturales y en los cambios en las condiciones fisicoquímicas. En jaulas se alimenta a raciones predeterminadas o a saciedad, ya que, aunque es posible la alimentación a demanda, se ha disponer de distribuidores flotantes de gran capacidad y de sensores de alimentación muy robustos.

5. Bibliografía

Anderson, JS, Lall, SP, Anderson DM, McNiven, MA. Evaluation of protein quality in fish by chemical and biological assays. Aquaculture. 1993; 115: 305-325

Bell, G, Torstensen, B, Sargent, J. Replacement of marine fish oils with vegetable oils in feeds for farmed salmon. Lipid Technology. 2005; 17: 7-11

Cho, CY Feeding systems for rainbow trout and other salmonids with reference to current estimate of energy and protein requirements. Aquaculture. 1992; 100: 107-123

García-Gallego, M. Formulación de dietas experimentales y piensos comerciales. En: Espinosa de los Monteros, J, Labarta, U, editores. Alimentación en acuicultura. Madrid: Gráficas España

Francis, G, Makkar, H, Becker, K. Antinutricional factors present in plant-derived alternate fish feed ingredients and their effects in fish. Aquaculture. 2001; 199: 197-227

Guillaume, J, Kaushik, S, Bergot, P, Métailler, R. Nutrición y alimentación de peces y crustáceos. Barcelona: Ediciones Mundi-Prensa; 2004

Hendkiks, JD, Baileys, GS. Adventitious toxins. En: Halver, JE. Fish nutrition. San Diego: Academic Press; 1989. p. 605-651

Houlihan, D, Boujard, T, Jobling, M. Food intake in fish. Blackwell Science; 2001

IFFO. Fishmeal & Fish Oil Statistical Yearbook; 2004

Liener, I. Toxic constituents of foodstuffs. Academic Press. 2.ª ed.; 1980

Mickelsen, O, Yang, MG. Naturally occurring toxicants in foods. FASEB. 1966; 25: 104-123

Pike, IH. Ecoefficiency in aquaculture: global catch of wild fish used in aquaculture. International Aquafeed. 2005; 8: 38-40

Rackis, JJ Biological and physiological factors in soybeans. J. Am. Oil Chem. Soc. 1974; 51: 162A-174A

Robbinson, EH, Miller, JM, Vergara, UM, Ducharme, GA. Evaluation of dry extrusion-cooked protein mixes as replacements for soybean meal and fishmeal in catfish diets. Prog. Fish-Cult. 1985; 47: 102-109

Sanz, F. La nutrición y alimentación en piscicultura. Publicaciones científicas y tecnológicas de la Fundación Observatorio Español de Acuicultura; 2009

Sauvant, D, Pérez, JM, Tran, G. Tablas de composición y de valor nutritivo de las materias primas destinadas a los animales de interés ganadero. Barcelona: Ediciones Mundi-Prensa; 2004

Shepherd, CJ, Pike, IH, Barlow SM. Sustainable feed resources of marine origin. European Aquaculture Society Special publication. 2005; n.º 35. p. 59-66

Patologías en cultivo de peces

Marcos Godoy*

1. INTRODUCCIÓN

Las enfermedades constituyen uno de las principales limitantes en los sistemas de cultivo de peces intensivos. Actualmente, la intensificación de los sistemas productivos se asocia inevitablemente a sobrealimentación, incremento de la densidad, alteración de la química del agua y manejo, lo cual se manifiesta en estrés y, por consiguiente, en la aparición de enfermedades.

Entre los principales impactos de las enfermedades en acuicultura se encuentran la disminución del factor de conversión, la mortalidad, la morbilidad, la disminución de la calidad del producto final, la pérdida de confianza del productor, la pérdida del mercado y el impacto en el bienestar animal, entre otros.

Uno de los elementos claves para el establecimiento y la sustentabilidad de los nuevos cultivos de peces es la disponibilidad de programas de prevención y control, los cuales pasan a constituir elementos estratégicos para minimizar el impacto de las enfermedades. Estos programas deben estar fundamentados en el conocimiento de la especie y en la condición epidemiológica de las enfermedades, definiendo claramente objetivos cuantificables, con el fin de perfeccionarlos paulatinamente.

2. LA TRÍADA EPIDEMIOLÓGICA

La presentación de las enfermedades es el resultado de complejas interacciones entre el patógeno, el huésped y el medioambiente. La importancia de cada componente difiere dependiendo de las condiciones específicas de cada elemento de la triada (figura 1). Particularmente en acuicultura, la tríada se encuentra fuertemente influenciada por los factores ambientales relacionados con la calidad de agua (Pfeiffer, 2002).

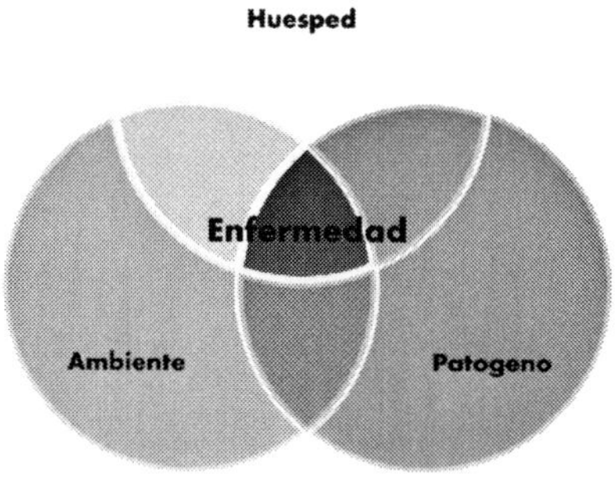

3. ESPECTRO DE ENFERMEDAD

Debido a que la presentación de las enfermedades depende de la interacción de numerosos factores relacionados con el huésped, el medioambiente y el patógeno, en el individuo es posible observar un espectro de presentación de enfermedad. La tabla 1 muestra los diferentes estados de infección y su relación con el estatus de enfermedad.

Enfermedad subclínica se define como estado de la enfermedad en el cual no puede ser detectada sin exámenes especiales, a diferencia de la enfermedad clínica, que puede ser diagnosticada mediante el examen clínico normal (Pfeiffer, 2002).

Figura 1. Componentes de la triada epidemiológica.

* Gerente Técnico ETECMA (marcos.godoy@etecma.cl).

Tabla 1. Relación entre estatus de exposición a los patógenos, infección y enfermedad.

ESTATUS DE LA EXPOSICIÓN	No Expuesto	Expuesto			
ESTATUS DE LA INFECCIÓN		No Infectado	Infectado		Recuperado
ESTATUS DE LA ENFERMEDAD			Subclínica	Clínica	
			Morbilidad (enfermo)	Mortalidad	
			Moderado	Severa · Fatal	

4. CONCEPTO DE ICEBERG DE ENFERMEDAD

El concepto de iceberg de las enfermedades permite evidenciar el impacto de la enfermedad en grupos de animales. Este concepto asume que un grupo de animales expuestos a un agente infeccioso permanecerán sanos; estos constituyen la base del Iceberg (figura 2); otro grupo de animales se encuentra infectado pero no evidencia enfermedad clínica; finalmente, en la cima del iceberg, se encuentran los animales con diferentes manifestaciones clínicas de la enfermedad (Pfeiffer, 2002).

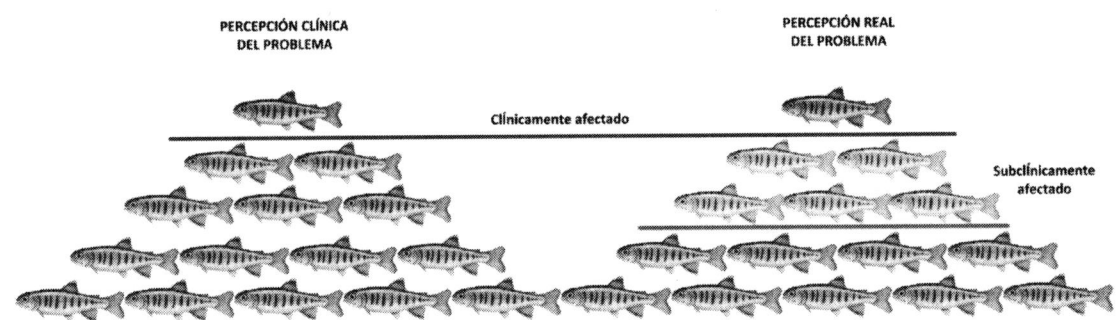

Figura 2. Concepto de iceberg de enfermedades.

5. PATRONES DE MORTALIDAD

Los patrones de mortalidad que se observan en el cultivo de peces se encuentran relacionados con la severidad del agente causal.

El patrón de mortalidad aguda se caracterizada por una alta tasa de mortalidad, que se presenta en un corto periodo de tiempo (de una hora a 1-2 días). En la mayoría de los casos, este patrón se asocia con eventos de tipo ambiental o tóxico.

El patrón subagudo de mortalidad es menos severo que el agudo, y se incrementa durante un periodo de 3 a 4 días, con una duración de varias semanas con enfermedad clínica. Este patrón se asocia a patógenos altamente virulentos como el Virus de la Necrosis Pancreática Infecciosa (IPNV), agente causal de la necrosis pancreática infecciosa (Plumb, 1999).

Finalmente, el patrón crónico se caracteriza por una mortalidad gradual que persiste durante semanas. Un clásico ejemplo de este patrón lo constituye las infecciones por *Renibacterium salmoninarum*, agente causal de la enfermedad bacteriana del riñón (BKD) (Fig. 3).

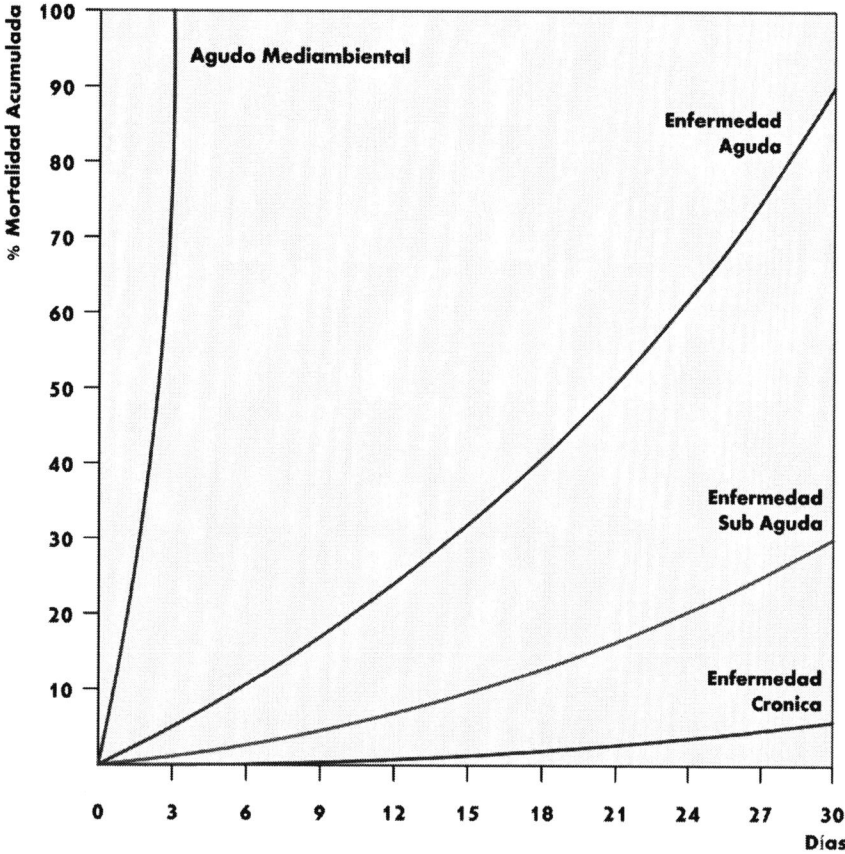

Figura 3. Patrones clásicos de presentación de enfermedades en acuicultura.

6. SELECCIÓN DE PATOLOGÍAS QUE AFECTAN A LOS CULTIVOS DE PECES MARINOS

6.1. Vibriosis

Entre las especies de bacterias pertenecientes a la familia *Vibrionacea* relacionadas con enfermedades de importancia comercial en el cultivo de peces se encuentra *Vibrio anguillarum* (*Listonella anguillarum*), *Vibrio ordalli* y *Vibrio salmonicida* y *Vibrio vulnificus* biotipo 2 (Toranzo et al., 2005).

L. anguillarum es el agente etiológico de la vibriosis clásica, afectando a una amplia variedad de especies y distribución geográfica (Toranzo et al. 2005) y causando una septicemia hemorrágica en prácticamente todas las fases del ciclo de cultivo de los peces marinos.

Aunque se han descrito un total de 23 serotipos O (O1-O23), solo los serotipos O1, O2 y, en menor frecuencia, O3, se han relacionado con mortalidades. Los serotipos restantes son considerados cepas medioambientales y solo en raras ocasiones son aislados como responsable de vibriosis en peces (Toranzo et al., 2005).

Los signos clínicos se caracterizan por pérdida del apetito, letargia, mortalidad, presencia de hemorragias en la base de las aletas, superficie de la piel, erosiones de las aletas, úlceras en la superficie corporal, branquias pálidas y exoftalmía.

El diagnóstico se realiza mediante la observación de signos clínicos, el aislamiento del agente y el uso de técnicas de inmunofluorescencia a partir de los tejidos afectados.

El control de las infecciones se basa en el uso de vacunas, el establecimiento de buenas prácticas de cultivo y el tratamiento con antibióticos.

6.2. Francisellosis

Las especies de bacterias pertenecientes al género Francisella afectan a una amplia gama de especies, incluyendo especies marinas como cod del Atlántico (*Gadus morhua*) en Noruega (Nylund et al., 2006; Olsen et al., 2006) y salmón del Atlántico (*Salmo salar*) (Birkbeck et al., 2007).

La especie de Francisella que afecta a los cultivos de cod (*Gadus morhua*) en Noruega, se han caracterizado y validado dos especies, la primera de *F. philomiragia* ssp. noatunensis (Mikalsen et al., 2007) y *F. piscicida* (Ottem et al., 2007; Euzeby, 2008). La información taxonómica de los aislados que afectan a las otras especies es aún escasa.

Las infecciones se presentan tanto en agua dulce (salmónidos, tilapia) como en agua de mar (peces marinos, salmónidos), presentando generalmente una infección granulomatosa crónica. Los signos clínicos se caracterizan por la presencia de múltiples nódulos de color blanco en los órganos internos (figura 4).

Una vez establecida la infección, el tratamiento con antibiótico permite el control de la enfermedad.

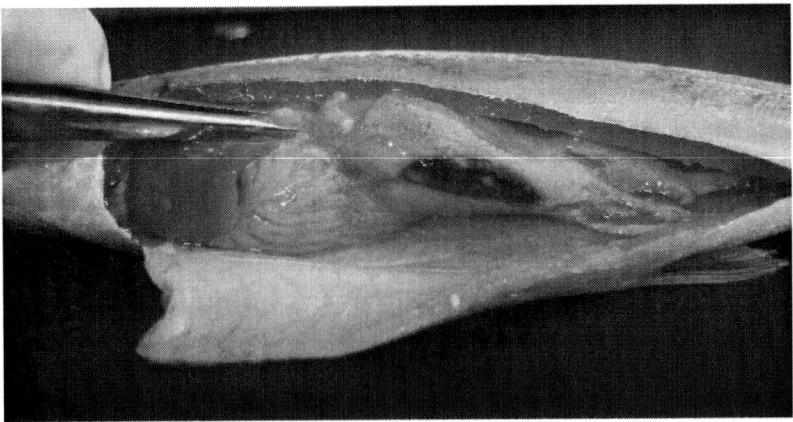

Figura 4. Salmón del Atlántico (*Salmo salar*), afectado por infección por *Francisella* spp. (Foto M. Godoy)

6.3. Scut

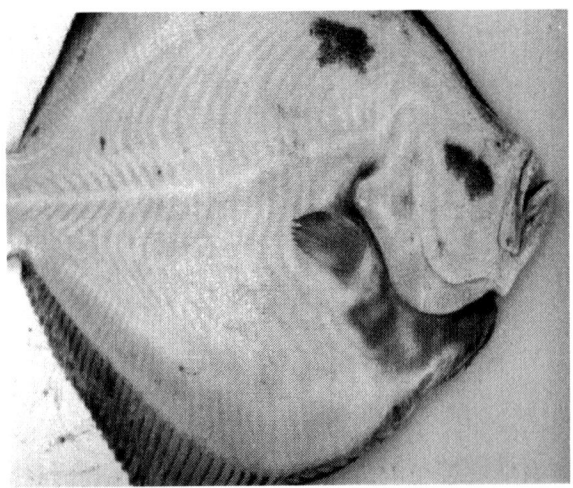

Figura 5. Turbot (*Scophthalmus maximus*) afectado por cuadro sistémico por scuticociliatas. Se observan hemorragias difusas que afectan la aleta pectoral y la zona adyacente del lado ciego. (Foto M. Godoy)

Los protozoos scuticociliados han sido reconocidos como un serio patógeno en la maricultura alrededor del mundo. Los problemas causados por estos ciliados han sido denunciados en reportes de mortalidades masivas de juveniles de hirame (*Paralichthys olivaceous*) y turbot (*Scophthalmus maximus*), adultos de lubina (*Dicentrarchus labrax*) y juveniles de atún del sur de aleta azul (*Thunnus maccoyii*) (Yung et al., 2007).

Los peces afectados presentan en el lado ocular hemorragias alrededor de la aleta pectoral, edema periorbital, despigmentación de la superficie corporal (figura 5).

Los protozoos scuticociliados son alargados con una característica forma de gota, con un extremo anterior agudo y uno posterior redondeado, poseen una vacuola contráctil y un cilio caudal. Estos organismos son completamente elásticos, lo que les permite penetrar y moverse con facilidad en los tejidos y vasos sanguíneos del hospedador (figura 6).

Entre las claves para el control de las infecciosas se encuentran un estricto manejo de la higiene, remoción de los peces enfermos, tratamientos mediante baños con formalina y mejoramiento de las condiciones de cultivo tales como incremento del flujo de agua.

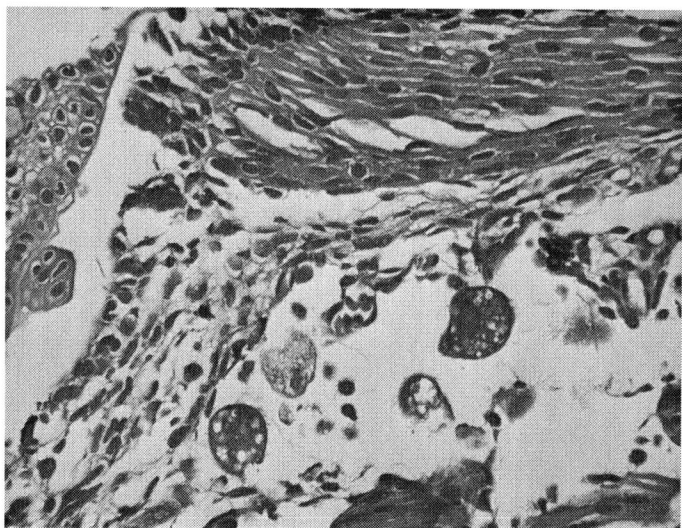

Figura 6. Salmón del Atlántico (*Salmo salar*), afectado por cuadro cutáneo por scuticociliatas. Se observa la presencia de protozoos ciliados que invaden la dermis y muscular (H&E, 200X)

6.4. Encefalopatía y retinopatía vírica

La encefalopatía y retinopatía vírica (ERV), o necrosis nerviosa viral (NNV), es una enfermedad viral que afecta a peces marinos en la etapa larval o juvenil, y con menor frecuencia a peces adultos. Hasta el momento se ha descrito que la enfermedad afecta al menos 30 especies de peces marinos, entre las cuales se incluye lubina (*Dicentrarchus labrax*), turbot (*Scophthalmus maximus*), halibut (*Hippoglossus hippoglossus*), hirame (*Paralichthys olivaceus*) y cod (*Gadus morhua*) (OIE, 2006; Samuelsen et al., 2006).

El virus pertenece al género Betanodavirus, la familia Nodaviridae (Comps et al., 1994; Mori et al., 1998). Nodavirus es un virus pequeño (25 a 30 nm), con una arquitectura simple. El genoma consiste en una sola hebra de RNA, de sentido positivo (Samuelsen et al., 2006).

Los signos clínicos se caracterizan principalmente por alteraciones neurológicas, tales como natación errática (en espiral, en remolino o con el vientre hacia arriba en posición de descanso) y la vacuolización de los tejidos nerviosos (OIE, 2006).

En el control de la enfermedad se debe considerar la transmisión vertical, demostrada en algunas especies, y la horizontal (figura 7).

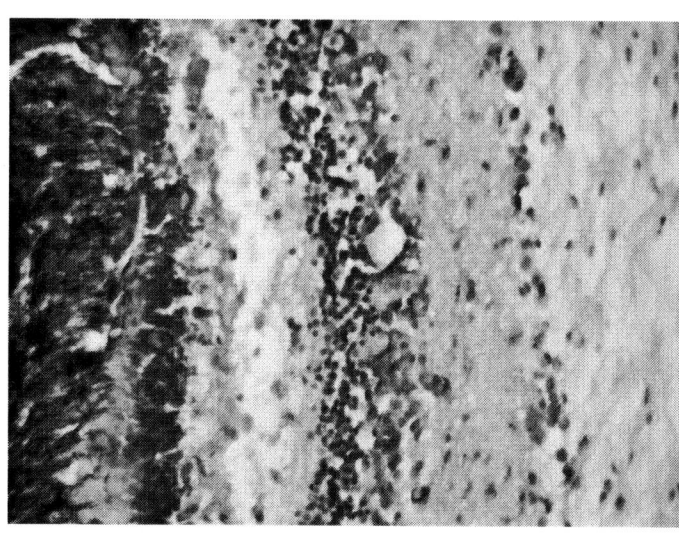

Figura 7. Retina de larva de Cod (*Gadus morhua*) afectada por necrosis nerviosa viral. Inmunohistoquímica de una sección de la retina. Se observa reacción positiva al virus de la necrosis nerviosa viral. (Fotografía gentileza Dr. David Groman, University of Prince Edward Island)

Referencias

Bergh Ø, Nilsen, F, Samuelsen, O. Diseases, prophylaxis and treatment of the Atlantic halibut, *Hippoglossus hippoglossus*: a review, Diseases of Aquatic Organisms. 2001; vol. 48: 57-74

Birkbeck, TH, Bordevik, M, Frøystad, MK, Baklien, A. Identification of *Francisella sp.* from Atlantic salmon, Salmo salar L., in Chile. J Fish Dis. 2007; 30, 505-507

Comps M, Pepin, JF, Bonami, JR. Purification and characterizations of two fish encephalitis viruses (FEV) infecting *Lates calcarifer* and *Dicentrarchus labrax*. Aquaculture. 1994; 123, 1-10

Euzeby, J. List of new names and new combinations previously effectively, but not validly, published. Int J Syst Evol Microbiol. 2008; 58, 1-2

Jung, S, Kitamura, S, Song, J, Oh, M. *Miamiensis avidus* (Ciliophora: Scuticociliatida) causes systemic infection of olive flounder *Paralichthys olivaceus* and is a senior synonym of *Philasterides dicentrarchi*. Diseases of Aquatic Organisms. 2007; vol. 73: 227-234

Mikalsen, J, Olsen, AB, Tengs, T, Colquhoun, DJ. *Francisella philomiragia subsp. noatunensis subsp. nov.*, isolated from farmed Atlantic cod (*Gadus morhua*, L.). Int J Syst Evol Microbiol. 2007; 57, 1960-1965

Mori KI, Nakai, T, Muroga, K, Arimot, M, Mushiake, K, Furusawa, I. Properties of a new virus belonging to nodaviridae found in larval striped jack (*Pseudocaranx dentex*) with nervous necrosis. Virology. 1992; 187: 368-371

Nylund, A, Ottem, KF, Watanabe, K, Karlsbakk, E, Krossøy, B. *Francisella sp.* (Family *Francisellaeceae*) causing mortality in Norwegian cod (*Gadus morhua*) farming. Arch Microbiol. 2006; 185, 383-392

Olsen, AB, Mikalsen, J, Rode, M, Alfjorden, A, Hoel, E, Straum-Lie, K, Haldorsen, R. Colquhoun, DJ. A novel systemic granulomatous inflammatory disease in farmed Atlantic cod, *Gadus morhua L.*, associated with a bacterium belonging to the genus *Francisella*. J Fish Dis. 2006; 29: 307-311

Organización Mundial de Sanidad Animal. Manual de Pruebas de Diagnóstico para los Animales Acuáticos. 5.ª ed.; 2006

Ottem K, Nylund, A, Karlsbakk, E, Friis-Møller, A, Kamaishi. T. Elevation of *Francisella philomiragia subsp. Noatunensis* Mikalsen et al. (2007) to *Francisella noatunensis* comb. nov. [syn. *Francisella piscicida* Ottem et al. (2008) syn. nov.] and characterization of *Francisella noatunensis subsp. Orientalis subsp.* nov., two important fish pathogens. Journal of Applied Microbiology; 2009

Pfeiffer, D. Veterinary Epidemiology - An Introduction; 2002

Plumb, J. Health Maintenance and principal microbial disease of cultured fishes. 1.ª ed.; 1999

Samuelsen O, Nerland, A, Jørgensen, T, Bjørgan Schrøder, T, Svåsand, T, Bergh, Ø. Viral and bacterial diseases of Atlantic cod *Gadus morhua*, their prophylaxis and treatment: a review. Diseases of Aquatic Organisms. 2006; vol. 71: 239-254

Song, J, Kitamura, S, Oh, M, Kang, H, Lee, J, Tanaka, S, Jung, S. Pathogenicity of *Miamiensis avidus* (syn. *Philasterides dicentrarchi*), *Pseudocohnilembus persalinus*, *Pseudocohnilembus hargisi* and *Uronema marinum* (Ciliophora, Scuticociliatida). Diseases of Aquatic Organisms. 2009; vol. 83: 133-143

Takagishi, N, Yoshinaga, T, Ogawa, K. Effect of hyposalinity on the infection and pathogenicity of *Miamiensis avidus* causing scuticociliatosis in olive flounder *Paralichthys olivaceus*. Diseases of Aquatic Organisms. 2009; vol. 86: 175-179

Toranzo, A, Magariños, B, Romalde, J. A review of the main bacterial fish diseases in mariculture systems. Aquaculture. 2005; 246: 37-61

Granja de cría

Francesc Castelló i Orvay*
y M.ª Araceli Avilés-Quevedo**

La piscicultua marina se puede desarrollar tanto en tierra (estanquerías), como en mar abierto (jaulas flotantes); solo la granja de cría (*hatchery*) debe estar siempre en tierra firme.

La granja de cría es el lugar donde los reproductores realizarán la reproducción y donde se llevará a cabo el preengorde hasta el tamaño deseado para trasladar los alevines («semilla») al lugar de engorde definitivo. El tamaño será distinto según vayan destinados a estanquería (de 2 a 5 gr) o a jaulas flotantes (de 5 a 10 gr).

En primer lugar hay que definir muy bien el emplazamiento de la granja de cría, de forma respetuosa con la legislación y las técnicas medioambientales y sociales.

El primer aspecto que hay que tener presente es que la especie elegida viva de manera natural en la zona elegida. El segundo es realizar un estudio medioambiental para evitar los vertidos industriales y también los caudales excesivos de agua dulce (desembocaduras de río). La tercera cuestión a tener en cuenta son los aspectos sociales, como no interferir con el sector turístico o no impedir el desarrollo industrial preferente para la zona.

La granja de cría debe de constar de una serie mínima de instalaciones (figura 1):

- captación de agua del mar
- reservorio
- filtros de arena

La captación de agua de mar debe situarse a una profundidad suficiente como para que no influyan los posibles cambios de temperatura y esta se mantenga más o menos estable durante todo el año (mínimo de tres metros).

Para evitar costos excesivos, el emisario captador deberá estar lo más cerca posible de la costa y el reservorio de agua a una altura no superior a los cinco metros. Se precisan bombas de gran caudal y poca presión..

Una vez que el agua ha depositado la mayoría de productos en suspensión (figura 2), pasará a una zona de filtros de arena (figura 3), desde donde, ya filtrada, se distribuirá por la granja para seguir el tratamiento necesario para cada función (regulación de la temperatura, superfiltración —con cartuchos de papel—, oxigenación).

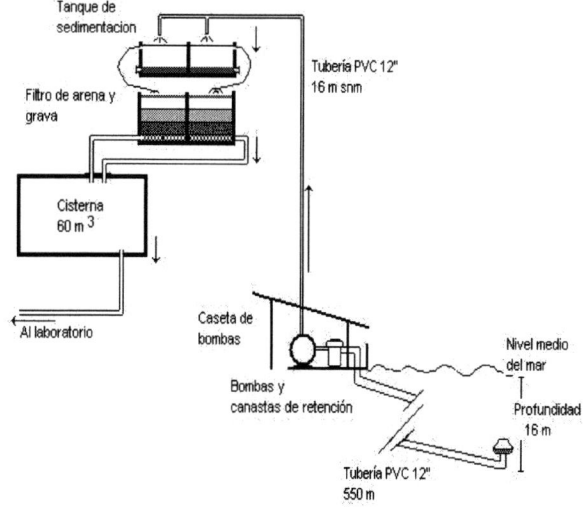

Figura 1. Captación agua. Cortesía A. Avilés.

* Universidad de Barcelona, Depto. Biologia Animal, Facultad de Biologia (UB) Avda. Diagonal, 645, 08028-Barcelona, España (fcastello@ub.edu).

** Instituto Nacional de Pesca. Km 1 carretera a Pichilingue, CP 23020, La Paz, Baja California Sur, México (maavilesq@ yahoo. com).

Figura 2. Reservorio de agua.

Figura 3. Filtros de arena. Fotos F. Castelló.

El agua de mar solo necesita de esterilización (ultravioleta, ozono) para ser utilizada en el cultivo de microalgas.

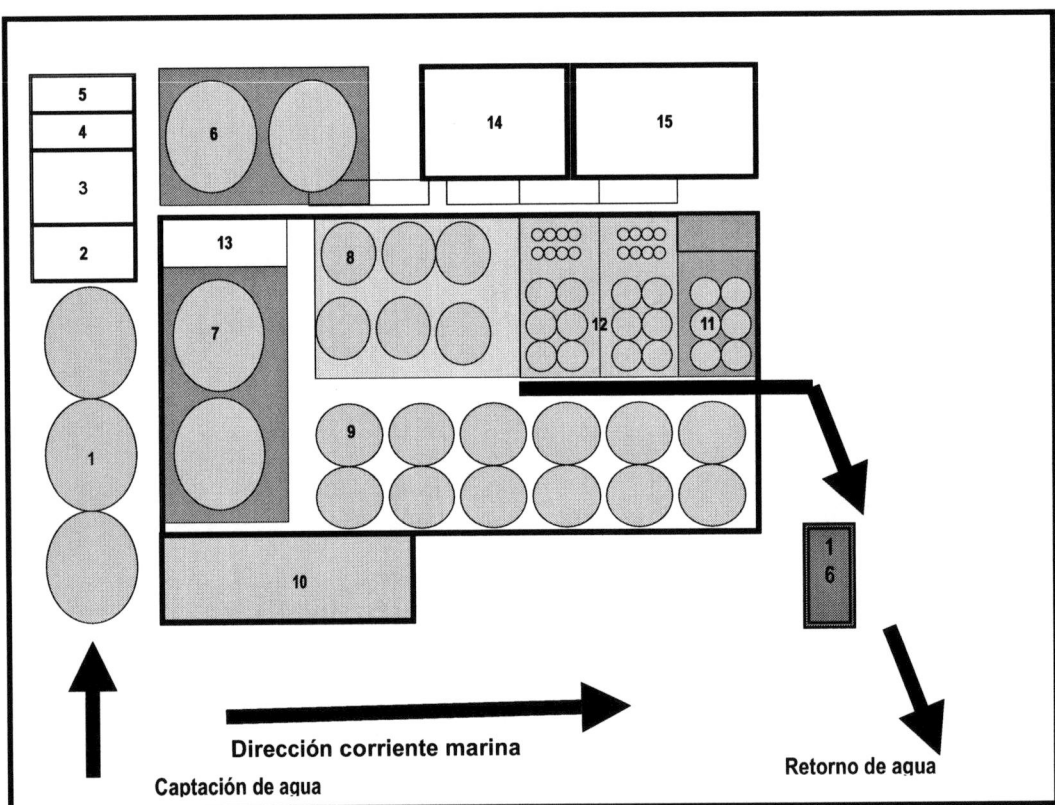

Figura 4. Esquema de una posible granja de cría. Cortesía de A. Avilés y F. Castelló

Sistema de bombeo para captación de agua marina

1. Depósitos de agua marina
2. Área de filtrado
3. Cuarto de bombas y sopladores
4. Cuarto de termorregulación del agua
5. Planta auxiliar de energía eléctrica
6. Tanques de cuarentena y tratamientos profilácticos (área externa)

Sistema de bombeo para captación de agua marina

---

7. Tanques de reproductores (dependiendo de la especie de 12 a 50 m³)

8. Unidad de producción larval con alimento vivo (tanques de 10m³)

9. Unidad de alevinaje con dietas secas balanceadas (tanques de 10m³)

10. Área de embarque

11. Unidad de producción de fitoplancton (cepario, cultivos primarios y cultivos intensivos)

12. Unidad de producción de zooplancton (rotíferos, artemia, copépodos)

13. Laboratorio de análisis y supervisión

14. Almacén – taller – depósitos de O_2 y CO_2

15. Área de servicios comunitarios (oficina, comedor y habitaciones)

16. Tratamiento de aguas residuales

Retorno de agua de marina en condiciones similares a la captada

---

El esquema es solo orientativo y en él se representan el mínimo de zonas de las que debe disponer una granja de cría (*hatchery*). Estas son:

- Una zona de cuarentena, donde irán a parar los futuros reproductores para ser tratados contra las posibles infecciones. Puede hallarse en instalaciones exteriores.

Figura 5a. Depósito de cuarentena. CIAD (México). Foto F. Castelló

Figura 5b. Depósitos preparados para el control del fotoperiodo. Foto: F. Castelló

- Una zona donde se dispondrán los reproductores seleccionados, con la proporción de machos y hembras adecuados, para ser sometidos a la acción del fotoperiodo o de la temperatura, de modo que maduren en el tiempo y época deseados.

- Una zona de alevinaje o preengorde, donde los huevos eclosionarán y los alevines se llevarán hasta alcanzar el peso adecuado, sea para sembrar estanques, o para llevarlos a jaulas flotantes.

- Una zona de producción de fito- y zooplancton, donde se criarán las microalgas y el zooplancton, necesarios para alimentar las larvas de peces. A esta zona, la del cultivo de microalgas, es a donde irá a parar el agua esterilizada, ya que necesitamos agua desprovista de cualquier microorganismo que pueda alterar los cultivos monoxénicos (una sola especie) de alga.

- Una zona de generación auxiliar de electricidad (compresor de puesta en marcha automático), regulación de temperatura y producción de oxígeno (sopladores de aire o de oxígeno puro) para poder regular, según las necesidades, los parámetros del agua. Esta zona deberá estar aislada del resto, ya que sus ruidos pueden alterar el funcionamiento biológico de las especies en cultivo.

- Un almacén, donde se guardan los utensilios para reparaciones y el pienso necesario para el preengorde y donde se llevan a cabo las rutinas de mantenimiento de la planta.
- Un pequeño laboratorio, preparado para las tareas mínimas de control.
- Una zona de «recuperación» del agua utilizada, para separar la materia orgánica (restos de alimento, cadáveres, etc.), convertir el amonio en nitratos y reoxigenar el agua para devolverla al mar en las mismas condiciones en que entró.
- Zona de descanso para los trabajadores (comedor, biblioteca, servicios sanitarios, etc.)
- Zona de recepción y embarque de los alevines. Se aconseja disponer de todo el material (bombas de captación del agua, generador de electricidad) por duplicado, para aumentar la seguridad de la instalación.

La granja de cría deberá estar orientada de manera que no penetre el sol directamente en las instalaciones, para evitar una excesiva iluminación y un excesivo crecimiento de *fouling* (microalgas, cirrípedos, etc.) en los depósitos de los reproductores y en los de alevinaje.

El esquema representado es solamente orientativo y puede ampliarse según las necesidades de la empresa.

Estanques

Una vez los alevines hayan alcanzado el peso y tamaño necesarios, serán transportados para su engorde definitivo a los estanques o piscinas adecuadas.

Los estanques o pozas son contenedores de agua de gran capacidad. Pueden derivar incluso de antiguas instalaciones para el cultivo de camarón, pero para conseguir un máximo rendimiento de producción deben seguir unas mínimas normas de construcción.

- Deberán estar lo más cerca posible del lugar de captación del agua, para evitar incrementar los costos de bombeo del agua. La captación sigue el mismo esquema que el descrito para la granja de cría.
- Conviene limitar en casi todos los estanques el crecimiento de plantas acuáticas con raíz, de manera que tengan por lo menos un metro de profundidad. Los costados del estanque deben tener una proporción de inclinación de 2:1 o 3:1, para evitar al máximo el rozamiento del agua y su destrucción.
- La anchura de los costados debe ser suficiente para que pasen por ellos los vehículos de servicio (2,5-3,5 m). Solo las pozas construidas de cemento, mampostería, etc., pueden ser verticales, aunque esto encarece mucho la construcción.
- La forma del estanque deberá seguir también unas normas, con una relación anchura/longitud de 3/7; deberán pues estar construidos en forma de canal. Dicha forma es la que funciona mejor en cuanto a velocidad del agua, reparto de la oxigenación y distribución de los peces. Eso sí, se necesitan grandes cantidades de agua (de un 10% a un 300% del volumen total diario), lo cual incrementa muchísimo el consumo de energía y, por lo tanto, los costos de producción. La mayor velocidad del agua permite incrementar la producción.
- Como los estanques se orientarán de modo que los vientos dominantes los atraviesen por su parte más larga, la «obra muerta» (distancia entre la superficie del agua y la parte superior de la presa) será de unos 0,3 m para estanques de hasta 200 m de largo y 1 m de profundidad, con el fin de evitar que las olas puedan erosionar el frente de la presa, o incluso hacer rebosar el estanque. Comúnmente se utilizan estacas de troncos, clavados en el fondo, situados a unos 2 m del desagüe. Los troncos actúan como disipadores de energía antes de que la ola llegue a la presa.
- El fondo del estanque deberá inclinarse hacia la parte del drenaje, con una proporción de 1000:3 a 1000:6, para facilitar el vaciado.
- El estanque dispondrá de un área de 45 a 60 cm más profunda que el resto y situada cerca del drenaje, con el fin de que los peces se acumulen en esta parte profunda al vaciarse el estanque y su recolección, mediante redes u otros medios, sea lo más fácil y rápida posible, evitándose así una disminución del oxígeno (la tarea del despesque se realiza normalmente al amanecer, para evitar problemas en el nivel de oxígeno).

Fig. 6. Construcción de estanques. Fotos F. Castelló

El desagüe se realizará a través de un «arqueta japonesa». Esta consta de tres ranuras. La primera y más próxima al estanque constará de una red para evitar que se escapen los peces, aunque deberá permitir la salida del agua junto con la materia orgánica. La segunda ranura servirá para que por ella se deslicen una serie de unidades, de manera que, a más unidades (pueden ser de madera), más alto será el nivel de agua en el contenedor. La tercera ranura y la más alejada estará provista de una placa con un tornillo, que permitirá desaguar y vaciar el estanque en el momento del despesque.

- Los estanques nunca se construirán de manera que el agua de uno pase al otro, sino que estarán colocados en paralelo de manera que cada uno de ellos tenga su entrada de agua y su respectiva arqueta. En caso de que se manifieste una patología en uno de ellos, se puede vaciar y realizar los tratamientos adecuados, mientras los demás siguen funcionando. Se evitarán así transmisiones de enfermedades.
- El tamaño de los estanques debe ser lo suficientemente grande para que su número no sea excesivamente elevado y lo suficientemente pequeño para que pueda realizarse el despesque con comodidad y rapidez.

La ventaja del cultivo en estanques radica en que facilita la vigilancia de la producción (frente a robos, entrada de depredadores, etc.), la vigilancia directa del comportamiento de los peces, el ahorro en alimentos, etc., pero tiene el inconveniente de que la producción por m^3 (o m^2, si la profundidad es de 1 m de agua) es mucho menor (menos de 8 kg por m^2 frente a los 15 kg por m^3 recomendados en el cultivo en jaulas) y, sobre todo, de que se consume mucha energía con el bombeo continuado de agua.

El número de estanques estará de acuerdo con la producción deseada, teniendo en cuenta que esta no superará los 6/8 kg por m^2 (o m^3) de producción final.

Figura 7. Foto de una «arqueta japonesa». (Foto F. Castelló)

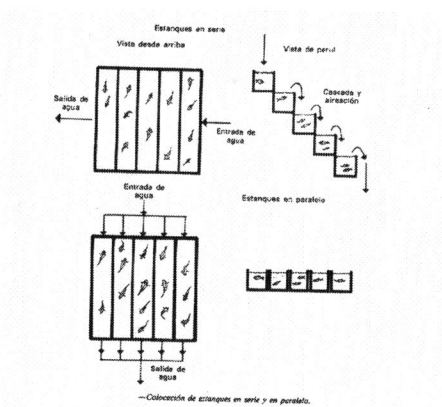

Figura 8. Disposición de los estanques.

Figura 9. Despesque en estanques.

Bibliografía

Bardach, John E, Ryther, JH, McLarney, WO. Aquaculture: The farmingand Husbandry of Freshwater and Marine Organisms. Nueva York: Wiley-Interscience; 1972

Beaz Paleo, JD. Ingeniería de la Acuicultura Marina. Publicaciones Científicas y Tecnológicas del Observatorio Español de Acuicultura; 2007

Huet, Marcel. Texbook of Fish Culture, Breeding and Cultivation of Fish. Londres: Fishing News (Books) Ltd; 1970

Milne, PH. Fish and Shellfish Farming in Coastal Waters. Londres: Fishing New (Books) Ltd; 1972

Wheaton, Fredrick, W. Acuacultura.. Diseño y construcción de sistemas. A.G.T. Editor; 1982

Jaulas para cultivo en zonas costeras

M.ª Araceli Avilés-Quevedo*, Francesc Castelló i Orvay**,
Alfredo E. Vázquez-Olivares*** y José Manuel Mazón Suástegui****

El uso de las jaulas o estructuras flotantes para mantener animales vivos es muy antiguo. En un principio se utilizó no como un sistema de cultivo, sino como un lugar donde conservar el pescado vivo y así poder venderlo en perfectas condiciones en el caso de periodos de pesca muy largos, o simplemente para conservar los peces a la espera de una mayor demanda en determinadas épocas del año (Mateos-Velasco, 1993).

La utilización de las jaulas como técnica para engordar peces es más reciente, su origen está muy diseminado en los países Asiáticos, donde se ha venido realizando cultivos en estructuras hechas a base de cañas de bambú, madera, fierro galvanizado, polietileno de alta densidad, etc. Hoy en día la acuicultura en general ha experimentado un fuerte desarrollo, y en particular la dedicada a engordar peces en estructuras flotantes o sumergibles.

En Latinoamérica se han generado muchas expectativas, y de hecho son numerosas las previsiones acerca del espectacular crecimiento y el gran futuro de la acuicultura marina en estos últimos años. Sin embargo, tendríamos que considerar estas afirmaciones con cierto escepticismo y desde un punto de vista más pragmático, matizando una serie de cuestiones que se detallan seguidamente:

- La contribución de las proteínas del pescado al suministro mundial de proteínas animales se ha mantenido en un 16-16,7% en los últimos años (FAO, 2009).
- El pescado es un aporte de proteína animal saludable y fácilmente digerible (por su menor contenido en grasas y por el grado de insaturación de estas, como el caso de los ácidos grasos Omega-3, que disminuyen la tasa de colesterol en sangre.
- México posee condiciones bioecológicas, climatológicas, oceanográficas y ambientales extraordinarias y una gran extensión geográfica denotada por sus 11.592,77 km de litoral, 357.795 km² de plataforma continental y una zona económica exclusiva de 2.946,825 km², con aproximadamente 500.000 ha de lagunas costeras, esteros y bahías.
- Un nivel tecnológico competente, capacidad de absorción de la producción por parte del mercado local, regional y nacional que paga de 75.00 a 100.00 \$/kg de huachinango (CONAPESCA, 2010).

Como contrapartida, encontramos un costo más elevado de la pesca tradicional, un mayor consumo y un precio más elevado de combustibles y lubricantes, el agotamiento de los caladeros marinos, así como un incremento en la importación de productos de la pesca.

En función de lo anterior, la acuicultura marina se presenta como un sector con un gran futuro y con

* Instituto Nacional de Pesca. Km 1 carretera a Pichilingue, CP 23020, La Paz, Baja California Sur, México (maavilesq@yahoo.com).

** Universidad de Barcelona, Depto. Biología Animal, Facultad de Biología (UB) Avda. Diagonal, 645, 08028 Barcelona, España (fcastello@ub.edu).

*** Instituto Tecnológico de Mazatlán. Corsario 1 n.º 203, Col. Urías Mazatlán, Sinaloa 82070, México (alfredoemma@yahoo.com.mx).

**** Centro de Investigaciones Biológicas del Noroeste, A.C. Mar Bermejo n.º 195, Col. Playa Palo de Santa Rita; La Paz, BCS 23090, México (jmazon04@cibnor.mx).

grandes retos, que requiere de un tratamiento como verdadera empresa a nivel tecnológico, una inversión fija respetable, un mayor capital circulante, un retorno de capital a largo plazo (5-7 años) y un profundo estudio de mercado.

Si bien es cierto que ha habido un gran incremento en la producción de piscicultura de agua dulce (tilapia y carpa), este no ha sido el caso de la piscicultura marina, que no se encuentra aún desarrollada en nuestro país, a excepción del engorde del atún (*Thunnus thynnus* y *T. albacares*), que actualmente cuenta con más de diez granjas entre Baja California y Baja California Sur, con una producción anual de 2.805 t en 2008 (CONAPESCA 2010), y el cultivo de la cobia que, debido a problemas de mercado, ha sido prácticamente abandonado en el sureste de México.

La preferencia por el uso de las jaulas flotantes se debe a que estos sistemas ofrecen mejores condiciones para el cultivo y un espacio para el mantenimiento de los organismos en su medio natural, es decir en el lugar de su desarrollo habitual, lo que significa que los factores hidrobiológicos como el oxígeno, la salinidad y la temperatura, entre otros, se obtienen de manera natural, lo cual permite aumentar la densidad de cultivo y hacerlo más productivo. En general, los cultivos en jaulas marinas presentan ventajas importantes con relación a otros sistemas de cultivos; sin embargo, también conllevan riesgos y limitaciones. Al respecto, Castelló-Orvay (1993) y Chua y Tech (2002) plantean algunas de las limitaciones y ventajas siguientes:

Limitaciones de las jaulas en el cultivo de peces:

- Dificultad, debida a distintos factores ambientales, para realizar las tareas de rutina.
- Vulnerabilidad a daños causados por tormentas, huracanes y marejadas.
- Necesidad de tareas periódicas de reparación y limpieza de redes.
- Difícil vigilancia.
- Requerimiento de «semilla» más grande.
- Necesidad de equipo y personal de trabajo especializado (barcaza, buceo, limpieza).
- Posibles efectos contaminantes sobre los fondos.
- Dificultad en prevención y tratamiento de patologías.
- Riesgos de robo, vandalismo y ataque de grandes depredadores.
- Necesidad de instalaciones en tierra (almacén, oficinas, ventas, etc.).

Como contrapartida las jaulas flotantes presentan una serie de ventajas muy interesantes de cara a la producción de pescado:

- El desembolso de capital fijo es menor que el que se requiere en tierra, ya que los materiales empleados y su diseño son más baratos.
- No requieren de terrenos con ubicación especial, obra civil, ni instalaciones costosas ya que no hacen falta instalaciones de bombeo ni emisarios (menor consumo energético y menor inversión).
- Las empresas aseguradoras cubren ya en este momento una parte importante del riesgo derivado del cultivo en mar abierto y ocasionado por fenómenos poco controlables; si bien se trata por el momento de primas altas, la cobertura y la seguridad que dan es rentable a largo plazo.
- La producción por unidad de volumen duplica la producción de las instalaciones en tierra, ya que los peces se encuentran en condiciones más naturales, asegurándoles un crecimiento más rápido y una menor frecuencia de aparición de enfermedades, siempre y cuando no haya sobrecarga en la biomasa.
- Bajo costo en el mantenimiento del sistema.
- Posibilidad de reubicación de los sistemas con relativa facilidad.

Tipos de jaulas y sus componentes principales

Las jaulas han tenido un gran desarrollo desde sus orígenes y hoy en día hay una gran diversidad de tipos, diseños, tamaños y formas. Pueden ser: *a*) fijas; *b*) flotantes; *c*) sumergibles, y *d*) sumergidas. El diseño está generalmente condicionado por muchos factores, siendo los más importantes la selección del sitio, las condiciones ambientales y la especie a cultivar. Asimismo, el tamaño, volumen y profundidad de la jaula dependerá de la especie y del costo de mantenimiento y manejo del sistema. Las formas son muy variables: pueden ser circulares, rectangulares, poligonales o esféricas.

Las jaulas fijas consisten en una red sostenida mediante postes o barrotes introducidos en el fondo de lagos o ríos; son comparativamente baratas y sencillas de construir, pero su uso está restringido a sitios someros y protegidos con sustratos apropiados.

Las jaulas flotantes o gravimétricas tienen un marco o aparejo de flotación que sostiene el bolso; están menos limitadas que la mayoría de otros tipos de jaulas en términos de requerimientos de espacio y pueden ser fabricadas con una gran variedad de diseños. Son las más ampliamente usadas.

Las jaulas sumergibles dependen de un marco o estructura para mantener la forma. La ventaja sobre otros diseños es que su posición en la columna de agua puede ser cambiada para prevenir peligros por mal tiempo o contaminación. Generalmente estas jaulas permanecen en la superficie en épocas de buen tiempo y se sumergen en el mar cuando hace mal tiempo. Su costo es comparativamente elevado y requieren de tecnología apropiada para su construcción.

Las jaulas sumergidas pueden ser cajas de madera con huecos entre las tablillas para facilitar el flujo de agua; están ancladas al fondo mediante piedras o barrotes. Son usadas en arroyos y lagos, y su tecnología es rudimentaria. Algunos de los tipos modernos de jaulas se presentan en la figura 1.

(*a*) (*b*)

Figura 1. (*a*) Jaulas flotantes costeras; (*b*) Jaulas sumergibles oceánicas (Fuente: Ocean Spar, Technologies).

Los distintos tipos de jaulas flotantes presentan los siguientes componentes principales: *a*) sistema de servicios; *b*) sistema de flotación; *c*) sistema de anclaje; *d*) sistema de aparejamiento, y *e*) sistema contenedor de organismos (figura 2).

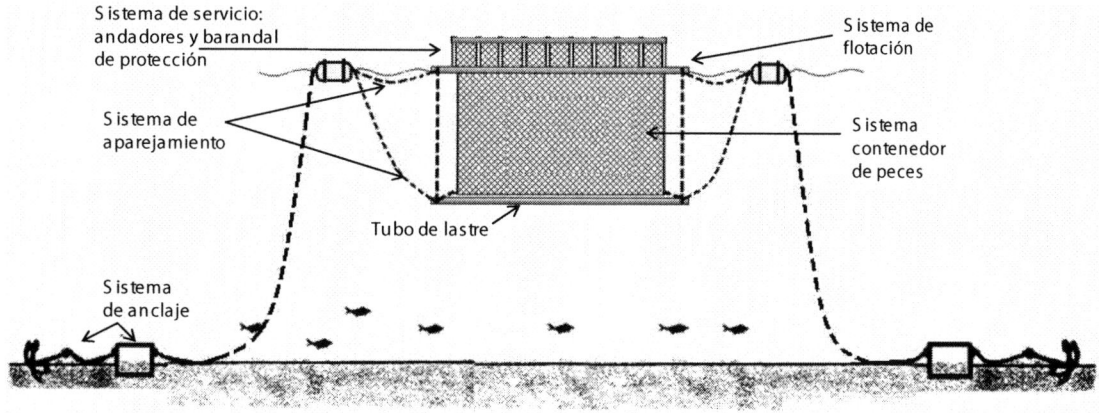

Figura 2. Componentes principales de las jaulas para cultivos.

En el caso de los cultivos de peces marinos costeros se utilizan generalmente jaulas flotantes, cuya forma puede ser cuadrada, circular, hexagonal o rectangular. Sin embargo, la forma circular presenta un perímetro menor para una misma área con respecto a las demás, lo que conlleva un uso más eficiente de los materiales y, por lo tanto, menores costos por unidad de volumen. Asimismo, observaciones del nado de los peces en cautiverio sugieren que las formas circulares son mejores en términos de utilización de espacios, por lo que son las más recomendables (figura 3).

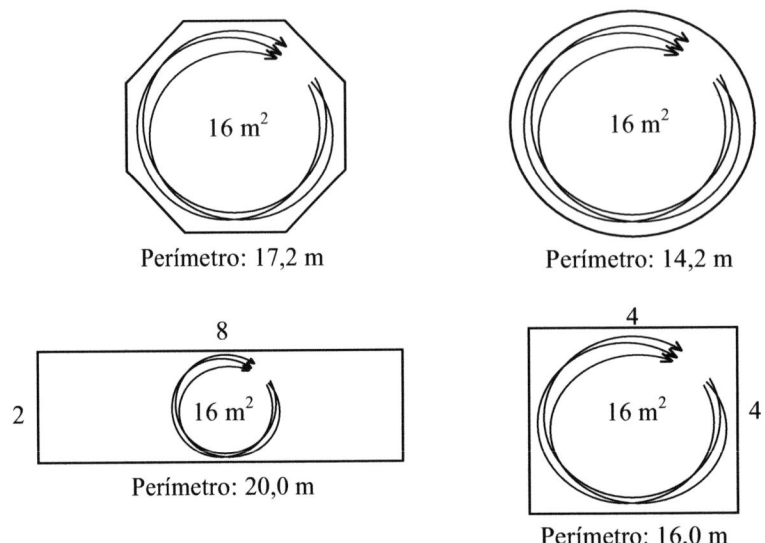

Figura 3. Perímetro de diferentes formas de jaula para una misma área y patrón de nado circular de los peces en cautiverio (modificada de Mateos-Velasco, 1993).

Sistema de flotación

El sistema de flotación es la estructura que soporta la red, proporciona flotabilidad, mantiene al sistema en la superficie del agua y da forma a la jaula. Puede ser más o menos complejo, aunque la tendencia es que se trate de estructuras simples, pues, cuanto más elaboradas, peor soportan la acción del mar. Los sistemas de flotación pueden tener sistemas de servicios o plataformas para realizar trabajos, aunque estas ofrecen mayor resistencia al viento y al oleaje (Mateos-Velasco, 1993). Los materiales de flotación pueden ser muy variables: madera, plásticos, metales, fibra de vidrio y bloques de poliestireno. El material utilizado en las instalaciones modernas es el tubo de polietileno de alta densidad, HDPE por sus siglas en inglés, el cual se une y sella por medio de termofusión o electrofusión. Este material plástico suficientemente rígido y elástico absorbe las fuerzas y permite deformaciones que lo hacen apropiado para el medio marino, donde las cargas de fatiga por el oleaje son muy importantes. Además, su alta resistencia a la intemperie, a rayos ultravioleta (particularmente el tubo de color negro que contiene compuestos especiales para ello), su resistencia al agua salada, el hecho de ser químicamente inocuo, etc., permiten garantizarlo durante un periodo de cincuenta años.

En algunas jaulas se utilizan anillos de flotación con poliestireno expandido en su cámara interior, o bien se colocan divisiones internas para hacer cámaras de aire. Estas condiciones no modifican la capacidad de flotación de los anillos, sino que proporcionan una forma de flotación emergente para disminuir la pérdida de flotación en caso de producirse algún daño en los tubos.

Sistema de servicios

Es el sistema requerido para facilitar y proporcionar seguridad al acuicultor durante las actividades de alimentación, limpieza, monitorización, mantenimiento y reparación, entre otros. El sistema de servicios puede ser externo a la jaula o integrado como parte de ella. El sistema externo consiste en barcos, barcazas, plataformas de servicio, lanchas, etc., que se aproximan a la jaula para, desde ellas, realizar los servicios cada vez que se requieren. El sistema integrado se refiere a plataformas, pasillos o andadores que forman parte del diseño de la jaula. En la inversión inicial, las plataformas de servicio integradas pueden aumentar un poco el costo de las jaulas; sin embargo, con las plataformas integradas el trabajo se realiza con mayor seguridad y comodidad. En el caso de las jaulas circulares, los anillos de flotación pueden ser utilizados para dar soporte a una estación de trabajo o una plataforma de servicio y se puede utilizar el barandal como apoyo (figura 4).

La plataforma de servicio puede estar fabricada con madera, acero galvanizado, polietileno, polipropileno, etc. No obstante, con frecuencia está ausente, lo que dificulta el trabajo. En la figura 5 se presentan diferentes materiales utilizados en los componentes de la estructura superior de jaulas circulares (sistema de flotación y servicio).

Figura 4. Sistema de servicio en una jaula circular flotante, donde se observa una estación de trabajo o plataforma de servicio.

Sistema contenedor de organismos

Su función es mantener y proteger a los peces en cautividad, proporcionándoles un ambiente adecuado. El sistema contenedor está formado por una jaula o bolso de red, rígida o flexible, y algunas veces por una jaula o red externa de protección. Regularmente el bolso está hecho de malla flexible de nailon o polietileno, aunque recientemente se está utilizando materiales más fuertes como *spectra* o *dynema*, con o sin tratamiento *antifouling*. Normalmente, el bolso va reforzado con cabos de polipropileno, polietileno o nailon. Asimismo, el bolso se despliega verticalmente mediante plomos o pesos en su fondo, o se ajusta con cabos o cadenas a algún marco de la jaula, lo cual dependerá del tipo y diseño de la jaula. El paño de las jaulas o redes debe ser fuerte y ligero, resistente a la erosión y al envejecimiento en el agua. Si las jaulas son muy rígidas pueden causar daños en los peces. Algunas jaulas rígidas se fabrican con malla metálica (malla galvanizada, malla de cobre-níquel o malla con cubierta vinílica) y se montan en marcos rígidos de metal. Sin embargo, el bolso de paño flexible es el más usado debido a los bajos costos y a la facilidad de manejo.

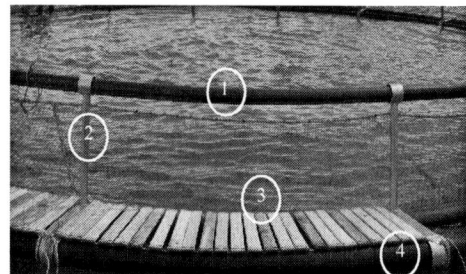

Figura 5. Diferentes materiales utilizados para la fabricación de los componentes principales de la estructura superior de una jaula flotante: 1) barandal (HDPE); 2) soportes (HDPE, acero inoxidable o acero galvanizado); 3) plataforma de servicio (polipropileno, madera, o polietileno); 4) anillos de flotación (HDPE).

En el caso de las jaulas flotantes circulares, el bolso de la jaula es de paño de red sin nudo. Uno de los materiales recomendables es el polietileno (PE) con tratamiento UV, para aumentar la resistencia a la acción de los rayos solares. Este material ofrece ventajas técnicas y económicas tales como facilidad de limpieza, menor adhesión de suciedad, buena resistencia a la tensión, ligereza y menor precio en comparación con el nailon (PA), el poliéster (PES) o el polipropileno (PP). La forma del bolso es cilíndrica, con tapa en el fondo y en la parte superior; las dimensiones dependerán del diseño del sistema. En general, se recomienda el tamaño de malla adecuado a la altura de los peces, evitando que estos se enmallen o se fuguen, y el menor diámetro de hilo posible, siempre que tenga la resistencia adecuada a las fricciones del ambiente, con el propósito de facilitar el flujo de agua a través de la malla y evitar disminuir el intercambio de agua, los niveles de oxígeno dentro de la jaula y el arrastre de desechos de los peces. El flujo del agua a través de la red o paño del bolso de las jaulas resulta afectado por la fricción, que depende de los materiales del paño, la forma de los paneles de la jaula, la forma de la malla, de si esta tiene nudo o no, así como de las incrustaciones de diferentes seres vivos o *fouling* (algas, poliquetos, cirrípedos, balanus, moluscos bivalvos, etc.), lo cual no solo impide la circulación del agua, sino que incrementa de manera importante el peso total de la bolsa contenedora.

La profundidad de la jaula marca el volumen del bolso contenedor y la capacidad de producción. Se recomienda más de tres metros y menos de diez para jaulas costeras, ya que poca profundidad estresa a los peces, cambia su pigmentación, incrementa la tasa de mortalidad y baja la tasa de crecimiento y la rentabilidad del cultivo. Por otro lado, la jaula no debe estar cerca del fondo marino para evitar la interacción con los organismos allí situados y con los sedimentos del substrato.

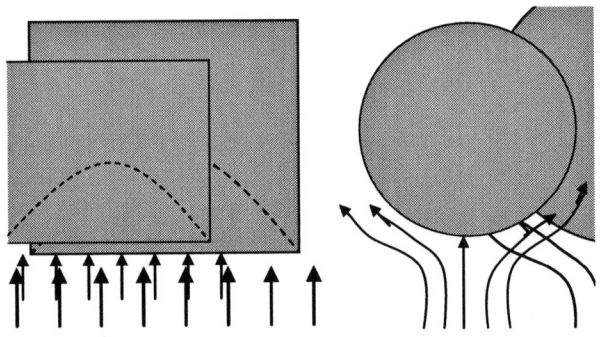

Figura 6a. Deformación de la bolsa debido a la superficie expuesta a la corriente de agua.

El cálculo de las cargas que producen las corrientes sobre el bolso dependen de las áreas expuestas (figura 6a), los coeficientes de encabalgado, el diámetro del hilo, la densidad del agua salada, la velocidad de la corriente y el peso del lastre, entre otros, que también afectan el volumen de la jaula (figura 6b). Pero para condiciones iguales, por ejemplo, la influencia de la corriente en una malla, con o sin nudos, se puede distinguir claramente con los coeficientes de fricción que propone Milne (1972) (figura 6c).

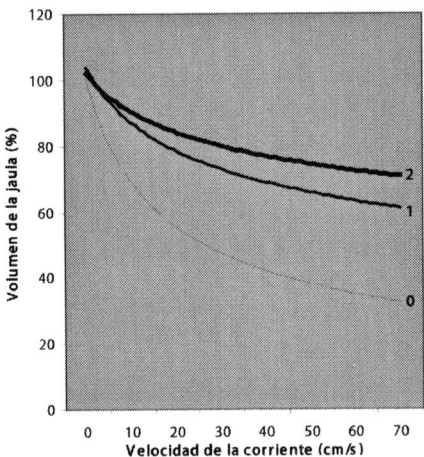

Figura 6b. Relación de la pérdida de volumen de una jaula cuadrada de acuerdo con el peso del lastre y la velocidad de la corriente: 0) sin lastre, 1) con cuatro lastres de 52 kg en las esquinas del fondo de la jaula, y 2) con cuatro lastres de 104 kg en las esquinas del fondo de la jaula. (Fuente: Castelló i Orvay, 1993)

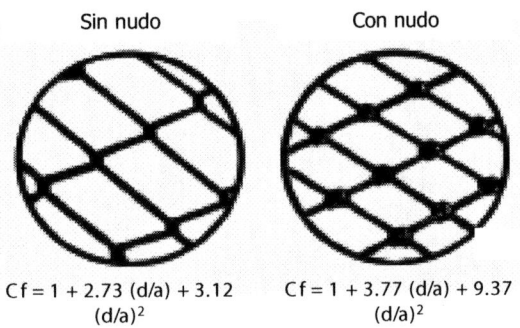

Sin nudo

$$Cf = 1 + 2.73\,(d/a) + 3.12\,(d/a)^2$$

Con nudo

$$Cf = 1 + 3.77\,(d/a) + 9.37\,(d/a)^2$$

Donde:
Cf = Coeficiente de fricción (Sin dimensiones
d = Diámetro del hilo de la malla (mm)
a = Longitud de la barra de la malla (mm)

Figura 6c. Malla con y sin nudo y los coeficientes de fricción correspondientes de acuerdo con Milne (1972).

Sistema de aparejamiento o amarres

Este componente tiene el propósito de sostener la jaula en la posición, dirección y profundidad adecuada de acuerdo con el nivel de mareas extremas y con el diseño; en algunos tipos de jaula es un factor importante para el mantenimiento de su forma. Los amarres o aparejos unen la estructura de la jaula con el sistema de anclaje. Un buen sistema de aparejos debe ser lo suficientemente fuerte para resistir la peor combinación posible de las fuerzas de las corrientes, los vientos y las olas sin desplazarse o romperse. Los materiales utilizados en los sistemas de aparejos o amarres son cables metálicos, cadenas, cabos reforzados de plástico (PA, PP, PE) y conectores mecánicos. La capacidad de fuerza de los amarres depende tanto de los materiales utilizados como de sus dimensiones, por lo que deben ser ajustados de acuerdo con los requerimientos, mediante ataduras o conectores metálicos.

En sitios donde la velocidad máxima de corriente no es superior a 70 cm.s⁻¹ (en general los sitios en el mar no presentan estos niveles de corriente), se puede utilizar un sistema de amarres de un solo punto de sujeción, como el sistema Froya de Noruega (Fröyaringen, 2003). Este tipo de sistema de amarras es relativamente económico, fácil de construir e instalar. Ofrece ventajas operacionales debido a que permite que la jaula se mueva o derive alrededor del ancla con la corriente, hacia el punto de menor resistencia, con lo cual se ejerce menor carga en el sistema. Por otro lado, este movimiento permite tener un campo amplio de fondo marino, pudiendo reducir la acumulación de desechos y los posibles problemas de contaminación. Los análisis preliminares de los beneficios de este sistema indican una reducción de 2 a 70 veces de los depósitos de desechos en el fondo marino, dependiendo de la geometría de los amarres de los aparejos y del tipo de corrientes (Goudey et al., 2001). Para evitar la posible deformación del bolso debido a altas corrientes, el sistema de aparejo propuesto utiliza seis tirantes de unión a la jaula, tres en la parte superior conectadas al tubo de flotación y tres en la parte inferior conectadas al tubo de lastre (figura 7). Esta conexión, arriba y abajo de la estructura de la jaula, asegura la forma y el volumen del bolso, en cualquier posición, independientemente de las corrientes.

Por su parte, el sistema de aparejos múltiples para la fijación de las jaulas de cultivo puede constar de dos o cuatro aparejos o los necesarios para evitar el desplazamiento horizontal y mantener fijas en un sitio las unidades de cultivo. Ciertamente el costo económico es más alto, pero da mayor seguridad a la inversión (figura 8).

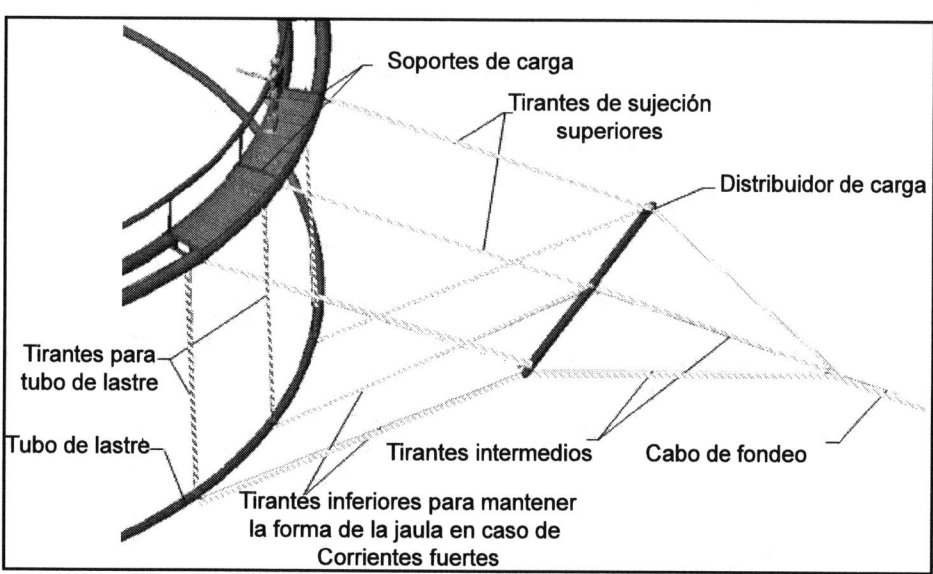

Figura 7. Sistema de aparejo para sujetar jaulas flotantes móviles, de un solo punto de sujeción.

Sistema de anclaje

Su función es sujetar la jaula y todos los componentes para mantenerlos en un lugar específico referenciado del fondo marino. Se conecta a la jaula mediante el sistema de aparejamiento. Existen básicamente tres tipos de anclaje: anclas de pilote, anclas de peso muerto y anclas tradicionales de enganche con el fondo marino. Los fondos duros, con rocas o gravilla, no se recomiendan para el uso de bloques de concreto, ya que ellos pueden resistir solo su propio peso en el agua, en condiciones de fondo suave pueden trabajar mejor por el enterramiento. Los sacos de arena, con un buen diseño de peso y distribución, han demostrado ser una alternativa efectiva en fondos arenosos fangosos debido al enterramiento; en este caso deberá tenerse cuidado con los materiales que se emplean en los sacos. En la mayoría de granjas comerciales, el sistema de anclaje es múltiple para mantener las jaulas en el emplazamiento deseado (figura 8).

En el caso particular de las jaulas flotantes móviles, se utilizan generalmente anclas de peso muerto. Este anclaje puede estar formado por un bloque o conjunto de bloques de concreto, de metal o formados por sacos de arena unidos mediante cabos y cadenas a un aro conector de acero inoxidable ubicado en el fondo. Este aro se conecta con cadena y cabo a un destorcedor de acero inoxidable que permite el libre movimiento de la jaula

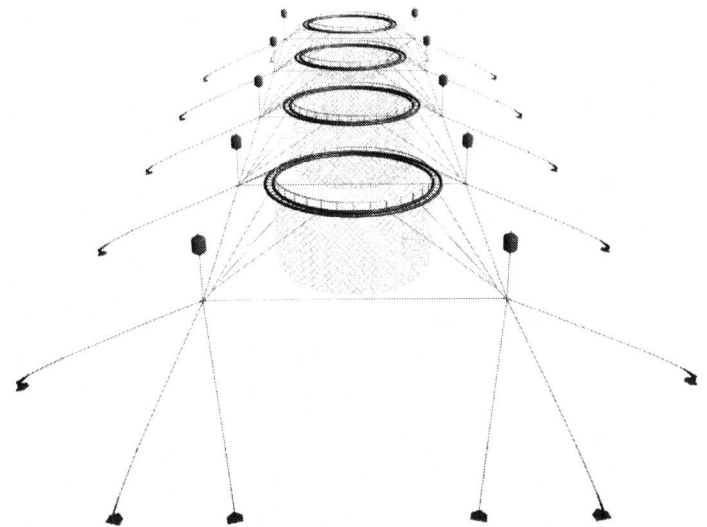

Figura 8. Sistema de anclaje para jaulas flotantes fijas.

Mantenimiento del sistema de cultivo

Después de instalar los peces en las jaulas, empieza su engorde hasta que adquieren su tamaño comercial. En este periodo, es necesario realizar, a la par del seguimiento biológico de la especie cultivada, la inspección técnica del sistema de cultivo, para mantener la instalación y los peces en perfecto estado. Esta inspección consiste en un programa de limpieza, ajustes, mantenimiento, reparación y posible reemplazo de piezas, con el fin de asegurar la inversión realizada. El programa de mantenimiento lo pueden llevar a cabo los mismos piscicultores y contempla, en términos generales, lo siguiente:

Componente	Revisar, limpiar, reparar o cambiar
Sistema de flotación	• Anillos de flotación y boyas de compensación • Limpiar sistema de flotación
Sistema de servicios	• Plataformas de servicio • Soportes • Tensores entre los soportes
Sistema contenedor de organismos	• Bolso y aparejos • Lastre
Sistema de aparejamiento o amarras	• Cadenas y grilletes para el lastre • Distribuidor de carga • Destorcedor • Línea de fondeo, flotadores • Tirantes del aparejamiento
Sistema de anclaje	• Cadenas, cabos y grilletes de la línea de anclaje • Anclas, muertos
Redes de protección	• Red antipájaros • Taponamiento de la red exterior, ya que no debe detener el flujo del agua, solo debe evitar daños debido a grandes depredadores, materiales flotantes y aves
Sistema de señalamiento	• Luces, balizas o boyas de señalamiento marítimo • Anclaje, cadenas y cabos del señalamiento marítimo
Vigilancia	• Técnica del comportamiento de los peces y seguimiento de la abundancia de plancton (marea roja) • Vandalismo, robo y depredadores

La frecuencia de las tareas depende del tipo de jaulas, de las características oceanológicas y meteorológicas del sitio y de la época del año. En cada caso se deberá definir la periodicidad bajo una bitácora que se ajustará según se requiera. En todo caso, el trabajo se debe acompañar de una asistencia técnica en los aspectos biológicos y tecnológicos, con dos propósitos principales: *a*) desarrollar el proyecto con la mayor precisión técnica para dar certidumbre a las decisiones que se tomen durante la operación y hasta la cosecha, con lo cual se asegura el éxito del proyecto como actividad productiva rentable; y *b*) aportar la mayor información posible acerca de la experiencia de cultivo en jaulas, con el fin de ratificar o rectificar procedimientos, decisiones, tareas y productos y para continuar afinando el paquete tecnológico y asegurar su éxito futuro.

Selección del sitio de cultivo

Una adecuada selección del sitio dará mayor seguridad a la operación del cultivo y minimizará los riesgos de la inversión. Al considerar la selección del sitio para el desarrollo del cultivo de peces marinos, es de suma importancia velar por la mejor calidad del agua, teniendo en cuenta todos los factores físico-químicos, biológicos, oceanográficos y ecológicos que influyen directamente en su uso benéfico. En el cultivo de peces marinos, factores como el oxígeno disuelto, la temperatura, la salinidad, el pH, la contaminación, las corrientes, la profundidad, los vientos, etc., afectan directamente la supervivencia, la reproducción, el crecimiento y la biomasa de los peces en cautiverio, por lo que es muy importante conocer todos los factores que inciden en el área:

a) Factores meteorológicos (vientos, clima).
b) Factores locales (mareas, olas, corrientes, profundidad, calidad del agua).
c) Fondo marino (tipo de suelo, topografía, batimetría).

Asimismo, el análisis socioeconómico proporciona datos muy importantes referentes al plan de negocios, elaborado a partir de:

a) Estudio de mercado (demanda, oferta, canales de distribución, producto, tamaños).
b) Estudio económico (inversión, costos, ingresos, rentabilidad).
c) Estudio social (capacitación, organización y entrenamiento del productor).

Para contar con una buena base de información ambiental es necesario recopilar registros históricos de las condiciones marinas como: régimen de marea, factores meteorológicos, vientos predominantes, temperatura, humedad, lluvias, evaporación, tormentas, olas (amplitud, altura, dirección, variaciones por tormenta y cálculo del *fetch* para estimar la ola máxima), intensidad y dirección de las corrientes costeras, proximidad de actividades agropecuarias, industriales, urbanas (valorar niveles de herbicidas, insecticidas y otros compuestos químicos potencialmente tóxicos presentes en el agua), características de suelos y del ambiente biótico y abiótico. Asimismo, deben hacerse estudios topográficos y batimétricos y valorar las variaciones estacionales de los parámetros físico-químicos del agua de mar.

Para la elección de la zona donde se ubicará la granja de producción, se debe tener muy en cuenta una serie de condiciones previas, teniendo presente que de la adecuada elección depende, de manera fundamental, la viabilidad técnica del cultivo y el éxito económico de la empresa:

a) Áreas disponibles para el cultivo, protegidas de los vientos dominantes, con oleaje de menos de 4 m de altura, buen recambio de agua, corrientes de marea adecuadas, profundidad igual al doble de la profundidad de la jaula y un rango de temperatura apropiada a las especies en cultivo.

b) Relativa cercanía a la costa, lo cual facilita el control, vigilancia, manejo y seguridad de las estructuras, jaulas y operadores, abaratando los costos totales de producción y facilitando la comunicación y el acceso a los servicios de transporte. Aunque también debe considerarse que las jaulas no deben entorpecer la navegación marítima, debiendo permanecer alejadas de la desembocadura de arroyos y ríos, posibles focos de contaminación urbana, industrial, minera, etc.

c) Disponibilidad de «semilla» de buena calidad, resistente a enfermedades y en cantidad adecuada para su cultivo con densidades óptimas. En principio esta semilla puede ser de origen silvestre, capturada en zonas próximas a las instalaciones. Sin embargo, es muy importante recalcar que el desarrollo de la piscicultura marina *no debe depender nunca* de la producción natural de alevines, ni desde el punto de vista biológico, ni desde el punto de vista económico. La acuicultura marina debe desarrollarse siempre a partir de semilla cultivada y seleccionada en granjas de cría.

d) Seguridad y disponibilidad del alimento: los peces se pueden alimentar con una dieta «húmeda», compuesta de sardina, macarela y calamar. Aunque, actualmente, el alimento seco, comprimido o extruido, es el más utilizado, ya que disminuye la tasa de conversión alimenticia (TCA) de 2,0 a 1,4, acelera el crecimiento, mejora la calidad del producto, permite la distribución de medicamentos y disminuye significativamente el capítulo de «costo en alimento» y la contaminación medioambiental.

Impacto ambiental

Los efectos asociados a la instalación de jaulas y corrales en una masa de agua son principalmente la competencia por el espacio con otros usuarios, la modificación del régimen de flujo de agua (del que depende el transporte de oxígeno y sedimentos, así como la distribución de plancton y larvas de peces), la disminución de la calidad del agua y de los bentos debido a los desechos metabólicos de los peces y los restos de alimento no consumido, y la alteración del paisaje.

Los efectos directos del cultivo de peces marinos en jaulas flotantes sobre el medioambiente son:

a) Depósito de materia orgánica
b) Depleción del nivel oxígeno disuelto
c) Acumulación de gases tóxicos (anaerobiosis)
d) Acumulación de fármacos

e) Riesgo de introducir especies foráneas

f) Riesgo de crear nuevas patologías

g) Impacto «social» en la población

h) Alteraciones en la flora y fauna bentónica naturales

Contaminación

El principal problema ambiental de la piscicultura marina en jaulas flotantes es la producción de residuos orgánicos que provienen principalmente del alimento no ingerido, de la excreta de los peces, cadáveres, guano de aves marinas, sangre y vísceras (cuando se hace la matanza en la plataforma de la jaula y no se procesan los desechos) y productos químicos utilizados durante el cultivo, especialmente los de tipo profiláctico y otros que puede contener el alimento, como hormonas o estimuladores del crecimiento. Estos residuos generalmente se presentan como acumulación de sólidos fosforados o nitrogenados en un área de 400-700 m, sobre todo en dirección de la corriente principal. Los residuos líquidos son más fáciles de dispersar gracias a las mismas corrientes (Calderer et al., 2005).

Dado que la alimentación depende de varios factores ambientales, visuales y químicos, así como de la capacidad de capturar y tragar el alimento, se estima que aproximadamente el 5-10% del que se proporciona se pierde por una mala administración de los piscicultores, debido al desconocimiento real de la biomasa de cultivo, a la estimación errónea de la ración alimenticia diaria o a un mal funcionamiento de la máquinas dispensadoras (Calderer et al., 2005). Por otra parte, estos mismos autores mencionan que una tonelada de alimento seco balanceado contiene 22 kg de fósforo y 116 kg de nitrógeno, de los que solo serán aprovechados por los peces el 30% y el 25% respectivamente. Con lo cual, por cada tonelada de alimento proporcionado, se libera al mar en forma de sólidos y solubles el 70% de fósforo y el 75% de nitrógeno.

De lo anterior se deriva que el cultivo de peces marinos en jaulas flotantes afecta directamente la columna de agua, disminuyendo su calidad y afectando la diversidad y abundancia del plancton y necton. El deterioro de la calidad del agua puede favorecer la concentración de ectoparásitos, con lo cual aumenta la mortalidad de los peces y se incrementa su metabolismo por estrés, sobre todo en aquellos sitios que no cuentan con una buena circulación de agua.

El cultivo de peces marinos en jaulas flotantes impacta en mayor grado sobre el sedimento y las comunidades bentónicas, aunque esto dependerá de la especie cultivada, del tipo de alimento, del sistema de manejo, de la profundidad y de la magnitud de la velocidad de las corrientes de agua que permitirán la mejor dispersión de los residuos del cultivo (figura 9). El impacto sobre el bento no solo se refiere al aporte de materia orgánica sobre el sedimento, sino al proceso de liberación al medio de la solubilización de algunos nutrientes que modifican de manera directa la condición físico-química del agua, aumentando su eutroficación y produciendo de forma secundaria cambios en la estructura de las comunidades planctónicas y nectónicas. De manera que, en lugares con poca circulación de agua, se puede incrementar la biomasa fitoplanctónica aumentando la turbidez y ocasionando un déficit de oxígeno disuelto en la columna de agua. Este déficit es ocasionado también por la descomposición posterior de esta biomasa. No obstante, como se mencionó anteriormente, todos estos problemas se pueden resolver asegurando una buena selección del sitio y un buen manejo del cultivo.

La contaminación puede ser minimizada a través de la aplicación de buenas prácticas de

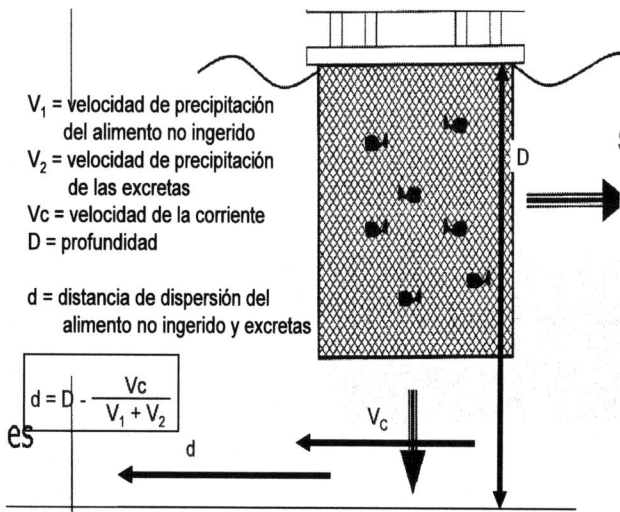

Figura 9. Factores de la dispersión de los residuos del cultivo de peces marinos en jaulas flotantes (Fuente: Gowen et al., 1989), sin considerar a la población salvaje asociada al cultivo que se alimenta del alimento que se escapa de la jaula.

higiene y seguridad en la operación del cultivo. Algunas de ellas son: no tirar basura ni restos de alimentos, no realizar cambios de aceite ni reparaciones mecánicas de los motores, recoger los cadáveres, no proporcionar alimento en demasía, mantener limpias las áreas de servicio, revisar diariamente mediante buceo cada uno de los componentes de las jaulas, llevar un buen registro de los parámetros ambientales y vigilar la biomasa y salud de los peces.

Competencia por espacio

Los recintos pueden competir por el espacio con las pesquerías ribereñas, ya que las jaulas y corrales fijos se colocan en aguas pocas profundas, en zonas que coinciden con la región litoral donde se halla la vegetación fija emergente y sumergida. Además, estas áreas suelen ser zonas importantes de desove para muchas especies de importancia comercial.

Si las jaulas flotantes ubicadas en zonas más profundas, con corrientes de agua adecuadas para arrastrar los desechos y renovar el agua, son manejadas adecuadamente en cuanto a su biomasa de cultivo, densidad de carga y alimentación, es posible que impacten positivamente en el sitio, ya que la red o el paño de las jaulas funcionan como sustrato para la colonización de algunas algas, el asentamiento de moluscos y crustáceos y el caladero de peces, ofreciendo refugio y alimento a muchas especies que pueden llegar estacionalmente o quedarse a residir y convertirse en parte de la fauna asociada al cultivo.

Competencia con otros usuarios

La introducción de jaulas y corrales en una masa de agua pueden transformar el paisaje. En muchos países, la legislación en materia de conservación del ambiente prevé la preservación de áreas de gran belleza natural y las protege de interferencias que estropeen su aspecto. Debido a ello, en el momento de seleccionar el sitio de cultivo hay que tener en cuenta que no exista competencia de uso de área. Por ejemplo, se sabe que el Golfo de California es una gran cuenca protegida, siendo la totalidad de sus islas áreas de reserva ecológica. Contiene también dos parques naturales, el de Bahía de Loreto y el de Cabo Pulmo, y cuenta con el desarrollo del proyecto de escalera náutica, que prevé muchos kilómetros de costa dedicados al sector turístico. Por ello resulta importante que la zona a elegir compita lo menos posible con el turismo y la navegación marítima.

Como contrapartida, cabe mencionar que la acuicultura es un negocio de inversión, rentable en el corto plazo, por lo que necesariamente debe ser económicamente viable y ambientalmente sustentable, de forma que el piscicultor es el más interesado en que el cultivo de peces marinos se maneje de manera responsable con el ambiente y con la sociedad. Por otro lado, también es importante mencionar el impacto positivo del cultivo, ya que incrementa la diversidad y la biomasa de las poblaciones naturales asociadas a las jaulas, al servir de caladero a los peces.

Por otra parte, los sitios oceánicos con escasa población bentónica se colonizan de manera extraordinaria al servir las redes de las jaulas como sustrato para fijación de las larvas planctónicas de moluscos, crustáceos y otros invertebrados, incrementando así la diversidad y biomasa en el sitio de cultivo. De la misma manera, los peces adultos que se conservan como banco de reproductores desovan en el sitio y muchas de las larvas encuentran refugio y alimento en las mismas jaulas de cultivo. Por ejemplo, en el cultivo de pargo lunarejo (*Lutjanus guttatus*) en Bahía Concepción, Baja California Sur, México, se ha observado una mayor abundancia de peces como: sardinas, cabrillas, pargo lunarejo, pargo coconaco, mojarra plateada, cochito, mulejino, canelitos, botetes, agujones, dorado y macarela, entre otros muchos peces e invertebrados.

Bibliografía

Calderer, A. 2005
Castelló Orvay, F. Sistemas y técnicas de producción. En: Castelló Orvay, F, editor. Acuicultura marina: fundamentos biológicos y tecnología de la producción. Publicacions de la Universitat de Barcelona, 1993. p. 25-36

Chua, T, Tech, E. Introduction and history of cage culture. Cab international. eds. p.t.k. woo, d.w. bruno and l.h.s. lim; 2002

CONAPESCA. Anuario estadístico de acuacultura y pesca 2008. México DF: Secretaría de Agricultura, Ganadería, Desarrollo Rural, Pesca y Alimentación; 2010

FAO. El estado mundial de la pesca y la acuicultura 2008. Roma: FAO; 2009

Goudey, CA, Loverich, G, Kite-Powell, H, Costa-Pierce, BA. Mitigating the environmental effects of mariculture through single-point moorings (spms) and drifting cages. ICES Journal of Marine Science. 2001; 58: 497-503

Gowen, RJ, Bradbury, J, Brown, JR. The use of simple models in assessing two of the interactions between fish farming and the marine environment. En: Aquaculture-a biotechnology in progress. Belgium: European Aquaculture Society; 1989, p. 1071-1080

Mateos-Velasco, AM. Piscicultura en jaulas flotantes. En: Castelló-Orvay, F, editor. Acuicultura marina: fundamentos biológicos y tecnología de la producción. Universitat de Barcelona; 1993. p. 681-690

Milne, PH. Fish and shellfish farming in coastal waters. Oxford: Fishing News Books; 1989

Muir, J, Basurco, B. Conclusions. mediterranean offshore mariculture. Zaragoza: CIHEAM-IAMZ (Options Méditerranéennes: Serie B. Studes et Recherches. 2000; n.º 30: 213-215

Tema 10

Parámetros de bioingeniería y calidad de agua en sistemas de acuicultura

Germán E. Merino

1. INTRODUCCIÓN

Existe en todo el mundo un creciente interés por el cultivo de animales en sistemas de producción basados en tanques, lo que conlleva que el proceso de diseño converja necesariamente basándose tanto en parámetros de calidad del agua como en el metabolismo de los animales de cultivo. Tales principios de diseño de instalaciones de cultivo se pusieron en práctica hacia 1970 (Willoughby, 1968; Speece, 1973; Westers y Pratt, 1977), cuando los requerimientos de agua fueron reconocidos como el factor limitante en el diseño de instalaciones productivas de cultivo emplazadas en tierra. Willoughby (1968) definió el oxígeno como el primer factor limitante determinante para estimar los requerimientos de agua. Luego fue Speece (1973) quien concluyó que el amoniaco también es un factor de calidad del agua limitante en el caso de sistemas de cultivo con reutilización de agua. Finalmente, Westers y Pratt (1977) consideraron como factores limitantes para determinar el caudal de agua tanto el consumo de oxígeno como la excreción de amoniaco, dependiendo de las condiciones ambientales. Desde entonces, los criterios de calidad de agua se han convertido en la base del diseño de todo sistema de producción animal en acuicultura.

Los parámetros biológicos de mayor interés en el diseño de ingeniería son el oxígeno disuelto, el amoniaco, los sólidos suspendidos y el dióxido de carbono (Liao, 1971; Fivelstad, 1988; Timmons et al., 2001). Estos parámetros son conocidos como parámetros de bioingeniería por los ingenieros en acuicultura vinculados al diseño y operación de sistemas de cultivos. Sin el conocimiento de los parámetros de bioingeniería, el proceso para establecer las condiciones adecuadas de flujo y calidad de agua requeridas para el cultivo comercial de un determinado pez se vuelve bastante difícil. El presente trabajo abordará el efecto del cultivo de animales sobre los cambios en la calidad del agua dentro de la unidad de cultivo, y por ende la importancia de determinar los parámetros de bioingeniería; se considerará asimismo el modo en que estos pueden ser incluidos en los análisis de balance de masas para el diseño de sistemas fiables para el cultivo intensivo en acuicultura.

2. CALIDAD DEL AGUA EN ACUICULTURA Y TIPOS DE SISTEMAS DE CULTIVO

La calidad del agua para actividades de acuicultura es un término específico que no puede generalizarse y que es propio de cada especie a ser cultivada. En términos generales, la acuicultura tiende a la optimización de la producción de las especies hidrobiológicas de interés comercial, y para ello se suelen modificar artificialmente, si es posible, los factores abióticos del medio de cultivo. Los factores abióticos relacionados con la calidad del agua comúnmente definidos como referentes para asegurar las condiciones idóneas exigidas por una determinada especie para su cultivo son el pH, la temperatura, el oxígeno disuelto, el amoniaco y la salinidad.

Dependiendo de la tecnología de cultivo y de la fuente de agua disponible, los parámetros comunes de calidad de agua pueden condicionar la localización de una actividad de acuicultura o requerir la incorporación de operaciones unitarias o tratamientos del agua, para asegurar la calidad requerida para el cultivo de una especie determinada. En función del uso del agua, los principales sistemas de cultivo pueden definirse como:

a) Sistemas de flujo abierto: el agua se utiliza una sola vez. Por lo general recibe tratamientos en la zona de afluentes de acuerdo con los requerimientos de la especie cultivada y otro tratamiento (si la legislación lo exige) en la zona de efluentes. Una de las principales variables de bioingeniería para determinar el caudal de agua es el requerimiento de oxígeno.

b) sistemas con reutilización del agua: el agua se utiliza varias veces en las unidades de cultivo. Además del tratamiento de afluentes y efluentes descritos para el sistema de flujo abierto, en este caso se han de incluir dispositivos para incrementar los niveles de oxígeno disuelto en el agua de cultivo. La variable de bioingeniería que restringe el diseño es la concentración máxima de amoniaco que se acumula en el sistema debido a la tasa de excreción de los peces.

c) Sistemas de recirculación: estos sistemas prácticamente se independizan del agua proveniente del medio ambiente. Se basan en varios tratamientos del agua que se llevan a cabo como parte integrada del sistema de cultivo. Las variables de bioingeniería relevantes son la excreción de amoniaco, la excreción de dióxido de carbono y el consumo de oxígeno, entre otros.

2.1. El pH

Se define como el logaritmo negativo de la actividad de los iones hidrógeno y se mide con una escala de 0 a 14. La mayoría de los cuerpos de agua naturales tienen pH entre 5 y 10, con una mayor frecuencia entre 6,5 y 9. El pH del agua puede ser afectado por la cantidad soluble de dióxido de carbono, procedente de la atmósfera por transporte pasivo o de la actividad biológica, que al reaccionar con el agua forma ácido carbónico. Luego existe una relación directa entre la concentración de ión hidrógeno y de dióxido de carbono; así, al suprimir este último, el pH del agua tenderá a incrementarse. Biológicamente, tanto vegetales como animales excretan dióxido de carbono a través del proceso de respiración, pero sólo los vegetales son consumidores activos de dióxido de carbono durante las horas de luz para su uso en el proceso de la fotosíntesis; en tal caso el pH puede elevarse hasta 8,3, incluso hasta 10 cuando las aguas poseen baja alcalinidad. La alcalinidad es una propiedad de los cuerpos de agua que indica la capacidad de estos para evitar cambios bruscos de pH al adicionar ácidos. Aguas naturales con alcalinidades mayores a 80 mg/L de $CaCO_3$ son consideradas adecuadas para propósitos biológicos, y como referencia se puede indicar que el agua de mar posee una alcalinidad de 120 mg/L de $CaCO_3$. Las variaciones en el pH tienen un marcado efecto sobre los peces, y los valores extremos situados fuera del rango de 5 a 9 pueden causar la muerte (Randall, 1991). La acumulación de amoniaco y de dióxido de carbono puede causar serios problemas en sistemas de producción de acuicultura de carácter intensivo o con recirculación de agua, ya sea por interferir con la fisiología del animal (véase más adelante) o por afectar al pH, elevándolo en el caso de la excreción de amoniaco y reduciéndolo en el de la excreción de dióxido de carbono. El pH es relativamente fácil de controlar en sistemas con recirculación de agua a través de la adición de bases para mantener la alcalinidad del agua y/o por medio de la extracción del gas a través de columnas de desgasificación (Timmons et al., 2001).

2.2. La temperatura

El metabolismo, desde el punto de vista de la ingeniería, puede ser considerado como el motor fisiológico que energiza procesos como la natación, el crecimiento y la reproducción, entre otros. Ser reconoce ampliamente que la temperatura es un factor que regula la tasa metabólica en los peces a través del control de los procesos dinámicos moleculares y las reacciones bioquímicas. En términos generales, los peces son poiquilotermos, es decir, poseen aproximadamente la misma temperatura que el fluido que los rodea, y por lo tanto el metabolismo es regulado por la temperatura ambiental. Neill y Bryan (1991) indican que los peces han desarrollado comportamientos que les permiten explotar las variaciones espaciales ambientales en búsqueda de aquellos hábitats que estén más cerca de su óptimo, lo cual se conoce como «selección de hábitat». Esto representa un desafío para el cultivador de peces, pues debe esforzarse e proveer ambientes uniformes y óptimos, para evitar que los peces se concentren en una fracción del hábitat. Los peces poseen un cierto rango adaptativo frente a temperaturas alejadas de su óptimo que se desarrolla a través de mecanismos fisiológicos conocidos en su conjunto como «aclimatación». Esta adaptación fisiológica no es inmediata y requiere su tiempo, desde horas a semanas; por lo tanto, evolutivamente se considera como una respuesta a cambios estacionales, más que a cambios diurnos. La aclimatación a temperaturas que difieren de la óptima suele requerir menos tiempo en sentido ascendente que en descendente, para un mismo rango térmico. En general, un aumento de temperatura supone un incremento de actividad en el metabolismo, y por lo tanto un mayor consumo de oxígeno y excreción de amoniaco y dióxido de carbono. Los incrementos en la temperatura también implican disminución de la cantidad de gases disueltos en el agua (menos oxígeno y dióxido de carbono) e incrementos en la toxicidad de algunos elementos (amoniaco no ionizado). En conclusión, la temperatura es un parámetro que afecta no sólo la velocidad de las reacciones químicas en el agua y la disolución de los gases, sino también el metabolismo de los peces. Por lo tanto, la planificación del cultivo debe establecer las condiciones que permitan un adecuado equilibrio entre el metabolismo (p. ej., el consumo de oxígeno aumenta a mayor temperatura) y las condiciones ambientales (p. ej., la cantidad de oxígeno disuelto disminuye con los incrementos de temperatura).

2.3. El oxígeno

Se ofrecen más detalles en la sección 3.1.

2.4. El amoniaco

Los aspectos relacionados con el amoniaco se estudiarán en la sección 3.2.

2.5. La salinidad

La manipulación artificial de este parámetro de calidad de agua depende de las características osmoreguladoras de la especie cultivada. La mayoría de los peces no se adaptan bien a salinidades diferentes a las de su entorno y se les clasifica como estenohalinos; sin embargo, existen otros peces que se denominan eurihalinos y que poseen la capacidad fisiológica para adaptarse a amplios rangos de salinidades, ya sea a fluctuaciones rápidas (p.ej. especies estuarinas) o a cambios permanentes (p.ej. los salmónidos) (Stickney, 1991). En cualquiera de los casos, los cambios de salinidad generan una respuesta osmótica que requiere de energía, y por lo tanto pueden verse afectadas otras funciones metabólicas que también requieren de energía (p.ej. crecimiento, reproducción) (De Silva y Perera, 1976; Dendrinos y Thorpe, 1985; Duston, 1994). En tilapia (*Oreochromis niloticus*) se ha descrito que incrementos en la salinidad afectan negativamente al desarrollo de los ovarios y al número de oocitos producidos a salinidades mayores a 30 psu (Schofield et al., 2009). En sistemas de recirculación de agua marina es muy común que se pierda agua por evaporación; la consecuencia inmediata es un incremento en la salinidad, cuyo efecto en los animales depende de la fisiología que corresponda a su estadio de vida (p.ej. huevo, larva, juvenil, adulto, reproductor). Sampaio et al. (2007) reportaron que los huevos fertilizados del lenguado brasileño P. orbignyanus sólo se observan a salinidades iguales o mayores a 15 psu, lo cual corresponde a la salinidad a partir de la cual los espermios se activan según lo descrito para la misma especie por Pisetti et al. (2002). En otras especies de peces marinos, tales como *Acanthopagrus butcheri* (Haddy y Pankhurst, 2000), *Gadus morhua* (Westing y Nissling, 1991) y *Rhombosolea tapirina* (Hart & Purser, 1995) también se ha demostrado que la salinidad del agua durante la aclimatación de los reproductores influencia en el éxito de la reproducción: a mayor salinidad, mayor es el incremento en las tasas de fertilización. Se ha postulado que las tasas de eclosión de los huevos de peces marinos son mayores cuando estos se incuban a salinidades en las cuales se genera una flotabilidad positiva. En este contexto se ha reportado que salinidades entre 26 y 28 psu permiten una flotabilidad neutra de los huevos de P. orbignyanus; a salinidades iguales o mayores a 31 psu la flotabilidad es positiva (Smith et al., 1999); en el caso de *Hippoglossus stenolepis* los huevos presentan flotabilidad positiva a salinidades mayores a 30 psu (Liu et al., 1994). Por otra parte, en larvas eurihalinas no se observa una clara correlación entre crecimiento y salinidad: así, para *Pagrus auratus* el crecimiento fue similar con salinidades entre 10 y 35 psu (Fielder et al., 2005); en cambio para larvas de*Mugil cephalus* el crecimiento fue mayor en aguas salobres que en salinas (Murashige et al., 1991) y en el caso de larvas de *P. lethostigma* el crecimiento fue mejor en aguas salinas que a 24 psu (Moustakas et al., 2004). Sampaio et al. (2007) indican que se requiere de una salinidad entre 30 y 35 psu para que se tenga una reproducción e incubación de huevos exitosa en el lenguado *P. orbignyanus*; la larvicultura puede realizarse adecuadamente a salinidades de 20 psu, y tras la metamorfosis los juveniles pueden cultivarse sin problemas en agua dulce. Evidentemente, una adecuada comprensión de los requerimientos de salinidad para los distintos estadios de desarrollo puede ser relevante para el diseño de una instalación de cultivo o para el establecimiento de protocolos de cultivo.

3. CAMBIOS EN LA CALIDAD DEL AGUA DEBIDO AL CULTIVO DE PECES

Para poder planificar las instalaciones de un sistema de producción en acuicultura se ha de tener una estimación de la degradación de la calidad del agua que podría producirse durante el proceso de cultivo de los animales, lo cual constituye uno de los principales desafíos a la hor de diseñar y operar tales sistemas (Pennell y McClean, 1996; Conklin et al., 2003). En condiciones de mayor densidad de cultivo y reutilización del agua, mayor será el impacto sobre cambios en la calidad del agua en términos de concentración de oxígeno disuelto, amoniaco, dióxido de carbono y sólidos suspendidos, conforme el agua es usada en las instalaciones de cultivo (Timmons y Youngs, 1991; Timmons et al., 1998).

3.1. Consumo de oxígeno

El oxígeno, análogo al acelerador de un motor de combustión, gobierna la tasa metabólica. El movimiento del oxígeno desde el medio de cultivo hacia la sangre ocurre por un proceso de difusión pasiva a través de las branquias, por lo tanto se deben observar mínimos de presiones parciales de oxígeno para asegurar un gradiente que permita el movimiento del gas hacia la sangre. El oxígeno disponible está directamente relacionado con el metabolismo de la digestión del alimento, y por consiguiente afecta a la tasa de crecimiento y a los procesos de desarrollo gonadal. El consumo de oxígeno en los peces aumenta generalmente con el incremento de la temperatura del agua, pero se han reportado algunas excepciones a esta norma (Forsberg, 1994). La tasa de consumo de oxígeno del turbot (*Scophthalmus maximus*) (400 a 600 g) evaluada para diferentes temperaturas permitió establecer que se incrementa entre los 6 y 18 °C, pero que por otra parte se mantiene constante entre los 18 y 22 °C (Mallekh y Lagardere, 2002). Mallekh y Lagardere (2002) reportaron que la tasa máxima de consumo de oxígeno fue de 5,64 g O_2 kg^{-1} d^{-1} para turbots alimentados cuando fueron forzados a nadar a temperaturas entre 18 y 22 °C. Asimismo se ha reportado que la respuesta fisiológica al ejercicio de peces expuestos a incrementos en la velocidad del agua induce un incremento en las tasas de consumo de oxígeno (Smith et al., 1971; Christiansen et al., 1991). Esto también se ha observado para trucha arcoiris (*Oncorhynchus mykiss*) (Alsop y Wood, 1997), tilapia del Nilo (*Oreochromis niloticus*) (Alsop et al., 1999), lenguado común (*Platichthys flesus*), *common dab* (*Limanda limanda*), y *lemon sole* (*Microstomus kitt*) (Duthie, 1982).

Investigaciones tendentes a determinar el efecto que tiene el número de peces presentes en un mismo cuerpo de agua sobre la tasa de consumo de oxígeno han demostrado que dicha tasa varía con el número de peces en el grupo (Kanda y Itazawa, 1981; Umezawa et al., 1983). Parker (1973) atribuyó este fenómeno a una interacción entre un efecto relajante y un posible efecto hidrodinámico. Honda (1998) reportó que la tasa de consumo de oxígeno en hirames (*Paralichthys olivaceus*) mantenidos solitariamente en acuarios fue entre un 11 y un 17% más grande que cuando estaban agrupados. En consecuencia, es probable que los estudios realizados con peces en solitario estén sobrestimando las necesidades reales de oxígeno y por lo tanto incrementando los futuros costos de inversión asociados a este ítem en un sistema de acuicultura comercial (Brown et al., 1984; Thomas y Piedrahita, 1997). En los sistemas de acuicultura también se han descrito variaciones a lo largo del día en el consumo de oxígeno que están directamente relacionadas con la actividad de alimentación; tal es el caso de salmón sockeye (*Oncorhynchus nerka*) (Brett y Zala, 1975), salmón del Atlántico (*Salmo salar*) (Bergheim et al., 1991), trucha arcoiris (Wagner et al., 1995), esturión blanco (*Acipenser transmontanus*) (Thomas y Piedrahita, 1997) y California halibut (Merino et al., 2009). La longitud del fotoperiodo también ha sido relacionada con el consumo de oxígeno en juveniles de turbot (Waller, 1992; Imsland et al., 1995). Debido a que la tasa de consumo de oxígeno varía durante el día, cabe esperar que también ocurran cambios en la concentración del oxígeno disuelto. Se ha descrito que, cuando las concentraciones de oxígeno están por debajo de un umbral crítico, se puede provocar un severo estrés en los animales, lo que conlleva falta de apetito y depresión en el crecimiento (Carlson et al., 1980). Se han reportado tasas de crecimiento significativamente lentas para juveniles de *winter flounder* (*Pleuronectes americanus*) cuando fueron cultivados en un ambiente en el que las concentraciones de oxígeno disuelto oscilaron cíclicamente de 2,5 a 6,4 mg/L a una temperatura de 18,7 °C (Bejda et al., 1992). En el caso del turbot se encontró que el consumo de oxígeno era constante para saturaciones de oxígeno entre 60 y 100% en un rango de temperatura entre 7 y 16 °C (Brown et al, 1984). Por otra parte, en juveniles de *common flounder* (*Paralichthys flesus*), concentraciones de oxígeno por debajo de un 30% de saturación causaron un decrecimiento en la eficiencia de la predación (Tallqvist et al., 1999). Igualmente, se registró un decrecimiento en la actividad del lenguado (*Solea solea* para saturaciones de oxígeno de 40% (Van der Thillart et al., 1994). Mas aún, se registró una disminución de las tasas de crecimiento tanto en solla (*Pleuronectes platessa*) como en limanda común cuando las saturaciones de oxígeno fueron de 50% y 30% respectivamente, con una marcada reducción en la frecuencia de alimentación en el caso de la solla cuando la saturación de oxígeno fue de 30% (Petersen y Pihl, 1995).

En cuanto a las tasas de consumo, es deseable que estas ocurran en condiciones de reacción de cero orden (el consumo es independiente de la concentración del gas en el agua), o, en otras palabras, cuando la tensión parcial del gas es lo suficientemente alta como para difundirse hacia el sistema sanguíneo y los tejidos internos. Se ha reportado que la tensión parcial de oxígeno en la sangre de los peces es de 50 a 110 mmHg, y que en agua saturada a nivel del mar es de 154 a 158 mmHg; esta condición permite la transferencia del gas por difusión desde el agua hacia la sangre de los peces. En el caso de la trucha cabeza de acero la mínima tensión parcial del gas en el agua debe ser de 118 mmHg para prevenir hipoxia (Forteath, 1988)

3.2. Excreción de amoniaco y urea

El amoniaco y la urea son los dos principales productos excretados relacionados con el metabolismo del nitrógeno en peces teleósteos (Randall y Wright, 1987; Chadwick y Wright, 1999). El amoniaco representa entre un 75 y 90% y la úrea entre un 5 y 15% del nitrógeno total excretado por los peces (Dosdat et al., 1996). La forma preferida de expresar la producción y la concentración de amoniaco es como nitrógeno amoniacal total (NAT), el cual incluye tanto el nitrógeno amoniacal no ionizado (NH_3-N) como el nitrógeno amoniacal ionizado (NH_4^+-N). De los dos compuestos del amoniaco total, el amoniaco no ionizado es el que ha sido reportado como el que posee más toxicidad para los animales en cultivo (Colt y Armstrong, 1981). La relación entre el nitrógeno ingerido y la excreción de NAT está bien documentada en peces planos (Jobling, 1981; Carter y Bransden, 2001). Altas tasas de excreción de NAT fueron evidentes para *lemon sole*, halibut del Atlántico (*Hippoglossus hippoglossus*) y hirame veinticuatro horas después de la alimentación (Davenport et al., 1990; Kikuchi et al., 1991). En hilame, 21 a 32% del nitrógeno consumido fue excretado como NAT (Kikuchi, 1995). En turbot, la excreción de NAT fue mucho menor en comparación con otras especies (*sea bass*, *sea bream*, trucha café y trucha arcoiris), con un 20% de excreción del nitrógeno ingerido en vez del 30 a 38% reportado para las otros peces (Dosdat et al., 1996).

En algunas especies de peces, la urea puede contribuir sustancialmente a la excreción de nitrógeno (Olson y Fromm, 1971; Walsh et al., 1990; Tanaka & Kadowaki, 1995). Se ha probado que la excreción de urea es un importante componente de la excreción de nitrógeno en peces planos (Verbeeten et al., 1999; Merino et al., 2007a). Se ha reportado un incremento significativo en los niveles de urea-N, tanto en el plasma como en las tasas diarias de excreción, en juveniles de turbot expuestos a altas concentraciones de amoniaco ambiental (Person-Le Ruyet et al., 1997; Person-Le Ruyet et al., 1998). Se ha encontrado que la producción de urea es de similar magnitud en turbot, *sea bass*, *sea bream* (*Sparus aurata*), trucha café (*Salmo trutta*) y trucha arcoiris, para un rango de peso entre 10 g y 100 g, representando entre un 4 y 6% del nitrógeno ingerido y bajo óptimas condiciones de cultivo (Dosdat et al., 1996). Para turbot la producción de urea-N representó un 23% del total de nitrógeno excretado como NAT y urea-N, lo que fue más alto que lo cuantificado para otros cuatro peces estudiados por Dosdat et al. (1996). En otros estudios se ha indicado que la producción de urea, expresada como porcentaje de la excreción de nitrógeno como NAT y urea-N, fue de un 13% para salmón Atlántico (Fivelstad et al., 1990) y 10% en hirame (Kikuchi et al., 1992). Merino et al. (2007a) reportan que la excreción de NAT representó de un 81,6 a 88,1% de la excreción diaria como NAT y urea-N en California halibut; sin embargo durante algunas horas del día la tasa de excreción de urea-N fue similar o superior a la correspondiente tasa de excreción de NAT. Se conoce que la urea en un medio acuoso será completamente hidrolizada a NAT y dióxido de carbono en unas pocas horas, siempre y cuando estén presentes bacterias urea-hidrolizantes (Pedersen et al., 1993), y que en consecuencia pasará a ser parte del nitrógeno que acumulará en las unidades de cultivo (Kikuchi, 1995). La actividad de la ureasa ha sido demostrada en más de 200 especies de bacterias, incluyendo tanto a Gram positivas y Gram negativas (Pedersen et al., 1993).

La excreción de amoniaco y urea no está bien correlacionada con la actividad de natación de los peces. Se ha descrito un leve incremento en las tasas de excreción de amoniaco y urea para tilapia del Nilo (Alsop et al., 1999) a medida que la velocidad del agua aumenta, pero en el caso de trucha arcoiris las tasas cuantificadas fueron independientes de la velocidad de natación (Alsop y Wood, 1997). Sin embargo, pruebas de toxicidad del amoniaco realizadas en truchas arcoiris en reposo y en natación activa resultaron en niveles de LC_{50} que fueron de 207.00 ± 21.99 mg NAT/L y 32.38 ± 10.81 mg NAT/L, respectivamente (Randall y Tsui, 2002).

Los efectos tóxicos del NAT sobre la fisiología de los peces incluyen reducciones en la tasa de crecimiento, disminución de la fertilidad y debilitamiento del sistema inmunológico, así como un incremento en la vulnerabilidad a los cambios de niveles de temperatura y oxígeno. Para alevines de turbot de 3 g se observó que el peso húmedo disminuyó linealmente con incrementos en la concentración de amoniaco no ionizado (NH_3), una vez superado el umbral de 0,11 mg NH_3–N/L (Alderson, 1979). Juveniles de turbot (~20 g) redujeron su tasa de ingesta de alimento cuando los niveles de amoniaco no ionizado estuvieron sobre 0,117 mg NH_3–N/L, y una reducción en la ganancia de masa corporal ocurrió cuando los niveles superaron los 0,108 mg NH_3–N/L (pH 8, 16 °C, 28 g/L salinidad) (Rasmussen y Korsgaard, 1996). Luego, el nivel del umbral parece estar en las cercanías de 0,11 mg NH_3–N/L cuando se desea cultivar alevines y juveniles de turbot con óptimas tasas de crecimiento. Sin embargo, reportes recientes muestran que en turbot de 13, 23, y 104 g el crecimiento no se vio afectado a concentraciones de 0,21, 0,18, 0,09 mg NH_3–N/L, respectivamente, mientras que el crecimiento paró inmediatamente para todos los grupos a niveles por encima de los 0,8 mg NH_3–N/L (~pH 8, ~17 °C, 34,5 g/L salinidad) cultivados en un medio con más del 80% de saturación en oxígeno (Person-Le Ruyet et al., 1997). Un nivel máximo de 0,4 mg NH_3–N/L (13 mg TAN/L) ha sido reportado como un nivel seguro para el cultivo de turbot (Person-Le Ruyet et al., 1997). En juveniles de solea y de *sea bream* los umbrales para no crecimiento estuvieron entre 0,38-0,77 (pH entre 6,9-7,9) y 0,5 mg NH_3–N/L, respectivamente (Alderson, 1979; Wajsbrot et al., 1993). Concentraciones letales (96-h LC_{50}) para juveniles de *sea bass*, *sea bream* y turbot están entre 1,7 y 2,7 mg NH_3–N/L (Wajsbrot et al., 1991; Person-Le Ruyet et al., 1995).

Se han reportado grandes variaciones tanto en el tiempo como en la magnitud del pico de las excreciones de nitrógeno para diferentes peces (Rychly y Marina, 1977; Ramnarine et al., 1987; Verbeeten et al., 1999). Brett y Zala (1975) mostraron un pico de NAT pasadas las 4,5 h después de la alimentación en salmón sockeye. En el caso de hirame alimentados una vez al día, el máximo pico de excreción de NAT se produce al cabo de 3 a 6 h después de haber sido alimentados (Kikuchi, 1995). Para el *greenback flounder* (*Rhombosolea tapirina*), el pico de excreción de NAT ocurrió 3 h después de la alimentación, y fue menor para los peces alimentados por la mañana que para aquellos alimentados al atardecer (Verbeeten et al., 1999). En un estudio con juveniles de *Atlantic cod* (*Gadus morhua*), el pico de excreción ocurrió entre 6,5-27 horas después de la alimentación, y su magnitud dependió del tamaño de la ración y de la frecuencia de alimentación (Ramnarine et al., 1987). Trucha arcoiris alimentadas dos veces al día, esto es a las 8.00 y a las 17.00 h, mostraron un pico de excreción de NAT unas 6 h después de haber sido alimentadas (Bergero et al., 2001). En el caso de juveniles de turbot alimentados dos veces al día (10.00 y 16.00 h), dos picos se destacaron luego de haber sido alimentados (Dosdat et al., 1995). En general, y cuando sea posible, los picos de excreción de nitrógeno deben ser evitados, ya que se pueden generar concentraciones de toxicidad dentro de las unidades de cultivo. Una manera de evitar los picos de excreción de NAT es distribuir el alimento en varias raciones durante el día (Dosdat et al., 1995; Thomas y Piedrahita, 1998).

3.3. Excreción de dióxido de carbono

A consecuencia del proceso de respiración, los peces excretan continuamente dióxido de carbono al medio acuoso. El dióxido de carbono es un gas que reacciona con el medio acuoso para formar ácido carbónico, lo que tiende a reducir el pH del medio de cultivo, incluso de la sangre, dependiendo de la alcalinidad del fluido. Se ha descrito que, a medida que se incrementa la acidez de la sangre, la afinidad de la hemoglobina con el oxígeno decrece —lo que se conoce como efecto Bohr (Wedemeyer, 1996)—, lo cual permite entonces que el oxígeno se libere de la hemoglobina en aquellos tejidos en en que hay demasiado dióxido de carbono. Luego el dióxido de carbono se transporta como bicarbonato en la sangre hasta la zona de las branquias, donde la enzima anhidrasa carbónica lo transforma en dióxido de carbono. La alta tensión parcial del gas a nivel sanguíneo en la zona branquial permite su rápida difusión pasiva hacia el medio acuático.

El efecto Bohr también puede presentarse en sistemas intensivos de acuicultura si se incrementa la tensión parcial del gas en el medio acuoso, lo que impide o reduce la difusión pasiva del gas desde la sangre al medio acuoso. Wedemeyer (1996) indica que el efecto Bohr puede comenzar a presentarse si la concentración del gas supera los 20 mg/L. La acidez de la sangre también puede elevarse por acumulación de ácido láctico debido a exceso de actividad natatoria. Basu (1959) describe que el efecto Bohr se puede contrarrestar incrementando los niveles de oxígeno disuelto hasta 11 mg/L para concentraciones de CO_2 de 30 mg/L; por encima de los 40 mg/L se hará difícil tratar de prevenir la hipoxia a nivel celular.

La acidez de las aguas de cultivo se debe principalmente a la reacción del CO_2 excretado por los peces y de la alcalinidad del medio acuoso. En general, los salmónidos excretan 1,4 mg de CO_2 por cada mg de oxígeno consumido (Colt y Tchobanoglous, 1981). La toxicidad del CO_2 depende del pH del agua; a pH menores a 5 existe mayoritariamente CO_2; entre pH 7 y 9 existe la forma no tóxica de bicarbonato; y por encima de pH 11 la del ión carbonato.

3.4. Sólidos suspendidos

Los principales desechos particulados en los sistemas de acuicultura se generan al interior de los estanques de cultivo; tal es el caso de las heces, el alimento no consumido, el mucus, los animales muertos, etc. (Chen et al., 1993a; Merino et al., 2007b). Se ha descrito para salmónidos que aproximadamente 1 kg de alimento produce alrededor de 0,3 kg de heces (Beveridge et al., 1991; Patterson y Watts, 2003). La acumulación de los sólidos suspendidos en las unidades o en el sistema de cultivo puede conllevar problemas tanto con los componentes del sistema de cultivo (McMillan et al., 2003), así como con los animales (McConnell, 1989; Noble y Summerfelt; 1996).

Los sólidos suspendidos pueden causar una degradación de la calidad del agua (Chen et al., 1993a, 1993b) que puede traducirse en numerosos problemas, incluyendo estrés fisiológico sobre los organismos cultivados (Wedemeyer, 1996). Grandes cantidades de materia particulada suspendida pueden sofocar los huevos en desarrollo durante el periodo de incubación, así como irritar o cortar las branquias (Wedemeyer, 1996), reducir los niveles de oxígeno disuelto a medida que se descomponen los sólidos (Cripps y Bergheim, 2000; Sumagaysay-Chavoso y San Diego-McGlone, 2003) y liberar por disolución nutrientes y sustancias tóxicas tales como sulfuro de hidrógeno. La turbidez asociada a los sólidos suspendidos puede interferir además con la visión de los peces en el momento de la alimentación, lo que resulta en una reducción en las tasas de ingestión.

Los niveles de sólidos suspendidos totales (SST) y de turbidez que favorecen una óptima condición de salud de los animales de cultivo aún no han sido determinados (Wedemeyer, 1996). En salmónidos se ha reportado una reducción en las tasas de crecimiento, aumento del movimiento opercular y disminución de la eficiencia de alimentación en rangos de SST entre 190 y 3000 mg/L (Berg y Northcote, 1985; Sigler, 1988). También se ha descrito para trucha cabeza de acero infecciones a nivel branquial tras 48 h de exposición a concentraciones de SST de 2500 mg/L, aun cuando a través de análisis microscópico no se evidenció daño alguno en las branquias que justificase la infección (Redding y Schreck, 1987). La actividad de alimentación de juveniles de salmón del Atlántico aumentó cuando los SST eran de 20 mg/L, y decreció gradualmente con el incremento de SST a concentraciones de 60 mg/L (Robertson et al., 2007). Sigler et al. (1984) encontraron que, tanto para salmón coho y para trucha cabeza de acero, el peso y la longitud decrecían significativamente en los más bajos niveles de turbidez estudiados por ellos, que fueron de 22 NTU para coho y 38 NTU para trucha cabeza de acero, en relación con un control calibrado a 0 NTU. En la citada experiencia, la longitud y el peso de salmón coho decrecieron entre un 22 y 58% y entre un 45 y 90%, respectivamente, en comparación con aquellos peces mantenidos en el control. En el caso de otro salmónido, la trucha arcoiris, las mortalidades se incrementaron por encima del 50% cuando fueron expuestos a concentraciones superiores a los 270 mg/l entre 3 y 9 meses; sin embargo, los peces supervivientes tuvieron las mismas tasas de crecimiento que los peces mantenidos en el sistema control (Herbert y Merkens 1961).

El tratamiento de los efluentes debe ser una parte integral de los sistemas de cultivo, especialmente cuando se refiere a la extracción de los sólidos suspendidos. Los sólidos suspendidos se producen al interior de la unidad de cultivo (Bergheim y Brinker, 2003; Merino et al., 2007b). Por lo tanto, un componente importante en el tratamiento de efluentes es la extracción de los sólidos suspendidos, que no mayoritariamente heces y alimento no consumido. Usualmente el proceso de sedimentación seguido del de filtración son las operaciones unitarias más comunes usadas para este fin. Un adecuado y eficiente dimensionamiento de estos procesos requiere de la caracterización de la distribución de las velocidades de sedimentación y de la distribución de tamaños de los sólidos suspendidos generados en la unidad de cultivo.

3.5. Los peces mirados como un biorreactor

Normalmente, en un sistema acuícola la tasa de excreción de amoniaco y dióxido de carbono, la de consumo de oxígeno y la de producción de sólidos suspendidos se relacionan proporcionalmente con la tasa de alimentación de los animales, dado que el principio básico de la acuicultura es producir biomasa y para ello se han de alimentar los animales. Los peces, desde el punto de vista de la ingeniería, son biorreactores que requieren suministros (por ejemplo alimento y oxígeno) que son biotransformados (por ejemplo, biomasa muscular); finalmente, lo que no se utiliza es desechado (por ejemplo, excreciones y heces) (figura 1).

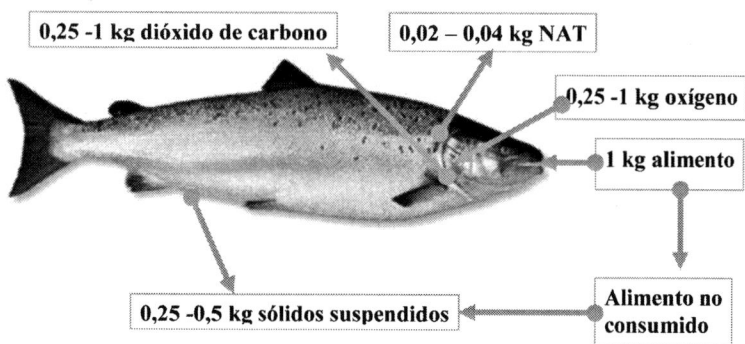

Figura 1. Heurísticas utilizadas para el diseño de instalaciones de cultivo y para los tratamientos de agua tendentes a mantener una determinada calidad de aguas.

4. CONCLUSIONES

Uno de los primeros desafíos en el diseño de sistemas de cultivo es identificar el número de peces que pueden ser cultivados dentro de un tanque de cultivo, cantidad que depende de la calidad de agua requerida y de los parámetros de bioingeniería asociados a la especie en cuestión. El número de peces y su masa definirán las tasas de alimentación y consecuentemente los requerimientos en los parámetros de bioingeniería, los cuales deberán equilibrarse con los procesos de tratamiento de agua para mantener una determinada calidad de la misma y para establecer y mantener en el tiempo un medio óptimo para el cultivo de la especie. Altas densidades de cultivo requerirán de grandes cantidades de flujos de agua en comparación con estanques con bajas densidades de cultivo. El agua es el principal medio por el que los peces reciben oxígeno y por el que se evacuan los metabolitos excretados por estos.

La determinación de los parámetros de bioingeniería que permitan predecir (modelar) los cambios que sufrirá la calidad del agua en el tanque o en el sistema bajo condiciones de cultivo son esenciales para el buen diseño de instalaciones de cultivo de peces. Sin el conocimiento de los parámetros de bioingeniería, el establecimiento de las condiciones adecuadas de flujo y calidad de agua requeridas por un determinado pez se hace bastante difícil. Así, en algunos casos el desarrollo de actividades comerciales de cultivo se ha visto limitado por la carencia de información acerca de la bioingeniería necesaria para el diseño de los sistemas de cultivo. Esto se debe a que el diseño de un sistema de cultivo comercialmente viable considera no sólo aspectos vinculados a criterios puros de diseño de ingeniería (por ejemplo hidráulica, termodinámica, resistencia de materiales, etc.), sino a que también se debe satisfacer, en la medida de lo posible, los requerimientos de calidad de agua de una especie determinada en cultivo.

Referencias

Alderson, R. The effect of ammonia on the growth of juvenile Dover sole, Solea solea (L.) and turbot, *Scophthalmus maximus* (L.). Aquaculture. 1979; 17: 291-309

Alsop, D, Kieffer, J, Wood, C. The effects of temperature and swimming speed on instantaneous fuel use and nitrogenous waste excretion of the Nile tilapia. Physiological and Biochemical Zoology. 1999; 72(4): 474-483

Alsop, D, Wood, C. The interactive effects of feeding and exercise on oxygen consumption, swimming performance and protein usage in juvenile rainbow trout (*Oncorhynchus mykiss*). J. Exp. Biol. 1997; 200: 2337-2346

Basu, SP. Active respiration of fish in relation to ambient concentration of oxygen and carbon dioxide. Journal of the Fisheries Research Board of Canada. 1959; 16: 175-212

Bejda, A, Phelan, B, Studholme, A. The effects of dissolved oxygen on the growth of young of the year winter flounder, *Pseudopleuronectes americanus*. Environ. Biol. Fishes. 1992; 34: 321-327

Berg, L, Northcote, TG. Changes in territorial, gill-flaring, and feeding behaviour in juvenile coho salmon (*Oncorhynchus kisutch*) following short-term pulses of suspended sediment. Can. J. Fish. Aquat. Sci. 1985; 42: 1410-1417

Bergero, D, G. Forneris, G. Palmegiano, I. Zoccarato, L. Gasco & B. Sicuro, 2001. A description of ammonium content of output waters from trout farms in relation to stocking density and flow rates. Ecological Engineering, 17: 451-455

Bergheim, A, Brinker, A. Effluent treatment for flow through systems and European environmental regulations. Aquacultural Engineering. 2003; 27: 61-77

Bergheim, A, Seymour, E, Sanni, S, Tyvold, T, Fivelstad, S. Measurements of oxygen consumption and ammonia excretion of Atlantic salmon (*Salmo salar* L.) in commercial-scale, single pass freshwater and seawater land-based culture systems. Aquacultural Engineering. 1991; 10: 251-267

Beveridge, M, Phillips, M, Clarke, R. A quantitative and qualitative assessment of wastes from aquatic animal production. En: Aquaculture and Water Quality. Proceedings of the First Internacional Symposium on Water Quality and Aquaculture, February 14-15, 1989, Los Angeles, CA. Baton Rouge: The World Aquaculture Society; 1991

Brett, J, Zala, C. Daily patterns of nitrogen excretion and oxygen consumption of sockeye salmon Oncorhynchus nerka under controlled conditions. J. Fish. Res. Board Can. 1975; 32: 2479-2486

Brown, J, Jones, A, Matty, A. Oxygen metabolism of farmed turbot (*Scophthalmus maximus*) I. The influence of fish size and water temperature on metabolic rate. Aquaculture. 1984; 36: 273-281

Carlson, A, Blocker, J, Herman, L. Growth and survival of channel catfish and yellow perch exposed to lowered constant and diurnal fluctuating dissolved oxygen concentrations. Prog. Fish-Cult. 1980; 42: 73-78

Carter, C, Bransden, M. Relationships between protein-nitrogen flux and feeding regime in greenback flounder, *Rhombosolea tapirina* (Gunther). Comparative Biochemistry and Physiology, Part A. 2001; 130: 799-807

Chadwick, T, Wright, P. Nitrogen excretion and expression of urea cicle enzymes in the Atlantic cod (*Gadus morhua* L.): a comparison of early life stages with adults. J. Exp. Biol. 1999; 202: 2653-2662

Chen, S, Coffin, D, Malone, F. Production, characteristics, and modeling of aquacultural sludge from a recirculating aquacultural system using a granular media biofilter. En: Wang, J, editor. Techniques for Modern Aquaculture. Proceedings of an Aquacultural Engineering Conference, 21-23 junio de 1993, Spokane, Washington. Esponsorizado por el Aquacultural Engineering Group, una unidad de ASAE; 1993a, p. 16-25

Chen, S, Timmons, M, Aneshansley, Bisogni, DJ Jr. Suspended solids characteristics from recirculating aquacultural systems and design implications. Aquaculture. 1993b; 112:143-155

Christiansen, J, Jorgensen, E, Jobling, M. Oxygen consumption in relation to sustained exercise and social stress in Arctic charr (*Salvelinus alpinus* L.). J. Exp. Zool. 1991; 260: 149-156

Colt, J, Armstrong, D. Nitrogen toxicity to crustaceans, fish, and mollusks. En: Allen, J, Kiney, E, editores. Proceedings of the Bio-engineering Symposium for the Fish Culture. Bethesda: Fish Culture Section, American Fisheries Society; 1981. p. 34-47

Colt, J., Tchobanoglous, G. Design of aeration systems for aquaculture. En: Allen, L, Kinney, E, editores. Bioengineering Symposium for Fish Culture. Bethesda: American Fisheries Society; 1981. p. 138-148

Conklin, D, Piedrahita, R, Merino, G, Muguet, J, Bush, D, Gisbert, E, Rounds, J, Cervantes-Trujano, M. Development of California halibut, *Paralichthys californicus*, culture. J. Appl. Aquacult. 2003; 14, 143-154

Cripps, S, Bergheim, A. Solids management and removal for intensive land-based aquaculture production systems. Aquacultural Engineering. 2000; 22: 33-56

Davenport, J, Kjorsvik, E, Haug, T. Appetite, gut transit, oxygen uptake and nitrogen excretion in captive Atlantic halibut, *Hippoglossus hippoglossus* L., and lemon sole, Microstomus kitt (Walbaum). Aquaculture. 1990; 90: 267-277

Dendrinos, P, Thorpe, J. Effects of reduced salinity on growth and body composition in the european bass *Dicentrarchus labrax* (L.). Aquaculture. 1985; 49: 333-358

De Silva, S, Perera, P. Studies on the young grey mullet, *Mugil cephalus*. I. Effects of salinity on food intake, growth and food conversion. Aquaculture. 1976; 7: 323-338

Dosdat, A, Metailler, R, Tetu, N, Servais, F, Chartois, H, Huelvan, C, Desbruyeres, E. Nitrogenous excretion in juvenile turbot *Scophthalmus maximus* (L.) under controlled conditions. Aquaculture Research. 1995; 26: 639-650

Dosdat, A, Servais, F, Metaillier, R, Huelvan, C, Desbruyeres, E. Comparison of nitrogenous losses in five teleost fish species. Aquaculture. 1996; 141: 107-127

Duston, J. Effect of salinity on survival and growth of Atlantic salmon (*Salmo salar*) parr and smolts. Aquaculture. 1994; 121: 115-124

Duthie, G. The respiratory metabolism of temperature adapted flatfish at rest and during swimming activity and the use of anaerobic metabolism at moderate swimming speeds. Journal of Experimental Biology. 1982; 97: 359-373

Fielder, D, Bardsley, B, Allan, G, Pankhurst, P. The effects of salinity and temperature on growth and survival of Australian snapper, Pagrus auratus larvae. Aquaculture. 2005; 250: 201-214

Fivelstad, S.. Waterflow requirements for salmonids in single-pass and semi-closed land-based seawater and freshwater systems. Aquacultural Engineering. 1988; 7: 183-200

Fivelstad, S, Thomassen, J, Smith, M, Kjartansson, H, Sando, A. Metabolite production rates from Atlantic salmon (*Salmo salar* L.) and Arctic charr (*Salvelinus alpinus* L.) reared in single pass land-based brackish water and seawater systems. Aquacultural Engineering. 1990; 9: 1-21

Forsberg, O. Modelling oxygen consumption rates of post-smolt Atlantic salmon in commercial-scale, land-based farms. Aquaculture International. 1994; 2: 180-196

Forteath, N. En: Fish Diseases. Post graduate committee in veterinary science, University of Sydney, Australia; 1988. p. 145-163

Haddy, J, Pankhurst, N. The effects of salinity on reproductive development, plasma steroid levels, fertilisation and egg survival in black bream Acanthopagrus butcheri. Aquaculture. 2000; 188: 115-131

Hart, P, Purser, G. Effects of salinity and temperature on eggs and yolk sac larvae of the greenback flounder (*Rhombosolea tapirina*, Gunther, 1862). Aquaculture. 1995; 136: 221-230

Herbert, DWM, Merkens, JC. The effect of suspended mineral solids on the survival of trout. Int. J. Air Water Pollut. 1961; 5: 46-55

Honda, H. Recirculating aquaculture systems in Japan. En: Libey, G, Timmons, M, editores. Proceedings of The Second International Conference on Recirculating Aquaculture. Economics, Engineering and Management. Roanoke, Virginia, 16-19 de julio de 1998. p. 124-128

Imsland, A, Folkvord, A, Stefansson, S. Growth, Oxygen Consumption and Activity of Juvenile Turbot (*Scophthalmus maximus* L.) Reared Under Different Temperatures and Photoperiods. Netherlands Journal of Sea Research. 1995; 34(1-3): 149-159

Jobling, M.. Some effects of temperature, feeding and body weight on nitrogenous excretion in young plaice *Pleuronectes platessa* L. J. Fish. Biol. 1981; 18: 87-96

Kanda, T, Itazawa, Y. Group effect on oxygen consumption and growth of the catfish eel. Bulletin of the Japanese Society of Scientific Fisheries. 1981; 47: 341-345

Kikuchi, K. Nitrogen excretion rate of Japanese flounder – a criterion for designing closed recirculating culture systems. The Israeli Journal of Aquaculture – Bamidgeh. 1995; 47: 112-118

Kikuchi, K, Takeda, S, Honda, H, Kiyono, M. Effect of Feeding on Nitrogen Excretion of Japanese Flounder Paralichthys olivaceus. Nippon Suisan Gakkaishi. 1991; 57(11): 2059-2064

Kikuchi, K, Takeda, S, Honda, H, Kiyono, M. Nitrogenous Excretion of Juvenile and Young Japanese Flounder. Nippon
Suisan Gakkaishi. 1992; 58(12): 2329-2333

Liao, P. Water requirements of salmonids. The Progressive Fish-Culturist. 1971; 33: 210-215

Liu, H, Stickney, R, Dickhof, W, McCaughran, D. Effects of environmental factors on egg development and hatching
of Pacific halibut Hippoglossus stenolepis. J. World Aquac. Soc. 1994; 25: 317-321

Mallekh, R, Lagardere, J. Effect of temperature and dissolved oxygen concentration on the metabolic rate of turbot and
the relationship between metabolic scope and feeding demand. Journal of Fish Biology. 2002; 60: 1105-1115

McMillan, J, Wheaton, F, Hochheimer, J, Soares, J. Pumping effect on particle sizes in a recirculating aquaculture system. Aquacultural Engineering. 2003; 27: 53-59

Merino, G, Conklin, D, Piedrahita, R. Ammonia and urea excretion rates of California halibut (*Paralichthys californicus*) under farm-like conditions. Aquaculture. 2007a; 271: 227-243

Merino, G, Piedrahita, R, Conklin, D. Settling characteristics of solids settled in a recirculating system for California
halibut (*Paralichthys californicus*) culture. Aquacult. Eng. 2007b; 37 (2), 79-88

Merino, G, Piedrahita, R, Conklin, D. Routine oxygen consumption rates of california halibut (*Paralichthys californicus*) juveniles under farm-like conditions. Aquacult. Eng. 2009; 41: 166-175

Moustakas, C, Watanable, W, Copeland, K. Combined effects of photoperiod and salinity on growth, survival, and os-
moregulatory ability of larval southern flounder *Paralichthys lethostigma*. Aquaculture. 2004; 229: 159-179

Murashige, R, Bass, P, Wallace, L, Molnar, A, Eastham, B, Sato, et al. The effect of salinity on the survival and growth
of striped mullet (*Mugil cephalus*) larvae in the hatchery. Aquaculture. 1991; 96: 249-254

Neill, W, Bryan, J. Responses of fish to temperature and oxygen, and response integration through metabolic scope. En:
Brune D, Tomasso, J, editores. Aquaculture and Water Quality. Advances in World Aquaculture, vol. 3. Baton Rouge: The World Aquaculture Society; 1991. p. 124-128

Noble, A. & S. Summerfelt, 1996. Diseases encountered in rainbow trout cultured in recirculating systems. Annual Review of Fish Diseases, 6: 65-92

Olson, K, Fromm, P. Excretion of urea by two teleosts exposed to different concentrations of ambient ammonia. Comp.
Biochem. Physiol. 1971; 40: 999-1007

Parker, F. Reduced metabolic rates in fishes as a result of induced schooling. Transactions of the American Fisheries
Society. 1973; 102: 125-131

Patterson, R, Watts, K. Micro-particles in recirculating aquaculture systems: microscopic examination of particles.
Aquacultural Engineering. 2003; 28: 115-130

Pedersen, H, Lomstein, B, Blackburn, T. Evidence for bacterial urea production in marine sediments. FEMS Microbiology Ecology. 1993; 12: 51-59

Pennel, W, McLean, W. Early rearing. En: Principles of Salmonid Culture. Amsterdam: Elsevier; 1996. p. 365-465

Person-Le Ruyet, J, Boeuf, G, Zambonino, J, Helgason, S, Le Roux, A. Short-term physiological changes in turbot and
seabream juveniles exposed to exogenous ammonia. Comp. Biochem. Physiol. 1998; 119A: 511-518

Person-Le Ruyet, J, Chartois, H, Quemener, L. Comparative acute ammonia toxicity in marine fish and plasma ammonia response. Aquaculture. 1995; 136: 181-194

Person-Le Ruyet, J, Galland, R, Le Roux, A, Chartois, H. Chronic ammonia toxicity in juvenile turbot (*Scophthalmus
maximus*). Aquaculture. 1997; 154: 155-171

Petersen, J, Phil, L. Response to hypoxia of plaice, Pleuronectes platessa, and dab, Limanda limanda, in the South-East
Kattegat: distribution and growth. Environ. Biol. Fish. 1995; 43: 311-321

Pissetti, T, Sampaio, L, Morena, M, Louzada, L. The effects of salinity on spermatozoa motility of Brazilian flounder
Paralichthys orbignyanus (*Teleostei: Paralichthyidae*). World Aquaculture 2003, Realizing the Potential: Responsible Aquaculture for a Secure Future, 19-23 de mayo, Salvador, Brasil; 2002. p. 678

Ramnarine, I, Piere, J, Johnstone, A, Smith, G. The influence of ration size and feeding frequency on ammonia excretion by juvenile Atlantic cod Gadus morhua L. J. Fish Biology. 1987; 31: 545-559

Randall, D. The impact of variations in water pH on fish. Pp. 90-104. En: Brune, D, Tommasso, J, editores. Aquaculture and Water Quality. Advances in World Aquaculture, vol. 3. Baton Rouge: The World Aquaculture Society; 1991

Randall, D, Tsui, T. Ammonia toxicity in fish. Marine Pollution Bulletin. 2002; 45: 17-23

Randall, D, Wright, P. Ammonia distribution and excretion in fish. Fish Physiology and Biochemistry. 1987; 3: 107-
120

Rasmussen, R, Korsgaard, B. The effect of external ammonia on growth and food utilization of juvenile turbot (*Scopthalmus maximus* L.). Journal of Experimental Marine Biology and Ecology. 1996; 205: 35-48

Redding, JM, Schreck, CB. Physiological effects on coho salmon and steelhead of exposure to suspended solids. Trans
Am Fish Soc. 1987; 116: 737-744

Robertson, JM, Scruton, DA, Clarke, KD. Seasonal Effects of Suspended Sediment on the Behavior of Juvenile Atlantic Salmon. Transactions of the American Fisheries Society. 2007; 136: 822-828

Rychly, J, Marina, A. The ammonia excretion of trout during a 24-hour period. Aquaculture. 1977; 11: 173-178

Sampaio, L, Freitas, L, Okamoto, M, Louzada, L, Rodrigues, R, Robaldo, R. Effects of salinity on Brazilian flounder *Paralichthys orbignyanus* from fertilization to juvenile settlement. Aquaculture. 2007; 262: 340.346

Schofield, P, Peterson, M, Lowe, M, Brown-Peterson, N, Slack, W, Gregoire, D, Langston, J. Effects of salinity on survival, growth and reproduction of non-native Nile tilapia (*Oreochromis niloticus*) from southern Mississipp [fecha de consulta 25 de noviembre de 2009]. Disponible en: http://fl.biology.usgs.gov/projects/tilapia_salinity.html

Sigler, JW. Effects of Chronic Turbidity on Anadromous almonids: Recent Studies and Assessment Techniques Perspective. En: Simenstad, CA, editor. Effects of dredging on Anadromous Pacific Coast Fishes. Seattle: Washington Sea Grant Program. Washington State University; 1988. p. 26-37

Sigler, JW, Bjornn, TC, Everest, FH. Effects of chronic turbidity on density and growth of steelheads and coho salmon. Trans. Am. Fish. Soc. 1984; 113: 142-150

Smith, H, Amelink-Koutstaal, J, Vijverberg, J, Von Vaupel-Klein, J. Oxygen consumption and efficiency of swimming goldfish. Comp. Biochem. Physiol. 1971; 39A: 1-28

Smith, T, Denson, M, Heyward, L, Jenkins, W, Carter, L. Salinity effects on early life stages of southern flounder *Paralichthys lethostigma*. J. World Aquac. Soc. 1999; 30: 236-244

Speece, R. Trout metabolism characteristics and the rational design of nitrification facilities for water reuse in hatcheries. Trans. Amer. Fish. Soc. 1973; 2: 323-334

Stickney, R. Effects of salinity on aquaculture production. En: Brune, D, Tommasso, J. Aquaculture and Water Quality. Advances in World Aquaculture, vol. 3. Baton Rouge: The World Aquaculture Society; 1991. p. 105-132

Sumagaysay-Chavoso, N, San Diego-McGlone, M. Water quality and holding capacity of intensive and semi-intensive milkfish (*Chanos chanos*) ponds. Aquaculture. 2003; 219: 413-429

Tallqvist, M, Sandberg-Kilpi, Ee, Bonsdorff, E. Juvenile flounder, *Paralichthys flesus* (L.), under hypoxia: effects on tolerance, ventilation rate and predation efficiency. Journal of Experimental Marine Biology and Ecology. 1999; 242: 75-93

Tanaka, Y, Kadowaki, S. Kinetics of nitrogen excretion by cultured flounder Paralichthys olivaceus. Journal of the World Aquaculture Society. 1995; 26: 188-193

Thomas, S, Piedrahita, R. Oxygen consumption rates of white sturgeon under commercial culture conditions. Aquacultural Engineering. 1997: 16: 227-237

Thomas, S, Piedrahita, R. Apparent ammonia-nitrogen production rates of white sturgeon (*Acipenser transmontanus*) in commercial aquaculture systems. Aquacultural Engineering. 1998; 17: 45-55

Timmons, M, Ebeling, J, Wheaton, F, Summerfelt, S, Vinci, B. Recirculating aquaculture systems. NRAC Publication, n.º 01-002; 2001

Timmons, B, Summerfelt, S, Vinci, B. Review of circular tank technology and management. Aquacultural Engineering. 1998; 18: 51-69

Timmons, M, Youngs, W. Considerations on the design of raceways. En: Aquaculture Systems Engineering. Proceedings of the World Aquaculture Society and the American Society of Agricultural Engineers. 16-20 de junio de 1991. San Juan, Puerto Rico. p. 34-45

Umezawa, S, Adachi, S, Taneda, K. Group effect on oxygen consumption of the ayu (*Plecoglossus altivelis*) in relation to growth stage. Japan. J. Ichthyol. 1983; 30: 261-267

Van der Thillart, G, Dalla Via, J, Vitali, G, Cortesi, P. Influence of long term hypoxia exposure on the energy metabolism of Solea solea. I. Critical O2 levels for aerobic and anaerobic metabolism. Mar. Ecol. Prog. Ser. 1994; 104: 109-117

Verbeeten, B, Carter, C, Purser, G. The combined effect of feeding time and ration on growth performance and nitrogen metabolism of greenback flounder. J. Fish Biology. 1999; 55: 1328-1343

Wagner, E, Miller, S, Bosakowski, T. Ammonia excretion by rainbow trout over a 24-hour period at two densities during oxygen injection. The Progressive Fish-Culturist. 1995; 57: 199-205

Wajsbrot, N, Gasith, A, Diamant, A, Popper, D. Chronic toxicity of ammonia to juvenile gilthead seabream Sparus aurata and related histophatological effects. J. Fish Biol. 1993; 43: 321-328

Wajsbrot, N, Gasith, A, Krom, M, Popper, D. Acute toxicity of ammonia to juvenile gilthead seabream Sparus aurata under reduced oxygen levels. Aquaculture. 1991; 92: 277-288

Waller, U. Factors influencing routine oxygen consumption in turbot, Scophthalmus maximus. J. Appl. Ichthyol. 1992; 8: 62-71

Walsh, P, Danulat, E, Mommsen, T. Variation in urea excretion in the Gulf toadfish Opsanus beta. Marine Biology. 1990; 106: 323-328

Wedemeyer, G. Physiology of fish in intensive culture systems. Chapman & Hall; 1996

Westers, H, Pratt, K. Rational design of hatcheries for intensive salmonid culture, based on metabolic characteristics. Prog. Fish-Cult. 1977; 39: 157-165

Westing, L, Nissling, A. Effects of salinity on spermatozoa motility, percentage of fertilized eggs and egg development of Baltic cod (*Gadus morhua*), and implications for cod stock fluctuations in the Baltic. Marine Biology. 1999; 108: 5-9

Willoughby, H. A method for calculating carrying capacities of hatchery troughs and ponds. Prog. Fish-Cult. 1968; 30: 173-174

Especies interesantes para Latinoamérica

Avances en el cultivo de *Paralabrax maculatofasciatus*

M. A. Avilés-Quevedo*, F. Castelló i Orvay** y J. M. Mazón-Suástegui***

INTRODUCCIÓN

La especie *Paralabrax maculatofasciatus* (Pisces: Serranidae) es una de las especies más frecuentes del manglar, conocida comúnmente como cabrilla arenera, verdillo, curricata, extranjero y *spotted sand bass*. Es uno de los recursos de escama más característicos de la ictiofauna de Baja California Sur, donde destaca por su abundancia, ya que es sin duda la especie más frecuente en la pesca demersal que se explota en el noroeste mexicano. Por otro lado, su comportamiento y presencia en los fondos arenosos la hace accesible a diferentes artes de pesca masiva como las redes de arrastre, redes agalleras de fondo, palangres de media agua y línea de mano. Por lo anterior, el estatus de la cabrilla es el de una pesquería aprovechada a nivel máximo sustentable (Carta Nacional Pesquera de México, 2006), recomendándose las siguientes estrategias de manejo: evaluar a corto plazo el riesgo de mantener capturas tan altas en las costas de Baja California Sur, limitando el número de permisos y procurando que el volumen de captura no baje de 4.000 toneladas; delimitar áreas de pesca para embarcaciones menores, establecer áreas, vedas, cuotas y periodos de captura para todas las especies asociadas con estas especies; determinar una talla mínima de captura para proteger la reproducción e iniciar estudios para desarrollar su cultivo.

Paralabrax maculatofasciatus (figura 1) presenta muy buenas cualidades como especie potencial para la piscicultura marina, ya que es *euritérmica*, tolerando un rango de temperatura de 32 °C a 7,5 °C, aunque en estas condiciones extremas no se alimenta (Thomson *et al.*, 1987). También es *eurihalina*, tolerando un rango desde 0 a 75 ups, lo que permite proporcionarle baños de agua dulce y de salmuera para eliminar ectoparásitos, además de ampliar la disponibilidad de sitios para la instalación de su cultivo. En condiciones de cautividad se muestra gregaria, permaneciendo hacinada en el fondo y las esquinas de la jaula o tanque. Por otro lado, esta especie es muy resistente al manejo (lo cual facilita su captura y condiciones de traslado). Regional-

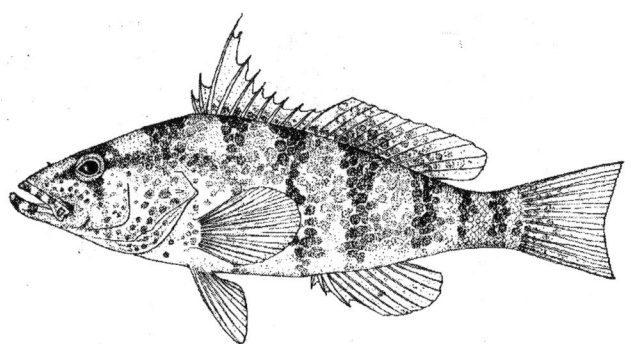

Figura 1. *Paralabrax maculatofasciatus*, Steindachner (1868), conocido localmente como cabrilla arenera, cabrilla sargacera, curricata, verdillo o *spotted sand bass* en Baja California Sur, México. (Dibujo tomado de: Thomson *et al.*, 1987).

* Centro Regional de Investigación Pesquera-Instituto Nacional de Pesca Km 1 carretera a Pichilingue, CP 23020, La Paz, Baja California Sur, México (araceli.aviles@inapesca.sagarpa.gob.mx).

** Universidad de Barcelona, Depto. Biología Animal, Facultad de Biología (UB) Avda. Diagonal, 645, 08028 Barcelona, España (fcastello@ub.edu).

*** Centro de Investigaciones Biológicas del Noroeste, S.C. Mar Bermejo n.º 195, Col. Playa Palo de Santa Rita, CP 23090, La Paz, B.C.S., México (jmazon04@cibnor.mx).

mente es abundante, encontrándose en grandes cantidades en todas la bahías y zonas costeras de fondo areno-fangoso, cercanos a rocas o praderas de pastos marinos o algas (Lluch-Cota, 1995), lo cual facilita la obtención de ejemplares para formar stocks de reproductores e iniciar las pruebas de engorde.

HÁBITAT

Las cabrillas son depredadores pequeños, activos, crípticos y territorialistas, que por lo general depredan durante el día sobre crustáceos, peces pequeños y ocasionalmente cefalópodos de las zonas rocosas o arrecifales, por lo que se encuentran cerca del tope de la cadena alimenticia del hábitat marino tropical y subtropical, donde juegan un papel importante en la estructura poblacional de la ictiofauna de estos ambientes. Debido a la amplia diversidad de ambientes (tabla 1) *P. maculatofasciatus* es identificado como un nuevo género mundial de peces mesocarnívoros que dominan los ambientes costeros rocoso-arrecifales, donde su presencia depredadora es determinante en la estructura y evolución de esas comunidades. Además, al menos una especie del género se encuentra presente en cada provincia templado-tropical del Pacífico oriental y Atlántico occidental, haciendo de este género un apropiado ejemplo para la inferencia filogeográfica dentro del proceso de especiación entre estas provincias (Pondella II *et al.*, 2003).

Tabla 1. Hábitat de *Paralabrax maculatofasciatus* (Steindachner, 1868).

Hábitat	Referencia
En el Golfo de California se encuentran ocupando fondos arenosos y rocosos, y en especial en el ecotono entre ambos.	Thomson *et al.*, 1987
Debido a su carácter demersal esta especie es un componente abundante de la fauna de acompañamiento en la pesquería del camarón en el Alto Golfo de California	Chávez y Arvizu, 1972
En las lagunas costeras de Bahía de La Paz se encuentran asociadas a la zona de manglar.	Maeda-Martínez, 1981
En Bahía de La Paz, asociadas a las zonas someras de fondos areno-fangosos y manglar; es frecuente encontrar los estadios juveniles en cantidad numerosa.	Avilés-Quevedo *et al.*, 1995
En Bahía Magdalena, en el litoral del Pacífico, se encuentra en fondos arenosos y lodosos, así como en áreas de praderas de fanerógamas marinas.	Lluch-Cota, 1995
En las bahías del sur de California, en Estados Unidos, la especie prefiere las aguas cálidas de los puertos y generalmente se encuentra cerca de las praderas de pastizales marinos y de playas rocosas.	Roberts *et al.*, 1984; Valle *et al.*, 1999
En esta misma región al sur de California, la especie se restringe típicamente al hábitat de fondos arenosos o lodosos de bahías, puertos y lagunas costeras que contengan rocas y pastos marinos en fondo y superficie, donde generalmente encuentran refugio.	Hovey y Allen, 2001
En la zona interior de Bahía Navidad y B. Manzanillo son muy abundantes y frecuentes las larvas, que se encuentran asociadas a la abundancia de la biomasa zooplantónica en invierno y primavera.	Navarro-Rodríguez, 2000

HÁBITOS ALIMENTICIOS

De forma congruente con la diversidad de hábitats, la especie muestra una gran versatilidad de hábitos alimenticios. Aunque, de manera general, se puede afirmar que *P. maculatofasciatus* es un depredador carnívoro que se alimenta principalmente de invertebrados epibentónicos (Bocanegra-Castillo *et al.*, 2002) y bentónicos activos e inactivos, diurnos y nocturnos, mostrando características de adaptabilidad a una gran diversidad de hábitats y dietas (tabla 2).

Tabla 2. Composición y hábitos alimenticios de *Paralabrax maculatofasciatus*.

Hábitos alimenticios	Referencia
Peces pequeños y crustáceos.	Maeda-Martínez, 1981
En el Golfo de California se alimenta de peces juveniles arrecifales que acecha desde su refugio, desde donde se desplaza rápidamente para capturar a su presa y después regresar.	Thomson *et al.*, 1987; Ferry *et al.*, 1997
En Bahía Magdalena, Baja California Sur, se alimenta de moluscos bivalvos, gasterópodos, cefalópodos, ofiuroideos, asteroideos y poliquetos, además de peces y crustáceos durante el día, crepúsculo y noche.	Lluch-Cota, 1995
En el litoral californiano, en su distribución más boreal, la dieta consiste principalmente en cangrejos y almejas, y los peces solo forman un componente relativamente pequeño del espectro trófico de esta especie.	Hovey y Allen, 2001
En la población del estero de Punta Banda en Ensenada, Baja California, esta especie se alimenta en un 37% de decápodos (*Hemigrapsus oregonensis, Callinectes arcuatus* y *Pyromaia tuberculata*), en 32% de peces (*Atherinops affinis* y gobidos) y en un 13,4% de moluscos (*Tagelus californicus, Solen rosaceus, Bulla gouldiana* y *Laevicardium substriatum*); el resto de la dieta se compone de *Zoostera marina*, esponjas, hidrozoarios, nemertinos, poliquetos, moluscos, decápodos, caprelidos, isópodos, equinodermos, ascidias, gamáridos (*Corophium acherusicum*) peces y huevos de *Atherynops affinis*	Mendoza-Carranza y Rosales-Casián, 2000
Las poblaciones de Laguna Ojo de Liebre, al norte de Baja California Sur, consumen anfípodos *Corophium* spp., isópodos *Paracerceis* spp., poliqueto *Pherusa* spp., decápodos *Callinectes bellicosus* y peces, y aunque no se observó un traslape trófico entre los diferentes grupos de edad, se encontró que las cabrillas jóvenes se alimentan principalmente de anfípodos, isópodos y moluscos y las cabrillas más grandes se alimentan de cangrejos y *Octopus* spp.	Bocanegra-Castillo *et al.*, 2002
En condiciones de cautiverio, esta especie consume cabeza de calamar, liza, sardina, macarela y camarón, así como una dieta semihúmeda compuesta de una mezcla de liza (40%), harina de sardina (39%), cabeza de calamar (10%), mezcla de vitaminas (1,5%), mezcla de minerales (0,5%), aceite de hígado de calamar (5%), alginato de sodio (1,5%), almidón de maíz (1,5%) y antioxidantes y antisépticos (1%).	Avilés-Quevedo *et al.*, 1995

DISTRIBUCIÓN

El género *Paralabrax* está representado en el Golfo de California por cinco especies, limitadas en su distribución al Pacífico oriental, de las costas centrales de California (Monterrey) a Cabo San Lucas, Baja California Sur, Mazatlán y Sinaloa, incluyendo el Golfo de California (Thomson *et al.*, 1987; Hovey y Allen, 2001), y por cuatro especies en el Pacífico sudoriental (zona de transición templado-cálida) de Panamá a Chile (Chirichigno, 1982). En los litorales de la península de Baja California *Paralabrax maculatofasciatus* es simpátrica con *P. clatrathus* y *P. nebulifer* en el límite boreal de su distribución y con *P. auroguttatus* y *P. loro* en su límite meridional (Lluch-Cota, 1995).

REPRODUCCIÓN

Paralabrax maculatofasciatus se caracteriza por exhibir un hermafroditismo protogínico como estrategia reproductiva. En Bahía de La Paz, la población exhibe un patrón reproductivo gonocorista y hermafrodita en donde, de acuerdo con el análisis de distribución de tallas por sexo, muestra una mayor proporción de hembras (56%) y un 5% de organismos en transición (figura 2). Por otro lado, la descripción histológica del ciclo de madurez gonádica muestra un tipo de reproducción asincrónica, con desoves parciales cada 24-48 h y gónadas en transición en las que se observa tejido ovárico en regresión, criptas espermáticas que contienen esperma en desarrollo y un lumen central (figura 3).

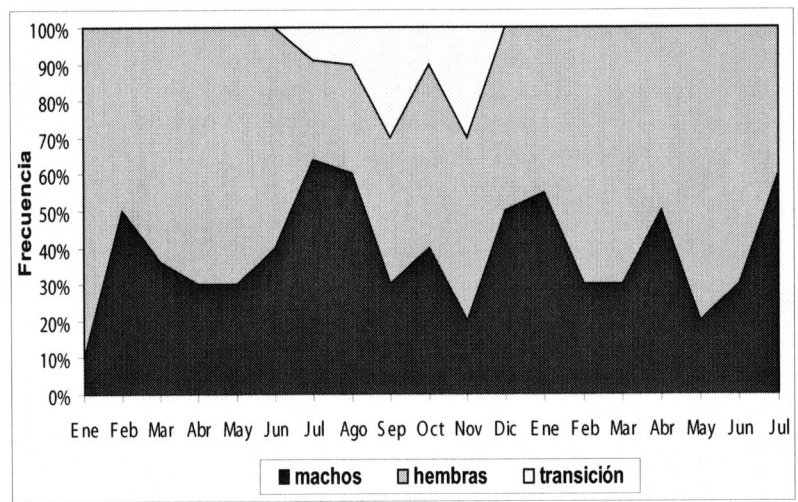

Figura 2. Proporción de sexos, sobre la base de un análisis histológico de la población de *Paralabrax maculatofasciatus* (Steindachner, 1868) en Bahía de La Paz, Baja California Sur, México, durante el periodo 1994-1995. (A. Avilés-Quevedo, 2005)

El periodo de desove de esta especie es continuo y prolongado por varios meses, dependiendo de la latitud geográfica y de las condiciones ambientales (tabla 3). En cautividad desova espontáneamente en el crepúsculo y responde bien al estimulo hormonal con dos dosis de 6000-3000 UI de HCG/kg, una dosis de 50 UI de GnRHa e implantes de LHRHa para la inducción del desove (Oda *et al.*, 1993; Pérez-Mellado, 1993; Díaz-Borioli, 1996; Alcantar *et al.*, 2003). En condiciones de cautividad, un stock de reproductores en proporción 2:1 hembra:macho, con una buena alimentación a base de alimento fresco con niveles de proteína mayores del 45% (tabla 2), asegura una buena calidad de huevos y larvas.

El ciclo anual de la reproducción de esta especie (figura 3) se ve influenciado directamente por los factores ambientales como temperatura y fotoperiodo, observándose que la madurez cesa a temperaturas mayores de 28 °C y menores de 20 °C; asimismo, la disminución del fotoperiodo de 14 a 12 h produce un incremento de organismos inmaduros en la población de Bahía de La Paz (figura 4).

Tabla 3. Periodos de reproducción asincrónica de *Paralabrax maculatofasciatus*.

Lugar	Meses	Referencias
En Bahía de La Paz	Diciembre a agosto	Avilés Quevedo *et al.*, 1995 Sergio-Ferreira, 1999
En el Pacífico californiano	Mayo a septiembre	Butler *et al.*, 1982; Oda *et al.*, 1993 y California Dpt. of Fish and Game, 2001
Bahía Magdalena, B.C.S.	Marzo a octubre	Lluch-Cota, 1995
En condiciones de cautiverio con control de temperatura (21- 23 °C) y fotoperiodo de 13:11 (luz-oscuro).	Desove continuo	Rosales-Velázquez *et al.*, 1992
En sistemas abiertos, sin control de temperatura ni fotoperiodo, pero con una dieta de pescado y calamar frescos.	Diciembre a agosto (el desove se inhibe en temperaturas mayores a 28 °C y menores de 18 °C).	Avilés-Quevedo *et al.*, 1995

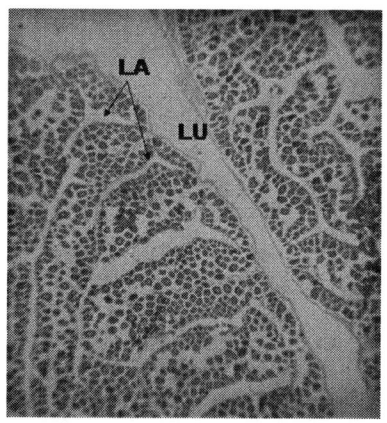

Ovario de *Paralabrax maculatofasciatus*, en **estadio I**. Se observan las lamelas (LA) conteniendo oocitos de 66 ± 9.7 μ de diámetro en diferentes estadios de desarrollo y el Lumen (LU) que conduce los oocitos al oviducto.

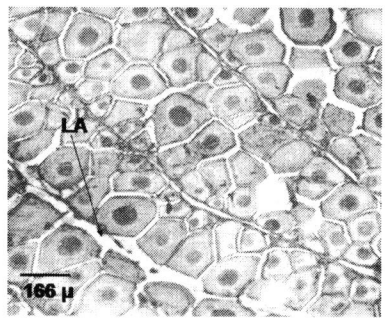

Ovario de *Paralabrax maculatofasciatus*, en **estadio II**. Se observan las lamelas conteniendo oocitos de 166,4 ± 19.31 μ de diámetro promedio. El núcleo se ubica centralmente y contiene numerosos nucleolos dispuestos en la periferia.

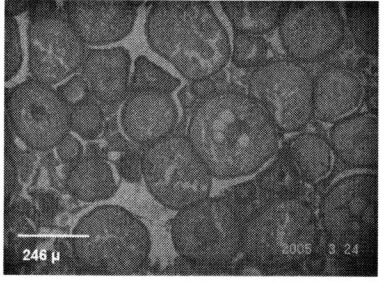

Ovario de *Paralabrax maculatofasciatus*, en **estadio III**. El citoplasma se observa granuloso y el núcleo se encuentra desplazado de su posición central. El diámetro promedio de los oocitos es de 246.13 ± 23.65 μ.

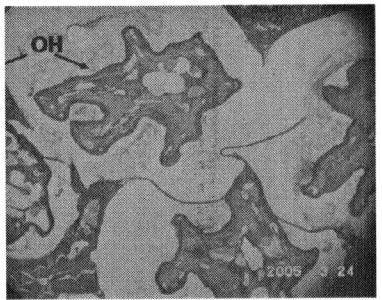

Ovario de *Paralabrax maculatofasciatus*, en **estadio IV**. El oocito de forma ameboidea duplica su tamaño alcanzando un diámetro de 540 ± 40 μ. El citoplasma se mezcla con agua formando grandes vacuolas. OH, oocito hidratado.

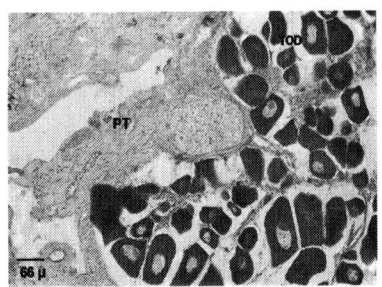

Ovario en regresión de *Paralabrax maculafasciatus*, en Bahía de La Paz, Baja California Sur, México. PT, proliferación de tejido testicular; TOD, Tejido ovárico en degeneración.

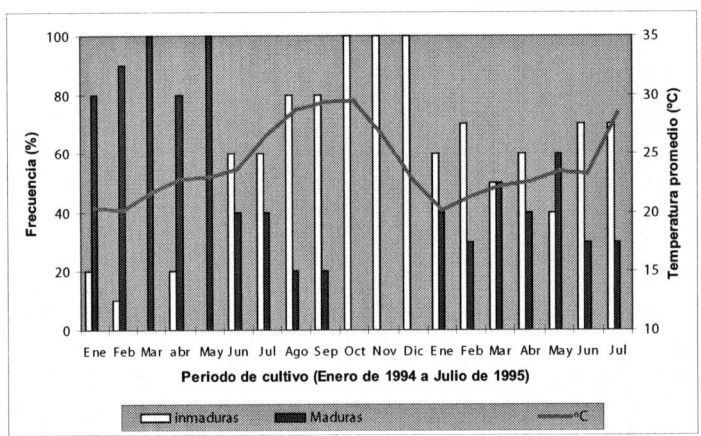

Figura 3. Descripción histológica de los estadios del desarrollo gonádico de las hembras de *Paralabrax maculatofasciatus* en la Bahía de La Paz, Baja California Sur, México. (A. Avilés-Quevedo, 2005)

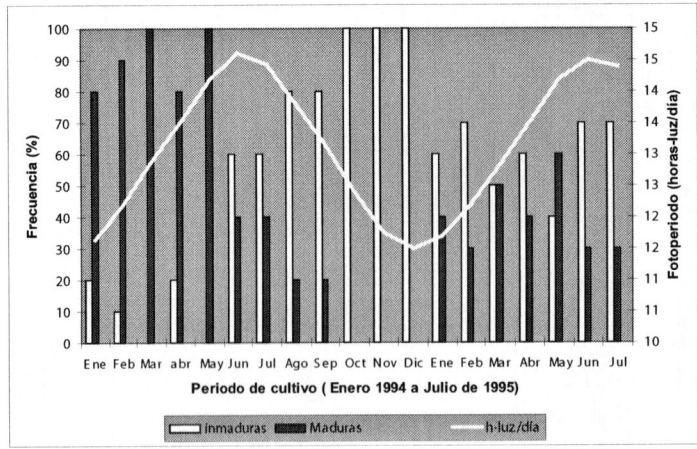

Figura 4. Relación de los factores de (*a*) temperatura y (*b*) fotoperiodo, en el proceso reproductivo de *Paralabrax maculatofasciatus* en condiciones de cultivo en jaulas flotantes en Bahía de La Paz, Baja California Sur, México [ejemplares inmaduros (estadio I y II) y maduros (estadio III y IV)]. (A. Avilés-Quevedo, 2005)

EDAD Y MADUREZ

Los estudios biológico-pesqueros de Chávez y Arvizu (1972) en el Golfo de California determinaron tamaños mínimos de madurez de 10,6 cm de longitud estándar (Ls) para hembras de 2 años de edad y 14,4 cm de Ls para machos de 3 años de edad. Hastings (1989) encontró en las poblaciones del norte del Golfo de California hembras con un tamaño mínimo de madurez de 9,2 cm de Ls y machos de 10,2 cm de Ls. Ambos resultados coincidieron con lo observado en Bahía de La Paz, donde se muestra que las hembras maduras más pequeñas tienen 9 cm de Ls y los machos maduros más pequeños se encuentran en los 13 cm de Ls. En cambio, los organismos en transición se encontraron entre la clase de 15 a 18 cm de Ls (figura 5) los cuales se observaron entre los meses de julio a noviembre, coincidiendo con el periodo más cálido del agua y con actividad reproductiva mínima (Avilés-Quevedo *et al.*, 1995; Avilés-Quevedo, 2005).

En el análisis de distribución de tamaños por sexos (figura 5) se observa que las hembras dominan en los grupos o clases iniciales en una proporción de 2:1, con lo cual se confirma el hermafroditismo protogínico, pero el hecho de que en las clases más grandes se encuentren hembras en una proporción de 1:2 muestra que una parte de la población no experimentó cambio de sexo, lo cual puede indicar un hermafroditismo incompleto. No obstante, debido a problemas inherentes al tamaño de muestra, estas reflexiones deben considerarse preliminares.

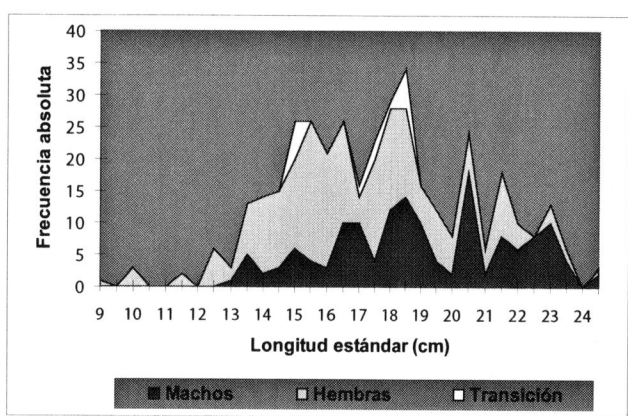

Figura 5. Frecuencia de sexos en relación con el tamaño (longitud estándar, en cm) de *Paralabrax maculatofasciatus* (Steindachner, 1868), en Bahía de La Paz, Baja California Sur, México, durante el periodo 1994-1995. (A. Avilés-Quevedo)

ESTADO ACTUAL DEL CULTIVO

El ciclo reproductivo de *P. maculatofasciatus* está en función de la variación térmica, con rangos entre 20 y 28 °C y un nivel máximo entre los 22 y 24 °C (Avilés-Quevedo, 2005), iniciando el cortejo reproductivo por la tarde y el desove antes del crepúsculo. El desove es espontáneo, con una fecundidad media parcial de 10,300±3,090 ovocitos por kg de hembra.

Los huevos fertilizados y viables de *P. maculatofasciatus* son flotantes, esféricos y transparentes (figura 6), con diámetro de 750 a 910 μ y una sola gota de aceite con diámetro de 140 a 190 μ. El tamaño depende significativamente de la calidad de la dieta de los reproductores y de la temperatura del desove (tabla 4).

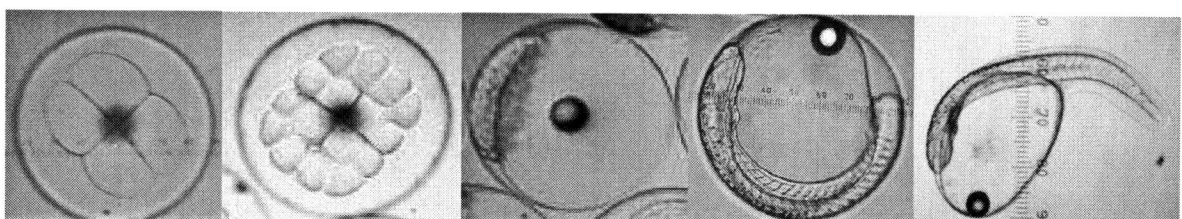

Figura 6. Desarrollo embrionario de *Paralabrax maculatofasciatus* en condiciones de laboratorio. (Avilés-Quevedo, 2005)

El tiempo de incubación varía de 25 a 13 h en un rango de temperatura de 18 a 30 °C. Temperaturas menores de 17 °C y superiores a 30 °C disminuyen la tasa de eclosión a menos de 50% y las larvas no son viables (figura 7). La tasa de eclosión óptima se registra entre los 22 y 23 °C (Avilés-Quevedo, 2005).

Los huevos son obtenidos por desoves espontáneos y son fecundados en el mismo tanque de reproductores. Los huevos pelágicos son colectados en una bolsa de malla de plancton de 300 micras, a través del sobreflujo del tanque donde se realizó el desove. La bolsa recolectora se encuentra suspendida en un tanque receptor lleno de agua, para que los huevos siempre estén en agua con las mismas condiciones del desove (figura 8).

Los huevos flotantes normalmente fertilizados son lavados con una solución de yodo antes de ser transferidos a tanques circulares de fibra de vidrio de 1 m³ para su incubación a temperatura de sombra (22-25 °C) y salinidad de 35‰, con aeración suave. Las larvas son cultivadas en los mismos tanques (1 m³) donde se realizó la incubación, hasta que alcanzan los 30 mm de longitud total y 55-60 días de edad (figura 9), de acuerdo con el siguiente protocolo (Avilés-Quevedo et al., 1995; Avilés-Quevedo, 2005).

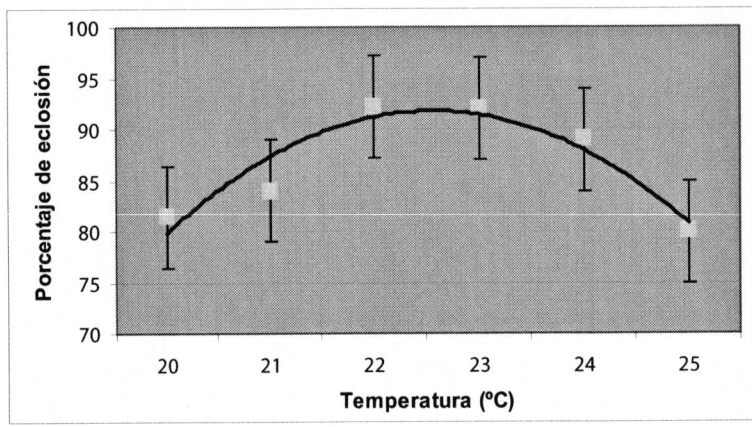

Figura 7. Relación de la temperatura del agua con la tasa de eclosión del huevo de *P. maculatofasciatus*. Los puntos son valores promedio de 10 observaciones ± su desviación estándar.

Tabla 4. Tamaño promedio de los huevos (micras) de *Paralabrax maculatofasciatus* alimentados con tres dietas diferentes (los números en negritas fueron significativamente diferentes).

MES	DIETAS						Promedio mensual ($\chi \pm \sigma$)
Temperatura ($\chi \pm \sigma$)	54:10:12		66:17:7		68:17:7		
	a	b	a	b	a	b	
Ene 20°C	910±10	888±9	850±17	865±11	855±8	863±6	870±20
Feb 21°C	899±15	900±1	849±17	865±12	836±20	856±14	867±27
Mar 22°C	890±8	898±6	875±25	885±7	860±13	847±9	876±19
Abr 23°C	875±12	858±12	814±22	792±16	792±17	775±12	818±40
May 24°C	874±18	856±13	853±15	860±5	810±9	802±6	842±29
($\chi \pm \sigma$)	887±13	880±22	848±22	853±36	830±29	829±38	

($\chi \pm \sigma$) = Diámetro promedio mensual ± desviación estándar

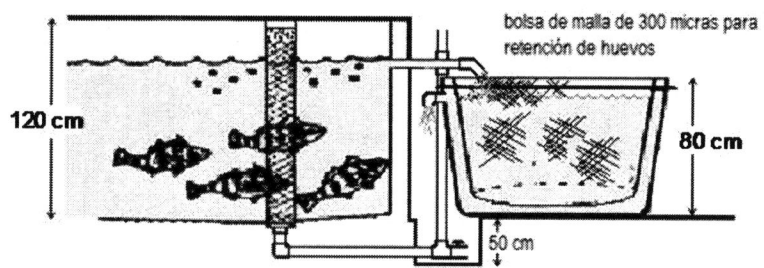

Figura 8. Tanque de desove y sistema de colecta de huevos para *Paralabrax maculatofasciatus* en el CRIP-La Paz (Avilés-Quevedo, 2005)

Tabla 5. Al iniciar la alimentación exógena se inicia también la limpieza del fondo de los tanques por medio de un sifón.

Edad (días)	Tamaño (mm)	Alimento (ind/ml)	Recambio de agua (%)/día	Limpieza de fondo	Microalgas (%)
0	1.8 ± 0.3	Sin alimento	0	No	10-20
3		5 rotíferos	0	No	10-20
4		5 rotíferos	20	C/3 días	10-20
6	4.3 ± 1	5 rotíferos + 1g de A-1	20	C/3 días	10-20
8		10 rotíferos + 1g de A-1	20	C/3 días	10-20
13	6.6 ± 1.3	10 rotíferos + 1g de A-1	50	C/3 días	10-20
20		10 rotíferos + 1 npl + 1g de A-1	50	C/3 días	10-20
21		10 rotíferos + 1 npl + 1g de A-1	80	C/3 días	10-20
22		10 rotíferos + 1 npl + 1g de A-1 + 1g de B-1	80	C/3 días	10-20
24	8 ± 1.5	10 rotíferos + 1 npl + 1g de A-1 + 1 g de B-1+0.5 metanpl	80	C/3 días	10-20
26		10 rotíferos + 0.5 npl + 1g de A-1 + 1g de B-1+0.5 metanpl	100	C/3 días	10-20
28		10 rotíferos + 0.5 npl + 1 metanpl + 1 g de B-1+ pescado macerado	100	C/3 días	0
30	12 ±1.4	1 g de B-1 + pescado macerado + pienso semihúmedo	100	C/3 días	0
35	15 ± 2	Pienso semihúmedo	100	C/3 días	0
40	18 ± 2	Pienso semihúmedo	100	C/3 días	0
50	25 ± 6	Pienso semihúmedo	100	C/3 días	0
60	34.2 ± 8	Pienso semihúmedo	100	C/3 días	0

Los rotíferos utilizados durante todo el proceso de cultivo fueron enriquecidos con el aceite de hígado de calamar Riken Feed Oil Ika ® (npl = nauplio de artemia de 4 h, metanpl = metanauplio de artemia de 12 h, A-1 y B-1 son tipos de alimentos particulados de la marca japonesa Kyowa; el pienso semihúmedo es la mencionada anteriormente en el texto y proporcionada en forma de bolitas).

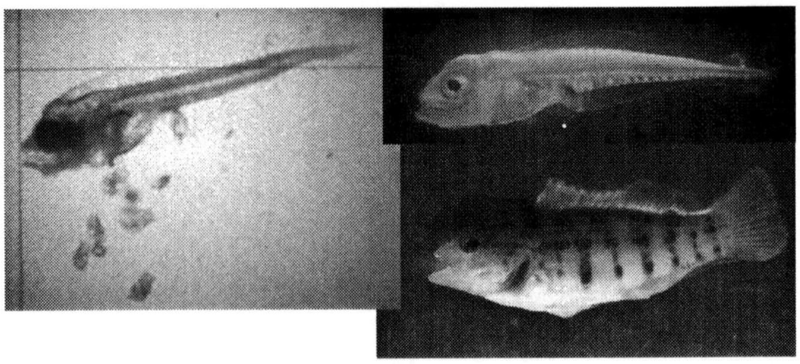

Figura 9. Desarrollo larval de *Paralabrax maculatofasciatus* en condiciones de laboratorio: larva de 5 días de edad, larva de 14 días y juvenil de 50 días con 2,5 cm de longitud total y 1,5 g de peso.

Se cultiva experimentalmente en jaulas flotantes de 5 × 5 × 3 m en Bahía Falsa, Baja California Sur, con cambio de jaulas cada tres meses y abertura de malla de 6 mm, 12 mm y 25 mm, de acuerdo con el tamaño de los peces. Considerando el comportamiento bentónico y gregario de esta especie, las densidades de siembra probadas han sido de hasta 800 g en el preengorde y de 2 kg en el engorde (figura 10), con una supervivencia total de 86 ± 1.7%. Durante el preengorde de tres meses crece 2,5 g/mes, y en el periodo de engorde de ocho meses crece 56,3 g/mes (tabla 6 y 7). Sin embargo, este crecimiento es bajo considerando el de las especies de la subfamilia *Epinephelinae*, que llegan a alcanzar hasta 563 g/mes (tabla 7).

Tabla 6. Resultados de la tasa de crecimiento en longitud estándar y peso, del incremento en biomasa y de la supervivencia, más cálculos de la tasa de conversión alimenticia (TCA), de la eficiencia alimenticia (EA) y del factor de condición (FC) de *Paralabrax maculatofasciatus* cultivados en jaulas flotantes hasta alcanzar su tamaño mínimo comercial.

Análisis	1.5 kg.m^{-2}	2.0 kg.m^{-2}
Tasa de crecimiento en longitud estándar (cm.mes^{-1})	2.83 ± 0.71	2.60 ± 1.99
Tasa de incremento en peso total (g.mes^{-1})	58.35 ± 33.95	53.32 ± 27.21
Incremento en biomasa en jaula (kg.mes^{-1})	37.00 ± 4.26	41.45 ± 4.15
Supervivencia (%)	91.8 ± 2.5	93.5 ± 3.4
TCA	1.29 ± 0.19	1.15 ± 0.16
EA	64.43 ± 13.56	77.65 ± 17.25
FC	20.79 ± 6.07	22.36 ± 4.95

Tabla 7. Tasa de crecimiento y producción de peces serranidos de la subfamilia *Epinephelinae* bajo condiciones de cultivo.

Especie	Localidad y tamaño de jaula	Densidad de cultivo	Tasa de crecimiento g.mes^{-1}	Producción [peso final (g)] meses de cultivo
Epinephelus tauvina (Greasy grouper)	Malasia, China, Singapur y Kuwait 5 × 5 × 3 y 2 × 4 × 2 m	18 a 25 peces.m^{-2} 45 peces.m^{-2} 5 peces.m^{-3}	50 a 100 101.4 76-101	18 a 40 kg.m^{-2} [600-800 g] 6-8 meses [609 g] 5 meses
E. salmoides (Estuary grouper)	Malasia 1.5 × 1.5 × 1.65 m	60 peces.m^{-3}	76 a 86	26 a 29 kg.m^{-3}
E. malabaricus (Malabar grouper)	Tailandia, Taiwan y Filipinas. En jaulas y estanques de 0,1 ha	100 peces.m^{-3} —	67 73	[587 g] 8 meses 1,4 kg.m^{-2} [1.250 g]
E. itajara (Jewfish)	Jaulas Tanques circulares		334 438-563	[1.788 g] 3 meses [12.000-13.000 g] 16 meses

Fuente: Kafuku e Ikenoue, 1987; Chua y Teng, 1980; Teng y Chua, 1978; Tucker, 1998.

ESTADO DE LA PESQUERÍA

La disminución crítica de las pesquerías ha motivado la búsqueda de fuentes alternativas de producción diferentes de la captura, que, al incidir sobre poblaciones silvestres, es altamente variable y tiene una marcada tendencia a disminuir. Esta alternativa es sin duda alguna la acuicultura, que permite una producción dimensionable a priori y con un calendario de cosechas programable que ofrece ventajas competitivas en el mercado: los ingresos por concepto de venta en puerto han fluctuado de los 60 a los 20 millones de pesos, mientras que en el mercado nacional el precio al menudeo fluctúa entre 120 y 140 $/kg entero y el filete se paga a entre 180 y 200 $ por kilogramo.

Las cabrillas son peces que dan un rendimiento del 83-90% en su presentación eviscerada y del 43-48% en filete. Se comercializan enteras o en filete, heladas o congeladas.

Las principales ventajas de Baja California Sur para desarrollar la maricultura son su extensión costera de 1.400 km en el litoral occidental (Océano Pacífico) y de 800 km en la parte oriental (Golfo de California), representando el 22% de los litorales nacionales con sus 224.000 hectáreas de lagunas litorales de buena calidad de agua, y su situación geográfica cercana a la frontera con Estados Unidos, donde se encuentra el mayor mercado de América, lo cual permite la comercialización directa a un mejor precio para el productor pesquero y acuícola.

Por otro lado, los inconvenientes para el desarrollo de la maricultura son el escaso conocimiento biológico que tenemos de la gran diversidad de especies, el escaso desarrollo de las técnicas de producción acuícola sustentable, la insuficiente integración del sector productor y la discontinuidad en los canales de investigación, producción y desarrollo tecnológico; a ello se suma el escaso consumo de pescado y marisco —no alcanza los 8,5 kg per cápita (CONAPESCA, 2003)— por parte de una población que no distingue un pescado fresco de un congelado.

Finalmente, el desarrollo de la maricultura en México tiene como principales desafíos adecuar tecnologías ya probadas en otras especies para la reproducción y lograr la independencia de los ciclos de producción natural y su continuidad a lo largo del año para una especie o para la secuencia de otras Asimismo, es preciso hallar los emplazamientos que proporcionen las mejores condiciones ambientales para el crecimiento y el desarrollo de los peces cultivados, que minimicen el impacto ambiental y que garanticen el acceso a servicios eficientes y a canales de distribución y comercialización del producto.

 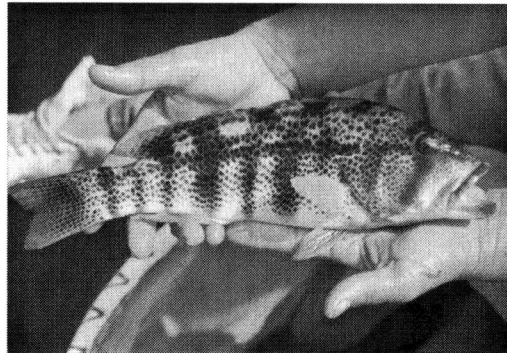

Figura 10. *Paralabrax maculatofasciatus* en diferentes estadios del cultivo en jaulas flotantes: preengorde y cosecha. (Avilés-Quevedo *et al.*, 1995)

Otra especie de la familia *Serranidae*, subfamilia *Epinephelinae* que también es interesante y que actualmente se está estudiando en México es la cabrilla sardinera (*Mycteroperca rosacea*), que alcanza un tamaño máximo de 1 m de longitud total y 18 kg de peso. Esta especie, como la mayoría de las cabrillas, se desarrolla en el rango de temperatura de 20 a 31 °C a profundidades de 1-50 m. Bajo condiciones de cultivo la cabrilla sardinera alcanza el estadio juvenil a los 47 días de cultivo a 26,7 ± 1 °C (Gracia-López *et al.*, 2005). *Mycteroperca rosácea* cultivada en jaulas flotantes alcanza una tasa de crecimiento de 67,4 ± 7.35 g/mes cuando se siembran organismos de 100-150g capturados del medio. Esta especie se captura con anzuelo entre marzo y junio coincidiendo con la época de reproducción, tolera muy bien el manejo y traslado a las jaulas de cultivo experimental de 3 × 3 × 2m, donde fue engordada con una dieta semihúmeda. Los organismos alcanzaron la talla de madurez a los 425 g.

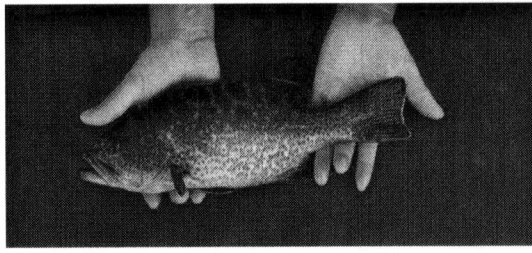

Figura 11. *Mycteroperca rosácea* cultivada en jaulas flotantes en Bahía de La Paz, Baja California Sur, México.
(A. Avilés Quevedo, 1995)

Bibliografía

Alcántar-Vázquez, PH, Skyol-Pliego, S, Dumas, Rosales-Velázquez, P. Pintos, P. Evaluación del efecto del análogo del factor de liberación de la hormona luteinizante (LHRH-a) sobre el desove de la cabrilla arenera *Paralabrax maculatofasciatus* (*Pisces: Serranidae*). VIII Congreso Nacional de Ictiología; 2003

Allen, LG, Hovey, T, Love, M, Smith, T. The life history of the spotted sand bass (*Paralabrax maculatofasciatus*) within the Southern California Bight. CalCOFI Reports. 1995; 36: 193-203

Álvarez-González, CA, Civera-Cerecedo, R, Ortiz-Galindo, JL, Dumas, S, Moreno-Legorreta, M, Grayeb-del Álamo, T. Effect of dietary protein level on growth and body composition of juvenile spotted sand bass *Paralabrax maculatofasciatus* fed practical diets. Aquaculture. 2001; 194 (1-2): 151-159

Avilés-Quevedo, A, Iizawa, M. Manual para la construcción, instalación y operación de jaulas flotantes para el cultivo de peces marinos. SEPESCA/INP/JICA, editores; 1993

Avilés-Quevedo, A, Mcgregor-Pardo, U, Rodríguez-Ramos, R, Hirales-Cosio, O; Huerta-Bello, MA, Mizawa, M. Biología y cultivo de la cabrilla arenera *Paralabrax maculatofasciatus* (Steindachner, 1868). Subsecretaría de Pesca/INP/JICA, editores; 1995

Avilés-Quevedo, A. Calidad de huevos y larvas según el manejo de los reproductores de la cabrilla (*Paralabrax maculatofasciatus, Pisces: Serranidae*). Tesis de doctorado. Universidad de Barcelona; 2005

Bocanegra-Castillo, N, Abitia-Cárdenas, LA, Cruz-Escalona, VH, Galván-Magaña, F, Campos-Dávila, L. Food habits of the spotted san bass *Paralabrax maculatofasciatus* (Steindachner, 1868) from Laguna Ojo de Liebre, B.C.S., México. Bull. Suth Calif. Academy of Sciences; 2002

Butler, JL, Moser, GH, Hageman, GS; Nordgren, LE. Developmental stages of three California sea basses (*Paralabrax, Pisces: Serranidae*). CalCOFI Vol. XXIII; 1982. p. 252-268

Carrasco Chávez, V. Efecto del nivel de lípidos sobre el crecimiento y composición lipídica de juveniles de la cabrilla arenera *Paralabrax maculatofasciatus* (Stein, 1868) (*Osteichthyes: Serranidae*). Tesis maestría, CICIMAR-IPN; 2004

Carta Nacional Pesquera. Comisión Nacional de Acuacultura y Pesca-SAGARPA, México; 2006

Chávez, H, Arvizu, J. Estudio de los peces demersales del Golfo de California, 1968-1969. III. Fauna de acompañamiento del camarón (peces finos y «basura»). En: Carranza, J, editor. Mem. IV. Cong. Nal. Oceanog., México, D.F. 1972. p. 361-378

Chirichigno, N. Catálogo de especies marinas de interés económico actual o potencial para América Latina. Parte II. Pacífico centro y suroriental. Roma: FAO; 1982

Civera, R, Ortiz, JL; Dumas, S, Nolasco, H, Álvarez, H, Anguas, B, *et al.* Avances en la nutrición de la cabrilla arenera *Paralabrax maculatofasciatus.* En: Cruz-Suárez, L, Ricque-Marie, D, Tapia-Salazar, M, Gaxiola-Cortés, G, Simoes, N, editores. Avances en Nutrición Acuícola VI. Memorias del VI Simposio Internacional de Nutrición Acuícola. 3 al 6 de Septiembre de 2002. Cancún Quintana Roo, México. 2001. p. 352-406

Diaz Borioli, R. Inducción al desove artificial del pargo *Lutjanus argentiventris* (Fam. Lutjanidae) y la cabrilla *Paralabrax maculatofasciatus* (Fam. *Serranidae*) mediante el uso de hormonas sexuales purificadas, con descipción del desarrollo embrionario y larvario. Tesis de Maestría en Ciencias, ICMyL-UNAM; 1996

Ferry, LA, Clark, SL, Calliet, GM. Food habits of spotted sand bass (*Paralabrax maculatofasciatus, Serranidae*) from Bahía de los Ángeles, Baja California Sur. South. Calif, Acad. Sci 96(1):1-17; 1997

Gracia-López, V. Estudio de la biología y posibilidades de cultivo de diversas especies del género *Epinephelus*.Tesis Doctorado, Universitat de Barcelona; 1996

Gracia-López, V, Kiewek-Martínez, M, Maldonado-García, M, Monsalvo-Spencer, G, Portillo-Clark, G, Civera-Cerecedo, R. *et al*. Larvae and juvenile production of leopard grouper, *Mycteroperca rosacea* (Streets, 1877). Aqua. Res. 2005; 36, 110-112

Hastings, AP. Protogynous hermaphroditism in *Paralabrax maculatofasciatus* (*Pisces: Serranidae*). Copeia. 1989; 1: 184-188

Hovey, TE, Allen, LG. Reproductive patterns of six populations of the spotted sand bass, *Paralabrax maculatofasciatus*, from Southern and Baja California. Copeia. 2000 (2): 459-468

Hovey, TE, Allen, LG. Spotted sand bass. California Departament of Fish and Game Report; 2001. p. 226-227

Lluch Cota, DB. Aspectos reproductivos de la cabrilla arenera *Paralabrax maculatofasciatus* (*Pisces: Serranidae*) en Bahía Magdalena-Almejas, Baja California Sur, México. Tesis Maestría en Ciencias, CICIMAR-IPN; 1995

Maeda-Martínez, AN. Composición, abundancia, diversidad y alimentación de la ictiofauna, en tres lagunas costeras del Golfo de California. Tesis L. UANL; 1981

Martínez-Heredia, SB. Aspectos biológicos de la cabrilla arenera *Paralabrax maculatofasciatus* (Steindachner, 1868). Mem. Profesional ITMAR, Guaymas, Son., Mex; 1994

Mendoza-Carranza, M, Rosales-Casian, JA. The feeding habits of spotted san bass (*Paralabrax maculatofasciatus*) in Punta Banda estuary, Ensenda, Baja California, México. 2001; CalCOFI Rep., vol 41: 194-200

Navarro-Rodríguez, MC. Variación anual de la distribución y abundancia de larvas de peces de la familia *Serranidae*, *Haemulidae*, *Scianidae* y *Carangiadae* (Perciformes: *Actinoptergii*) de la plataforma continental de Jalisco y Colima, México. Tesis de Maestría en Ciencias, ICMyL-UNAM; 2000

Ocampo Cervantes, JA. Desarrollo gametogénico y actividad reproductiva de la cabrilla arenera *Paralabrax maculatofasciatus* (*Teleostei: Serranidae*) en la Bahía de La Paz, Baja California Sur. VIII Congreso Nacional de Ictiología; 2003

Oda, DL, Lavenberg, RJ, Rounds, JM. Reproductive biology of three california species of *Paralabrax* (*Pisces: Serranidae*). CalCOFI Rep. 1993; vol (34): 122-132

Pérez-Mellado, J. Inducción al desove de la cabrilla arenera *Paralabrax maculatofasciatus*. Informe int. ITMAR-Guaymas, Son., Mex.; 1993

Pondella II, DJ, Craig, MT, Franck, JPC. The phylogeny of *Paralabrax* (*Perciformes: Serranidae*) and allied taxa inferred from partial 16S and 12S mitochondrial ribosomal DNA sequences. Molecular Phylogenetics and Evolution. 2003; (29): 176-184. Elsevier Science USA. Academia Press

Polovina, JJ, Ralston, S. Tropical snapper and groupers: Biology and fisheries management. Westview Press, 1988

Roberts, D, Demartini, EE, Plummer, KM. The feeding habits of juvenile-small adult barred sand bass (*Paralabrax nebulifer*) in nearshore waters off northern San Diego County. 1984; CalCOFI Rep., vol. XXV: 105-111

Rosales-Velázquez, MO, Martínez-Pecero, R, Anguas-Velez, B, Contreras-Olguin, M; Rodríguez-Morales, EO. Inducción al desove de la cabrilla arenera *Paralabrax maculatofasciatus* (Steindachner) (*Pisces: Serranidae*) mantenida en el laboratorio. III Congr. Nal. de Ictiología. Oaxtepec, Mor., Mex. 18; 1992

Rojas, JR; Pequeño, G. Revisión taxonómica de especies de las subfamilias *Epinephelinae* y *Serraninae* (*Pisces: Serranidae*) de Chile. Rev. Biol. trop. 2001; vol. 49; No. 1: 1-13

Sergio-Ferreira, AN. Ciclo reproductor de hembras de *Paralabrax maculatofasciatus* (Steindachner, 1868) y su importancia para la acuacultura. Tesis de Maestría, Universidad Autónoma de Baja California Sur. La Paz, B.C.S., Mex.; 1979

Thomson, DA, Findley, LT, Kerstitch, AN. Reef fishes of the Sea of Cortez. University of Arizona Press; 1987

Valle, CF, O'Brien, JW, Wiese, KB. Differential habitat use by California halibut, *Paralichthys californicus*, and another juvenile fishes en Alamitos Bay, California. Fish. Bull. 1999; 97: 646-660

Wang, H, Fang, Q, Zheng, L. Morphological development and growth of the larvae, Juveniles and young fish of *Epinephelus akaara*. *Journal of Shanghai Fisheries University/Shanghai Shuichan Daxue Xuebao* 10, 307-312; 2001

Zhang H, Liu, X, Liufu, Y, Wang, Y, Lin, L, Huang, G *et al*. Embryonic development, morphological development of larva, juvenile and young fish of *Epinephelus coioides*. Journal of Fishery Sciences of China/Zhongguo Shuichan Kexue 13, 2006; 689-696

Tema 12a

Cultivo de pargos, familia *Lutjanidae*

Luis Álvarez-Lajonchere*, Leonardo Ibarra-Castro**
y María Isabel Abdo de la Parra***

1. INTRODUCCIÓN

Los pargos (familia *Lutjanidae*) son un grupo de 103 especies reconocidas como válidas, agrupadas en 17 géneros, de los cuales el género *Lutjanus* Bloch es el mejor representado, con 65 especies (Allen, 1987). Los pargos están distribuidos en todas las regiones subtropicales y sobre todo tropicales del mundo y se encuentran mayormente en aguas someras de arrecifes coralinos, aunque también están presentes en aguas más profundas con fondos rocosos. Debido a su carne de excelente calidad y sabor, tienen una gran demanda y altos precios en el mercado mundial. Los desembarques de pargos sobrepasaron las 259.000 t en 2007, mientras que la producción de la acuicultura que se reportó a la Organización de las Naciones Unidas para la Agricultura y la Alimentación (FAO) apenas rebasó las 4.700 t comercializadas, por un valor de unos 38 millones de dólares de los EE.UU. (FAO, 2009).

Debido a que usualmente su demanda excede la oferta en los mercados mundiales, así como a la estabilidad de los precios altos —en el caso de las producciones de cultivo se comercializaron en el 2007 con valores usualmente entre 5 y 8 $/kg (FAO, 2009)—, los pargos han sido objeto de múltiples investigaciones. Debido a que son especies depredadoras que ocupan los niveles superiores en la pirámide alimentaria y de biomasa, su abundancia no ha soportado el nivel de explotación pesquera al que están sometidas muchas de dichas especies, sobreexplotadas en numerosas áreas (Watanabe *et al.*, 2005). Esta situación se agrava por la alta susceptibilidad a la captura que tienen la mayoría de las especies al agregarse estacionalmente en grandes cardúmenes de desove y al ser históricamente objeto de la pesca comercial y deportiva en dichos periodos. Lo anterior ha significado un incentivo aún mayor para desarrollar tecnologías de cultivo; sin embargo, los niveles de producción por cultivo de los pargos son bajos y ocupan uno de los últimos lugares entre las principales entidades a nivel mundial, debido a algunas características biológicas que provocan dificultades técnicas en el desarrollo de las tecnologías de cultivo.

Los pargos tienen diversas características importantes para su cultivo:

- Son altamente apreciados como peces comestibles de excelente calidad.
- Tienen un fuerte mercado, con precios mayoristas usualmente entre 5 y 8 $/kg.
- Tienen una carne blanca a rosada, sin espinas, con rendimientos medios de filete.
- El crecimiento es de aceptable a bueno en algunas especies; puede alcanzar los 2-3 g/día para tallas de aproximadamente 0,8-1 kg en un año de ceba; sin embargo, hay otras especies de crecimiento muy lento, con ritmos de 0,5-1,5 g/día o incluso menores.
- Toleran densidades medias en jaulas, con biomasas de 10-15 kg/m^3.
- Se adaptan bien al alimento artificial, incluyendo dietas frescas y secas preparadas.

* Calle 41 N.º 886, Plaza, La Habana, C.P. 10600, Cuba (lajonchere@yahoo.com).
** Postdoctorado Universidad de Texas en Austin, Estados Unidos (leobeis@hotmail.com).
*** Centro de Investigación en Alimentación y Desarrollo, Mazatlán, México (abdo@ciad.mx).

- Usualmente se trata de especies de desarrollo sexual asincrónico y desove por porciones a lo largo de largas temporadas, a veces con más de un período de máxima actividad, lo cual facilita la aplicación de técnicas de inducción crónicas.
- Hay algunas tecnologías de cultivo aplicadas a nivel piloto, especialmente en especies asiáticas, que permiten su adaptación a las especies de América.
- En la cría intensiva presentan conductas gregarias en altas densidades, forman un solo cardumen en toda la columna de agua y son resistentes al manejo.

Presentan también características que dificultan el desarrollo de tecnologías de cultivo:

- Son especies susceptibles de sufrir estrés por manipulación, lo cual dificulta su desempeño reproductivo.
- Usualmente las especies desovan en agua oceánica y sus larvas permanecen en ella para su desarrollo, por lo que requieren agua de mar de alta calidad y el efecto de diversos factores ambientales para su maduración final y desove. Estos factores actúan lentamente sobre los reproductores y en ocasiones no están presentes o no lo están con la intensidad requerida en cautiverio.
- Muchas especies presentan conductas sexuales de cortejo con nado en espiral ascendente y desove nocturno (Suzuki y Hioki, 1979; Grimes, 1987) que requieren disponer de condiciones adecuadas en los reservorios (tanques o jaulas), como el diámetro y profundidad para el desove y la sincronización entre los sexos (Álvarez-Lajonchère *et al.*, 2007).
- Producen huevos y larvas pequeñas, usualmente de menos de 1 mm los primeros y de menos de 2 o 3 mm las segundas, lo que, unido a que las larvas son extremadamente sensibles, comporta dificultades muy serias para lograr buenos rendimientos en larvicultura, tanto en los porcentajes de supervivencia como sobre todo en la densidad y biomasa de cosecha de juveniles.
- El crecimiento en todas las etapas de cultivo, desde la cría larval hasta la ceba, presenta una gran dispersión, que se incrementa con el tiempo, intensificando el canibalismo y las jerarquías, factores que dan lugar a dificultades en la cría larval, el alevinaje, la ceba e incluso la cosecha.
- Los factores de conversión de los alimentos artificiales se encuentran entre los niveles medios de aprovechamiento, requiriendo alimentos costosos.
- No se trata de especies de amplia tolerancia ambiental, pues usualmente habitan zonas de agua limpia, especialmente en arrecifes coralinos y sus inmediaciones, salvo las especies de carácter más estuarino, como el pargo rojo de mangle *Lutjanus argentimaculatus* en Asia y el pargo raicero *L. aratus* en el Pacífico centro-oriental.

El obstáculo fundamental para la aplicación de técnicas de acuicultura en los pargos es la obtención masiva de sus juveniles, cuyo desarrollo se encuentra rezagado respecto al alcanzado en otras especies de peces marinos (Emata *et al.*, 1994; Davis *et al.*, 2000; Watanabe *et al.*, 2005). Aún gran parte de su producción se logra por la cría de juveniles capturados en el medio, tanto en Asia como en América (Emata y Borlongan, 2003; Avilés-Quevedo, 2006). En Taiwán operan varias decenas de instalaciones en las que se producen juveniles de varias especies de pargos; en 1997 se produjeron 48 millones de juveniles de dichas especies, especialmente del pargo rojo de mangle, del que se produjeron 30 millones (Yeh *et al.*, 1998). Las jaulas flotantes son el sistema de cultivo fundamental para los pargos. De acuerdo con los reportes de la FAO, la especie de pargo que más se cultiva en el mundo es el pargo rojo de mangle (97% en peso), comercializado a más de 8 \$/kg (FAO, 2009), y en segundo lugar el pargo de John o pargo dorado *L. johnii*. Malasia es el principal país, con el 95% de los reportes de producción (FAO, 2009). Por ello, este capítulo reflejará las técnicas que han sido exitosas para la producción de estas dos especies, además de las aplicadas a las especies de América.

2. MANEJO DE REPRODUCTORES

El cultivo de peces marinos a escala comercial basado en la captura de juveniles del medio está afectado principalmente por la imposibilidad de predicción y la inestabilidad de dichas capturas, que pueden llegar a perjudicar las poblaciones naturales debido a su intensidad, por lo que las pesquerías de esas especies también sufren consecuencias negativas. Por ello, para que la tecnología de cultivo sea fiable, estable y efectiva económicamente, es muy importante que la fuente de juveniles esté basada en tecnologías de producción masiva de crías de alta calidad con resultados consistentes, de forma que puedan responder a las demandas crecientes de la industria y a la vez se reduzca la presión sobre las poblaciones naturales.

Para lograr el objetivo anterior, se ha desarrollado una estrategia a nivel mundial consistente en establecer bancos de reproductores que maduren adecuadamente en cautiverio y produzcan masivamente huevos de óptima calidad, así como técnicas de larvicultura que permitan obtener juveniles a gran escala para ser introducidos en las instalaciones de alevinaje y ceba. Las circunstancias del cautiverio pueden alterar la maduración y el desove de los peces, cuya reproducción presenta patrones que pueden diferir de los estudiados en el entorno natural, por lo cual dichos conocimientos son útiles, aunque no tienen que cumplirse exactamente en cautiverio, e incluso es posible que peces adultos lleguen a comportarse como nulíparos a pesar de que ya se hayan reproducido al menos una vez antes de ser capturados. Además, se alteran sus patrones típicos de maduración y desove una vez que comienza su reproducción en cautiverio, como se ha comprobado en varios grupos de pargos flamenco *Lutjanus guttatus* a lo largo de varios años (Álvarez-Lajonchère e Ibarra-Castro, no publicado). Por ello, la reproducción en cautiverio debe estudiarse en reproductores adultos totalmente aclimatados, para poder realizar predicciones de forma fiable.

Los pargos son heterosexuales, manteniendo el mismo sexo después de su diferenciación pero sin dimorfismo sexual marcado, con ligero predominio de hembras en poblaciones silvestres (Grimes, 1987) y de machos en cautiverio (Ibarra-Castro y Álvarez-Lajonchère, no publicado). La obtención de reproductores se logra con capturas de individuos maduros o bien criados en cautiverio, cuyo desempeño reproductivo está influido, en dependencia de la especie, por diversos parámetros y ritmos ambientales, como son la temperatura, el fotoperiodo, la marea, la fase lunar, la hora del día, la calidad del agua, etc., lo cual, unido a una alimentación y a técnicas de manipulación inadecuadas, ha dificultado o impedido obtener resultados satisfactorios en cautiverio (Davis *et al.*, 2000; Álvarez-Lajonchère *et al.*, 2007).

La captura de los reproductores en el medio se realiza usualmente con línea y anzuelos sin barbillas. Se transportan al laboratorio en tanques con agua del sitio de captura y con un suministro continuo de aire y, en ocasiones, de oxígeno. Cuando los peces se pescan a gran profundidad, la vejiga de los gases se distiende por la subida brusca a la superficie, lo cual debe ser resuelto con una aguja hipodérmica estéril para perforarla. La duración de la operación de captura y traslado de los reproductores no debe exceder las 4 h y las densidades de transporte no deben ser superiores a los 50 kg/m³ en condiciones de oscuridad, con niveles de oxígeno cercanos a su saturación; la temperatura del agua usualmente se disminuye a 21-22 °C por diversos medios, para minimizar la producción de amonio y el consumo de oxígeno al bajar el metabolismo.

Muchas de las especies de pargos que han sido estudiadas son vulnerables al estrés de manipulación y a las condiciones ambientales en que se encuentren en cautiverio, lo cual afecta su maduración sexual y desove, dificultándose el desarrollo de las tecnologías de producción masiva de juveniles. Lo anterior ha conllevado que en muchos casos se utilicen reproductores maduros recién capturados en el medio, que requieren de tratamientos hormonales para la inducción del desove, con lo cual se encarece la producción y disminuye la eficiencia reproductiva. Por ello, los huevos y larvas obtenidos de esta forma tienen usualmente menor viabilidad que los que se obtienen mediante reproductores nacidos y criados en cautiverio, que logran madurar y desovar voluntariamente, lo que a su vez es la base de la selección y el mejoramiento genético que ha permitido el gran desarrollo alcanzado por la agricultura y la ganadería modernas.

En la manipulación de los reproductores es importante utilizar anestésicos (metasulfonato de tricaina: 100-200 ppm; 2-fenoxietanol: 100-300 ppm; benzocaina: 50-150 ppm; aceite de clavo: 15-20 ppm) en concentraciones adecuadas para alcanzar el nivel de narcotización mínimo indispensable para la manipulación que se requiera en cada caso y para evitar que los animales se estresen o dañen o que una mala manipulación afecte su desempeño sexual, a pesar de que se encuentren bien alimentados y de que el tratamiento hormonal sea el adecuado (Álvarez-Lajonchère *et al.*, 2007).

En algunos sitios, los reproductores se han mantenido en jaulas o en estanques; luego se pasan a tanques de desove. Avilés-Quevedo *et al.* (1996) mantuvieron reproductores de pargo amarillo *L. argentiventris* en jaulas de 18 m³ y tras dos años los pasaron a tanques de desove de 24 m³, mientras que Doi y Singhagraiwan (1993) mantuvieron los animales en estanques de tierra de 600 m² para pasarlos posteriormente a tanques de desove de 190 m³; en ambos casos con buenos resultados, de forma similar a las técnicas aplicadas con varias especies de peces marinos en Japón. Sin embargo, lo más usual es utilizar los mismos reservorios para el mantenimiento, la maduración y el desove; a veces son de 80-200 m³ (Cano, 2003) o hasta de 3.000 m³ (Doi y Singhagraiwan, 1993; Leu *et al.*, 2003), pero en muchos casos tienen entre 10 y 50 m³ (Arnold *et al.*, 1978; Avilés-Quevedo *et al.* 1996; Turano *et al.*, 2000; Papanikos *et al.*, 2003, 2008; Álvarez-Lajonchère et al., 2007; Boza-Abarca *et al.*, 2008; Álvarez-Lajonchère *et al.*, en prensa). También con el pargo rojo de mangle en Filipinas se han utilizado jaulas de 6 m de diámetro para el mantenimiento y desove (Emata 2003; Emata y Borlongan, 2003); sin embargo, la retención y colecta de huevos se dificulta por el empleo de malla de aberturas muy pequeñas, lo que a su vez afecta el intercambio de agua con el exterior. En el pargo de John, Lim *et al.* (1985) lograron hasta cuatro desoves nocturnos consecutivos en tanques de 40 m³, con una fecundidad total tres veces mayor y de mejor calidad, mientras que solo un desove en tanques de 10 m³, lo cual demuestra la importancia del volumen del tanque.

En algunas especies se han aplicado métodos de control del fotoperiodo y la temperatura para inducir y controlar la maduración y el desove y para simular los cambios ambientales de forma controlada en o fuera de la temporada de desove natural, como en el pargo de la mancha *Lutjanus analis* (Benetti *et al.*, 2002), el huachinango del Golfo de México *L. campechanus* (Arnold *et al.*, 1978; Papanikos *et al.*, 2003, 2008), la rabirrubia *Ocyurus chrysurus* (Turano *et al.*, 2000) y el pargo amarillo (Guerrero-Tortolero *et al.*, 2008). No obstante, en esas mismas especies y en otras se ha logrado la maduración y el desove sin ejercer un control riguroso de las condiciones ambientales, como en en el caso del pargo rojo de mangle (Leu *et al.*, 2003), el pargo amarillo (Avilés-Quevedo *et al.*, 1996; Muhlia-Melo *et al.*, 2003) y el pargo flamenco (Ibarra-Castro y Álvarez-Lajonchère, en prensa). Álvarez-Lajonchère *et al.* (2007) manipularon otros parámetros ambientales en un sistema de flujo abierto, como la profundidad del agua, la luz solar directa, el flujo de agua y la alimentación, para modular el desove con éxito. Los sistemas controlados requieren usualmente sistemas semicerrados de circulación costosos de adquirir, operar y mantener, pero facilitan inducir o detener el desove, especialmente con el control de uno de los parámetros. En la rabirrubia se utilizó la temperatura como parámetro modulador del desove (Turano *et al.*, 2000) para obtener buenos desoves en cualquier época del año y mantener los reproductores en condiciones de desove durante largos periodos (Davis *et al.*, 2000).

En cautiverio, además de las condiciones ambientales en que se encuentren los reproductores, para su maduración y desove influye significativamente la condición nutricional, tanto en cantidad como en calidad, de acuerdo con los requerimientos del ciclo sexual. Está comprobado que este aspecto es uno de los que más influyen en la calidad y viabilidad de los huevos y larvas (Davis *et al.* 2000; Álvarez-Lajonchère *et al.*, 2007), por lo que la eficiencia de las tecnologías de producción masiva de juveniles requieren que sea considerado como un componente esencial en el que no se escatimen los gastos; sin embargo, la sobrealimentación puede producir excesos de grasa en el mesenterio y en el hígado que usualmente provocan desempeños reproductivos negativos (Álvarez-Lajonchère *et al.*, 2007).

La calidad de la alimentación debe estar en relación con los requerimientos de la especie en la etapa específica y la aceptación y digestibilidad de los alimentos que se suministren, mientras que la cantidad debe regularse para asegurar niveles adecuados de los nutrientes en proporción y en cantidad. En la composición de las dietas para reproductores de peces marinos destacan el nivel proteico (usualmente no menor de 45%) y de lípidos de origen marino (generalmente no menor de 10%) para tener elevados niveles de ácidos grasos poliinsaturados (especialmente el 20:5 n-3, el 22:6 n-3 y el 20:4 n-6), su calidad y procedencia. Entre los micronutrientes, las vitaminas E, C y las del complejo B, así como minerales traza y carotenos.

A pesar de las dificultades en su conservación y los riesgos de introducción de enfermedades que entraña el utilizar alimentos naturales, son los que más se emplean como dietas húmedas a nivel comercial por separado o mezclados con suplementos de premezclas de vitaminas y minerales y otros compuestos, o incluso combinados con dietas artificiales disponibles comercialmente como el Fish Breed-M® (INVE Aquaculture Inc.) o Vitalis CAL ® (Skretting), para asegurar cubrir los requerimientos nutricionales de forma efectiva (Álvarez-Lajonchère *et al.*, 2007); sin embargo, para el pargo rojo de mangle se desarrolló una dieta formulada y empleada con éxito a nivel piloto-comercial (Emata y Borlongan, 2003). Entre los productos naturales más utilizados en las dietas prácticas destacan los peces oleaginosos (carángidos, sardinas y escómbridos), los calamares y los crustáceos (Arnold *et al.*, 1978; Turano *et al.*, 2000; Álvarez-Lajonchère *et al.*, 2007; Papanikos *et al.*, 2008).

En nuestra experiencia con varios grupos del pargo flamenco provenientes del medio natural y aclimatados al laboratorio (Álvarez-Lajonchère *et al.*, 2007), las condiciones que permitieron a los reproductores madurar en cautiverio fueron: 1) tanques de maduración y desove de no menos de 3,5-4 m de diámetro y 1,5 m de profundidad; 2) flujo de agua de mar de buena calidad equivalente a ≥ 6 volúmenes por día; 3) parámetros de calidad del agua de mar similares a los de los lugares de posible desove; 4) evitar altas densidades; 5) asegurar máxima tranquilidad y silencio; 6) manipulación mínima y con métodos adecuados (anestésicos, utensilios apropiados, habilidad y cuidado extremo); 7) dieta basada en alimentos naturales ricos en proteínas y ácidos grasos poliinsaturados (calamares, pescado oleaginoso y camarón) en la época de predesove y durante el desove, complementada con vitaminas y minerales y algunos suplementos de efecto reconocido en la reproducción como la paprika y la lecitina de soya, además de incorporar Fish Breed-M® (INVE Aquaculture Inc.) para formar una masa bien mezclada. El alimento se suministró después de la limpieza matinal de los tanques, una sola vez al día a saciedad y preferiblemente en días alternos.

En ocasiones el desove no se produce, tanto por tratarse de individuos recién capturados en el entorno natural como por no estar aclimatados adecuadamente al cautiverio, o incluso por no recibir los estímulos ambientales necesarios en las condiciones en que se encuentren, por lo cual se requiere aplicar tratamientos hormonales de inducción.

Para la aplicación de los tratamientos hormonales de inducción de la maduración final y el desove, como es usual en peces, es importante la estimación del estadio de desarrollo sexual de los productos sexuales. En el caso de los machos se debe asegurar que el semen esté fluido y tenga una motilidad superior al 80-85%, mientras que en las hembras se aplican técnicas de biopsia con la extracción de una muestra representativa de los ovocitos intraováricos que permite estimar si los ovocitos han alcanzado el final de la vitelogénesis con la opacidad y diámetros previamente estimados (Ibarra-Castro y Álvarez-Lajonchère, 2009), para obtener resultados satisfactorios al aplicar las dosis hormonales previamente estimadas como críticas. Usualmente, los diámetros de ovocitos requieren ser ≥ 300 (Watanabe *et al.*, 1998, 2005) o ≥ 400 (Emata *et al.*, 1994, 2003). El período de latencia después de terminado el tratamiento hormonal varía mucho con las hormonas y dosis empleadas; sin embargo, para cada tratamiento hay un período más o menos constante de 32-40 h en el que se logran los mejores desoves (Emata, 2003; Watanabe *et al.*, 2005; Bourque y Phelps, 2007; Ibarra-Castro y Álvarez-Lajonchère, 2009).

En pargos se han aplicado con éxito diversos tratamientos hormonales, que se basan en el uso de la gonadotropina coriónica humana con dosis para las hembras de 0,5-2 ui/g en el caballerote *L. griseus* (González *et al.* 1979), en el pargo rojo de mangle (Emata *et al.*, 1994), el pargo de John (Lim *et al.*, 1985), el pargo de la mancha (Clarke *et al.*, 1997; Watanabe *et al.*, 1998; Watanabe *et al.*, 2005), el huachinango del Pacífico *L. peru* (Dumas *et al.*, 2004), el huachinango del Golfo de México (Papanikos *et al.*, 2003; Bourque y Phelps, 2007) y el pargo flamenco (Boza-Abarca *et al.*, 2008). Cabrera *et al.* (1997) requirieron una dosis ligeramente superior para el caballerote y Álvarez-Lajonchère *et al.* (1991) para la rabirrubia.

Otros reportes han empleado LHRHa en dosis para las hembras de 30 µg/kg en el caballerote (Cabrera *et al.*, 1999) y 100 µg/kg en el pargo de John (Schipp y Pitney, 1995), el pargo rojo de mangle (Emata, 2003), el pargo de la mancha, el caballerote y la rabirrubia (Feeley y Benetti, 1999), entre otros. Las prácticas más frecuentes utilizan la vía de inyección o emplean implantes, ya sea por vía intramuscular o intraperitoneal (Ibarra-Castro y Álvarez-Lajonchère, en prensa). La tendencia es utilizar los implantes de LHRHa, ya que solo requieren una aplicación (menor manipulación) y aseguran varios desoves consecutivos, tal como se ha logrado en el flamenco, especie en la que se encontraron los diámetros mínimos de los ovocitos para tener éxito en el desove y las relaciones entre el diámetro medio de los ovocitos y la dosis de LHRHa adecuadas para inducir el desove de acuerdo con el origen de los reproductores (silvestres o de cautiverio); con ello se preparó un nomograma para estimar la concentración adecuada de LHRHa del implante (Ibarra-Castro y Álvarez-Lajonchère, 2009) (figura 1).

La fecundidad total relativa y la calidad de huevos de pargos inducidos hormonalmente con tratamientos agudos ha sido variable, con ventajas para los tratamientos con desove natural vs. fertilización artificial en el pargo de John, con 0.57×10^6 huevos/kg y 70,9% de eclosión vs $0,14 \times 10^6$ huevos/kg y 30,6% de eclosión (Lim *et al.*, 1985), y para los de cautiverio vs. los silvestres en pargo flamenco, con $0,28 \times 10^6$ huevos/kg y 94,4% (Ibarra-Castro y Álvarez-Lajonchère, 2009) vs. $0,08 \times 10^6$ huevos/kg y 55,6% (Ibarra-Castro y Duncan, 2007) y en el huachinango del Golfo de México (Papanikos *et al.*, 2003). Los mejores resultados globales se han logrado con reproductores de cautiverio tratados a largo plazo, con desoves voluntarios sin tratamientos hormonales o con inducción hormonal y desove y fertilización natural (tabla 1).

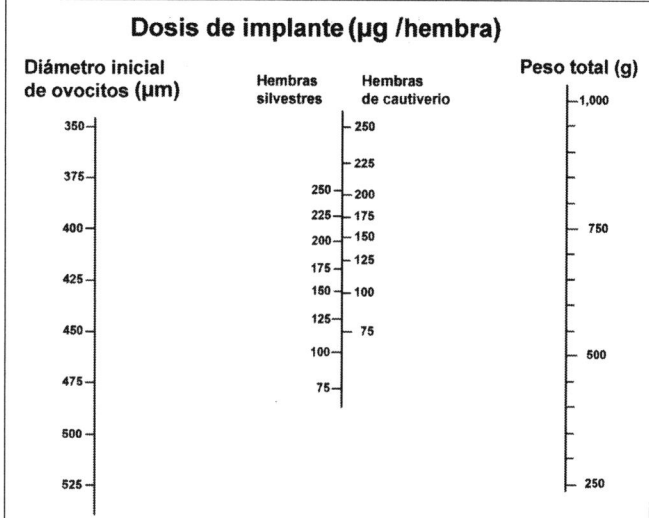

Figura 1. Nomograma para calcular la dosis de LHRHa de los implantes para inducir la maduración final de los ovocitos, la ovulación y el desove de pargo flamenco silvestre y de cautiverio, basada en el diámetro medio inicial de los ovocitos y el peso de la hembra. (Modificado de Ibarra-Castro y Álvarez-Lajonchère, 2009, con permiso de la revista *Bamidgeh*)

En reproductores de pargo flamenco que maduraron por primera vez en cautiverio, Ibarra-Castro y Álvarez-Lajonchère (2009) aplicaron un tratamiento con LHRHa a un grupo, lo cual posibilitó que se desencadenaran posteriormente los desoves voluntarios durante muchos meses con mayor frecuencia y fecundidad que para los reproductores sin tratamiento hormonal (tabla 1). En otras especies, después de períodos prolongados en cautiverio, se han logrado desoves voluntarios sin tratamiento hormonal, con porcentajes de fertilización mayores del 70%, (Arnold *et al.*, 1978; Soletchnik *et al.*, 1989; Benetti *et al.*, 2002; Muhlia-Melo *et al.* 2003; Cano, 2003; Boza-Abarca *et al.*, 2008).

Los desoves de mejor calidad se producen de forma espontánea, sea inducidos con tratamientos hormonales o sea de forma voluntaria, aunque hay reportes aún recientes de utilización de técnicas de extracción forzada de los productos sexuales y fertilización artificial (Bourque y Phelps, 2007). Los desoves ocurren habitualmente por la noche; se colectan en los tanques de desove de forma continua durante la misma noche con colectores de malla con abertura apropiada (0,4-0,5 mm), colocados en el rebozo de los tanques. Los mejores resultados con el pargo flamenco se han obtenido con desoves voluntarios de reproductores de cautiverio por Ibarra-Castro y Álvarez-Lajonchère (en prensa) (figura 2, tabla 1).

Los procesos de manipulación de los huevos se realizan usualmente a la mañana siguiente. Dichos procesos incluyen la estimación del número de huevos desovados y del porcentaje de fertilización y/o viabilidad (porcentaje de huevos con embrión vivo y bien formado), así como la separación de los huevos flotantes (con un porcentaje de fertilización generalmente superior al 90-95%) de los que se hunden (con baja calidad, huevos muertos o con porcentaje de fertilización de menos del 5-10%). Lo más usual es aplicar métodos volumétricos, por submuestreo o por volumen efectivo de los huevos en probetas graduadas con la estimación previa del número de huevos por unidad de volumen (por ejemplo, 1.000 huevos/mL en rabirrubia según Davis *et al.*, 2000), o con mayor precisión por medio de una ecuación calculada previamente, en la que se contempla el diámetro de los huevos, como E = -18.648 D + 16.645 (P = 0,05; r^2 = 0,9013) en el pargo flamenco (Ibarra-Castro y Álvarez-Lajonchère, 2009). Los reportes de fecundidad han sido muy variables, desde unas

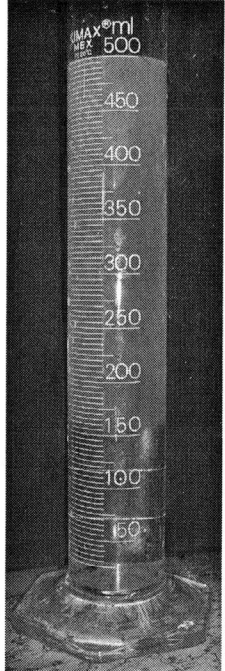

Figura 2. Huevos obtenidos por desove voluntario en un tanque comunal con 5 hembras de pargo flamenco *Lutjanus guttatus* (foto de Álvarez-Lajonchère *et al.*, en prensa, cortesía de World Aquaculture)

pocas decenas de miles hasta 1.370.000 (Grimes, 1987). Los porcentajes de fertilización han sido también variables, oscilando entre 0 y 100% (Watanabe *et al.*, 2005; Álvarez-Lajonchère *et al.*, 2007).

Antes de introducir los huevos en el tanque en que terminará su desarrollo embrionario, sea una incubadora para esa etapa en particular o sea el propio tanque de cría larval, estos deben someterse a un tratamiento profiláctico para reducir el nivel de patógenos. En pargos se han aplicado algunos de los tratamientos desarrollados para otras especies de peces marinos, especialmente los consistentes en baños de formalina a 10 ppm durante una hora (Turano *et al.*, 2000), que han sido aplicados con buenos resultados en el pargo flamenco (Ibarra-Castro *et al.*, no publicado).

Tabla 1. Comportamiento reproductivo de pargos en cautiverio por periodos largos de experimentación.

Especie	Pargo rojo de mangle		Pargo amarillo		Huachinango del Golfo de México		Pargo flamenco	
Reproductores	Dieta artificial	Dieta natural	1994	1995	Dieta enriquecida	Dieta no enriquecida	Tratados con LHRHa mes anterior	No tratados con LHRHa
Hembras/ peso (kg)	14/3.2	12/3.1	14/7-8	38/0.43	32/0.54	12/2.8	12/3.0	5/1.15	9/1.18
Duración total (meses)	24	24	12	12	12	12	12	11	11
Meses de desove/año	7	7	4	6	5	–	–		
Número total de desoves	69	66	71			23	70	171	63
Total de huevos (10⁶)	82.35	77.6		39.93	37.73	1.3	13.9	72.5	13.9
Inducción hormonal y fertilización artificial (10⁶ huevos/kg)	–	–	–	–	–	–	–	–	–
Inducción hormonal y desove natural (10⁶ huevos/ kg)	–	–	–	–	–	–	--	–	–
Desove voluntario (10⁶ huevos/ kg/año)	0.91	1.035	2.35	1.94	1.84	0.039	0.39	12.6	1.3
Huevos flotantes (%)	–	–	–	–	–	–	–	90	87
Fertilización (%)	–	–	74.3	–	–	99	83.9	–	–
Viabilidad** (%)	76.9	72.6	–	84.3	85.8	–	–	90.9	91.2
Eclosión (%)	74.0	70.4	81.9	89.3	91.0	88.2	81.6	88.5	86.5
Autoridad	Emata y Borlongan (2003)	Leu *et al.* (2003)	Avilés-Quevedo *et al.* (1996)		Papanikos *et al.* (2008)		Ibarra-Castro y Álvarez-Lajonchère (en prensa)	

(*)Estimado; (**) embriones vivos en el momento de la colecta; (***) cifras combinadas por no ser diferentes significativamente.

El tiempo de incubación dependerá de las condiciones ambientales, tales como la temperatura, la salinidad, el nivel de oxígeno disuelto, la especie, etc. Se puede estimar una duración de alrededor de 17-22 h por término medio. Los tanques de incubación utilizados han sido también variados, desde jarras MacDonald con 1.500-2.500 huevos/L (Watanabe *et al.*, 2005) hasta los propios tanques de cría larval de varios m³ de capacidad.

3. CRÍA LARVAL

La cría larval de los pargos es la etapa en que se presentan las mayores dificultades para la producción masiva de juveniles y, por ende, para el desarrollo de tecnologías apropiadas. Todas las especies de pargo tienen desove oceánico y producen huevos relativamente pequeños (menores de 1 mm), con sacos vitelinos y gotas de aceite que no aseguran la subsistencia por más de 1-2 días después de la eclosión.; las larvas son también pequeñas (menores de 3 mm de longitud), con bocas muy pequeñas que disponen de pocas horas para adquirir la capacidad de alimentarse (Doi *et al.*, 1997). Como consecuencia, los pargos requieren alimentos también muy pequeños, como rotíferos muy chicos o tamizados (Duray *et al.*, 1996) y nauplios de copépodos de muy difícil tecnología de producción por cultivo. Como se mencionó anteriormente, estas especies son de desove oceánico, lo cual asegura la calidad del agua y la estabilidad de los parámetros, por lo que las condiciones de cría que no presenten estas características no serán propicias.

En las primeras etapas de los trabajos, tanto en Asia como en América, se desarrollaron estudios de laboratorio en los que se describió el desarrollo embrionario y larval de muchas especies de pargos (Suzuki y Hioki, 1979; Richards y Saksena, 1980; Rabalais *et al.*, 1980; Riley *et al.*, 1995; Clarke *et al.*, 1997). En los mismos se han constatado las dificultades que presentaba la cría de larvas de estas especies y las complejas transformaciones morfológicas externas e internas que ocurren, como el desarrollo de largas espinas en el preopérculo y las aletas segunda dorsal y pélvicas que posteriormente se reducen (Emata *et al.*, 1994; Lim *et al.*, 1985). Además, presentan un desarrollo complejo del aparato bucal, del aparato óseo en general y del tracto digestivo. Las larvas presentan requerimientos de alimentación muy específicos y variados según la etapa larval, destacando la importancia de los copépodos, tanto nauplios como los diversos estadios de copepoditos y los propios adultos a lo largo del período larval. Ello indica, sin lugar a dudas, la necesidad de que dichos organismos formen parte del régimen de alimentación larval de los pargos, de lo cual son pruebas fehacientes los mejores resultados de larvicultura de pargos (Doi y Singhagraiwan, 1993; Davis *et al.*, 2000; Benetti *et al.*, 2002; Schipp *et al.*, 1999, 2001; Ogle y Lotz, 2006).

Los mejores resultados reportados hasta el presente en la producción masiva de juveniles de pargos se han obtenido en Asia en el pargo rojo de mangle con técnicas tradicionales de «agua verde» y en Australia con el pargo de John con técnicas de «mesocosmos». Schipp *et al.* (1999, 2001) reportaron las supervivencias más altas en pargos, con índices de 35-40% y producciones de varias decenas de miles de juveniles del pargo de John mediante suministro importante de copépodos cultivados, mientras que, en el pargo rojo de mangle, Duray *et al.* (1996) lograron una supervivencia de 12 ± 11.0% a los 55 días posteclosión (dpe) en tanques de 3 m³, con densidades de cosecha de 0,8 juveniles/L, y Leu *et al.* (2003) una supervivencia de 21,1 ± 6.9% a 50 dpe en tanques de 4 m³, pero con densidades de cosecha ≤ 2 juveniles/L. Las densidades de siembra que mejores resultados han dado son de aproximadamente 10 larvas/L en el pargo rojo de mangle (Leu *et al.*, 2003) y el pargo de la mancha (Watanabe *et al.*, 1998). Las supervivencias más importantes obtenidas en especies de América se han obtenido con el huachinango del Golfo con 16,5 ± 10,8% y 1,23 larvas/L en tanques de 1 m³ con sistemas de recirculación a los 24 dpe con el comienzo intenso del canibalismo (Ogle y Lotz, 2006), con el pargo de la mancha con 14,3% y 1,23 juveniles/L a los 38 dpe en un tanque de 30 m³ con manifestación de canibalismo ligero (Watanabe *et al.*, 1998) y con el pargo flamenco con 6% y 1 juvenil/L a los 60 días en tanques de 3 m³ (figura 3), con manifestaciones de canibalismo intenso desde los 10 dpe (Álvarez-Lajonchère *et al.*, en prensa).

La mayor parte de los trabajos se han realizado a escala experimental, con tanques interiores de unas decenas a centenares de litros (Richards y Saksena, 1980; Rabalais *et al.*, 1980; Riley *et al.*, 1995; Cabrera *et al.*, 1997); otros estudiosos han utilizado volúmenes de escala piloto (3-5 m³), como Duray *et al.* (1996), Leu *et al.* (2003) y Álvarez-Lajonchère *et al.* (en prensa), con técnicas semiintensivas tradicionales de «agua verde», mientras que algunos han utilizado tanques exteriores de gran volumen (30-40 m³) con técnicas de «mesocosmos», como Watanabe *et al.* (1998) con el pargo de la mancha y Schipp *et al.* (2001) con el pargo de John, y de hasta 190 m³ con el pargo rojo de mangle (Doi y Singhagraiwan, 1993). El efecto satisfactorio del mayor volumen fue demostrado por Duray *et al.* (1996).

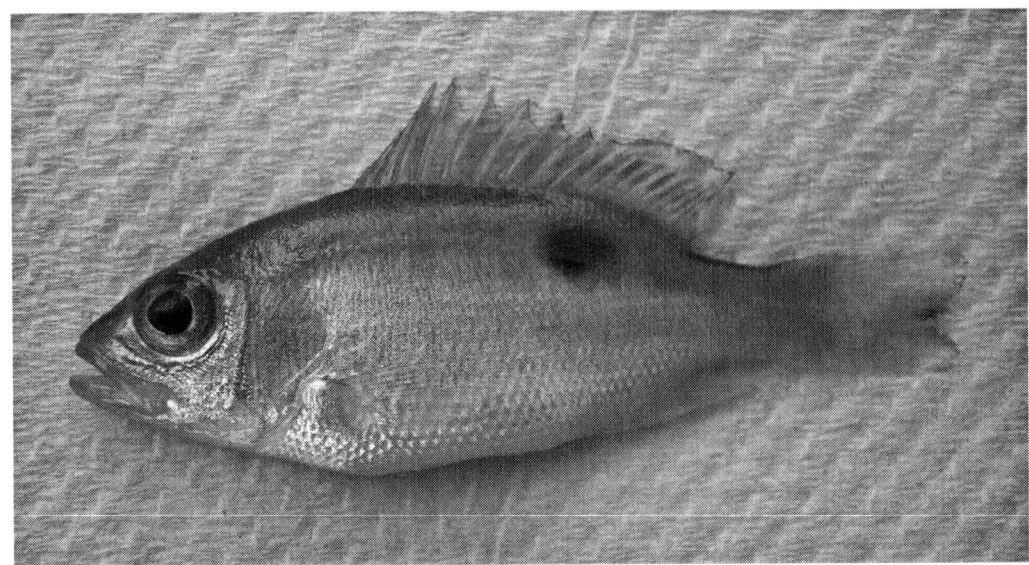

Figura 3. Juvenil de pargo flamenco *Lutjanus guttatus* producido artificialmente, con 65 mm de longitud total y 6,4 g de peso total. (Foto cortesía de M. I. Abdo de la Parra)

Hasta ahora, las deficiencias fundamentales en las tecnologías de cría larval de pargos son los bajos porcentajes de supervivencia, su inconsistencia y, sobre todo, el bajo rendimiento, con densidades de cosecha máximas de 2/L, situación similar a la que presenta la cobia *Rachycentron canadum* (Holt *et al.*, 2007). En estas especies, la ocurrencia de canibalismo desde la cuarta semana (tabla 3) e incluso desde la segunda semana (Álvarez-Lajonchère *et al.*, en prensa) es sin duda uno de los impedimentos para lograr producciones masivas; sin embargo, hay reportes de baja incidencia en el pargo de la mancha (Benetti *et al.*, 2002; Watanabe *et al.*, 2005). Es posible que densidades de siembra muy elevadas, la alimentación continua y la separación por tallas puedan disminuir la incidencia del canibalismo, como se ha logrado en otras especies de peces marinos; sin embargo, la separación por tallas de las larvas de pargo es muy difícil debido a la escasa resistencia de las larvas a la manipulación, por lo que se han tenido que desarrollar artes y métodos específicos aplicados con éxito en el pargo flamenco (Álvarez-Lajonchère *et al.*, en prensa). La gran dispersión de las tallas presentes en la cría de larvas de diversas especies de pargo (Lim *et al.*, 1985; Emata *et al.*, 1994; Álvarez-Lajonchère *et al.*, en prensa) es una de las que más importancia tiene para la exacerbación del canibalismo en peces, por lo que la separación por tallas durante la larvicultura de pargos puede ser estratégica.

Como en otros peces marinos, la etapa de destete en los pargos es crucial. Los resultados de un destete temprano a los 24 dpe, buenos en el pargo de la mancha estudiado por Watanabe *et al.* (1998), pueden ser una indicación de que el suministro de alimentos artificiales adecuados puede comenzar temprano en el desarrollo, disminuyendo la incidencia de canibalismo e incrementando la supervivencia y la densidad de cosecha.

El período de larvicultura termina usualmente después de finalizadas las principales transformaciones que permiten alcanzar el estadio de juvenil. El fin de la metamorfosis ocurre usualmente pasado el destete o durante este. Este largo período es otra de las características de los pargos que demoran, complican y encarecen su cultivo.

En los pargos, como en otros peces marinos, se cumple que los dos aspectos más importantes en la cría de larvas de peces marinos son el manejo de los sistemas de cultivo y el régimen de alimentación (Liao *et al.*, 2001). Se ha demostrado también que, a pesar de las diferencias entre las especies objetivo de trabajo y la localización geográfica, los trabajos que han seguido protocolos de larvicultura establecidos y eficientes en algunas especies solo han requerido ligeras modificaciones (Lee, 2003) para tener éxito en los pargos, como ha sido el caso de la rabirrubia con adaptaciones de las tecnologías desarrolladas para la corvina roja *Sciaenops ocellatus* (Davis *et al.*, 2000) y de pargo flamenco con las de lubina (*Dicentrarchus labrax*) y dorada (*Sparus aurata*) (Álvarez-Lajonchère *et al.*, en prensa); sin embargo, aún quedan algunas adaptaciones para dichos protocolos sean suficientemente eficientes

Figura 4. Pargo raicero *Lutjanus aratus*.
(Foto cortesia de Jonathan Roldan, http://www.tailhunter-international.com, La Paz, México)

Las prácticas más exitosas son las que se han aplicado al pargo rojo de mangle. La información disponible acerca de estas tiene ya más de 15 años (Leu *et al.*, 2003); sin embargo, dada la producción comercial de juveniles de esta especie en Taiwán desde hace muchos años (Yeh *et al.*, 1998), el nivel alcanzado actualmente por las técnicas podría representar un avance muy significativo si se adaptara a algunas especies de pargo en América, sobre todo aquellas estuarinas biológicamente más similares a la especie asiática, tales como el pargo raicero (figura 4) y el pargo colorado (*L. colorado*) (figura 5) en el Pacífico y el huachinango en el Golfo de México. Son además las especies que mejor crecimiento han presentado (Avilés-Quevedo y Castelló i Orvay, 2003), lográndose incluso desoves voluntarios en cautiverio (J. C. Pérez Urbiola, Centro de Investigaciones Biológicas, La Paz, México, comunicación personal) con producción de juveniles (figura 6). Ogle y Lotz (2006) obtuvieron buenos resultados con salinidades medias de 25‰; dichas salinidades son típicas de las zonas estuarinas en que habitan el pargo rojo de mangle y el pargo raicero y han permitido alcanzar mejores rendimientos en muchas especies de peces marinos y estuarinos.

4. CULTIVO INTERMEDIO O ALEVINAJE

En América, a nivel piloto solo se han logrado producciones masivas de juveniles de dos especies: el pargo de la mancha (Watanabe *et al.*, 1998; Feeley *et al.*, 2000; Benetti *et al.*, 2002) y el pargo flamenco (Álvarez-Lajonchère *et al.*, en prensa); sin embargo, no son las especies de mejor crecimiento en el continente.

El crecimiento de los juveniles de pargo en los reportes de las especies estudiadas en América es lento, con valores máximos de 0,3-0,8 g/día (Watanabe *et al.*, 1998; Turano *et al.*, 2000; Boza-Abarca *et al.* 2008;

Álvarez-Lajonchère *et al.*, en prensa) para apenas 30-40 g en dos a tres meses aproximadamente a partir de 1-2 g, comparado con otras especies de peces marinos como los jureles cola amarilla y la cobia, con valores de entre 1 y 3 g/día en el período de alevinaje (Álvarez-Lajonchère y Kraul, no publicado). Esta característica implica que las especies de pargo estudiadas, después de alcanzar 1-2 g en la etapa de cría larval en las instalaciones de producción de juveniles en sus primeros dos meses de vida, requieren de dos a tres meses adicionales para alcanzar unos 30-50 g y poder ser introducidas en las instalaciones de ceba.

Figura 5. Pargo colorado *Lutjanus colorado* de 7,25 kg.
(Foto cortesía de International Game Fish Association, http://www.igfa.org)

5. ENGORDE

De acuerdo con Álvarez-Lajonchère y Kraul (no publicado), en peces marinos tropicales hay una relación directa entre crecimiento, talla máxima y longitud a la primera maduración sexual. Estas relaciones se cumplen también en los pargos, de forma que las especies que tienen longitudes máximas notables y que maduran a tallas considerables crecen más rápidamente. De acuerdo con lo anterior, es recomendable seleccionar las especies de pargo con aproximadamente más de 95 cm de longitud máxima y una talla de primera maduración de no menos de 35 cm, pues las especies con tallas menores a las indicadas tienen un crecimiento de menos de 1,5 g/día, lo cual no es suficientemente eficiente para emprender operaciones comerciales en lugar de emplear otras especies, con crecimientos en ceba de no menos de 3 g/día, tal como sucedió con la compañía privada Snapperfarm Inc., que se fundó en 2003 para criar pargo de la mancha cuando se logró producir las primeras decenas de miles de juveniles (Feeley *et al.*, 2000; Watanabe *et al.*, 2005) y después se dedicó al cultivo de cobias por su crecimiento notablemente mejor (Benetti *et al.*, 2004). En este aspecto se aplica el principio del coste de oportunidad en los proyectos de inversión, para obtener un mejor uso de los recursos de capital, naturales y humanos.

Usualmente, dado que los trabajos de ceba de pargos realizados por las diversas entidades costeras de países como México utilizan juveniles capturados en el entorno natural, el proceso de ceba se inicia con animales que tiene usualmente no menos de 50-150 g (Avilés-Quevedo, 2006), mientras que en el cultivo comercial a gran escala será necesario contemplar la fase de alevinaje además de la de ceba, la cual comenzará con individuos de posiblemente no más de 50 g. Lo anterior incrementará sustancialmente el tiempo de cría de los animales. Cuando los costos de los insumos, las mortalidades adicionales y los riegos adicionales se incorporen a los análisis de costo-beneficio de la actividad económica del cultivo de pargos, las especies actuales presentarán problemas de eficiencia económica; solo aquellas que posibiliten una duración total de no más de un año entre el alevinaje y la ceba, con pesos de cosecha de un kg, serán las que permitan alcanzar solvencia económica.

Figura 6. Juveniles de pargo raicero *Lutjanus aratus* obtenidos de forma controlada por J.C. Pérez Urbiola (no publicado). (Foto cortesía de J.C. Pérez Urbiola, Centro de Investigaciones Biológicas, La Paz, México)

6. DESARROLLO FUTURO

El factor más importante que limita el desarrollo y la extensión del cultivo de peces marinos es la disponibilidad de juveniles con la calidad y las cantidades requeridas en los momentos adecuados, a costos razonables. Por lo anterior, el trabajo de investigación y desarrollo fundamental debe dirigirse al logro de este objetivo en las especies que presenten mejor crecimiento y facilidad en la reproducción y cría larval, para que estos esfuerzos de investigación y desarrollo obtengan los mejores frutos.

Un aspecto de la larvicultura que requiere de atención priorizada es el relativo a lograr técnicas que minimicen los efectos dañinos del canibalismo y la dispersión en las tallas. La eficiencia en el crecimiento y en el aprovechamiento del alimento son aspectos importantes que posibilitarán el desarrollo futuro del cultivo de pargos, especialmente en lo referente a las formulaciones de dietas prácticas y también a la selección y al mejoramiento genético, así como las prácticas de manejo en las etapas de alevinaje y ceba y en los sistemas de cultivo, especialmente teniendo en cuenta la ocurrencia y frecuencia de huracanes de gran intensidad.

Referencias

Allen, GR. Synopsis of the circumtropical fish genus *Lutjanus* (Lutjanidae). En: Polovina, JJ, Palston, S, editores. Tropical snappers and groupers. Biology and management. Londres: Westview Press. 1987; p. 33-87

Álvarez-Lajonchère, L, Pérez Sánchez, L, Hernández Molejón, OG. Primeros resultados positivos en experimentos de desove inducido de la rabirrubia, *Ocyurus chrysurus* (Bloch) en Cuba. Rev.Cub.Invest.Pesq. 1991; 16(3/4): 49-58

Álvarez-Lajonchère, L, Ibarra Castro, L, García Aguilar, N, Ibarra Zatarain, Z. Manipulación y nutrición de reproductores de peces marinos. Panorama Acuícola Magazine. 2007; 13: 10-24

Álvarez-Lajonchère, L, Abdo de la Parra, A, García Ortega, E, Fajer Ávila, L, Ibarra Castro, N, García Aguilar, LE, *et al.* Producción controlada de huevos, larvas y juveniles del pargo flamenco, *Lutjanus guttatus*. Mazatlán, Centro de Investigación en Alimentación y Desarrollo; en prensa

Álvarez-Lajonchère, L, Chávez Sánchez, MC, Abdo de la Parra, N, García Aguilar, L, Ibarra Castro, LE. Rodriguez Ibarra, G. *et al.* Pilot-scale marine finfish hatchery starting this year at Mazatlán, México. World Aquaculture; en prensa

Arnold, CR, Wakeman, JM, Williams, TD, Treece, GD. Spawning of red snapper (*Lutjanus campechanus*) in captivity. Aquaculture. 1978; 15: 301-302

Avilés-Quevedo, A, Castelló i Orvay, F. Avances en el cultivo experimental de pargos (*Pisces: Lutjanidae*) en Bahía de la Paz, México. III Simposio Nacional de Acuacultura y Pesca, noviembre 2003, Antigua, Guatemala; 2003

Avilés-Quevedo, A, Reyes, L, Valdés, S, Hirales, O, Rodríguez, R, McGregor, U, Lizawa, M. Manejo de reproductores y producción de huevos de pargo amarillo *Lutjanus argentiventris* (Peters, 1869) bajo condiciones de cultivo. En: Silva, A, Merino, G, editores. Acuicultura en Latinoamérica. IX Congreso Latinoamericano de Acuicultura. 2.° Simposio Avances y Perspectivas de la Acuacultura en Chile. Coquimbo, Chile; 1996. p. 244-247

Benetti, DD, Alarcón, J, Stevens, O, Banner-Stevens, B, Matzey, W, O'Hanlon, *et al.* Hatchery production of mutton snapper (*Lutjanus analis*) and other high value marine food fish. National Oceanic and Atmospheric Administration and National Marine Aquaculture Initiative Progress Report, October 1, 2001 – September 30, 2002. DOC/NOAA/NMAI Grant No. 06RG-0068; 2002

Benetti, DD, O'Hanlon, B, Ayvazian, J, Orhun, MR, Rivera, JA, Rice, *et al.* From egg to market: the development of a new, sustainable offshore aquaculture industry in Florida (US) and the Caribbean. Meeting Abstracts, World Aquaculture 2004 Abstracts; 2004

Bourque, BD, Phelps, RP. Induced spawning and egg quality evaluation of red snapper, *Lutjanus campechanus*. J.World Aquacult.Soc.. 2007; 38: 208-217

Boza-Barca, J, E. Calvo-Vargas, N. Solis-Ortiz, Komen, J. Induced spawning and larval rearing of spotted rose snapper, *Lutjanus guttatus*, at the Marine Biology Station, Puntarenas, Costa Rica. Ciencias Marinas. 2008; 34: 239-252

Cabrera, T, Leonardi, G, Rosas, J, Millán, JT. The culture of mangrove snapper *Lutjanus griseus*. World Aquaculture Society; 1999

Cabrera, T, Rosas, J, Millán, J. Reproducción y desarrollo larvario del pargo dientón (*Lutjanus griseus* L., 1758) (*Pisces: Lutjanidae*) cultivado en cautiverio. Caribb. J. Sci. 1997; 33: 239-245

Cano, A. Reproduction in captivity and cultivation of the Pacific rose spotted snapper *Lutjanus guttatus* in the Republic of Panama. World Aquaculture 2003, World Aquaculture Society; 2003

Clarke, ME, Domeier, ML, LaRoche, WA. Development of larvae and juvenile of the muttom snapper (*Lutjanus analis*), lane snapper (*Lutjanus synagris*) and yellowtail snapper (*Lutjanus chrysurus*). Bull.Mar.Sci. 1197; 61: 511-537

Davis, DA, Bootes, KL, Arnold, CR. Snapper (Family *Lutjanidae*) culture. En: Stickney, RR, editor. Encyclopedia of aquaculture. Nueva York: John Wiley and Sons, Inc.; 2000. p. 884-889

Doi, M., Singhagraiwan. T. Biology and culture of the red snapper, *Lutjanus argentimaculatus*. The Eastern Marine Fisheries Development Center y Japan International Cooperation Agency; 1993

Doi, M, Ohno, A, Kohno, H, Taki, Y, Singhagraiwan, T. Development of feeding ability in red snapper *Lutjanus argentimaculatus* early larvae. Fish. Sci. 1997; 63: 845-853

Dumas, S, Rosales-Velásquez, M, Contreras-Olguín, N, D. Hernández-Ceballos; Silverberg, N. Gonadal maturation in captivity and hormone-induced spawning of the Pacific red snapper *Lutjanus peru*. Aquaculture. 2004; 234: 615-623

Duray, MN, Aplazan, LG, Estadillo, CB. Improved hatchery rearing of mangrove red snapper, *Lutjanus argentimaculatus* in large tanks with small rotifer (*Brachionus plicatilis*) and Artemia. Bamidgeh. 1996; 48: 123-132

Emata, AC. Reproductive performance in induced and spontaneous spawning of the mangrove red snapper, *Lutjanus argentimaculatus*: a potential candidate species for sustainable aquaculture. Aquacult. Res. 2003; 34: 849-857

Emata, AC, Borlongan, IG. A practical broostock diet for the mangrove red snapper, *Lutjanus argentimaculatus*. Aquaculture. 2003; 225: 83-88

Emata, AC, Euyllaran, B, Bagarinao, TU. Induced spawning and early life description of the mangrove red snapper, *Lutjanus argentimaculatus*. Aquaculture. 1994; 121: 381-387

FAO. Aquaculture production 1950-2007. FISHSTAT Plus - Universal software for fishery statistical time series [CD-ROM]. Food and Agriculture Organization of the United Nations. Disponible en: http://www.fao.org/fi/statist/FISOFT/FISHPLUS.asp; 2009

Feeley, M, Benetti, D, Stevens, O, Fanke, J, Alarcon, J, Matera, J *et al.* Spawning, larval rearing and fingerling production of mutton snapper. World Aquaculture Society. Nueva Orleans: U.S. Chapter, Book of Abstracts. Aqua America 2000; 2000

Feeley, M, Benetti, DD. Spawning and larval husbandry of muttom snapper, *Lutjanus analis*, mangrove snapper, *L. griseus*, and yellowtail snapper, *Ocyurus chrysurus*, three tropical lutjanid species. Book of abstracts, World Aquaculture'99 Annual International Conference World Aquaculture Society, 26 April – 2 May 1999, Sydney, Australia; 1999

Guerrero-Tortolero, DA, Campos-Ramos, R, Pérez-Urbiola, JC, Muhlia-Melo, A. Photoperiod manipulation of yellow snapper (*Lutjanus argentiventris*) broodstock induced out-of-season maturation, spawning and differences in steroid profiles. Cybium. 2008; 32(2) suppl: 327-328

González, E, Damas, T, Millares, N, Borrero, M. Desove inducido en el caballerote (*Lutjanus griseus* Linné 1758) en condiciones de laboratorio. Rev. Cub. Invest. Pesq. 1979; 4: 43-64

Holt, GJ, Faulk, CK, Schwarz, MH. A review of larviculture of cobia *Rachycentron canadum*, a warm water marine fish. Aquaculture. 2007; 268: 181-187

Ibarra-Castro, L; Álvarez-Lajonchere, L. GnRHa induced multiple spawns and voluntary spawning of captive spotted rose snapper (*Lutjanus guttatus*) at Mazatlan, Mexico. J. World Aquacult.Soc; 2000; en prensa

Ibarra-Castro, L, Duncan, NJ. GnRHa-induced spawning of wild-caught spotted rose snapper *Lutjanus guttatus*. Aquaculture. 2007; 272: 737-746

Ibarra-Castro, L; Álvarez-Lajonchère, L. An improved induced-spawning protocol for spotted rose snapper *Lutjanus guttatus*. The Israeli Journal of Aquaculture – Bamidgeh. 2009; 61: 121-133

Lee, CS. International Workshop Advanced Biotechnology in Hatchery Production. Aquaculture. 2003; 227: 439-458

Leu, MY, Chen, IH, Fang, LS. Natural spawning and rearing of mangrove red snapper, *Lutjanus argentimaculatus*, larvae in captivity. 2003; Bamidgeh, 55: 22-30

Liao, IC, Su, HM, Chang, EY. Techniques in finfish larviculture in Taiwan. Aquaculture. 2001; 200: 1-31

Lim, LC, Cheng, L, Lee, HB, Heng, HH. Induced breeding studies of the John's snapper *Lutjanus johni* (Bloch), in Singapore. Singapore Journal of Primary Industry. 1985; 13: 70-83

Muhlia-Melo, A, Guerrero-Tortolero, DA, Pérez-Urbiola, JC, Campos-Ramos, R. Results of spontaneous spawning of yellow snapper (*Lutjanus argentiventris* Peters, 1869) reared in inland ponds in La Paz, Baja California Sur, Mexico. Fish Physiology and Biochemistry. 2003; 28: 511-512

Ogle, JT, Lotz, JM. Characterization of an experimental indoor larval production system for red snapper. N. Am. J. Aquacult. 2006; 68: 86-91

Papanikos, N, Phelps, NP, Williams, K, Ferry, A, Maus, D. Egg and larval quality of natural and induced spawns of red snapper, *Lutjanus campechanus*. Fish Physiology and Biochemistry. 2003; 28: 487-488

Papanikos, N, Phelps, NP, Davis, D, Ferry, A, Maus, D. Spontaneous spawning of captive red snapper, *Lutjanus campechanus*, and dietary lipid effect on reproductive performance. Journal of the World Aquaculture Society. 2008; 39: 324-338

Rabalais, NN, Rabalais, SC, Arnold, CR. Description of eggs and larvae of laboratory reared red snapper (*Lutjanus campechanus*). Copeia. 1980; 1980 (4): 704-708

Richards, WJ. Saksena, VP. Description of larvae and early juveniles of laboratory-reared gray snapper, *Lutjanus griseus* (Linnaeus) (*Pisces: Lutjanidae*). Bull. Mar. Sci. 1980; 30: 5 12-522

Riley, CM, Holt, GJ, Arnold, CR. Growth and morphology of larval and juvenile captive bred yellowtail snapper, *Ocyurus chrysurus*. Fishery Bulletin. 1995; 93: 179-185

Schipp, GR, Bosmans, JMP; Gore, DJ. A semi-intensive larval rearing system for tropical marine fish. En: Hendry, CI, Van Stappen, G, Wille, M, Sorgeloos, P, editores. Larvi'01 – Fish & Shellfish Larviculture Symposium, European Aquaculture Society, Special Publication, Oostende; 2001. p. 536-539

Schipp, GR, Pitney, CJ. Preliminary investigations into the larval rearing of golden snapper, *Lutjanus johni* Bloch. En: Lavens, P, Jaspers, E, Roelants, I, editores. Larvi'95 – Fish and Shellfish Larviculture Symposium. European Aquaculture Society Special Publication 24, Gent; 1995. p. 461-464

Schipp, GR, Bosmans, JMP, Marshall, AJ. A method for hatchery culture of tropical calanoid copepods, *Acartia* spp. Aquaculture. 1999; 174: 81-88

Soletchnik, P, Suquet, M, Thouard, E, Mesdouze, JP. Spawning of yellowtail snapper (*Ocyurus chrysurus* Bloch 1791) in captivity. Aquaculture. 1989; 77: 287-289

Suzuki, K, Hioki, S. Spawning behavior, eggs and larvae of the lutjanid fish, *Lutjanus kasmira*, in an aquarium. Japanese Journal of Ichthyology. 1979; 26: 161-166

Thouard, E, Soletchnik, P, Marion, JP. Selection of finfish species for aquaculture development in Martinique (F.W.I.). Aquaculture. 1990; 89: 193-197

Turano, MJ, Davis, DA, Arnold, CR. Observations and technologies for maturation, spawning and larval rearing of the yellowtail snapper *Ocyurus chrysurus*. Journal of the World Aquaculture Society. 2000; 31: 59-68

Watanabe WO, Ellis, EP, Ellis, C, Chaves, J, Manfredi, C, Haggod, RW, Sparsis, M, Arneson, S. Artificial propagation of muttom snapper *Lutjanus analis*, a new candidate marine fish species for aquaculture. Journal of the World Aquaculture Society. 1998; 29: 176-187

Watanabe, WO, Benetti, DD, Feeley, W, Davis, A, Phelps, RP. Status of artificial propagation of mutton, yellowtail, and red snapper (family *Lutjanidae*) in the Southeastern United States. American Fisheries Society Symposium. 2005; 46: 517-540

Yeh, Sp, Yang, T, Chu, TW. Marine fish seed industry in Taiwan. En: Proceedings of the Workshop on Offshore Technologies for aquaculture, 13-16 octubre, 1998, Technion, Faculty of Mechanical Engineering, Haifa. p 154-167

Engorde de pargos (*Lutjanidae*) en jaulas

M.ª Araceli Avilés Quevedo* y Francesc Castelló i Orvay**

1. INTRODUCCIÓN

El uso de las jaulas o estructuras flotantes para obtener animales vivos es muy antiguo. En un principio se utilizó no como un sistema de cultivo, sino como un lugar donde mantener el pescado vivo y así vender este en perfectas condiciones en el caso de periodos de pesca muy largos, o simplemente para conservar los peces a la espera de una mayor demanda en determinadas épocas del año (Mateos-Velasco, 1993).

En nuestro país se han dado muchas expectativas, y de hecho son numerosas las previsiones acerca del espectacular crecimiento y el gran futuro de la acuicultura marina en estos últimos años. Sin embargo, deberíamos tomar estas afirmaciones con cierto escepticismo y pragmatismo, matizando una serie de cuestiones que se detallan seguidamente:

- El consumo de pescado va en aumento en los hogares mexicanos (actualmente ya supera los 8,30 kg per cápita. CONAPESCA, 2003).
- El pescado es un aporte de proteína animal fácilmente digerible y saludable (por su menor contenido en grasas o por el grado de insaturación de estas, como el caso de los ácidos grasos omega-3 que bajan la tasa de colesterol en sangre).
- México posee unas condiciones bioecológicas, climatológicas, atmosféricas y ambientales extraordinarias, una gran extensión geográfica delimitada por sus 11.592,77 km de litoral, con 357.795 km² de plataforma continental, una zona económica exclusiva de 2.946.825 km² y aproximadamente 500.000 ha de lagunas costeras, esteros y bahías.
- México posee asimismo un nivel tecnológico competente y capacidad de absorción de la producción por parte del mercado local, regional y nacional, que paga entre 60 y 75 $/kg de huachinango (CONAPESCA 2003).
- Además, la piscicultura puede formar nuevos caladeros, contribuir a la reconversión de pescadores y generar puestos de trabajo.

Como contrapartida, cabe mencionar un costo más elevado de la pesca tradicional, un mayor consumo y un precio más elevado de combustibles y lubricantes, un agotamiento de los caladeros marinos, así como un incremento en la importación de productos de la pesca.

Por lo anterior, la acuicultura marina se presenta como un sector con un gran futuro y con grandes retos, que requiere ser tratado como una verdadera empresa a nivel tecnológico, con una inversión fija respetable, un mayor capital circulante, un retorno de capital a medio plazo (5-7 años) y un profundo estudio de mercado.

A nivel nacional, los huachinangos y pargos son especies objeto de la pesca ribereña y son relevantes en términos pesqueros, ya que contribuyen a la alimentación cotidiana y al progreso económico de su región debido a su buena presentación. En los últimos años (2000-2003), el volumen de captura de huachinango

* Centro Regional de Investigación Pesquera-Instituto Nacional de la Pesca Km 1 carretera a Pichilingue, CP 23020, La Paz, Baja California Sur, México (maavilesq@yahoo.com).
** Universidad de Barcelona, Depto. Biología Animal, Facultad de Biología (UB) Avda. Diagonal 645, 08028 Barcelona, España (fcastello@ub.edu).

en el Golfo de México no se incrementó, mientras que sí lo hizo en el Pacífico mexicano, en un 8,9%. Por otra parte, la captura de pargos se incrementó en un 21,4% en el Pacífico y en un 11% en el Golfo de México, con lo cual se estima que se han integrado otras especies de la familia para compensar la disminución de las capturas de huachinango en el Golfo (figura 1). Los ingresos por concepto de la venta en puerto de este recurso han fluctuado desde 221 millones de pesos mexicanos en el año 2000 a 323 millones de pesos en el 2003. Mientras que en el mercado nacional el precio al menudeo fluctúa entre 60 $ pesos y 80 pesos/kg entero. Los pargos y huachinangos se comercializan en diversas presentaciones: enteros, frescos, helados, congelados, eviscerados y fileteados (solo los especímenes grandes).

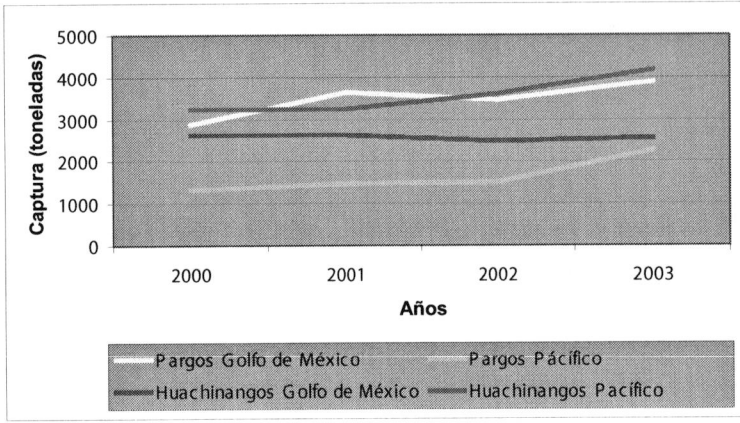

Figura 1. Producción pesquera nacional de huachinangos y otros pargos. (Fuente: CONAPESCA, 2003)

Lo anterior permite considerar la acuicultura como una actividad prioritaria para México, no solo por disminuir la presión sobre la pesca, sino por tener un considerable potencial para incrementar el consumo nacional per cápita de proteína de alta calidad (como lo es la del pescado) y por ser una importante fuente de exportación. La acuicultura se considera por ello como un factor de desarrollo económico y social de la región, con áreas productivas de bajo impacto ambiental. Por estas razones el gobierno mexicano ha decidido hacer un serio esfuerzo para promover la producción acuícola a través de programas diseñados para incrementar y diversificar la producción y mejorar su calidad.

Por ello, el desarrollo de la maricultura en México tiene como desafío adecuar tecnologías ya probadas en otras especies para el control de la reproducción y el desove, con el fin de lograr la independencia de los ciclos de producción natural y su continuidad a lo largo del año para una especie o para la secuencia de otras. Asimismo, es preciso hallar los emplazamientos que proporcionen las mejores condiciones ambientales para el crecimiento y desarrollo de los peces cultivados, donde se minimice el impacto ambiental, se optimicen los servicios y se tenga acceso a los canales de distribución y comercialización del producto.

Actualmente, la producción acuícola mundial de pargos de la familia Lutjanidae se refiere básicamente a dos especies (*Lutjanus argentimaculatus* y *L. johnii*) y solo se lleva a cabo en siete países asiáticos, destacando Malasia y Taiwán. Solo para *L. argentimaculatus* se menciona una producción de 4.200 toneladas en 2004 (figura 2); esta producción se refiere principalmente a dos países: Malasia, con un aporte del 74% de la producción, y Taiwán con el 18% (FAO, 2006). En estos países, el cultivo de pargos aún depende mayoritariamente de la colecta de juveniles silvestres, debido a que la tecnología desarrollada no es suficiente para abastecer la producción necesaria de «semilla» para ambas especies.

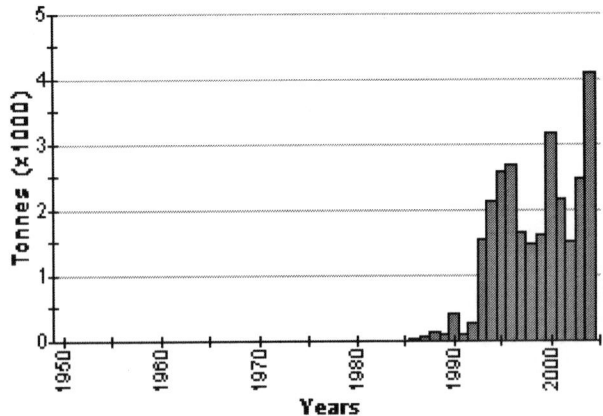

Figura 2. Producción acuícola del pargo rojo o de manglar *Lutjanus argentimaculatus* (Fuente: www.fao.org/figis)

Criterios para la selección de especies para cultivo

Partiendo de que la acuicultura es un negocio rentable y a la vez costoso, que debe por tanto obtener productos de calidad y generar divisas, es de primordial importancia una buena selección de la especie para desarrollar el plan de producción, de manera que la especie elegida asegure la rentabilidad y se ajuste a las condiciones donde se va a realizar el cultivo, sin dejar por ello de considerar el aspecto social en beneficio de las comunidades de pescadores y sus familias y el aspecto bioecológico de protección del recurso y conservación del medioambiente.

Las características esenciales para la selección de las especies que se consideran en este trabajo son: buena tasa de crecimiento en cautividad, buen valor comercial, baja mortalidad y alta tolerancia a las condiciones de cultivo y al hacinamiento. Con ello se infieren dos criterios: uno de índole técnico-económica y otro de carácter biológico (tabla 1). En casos como este, se cuenta con experiencias previas, de manera que la tecnología aplicada en una especie puede adaptarse a otras especies sin tener que comenzar de cero.

Tabla 1. Criterios de selección de especies con potencial para el desarrollo de la piscicultura marina.

Técnico-económicos	Biológicos
Precio alto	Especie nativa o autóctona
Aceptación en el mercado	Tasa de crecimiento
Buena textura, sabor y color de la carne	Conocimiento de su biología
Buena presentación	Facilidad de domesticación
Mercado cercano	Alta tolerancia a cambios medioambientales
Experiencia tecnológica	Tolerancia al manejo
Disponibilidad de semilla	Tolerancia al hacinamiento
Disponibilidad de alimento	Control de la reproducción
Mano de obra cualificada	Comportamiento gregario

Los pargos y huachinangos son peces muy cotizados en todo el país, ya que cumplen con muchos de los mencionados criterios económicos y biológicos: en condiciones óptimas de cultivo, son peces gregarios que forman un solo grupo que nada en toda la columna de agua, son resistentes al manejo, lo cual facilita su captura y su traslado a las jaulas o estanques para su engorde o reproducción (Avilés-Quevedo *et al.*, 1996a, 1996b, 1996c), y cuentan ya con un buen avance en la biología de ambas especies.

Selección del sitio de cultivo

Al considerar la selección del sitio para el desarrollo del cultivo de peces marinos, es de suma importancia buscar la mejor calidad del agua, teniendo presente todos los factores físico-químicos, biológicos, oceanográficos, ecológicos que influyen directamente en su uso benéfico. En el cultivo de peces marinos, factores como el oxígeno disuelto, temperatura, salinidad, pH, contaminación, corrientes, profundidad, vientos, etc., afectan directamente la supervivencia, reproducción, crecimiento y biomasa de los peces en cautiverio.

Para contar con una buena base de información ambiental, es necesario recopilar registros históricos de las condiciones marinas como: régimen de marea, factores meteorológicos, vientos predominantes, temperatura, humedad, lluvias, evaporación, tormenta, olas (amplitud, altura, dirección, variaciones por tormenta y cálculo del *fetch* para estimar la ola máxima), intensidad y dirección de las corrientes costeras, proximidad de actividades agropecuarias, industriales, urbanas (deben valorarse los niveles en el agua de herbicidas, insecticidas y otros compuestos químicos potencialmente tóxicos), características de suelos y del ambiente biótico y abiótico. Asimismo, deben hacerse estudios topográficos y batimétricos y valorar las variaciones estacionales de los parámetros físico-químicos del agua de mar.

Para la elección de la zona donde se ubicará la granja de producción, se debe tener muy en cuenta una serie de condiciones previas, teniendo presente que de la adecuada elección depende, de manera fundamental, el éxito económico de la empresa. En la figura 3 se muestran algunos sitios seleccionados para el cultivo del huachinango y el pargo flamenco que cumplen con algunas de las características más importantes como:

1) áreas disponibles para el cultivo, protegidas de los vientos dominantes, oleaje menor de 4 m de altura, buen recambio de agua, corrientes de marea adecuadas, profundidad igual al doble de la profundidad de la jaula y un rango de temperatura apropiado a las especies en cultivo.

2) Relativa cercanía a la costa, lo cual facilita el control, la vigilancia, el manejo y la seguridad de las estructuras, jaulas y operadores, abarata los costos totales de producción y facilita la comunicación y el acceso a los servicios de transporte. Por otra parte, las jaulas no deben entorpecer la navegación marítima, debiendo permanecer alejadas de la desembocadura de arroyos y ríos, de posibles focos de contaminación urbana, industrial, minera, etc.

3) Disponibilidad de «semilla» de buena calidad, resistente a enfermedades y en la cantidad adecuada para su cultivo en las densidades óptimas. En principio esta semilla puede ser de origen silvestre, capturada en zonas próximas a las instalaciones. Sin embargo, es muy importante recalcar que el desarrollo de la piscicultura marina *no debe depender nunca* de la producción natural de alevines, sea desde el punto de vista biológico o el económico. La acuicultura marina debe siempre desarrollarse a partir de semilla cultivada y seleccionada en granjas de cría.

4) Seguridad y disponibilidad del alimento: los pargos se pueden alimentar con una dieta «húmeda» compuesta de sardina, macarela y calamar. Aunque, actualmente, el alimento seco, comprimido o extruido, es el más utilizado, ya que disminuye la tasa de conversión alimenticia (TCA) a 1,3-1,4, acelera el crecimiento, mejora la calidad del producto, permite la distribución de medicamentos y disminuye significativamente el capítulo de «costo en alimento» y la contaminación medioambiental.

5) Mercado de consumo cercano y de acceso rápido y directo a las grandes ciudades, donde se encuentra el mayor número de consumidores y donde los pargos pueden alcanzar precios de venta más interesantes.

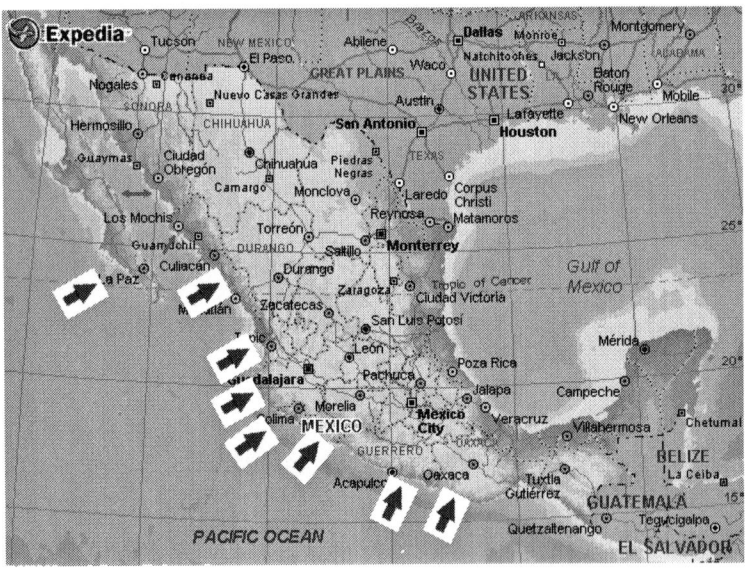

Figura 3. Macrolocalización de algunos de los sitios seleccionados para el cultivo de *Lutjanus guttatus* y *L. peru* en la costa del Pacífico mexicano.

El estudio para la selección de emplazamiento de un proyecto de jaulas marinas contempla en general tres apartados importantes:

a) Caracterización socioeconómica (campos pesqueros de la región, accesos, distancias, seguridad, permisos, apoyo logístico).

b) Caracterización físico-química del sitio (salinidad, temperatura, oxígeno, contaminantes).

c) Caracterización hidrográfica y medioambiental (corrientes, batimetría, oleaje, vientos, clima).

Previamente a estos trabajos, que implican actividades específicas y equipo y personal especializado, se realiza una preselección de lugares o zonas de cultivo con el objetivo de definir los sitios potenciales para llevar a cabo los estudios técnicos y elegir finalmente el sitio de instalación.

Criterios para la selección del sitio de cultivo

El primer criterio que conviene abordar es el socioeconómico, ya que el estudio se realiza en su mayor parte en tierra, con la colaboración de la gente de la zona, el uso de mapas de la región y de documentos normativos o legales. El trabajo consiste básicamente en inspecciones, entrevistas y recolecta de datos de planes de desarrollo de la región, requerimientos legales y posibilidad de apoyo logístico. Los puntos a revisar son:

- Poblaciones o campos pesqueros próximos al sitio potencial.
    a) El número de habitantes y el tamaño de las poblaciones.
    b) Actividades laborales principales.
    c) Servicios (agua potable, energía eléctrica, teléfono, internet, otros).
    d) Conocimiento y opinión general acerca de la pesca y la maricultura.
    e) Estudios y habilidades relativas a la pesca y la acuicultura de los pobladores.
    f) Distancia y medios para trasladarse al sitio potencial.

Este indicador tiene como propósito conocer las facilidades que se pueden tener en las poblaciones más cercanas y la viabilidad de que la gente oriunda participe en el proyecto. Asimismo, hay que estimar de manera relativa los tiempos y posibles gastos en traslados durante la operación del cultivo.

- Accesos por vía terrestre y marítima próximos al sitio potencial
    a) Número y condiciones de los accesos al sitio potencial.
    b) Conexiones y distancias con poblaciones mayores.
    c) Facilidad para acceder a una posible red comercial para el producto.
    d) Tiempos estimados para trasladarse al sitio potencial.
    e) Servicios para casos de contingencia y mantenimiento.

Con estos datos se evalúa de manera relativa el grado de comunicación y la facilidad de acceso al sitio potencial. Esto concierne las facilidades y tiempos para actividades tales como la instalación y operación del sistema, así como la comercialización del producto. Se recomienda hacer una inspección visual y realizar los recorridos correspondientes.

- Planes de desarrollo regional
    a) Actividades presentes y futuras en el sitio potencial.
    b) Actividades económicas prioritarias de la administración regional.
    c) Conocimiento y respaldo de las autoridades al proyecto de maricultura.
    d) Aspecto social y respaldo de la comunidad al proyecto de maricultura.

- Aspectos legales
    a) Zonas de reserva o protegidas en el sitio potencial.
    b) Permisos y autorizaciones para desarrollar la actividad.
    c) Constitución legal de la empresa, cooperativa o grupo social responsable.

Para la instalación del sistema de jaulas se deberán cumplir con los requisitos legales que las dependencias del gobierno determinen. Las zonas de reserva o protegidas en el sitio potencial o cercanas a él pueden ser un impedimento definitivo para su elección. Entre los requisitos y trámites se encuentran, entre otros, el permiso para realizar la actividad de cultivo (permiso o concesión), el manifiesto de impacto ambiental del sitio, la carta de no interferencia u obstrucción a la navegación marítima y la carta de no interferencia en actividades de turismo. Es posible que el número e importancia de los requerimientos cambie de una región a otra.

Cultivo de pargos en jaulas flotantes

La piscicultura marina en México, como en muchos otros países, es sin duda una alternativa tecnológicamente viable ante la creciente demanda de alimentos de naturaleza proteica para el consumo de la población humana. En México, el desarrollo de la investigación en piscicultura marina se inicia a finales de la década de los ochenta, con los estudios para el engorde del pámpano (*Trachinotus paitiensis*) en jaulas flotantes realizados por el Departamento. de Acuicultura de la actual SAGARPA, en Baja California Sur, y posteriormente con las investigaciones del Centro Regional de Investigación Pesquera (CRIP-La Paz) sobre la adaptación al cautiverio y la producción de semilla de *Paralabrax maculatofasciatus* (*Pisces:Serranidae*), en el año 1990. Actualmente, varias instituciones de investigación de la región noroeste del país se han sumado al desarrollo de la adecuación de tecnología para el cultivo de peces marinos como las cabrillas (*P. maculatofasciatus y Mycteroperca rosacea*), los pargos (*Lutjanus argentiventris, L. aratus, L. peru y L. guttatus*), la totoaba (*Totoaba macdonaldi*), el jurel (*Seriola lalandi y S. rivoliana*), los lenguados (*Paralichtys californicus y P. woolmani*) el pez globo o botete (*Sphoeroides annulatus*) y el atún aleta amarilla (*Thunnus albacares*). Otras especies de interés comercial que están siendo objeto de estudio son el robalo (*Centropomus undecimalis y C. nigresens*), el huachinango (*L. campechanus*), el pámpano y palometa (*Trachinotus carolinus y T. falcatus*), la corvina roja (*Sciaenops ocellatus*) y la cobia (*Rachycentrum canadum*), estos últimos en el Golfo de México.

2. OPERACIÓN DEL CULTIVO DE PECES EN JAULAS FLOTANTES

Es necesario muestrear y realizar periódicamente biometría de los peces para conocer su estado de salud y condición. Todos los peces muestreados deberán ser medidos (± 1.0 mm longitud total: Lt) y pesados (±1.0 g peso total: Pt) antes de diseccionarse; se observará la condición de piel, coloración y consistencia muscular. Posteriormente se tomarán muestras para análisis histológico y bromatológico.

Con los datos obtenidos se calculará los siguientes indicadores:

- Relación peso-longitud, para determinar las distintas fases del crecimiento en peso y longitud de los pargos de acuerdo con la siguiente ecuación:

$$Pt = a \, Lt^b$$

DondePt = peso total (g) a una longitud total determinada
Lt = Longitud total (cm)
a y b = valores constantes de la regresión

- Factor de condición (FC), como indicador del grado de salud de los peces expresado como la relación isométrica existente en función del peso y la longitud estándar, como lo muestra la siguiente fórmula:

$$FC = \frac{P_t}{L_t^3} \cdot 100$$

Donde:
FC = factor de condición
P_t = peso total del pez (g)
L_t = longitud total (cm)

- Tasa de crecimiento, expresada como una relación exponencial del incremento en peso en relación con la edad de los individuos en cultivo.

$$Y = a.e^{bx}$$

Donde:
Y = tasa de crecimiento peso (g)/días
a = intercepción de la curva exponencial)

b = pendiente del logaritmo natural del peso

x = edad en días

■ Tasa de conversión alimenticia (TCA), que mide la relación entre el consumo de alimento y el incremento en biomasa. Es un indicador de la cantidad de alimento aprovechada en el incremento de biomasa.

$$TCA = P_a / (B_f - B_o)$$

Donde:

P_a = Peso del alimento (en base seca) consumido por los peces en el período de observación (kg)

B_o = Biomasa inicial (kg).

B_f = Biomasa final (kg)

Estos indicadores serán posteriormente relacionados con datos ambientales como: óxigeno disuelto (OD), temperatura (°C), salinidad (ups), pH, cantidad (kg); para ello deberá medirse y registrarse, dos o tres veces al día en una bitácora, los datos ambientales mencionados, además de tipo y cantidad de alimento proporcionado, condición climática, estado del mar y comportamiento de los peces, número de peces muertos y otras observaciones que se crean pertinente.

La operación del cultivo contempla un plan de trabajo coordinado que incluye la obtención de la semilla, la aplicación de tablas de alimentación, la supervisión y el mantenimiento de jaulas, el manejo antes y después de la cosecha y la comercialización del producto de acuerdo con el esquema de la figura 13 y la tabla 2.

Tabla 2. Protocolo experimental para el engorde en jaulas flotantes de los juveniles de *Lutjanus peru* y *L. guttatus* en una jaula de 1.000 m³ para una temperatura constante del agua de 26 °C.

Tiempo de cultivo	Longitud total promedio	Peso total promedio	Densidad de cultivo	Ración Alimenticia Diaria	Cantidad de alimento
(meses)	(cm)	(g)	(kg.m^{-3})	(% a 26°C)	(kg/día)
1	10	51	0.5	2.2	10
2	15	115	1.0	1.7	17
3	20	186	1.5	1.7	25
4	25	257	2.0	1.7	34
5	30	329	2.5	1.6	40
6	35	400	3.0	1.5	46
7	40	471	3.5	1.4	49
8	45	542	4.0	1.2	48
9	50	613	4.5	1.1	50
10	55	684	5.0	1.0	50

Programa de producción

El programa de producción contempla el engorde de pargos y huachinangos en jaulas flotantes instaladas en el mar en alguna bahía del Pacífico mexicano con un rango de temperatura de 17 a 31 °C, y una biomasa de cultivo de 5 kg.m^{-3}, para una producción estimada de 5 toneladas por ciclo de producción.

La metodología que se emplea para el cultivo de los pargos *Lutjanus guttatus* y *L. peru* en jaulas flotantes es la misma que se ha utilizado durante más de veinte años en Tailandia para el cultivo del *red snapper* (*L. argentimaculatus*), además de aplicar también los conceptos de alimentación utilizados en Japón en el cultivo del *red seabream* (*Pagrus major*) desde los años sesenta y las tablas de alimentación de la dorada y lubina (*Sparus aurata* y *Dicentrarchus labrax*) en el Mediterráneo. Dado que actualmente no existe producción comercial de semilla de ningún pargo, el programa de producción implica:

- Aprovisionamiento de semilla, colecta, selección, traslado y profilaxis de juveniles silvestres, biometría, control de la densidad, tamaño de jaulas y luz de malla.
- Alimentación, tipos de alimentos, cálculo de la ración, frecuencia y observación del comportamiento alimenticio.
- Estimación del crecimiento y periodo de cosecha.

3.1. Aprovisionamiento de semilla

Colecta

El cultivo de *L. peru* y *L. guttatus* depende por el momento de la colecta de juveniles del medio natural; para la captura de los juveniles se utilizan redes de cerco. Esta técnica se basa en la tendencia natural de los alevines de esta especie a formar cardúmenes (figura 4).

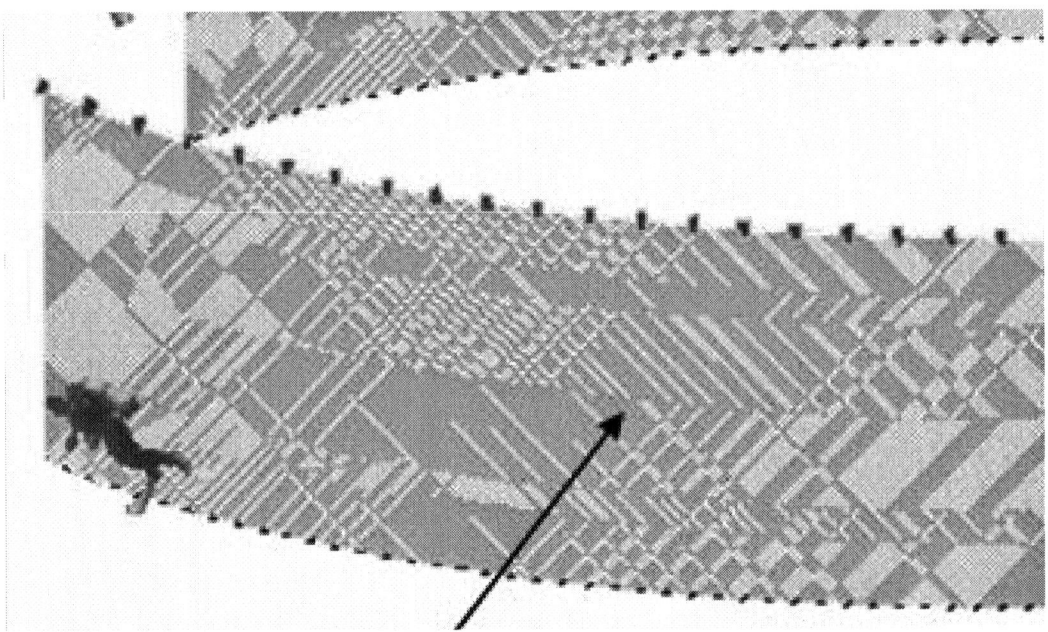

Figura 4. Red de cerco utilizada en la colecta de peces que forman cardúmenes.

Los juveniles de *L. peru* y *L. guttatus* se pueden colectar desde abril hasta noviembre, en zonas de fondos de arena desprovistos de vegetación. La colecta se realiza en las primeras horas de la mañana o en el crepúsculo. La red de cerco se extiende alrededor del cardumen atrapando los ejemplares allí presentes (figura 4). Estos son dispuestos en un vivero (figura 5) hasta que se tiene la cantidad necesaria para su traslado a la jaula o estanque de cultivo.

La eficiencia de la colecta es mayor a principio de la temporada, cuando los alevines miden alrededor de 5 cm, ya que cuando son más grandes tienen mayor capacidad de nado y escapan más fácilmente del encierro.

Traslado y manejo

Dos días antes del transporte se deben coordinar todas las acciones de apoyo, incluyendo las condiciones a las que los juveniles deben de ser adaptados de acuerdo con las condiciones de recepción; asimismo, todo el personal que participará debe conocer todo el proceso, desde los trabajos previos al empaque, como la preparación del transportador y los equipos a utilizar durante el traslado para mantener la buena condición de los peces, hasta las estrategias previstas para resolver cualquier dificultad hasta el momento de su siembra en la jaula de cultivo.

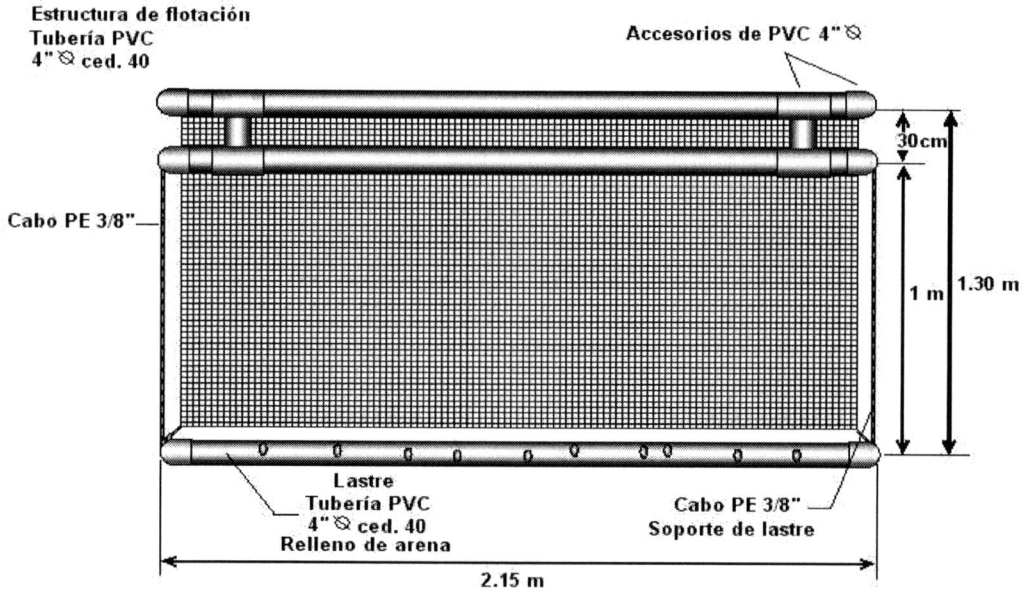

Figura 5. Vivero utilizado para mantener vivos a los peces juveniles de *Lutjanus guttatus* y *L. peru* hasta su traslado a las jaulas o tanques de cultivo.

El traslado se realiza preferentemente de noche o en las primeras horas de la mañana, una vez que se ha colectado el número suficiente de alevines y de acuerdo con la capacidad de transporte con que se cuente. Para el mismo se utilizan contenedores con agua marina filtrada, con suficiente oxigenación y con temperatura al menos dos grados por debajo de la temperatura normal en el momento de la captura. La densidad de transporte (tabla 3) dependerá del tamaño de los peces, de las condiciones de transporte y del tiempo de traslado.

Tabla 3. Densidades probadas en el traslado de pargos y cabrillas.

Tamaño del pez	Numero de peces.L^{-1}	Densidad $(g.L^{-1})$	Tiempo (h)
Juvenil 4-5g	10 - 15	50 - 60	8
Juvenil 200g	5	1000	12
Subadulto 450g	1.5	600	12
Adultos 1 kg	0.5	500	12

Durante el traslado de los alevines, se pueden aplicar tratamientos profilácticos mediante la dilución de antibióticos en el agua y baños de agua dulce para eliminar ectoparásitos. Cuando los alevines son trasladados desde sitios muy distantes, es recomendable aplicar una cuarentena en estanques con sistema de circulación cerrado antes de introducir los alevines en las jaulas de cultivo.

La mayoría de los sistemas de transporte funcionan con sistemas de recirculación para mantener la calidad del agua, considerando que los peces se trasladan en condiciones de ayuno para disminuir las excretas en el tanque.

Es común la utilización de anestésicos para sedar a los peces y reducir su estrés, mediante la disminución de la actividad visual y de la estimulación por vibración; en esta condición el movimiento opercular de los peces es muy suave. Algunos de los anestésicos más comúnmente utilizados se citan en la tabla 4. También es frecuente el uso de antibióticos para curar, prevenir infecciones y eliminar parásitos (Tabla 10).

Tabla 4. Anestésicos y dosis más utilizadas en el traslado de peces marinos para su cultivo.

Anestésico	Dosis
MS 222	10-150 mg/L
2-Fenoxyetanol	0.3-0.4 mL/L
Quinaldina	2-50 mg/L
Benzocaina	50 mg/L
Syzygium aromaticum (aceite de clavo)	0.03 mL/L

Fuente: Tucker, 1998; Álvarez-Lajonchere y Hernández-Molejón, 2001; Silveira Coffigny y Martínez-Pérez, 2004.

Tabla 5. Antibióticos más utilizados en el traslado de peces marinos.

Antibiótico	Dosis
Acriflavine	1-5 mg/L
Prefuran	1-2 mg/L
Nitrofurazona	5-10 mg/L
Oxitetraciclina	20 mg/L

Antes de colocar los peces en el tanque o jaula receptora, deberá hacerse una selección de tamaños para evitar la competencia y el canibalismo, muy marcado en estas especies. Posteriormente se procede a la descarga de los peces, que puede hacerse directamente a la jaula a través de un sistema de rampa, o bien mediante algún otro medio como tanques en una embarcación.

3.2. Alimentación

Teniendo en cuenta que el capítulo de la alimentación puede originar entre el 40 y el 50% de los costos de producción en piscicultura marina, cuanto más y mejor se controle la calidad específica y el manejo del pienso, mejores serán los resultados económicos finales. Basándose en estos conocimientos, es importante contar con un alimento balanceado, a partir de diferentes materias primeras, que cumplan con el requisito fundamental de la alimentación: que el alimento proporcione el máximo crecimiento, con la mayor rapidez y al mínimo costo.

La mejor opción es adquirir una dieta comercial, que garantice la calidad de los ingredientes, una mayor digestibilidad y asimilación y que cubra el perfil nutricional de los pargos. La dieta Zeigler Seabream ®, importada de Estados Unidos, es la que tiene mejor aceptación por los peces y mejores resultados en crecimiento.

Tabla 6. Composición de la dieta utilizada en las especies de *Lutjanus guttatus* y *L. peru* cultivadas en jaulas flotantes.

Composición	(%)
Proteína cruda	mínimo 43
Grasa cruda	mínimo 17
Fibra cruda	máximo 3

Ingredientes: Harina de pescado, harina de trigo, harina de sangre, aceite de pescado, harina de soja, levadura, lecitina de soja, fosfato de calcio, vitamina A, vitamina D3, vitamina E, vitamina B12, riboflavina, niacina, pentotenato de calcio, vitamina K, ácido fólico, hidroclorato de piridoxina, biotina, cloruro de colin, Dl-methionina, manganeso, zinc, cobre, iodato de calcio, hierro y cobalto preteinado, carbonato de calcio, selenita de sodio, L-ascorbil-2-polifosfato.

A excepción del cultivo de *L. argentimaculatus* y *L. johnii* en los países asiáticos, no hay más referencias sobre el cultivo comercial de peces de esta familia, aunque en Costa Rica, Panamá, Colombia y México (Baja California Sur, Nayarit, Colima, Jalisco, Michoacán, Guerrero y Oaxaca) se han realizado proyectos de cultivo experimental sin que a la fecha se haya logrado la producción comercial.

Distribución y frecuencia de la ración alimenticia diaria

Durante la alimentación de los peces, el personal encargado de distribuir el alimento deberá observar su comportamiento: si comen rápido o lento, si nadan normalmente y con una distribución correcta, si se observa competencia entre animales de diferente talla o bien si los peces presentan anomalías en su aspecto (purulencias en la piel, aletas rotas o gastadas, etc.). Todas las observaciones serán anotadas en la bitácora diaria, con el fin de obtener toda la información que permita mejorar la rentabilidad del cultivo. Dado que la adecuada utilización del alimento es un factor clave en la economía de la producción, es apropiado mencionar algunas observaciones pertinentes para hacer más eficiente el proceso de distribución del alimento:

- Los porcentajes de alimentación en las tablas son de carácter orientativo.
- La alimentación variará en cada caso dependiendo de las características y condiciones de cada granja (temperatura y niveles de oxígeno en el agua, calidad del agua, salud de los peces, etc.).

Del manejo de los peces dependerá la capacidad del alimento para generar crecimiento:

a) Procurar uniformidad de tamaños
b) Evitar estrés por enfermedad, mal manejo, sitio inadecuado, densidad, etc.
c) Proporcionar el alimento hacia barlovento (para evitar la perdida de este).
d) Establecer la adecuada ración diaria y la frecuencia de la alimentación.
e) Para un mejor aprovechamiento del alimento, se recomienda no sobrealimentar. Es preferible proporcionar un 85-90% de la ración a sobrealimentar los peces.

- Frecuencia: la ración alimenticia diaria (RAD), no se ofrece nunca a los peces en una sola vez, sino que se divide en diferentes partes según el tamaño de los mismos. De manera general, los peces pequeños comen más veces al día (hasta 7 veces), mientras que los mayores lo hacen con menos frecuencia (mínimo 2 veces al día). En el caso de los pargos, a partir de un peso superior a los 100 g se recomienda dividir la RAD en dos dosis diarias (a primeras horas de la mañana y al atardecer).
- Distribución: los pargos ingieren los pellets al caer al agua y aprovechando la poca velocidad a la cual estos se hunden. La distribución se hace manualmente «a voleo», distribuyendo los pellets por toda la superficie de la jaula. La distribución debe ser lenta para que todos los peces coman todo lo que quieran y siempre en la dirección del flujo de corriente del agua. En algunos casos el alimento se puede proporcionar en comederos fijos, debido a la dificultad de abrir y cerrar las jaulas.
- Ración alimenticia diaria es la cantidad de alimento diario que se proporcionará a los peces en relación con la biomasa total estabulada, edad de los peces y temperatura del agua. Para los pargos se ha establecido un máximo de un 1% de la biomasa, hasta un mínimo de un 0,6% para animales adultos (tabla 7).

Como sea que la ración diaria se calcula siempre de manera aproximada, se recomienda dar a los peces solo lo que coman el mismo día. Si se lo comen todo y de manera muy rápida, se puede aumentar un poco la ración al día siguiente. Si por el contrario no ingieren los pellets según la ración calculada, al día siguiente se les disminuye la ración. Téngase muy en cuenta que un exceso de comida es mucho peor que una subalimentación. El exceso de alimento, además de no acelerar el crecimiento, provoca un deterioro de la calidad del agua y un aumento en los gastos de operación de la empresa.

Puesto que los peces son animales muy sensibles a los cambios de temperatura del agua del mar, la cantidad de alimento a proporcionar también depende muchísimo de la época del año y, como se mencionó anteriormente, del tamaño del pez, de la edad y del estado de desarrollo gonádico, por lo cual se plantea el programa de alimentación diaria del cuadro 8.

Tabla 7. Ración de alimentación diaria propuesta para los pargos y huachinangos adultos cultivados en jaulas flotantes.

Temperatura del agua del mar (°C)	Ración diaria de alimentación (RDA) en % de biomasa
15	0*
18	0.5
20	0.5
22	0.6
24	1
26	1
28	0.6
30	0.6
33	0.5*

(*) A temperaturas que se salgan de los valores mínimo o máximo del rango de tolerancia, se recomienda muy encarecidamente no dar de comer a los peces.

Tabla 8. Programa de alimentación diaria para *Lutjanus guttatus* y *L. peru* cultivados en jaulas flotantes en Bahía de La Paz, Baja California Sur, México.

Peso promedio del pez (g)	RAD promedio (%)	Frecuencia (veces/día)	Tamaño partícula de alimento (mm)	Temperatura agua de mar (°C)
2 –10	3	6	1.4 – 2.0	24 – 28
10 – 50	2.3 – 3.0	4	3	24 – 28
50 – 200	1.3 – 2.1	2	3 – 4	24 – 28
200 – 350	1.3 – 1.5	2	4	24 – 28
350 – 500	1.1 – 1.3	2	6	24 – 28
500 – 700	1.0 – 1.1	2	6	24 – 28

Tasa de conversión alimenticia y factor de condición

La tasa de conversión alimenticia (TCA) es un indicador de la cantidad de alimento que se requiere para obtener una biomasa de un kilogramo en un tiempo determinado. En el cultivo de *L. peru* la TCA fue de 1:1.267 y en el de *L. guttatus* de 1:1.396. Este factor se calculó de acuerdo con el consumo de alimento y el incremento en biomasa observado en cada cultivo y sirvió como base en el momento de calcular los gastos en alimentación durante el cultivo de estas especies en Bahía de La Paz, Baja California Sur (tabla 9). Por otro lado, la figura 6 muestra el comportamiento de la TCA de acuerdo con el peso total de cada especie. De acuerdo con el ANDEVA, para $F_{(1,12)0.05} = 4.747$ no hubo diferencias significativas entre los promedios del valor de la TCA de *L. peru* (1.57 ± 0.959) y la TCA de *L. guttatus* (2.02 ± 0.943).

Tabla 9. Consumo del alimento en kilogramos por jaula y cálculo de la tasa de conversión alimenticia (TCA) en el cultivo de *Lutjanus guttatus* y *L. peru* en Bahía de La Paz, Baja California Sur, México.

Meses de cultivo	Peso (g)	Biomasa (kg/jaula)	RDA (%)	Alimento (kg/mes)	TCA
0	100	328	1	90	0.30
1	130	386	1	114	2.58
2	160	457	1	137	2.17
3	190	542	1	159	2.18
4	235	624	1	187	2.13
5	290	735	0.5	112	1.79
6	350	860	0.5	130	1.63
7	420	1027	0.5	154	1.49
8	500	1245	0.5	184	1.37

El factor de condición (FC) como indicador del estado de salud o condición del pez se estimó sobre la base de la relación entre la longitud total y el peso total del pez, observándose una tendencia a disminuir con el tiempo en cultivo y con el incremento en peso (figura 7). El valor de este factor puede modificarse de acuerdo con la calidad del alimento, la temperatura del agua, la edad, la época reproductiva y el ambiente de cultivo. En este estudio se observaron diferencias significativas entre los valores promedio del FC encontrados entre las especies cultivadas de acuerdo con el FC de *L.peru* (2.96 ± 0.191) y de *L. guttatus* (3.21 ± 0.080), según el ANDEVA para $F_{(1,14)0.05} = 4.60$.

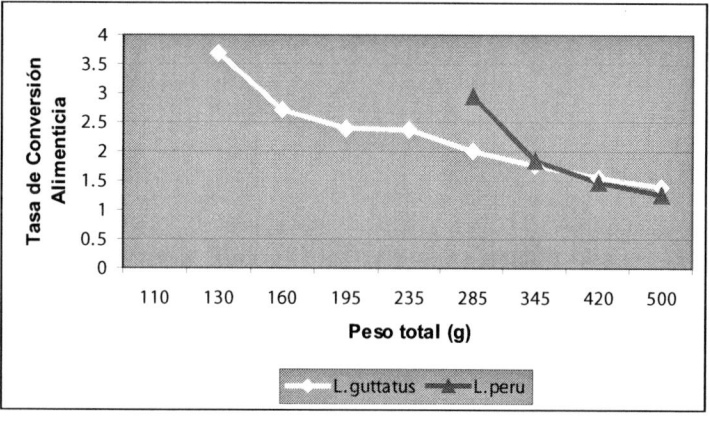

Figura 6. Comportamiento de la tasa de conversión alimenticia (TCA) en relación con el peso de *Lutjanus guttatus* y *L. peru* bajo condiciones de cultivo en Bahía de La Paz, Baja California Sur, México.

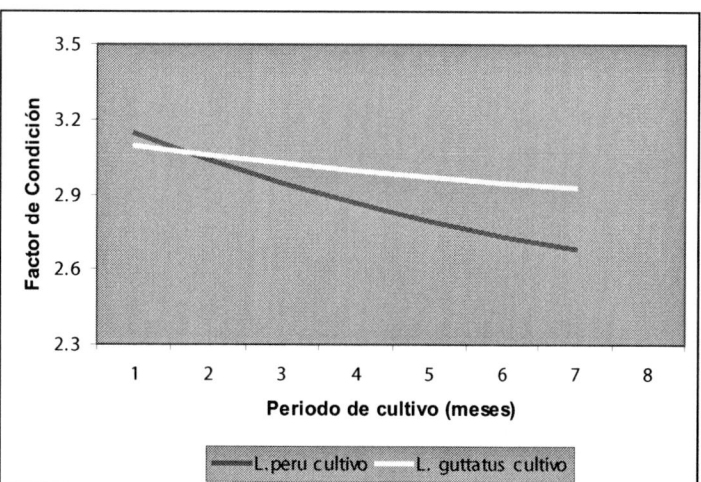

Figura 7. Comparación del factor de condición de *Lutjanus guttatus* y *L. peru* bajo condiciones de cultivo en Bahía de La Paz, Baja California Sur, México.

7. CRECIMIENTO Y MORTALIDAD

La tasa de crecimiento de los peces depende de sus hábitos alimenticios, los cuales son determinados por la temperatura del agua, la ración alimenticia basada en el apetito de los peces y la frecuencia determinada por los tiempos de digestión y la disponibilidad de la cantidad adecuada de la ración alimenticia. Cuando la cantidad de alimento es insuficiente, se observará una tasa de crecimiento diferencial dentro del mismo grupo de cultivo. En la figura 8 se muestra el crecimiento de *L. peru* y *L. guttatus* con incrementos de 55,1 ± 22,7 g/mes y 44,3 ± 18,09 g/mes en condiciones de cultivo en jaulas flotantes y en la figura 9 se observa que no hubo diferencias significativas en la relación peso-longitud entre los especímenes cultivados y silvestres, de acuerdo con el análisis de comparación de los coeficientes de regresión para una $F_{(1,14)0.05} = 4,60$, lo que indica que los peces cultivados se adaptaron al hacinamiento y tipo de alimentación, permaneciendo en condiciones iguales al de su medio natural. Asimismo, se observó una diferencia significativa entre los coeficientes de regresión de *L. peru* (41,12) y *L. guttatus* (27,23) para una $F_{(1,14)0.05} = 4,60$.

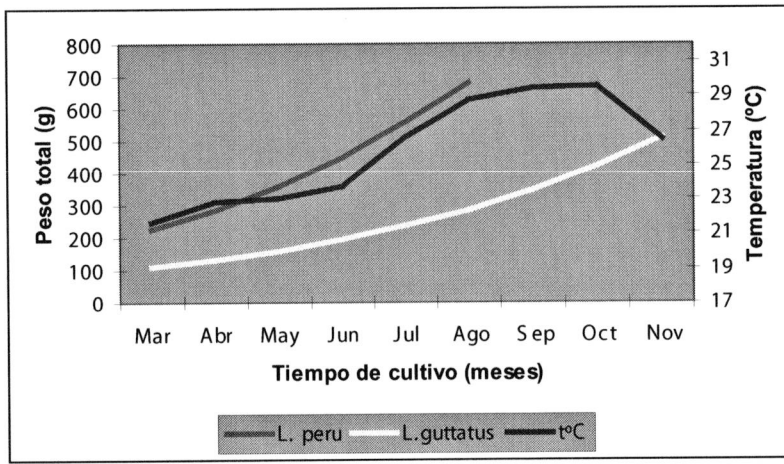

Figura 8. Crecimiento de *L. guttatus* y *L. peru* cultivados en jaulas flotantes en Bahía de La Paz, Baja California Sur, México.

La mortalidad observada en el cultivo se clasificó en cuatro categorías de acuerdo con su origen: 1) daños físicos debido a un mal manejo y transporte y por contacto con la red durante tormentas y mareas fuertes; 2) turbidez y contaminación del ambiente; 3) deficiencias nutricionales y dietas conservadas, y 4) enfermedades. Las enfermedades generalmente se presentan en respuesta a uno o varios de los factores mencionados.

En el cultivo de pargos en Bahía de La Paz, Baja California Sur, las mortalidades se registraron al inicio del cultivo y se atañe a los daños físicos debidos a la colecta, el mal manejo y transporte y el contacto con la red. La supervivencia para *L. peru* fue de 85% y la de *L. guttatus* de 95%, mostrando que la *L. peru* es más delicado que *L. guttatus* (figura 10).

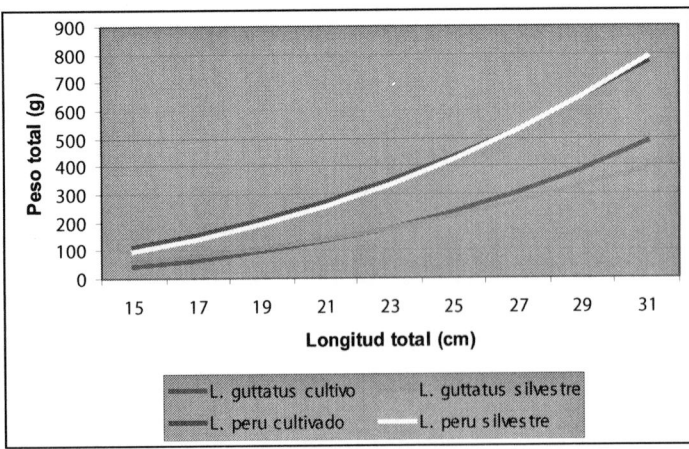

Figura 9. Relación peso-longitud de *Lutjanus guttatus* y *L. peru* silvestres y cultivados en jaulas flotantes.

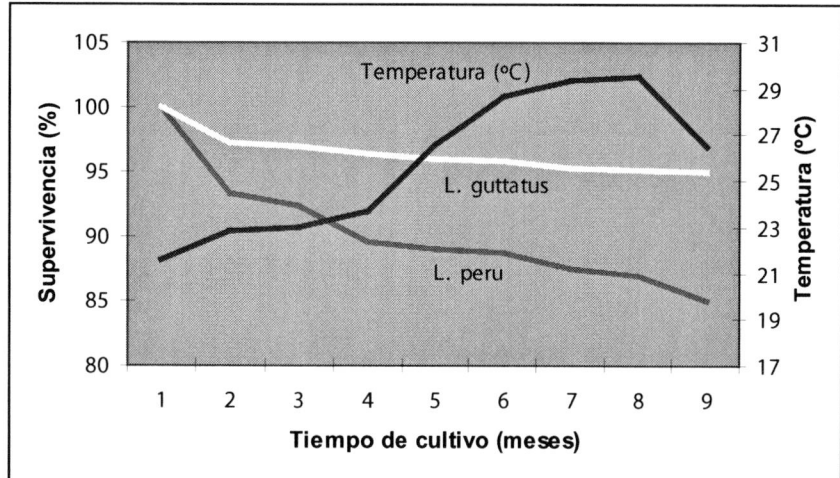

Figura 10. Mortalidad observada en *Lutjanus guttatus* y *L. peru* cultivados en jaulas flotantes en Bahía de La Paz, Baja California Sur, México.

Patología

En ejemplares silvestres de *Lutjanus guttatus* se identificaron 11 ectoparásitos en la piel y branquias, entre ellos tres protozoarios parásitos (*Brooklynella hostilis*, *Amyloodinium oellatum* y *Paratrichodina* sp.), y en branquias tres estadios adultos de monogeneos de la familia *Ancyrocefalindae*: *Haliotrema* sp., *Euryhaliotrema*, *Microcotyloides incisa* y *Pseudomazocraes* sp. (larva), un estadio larvario del digenea de la familia *Didymozoidae*, dos géneros de copépodos: *Caligus* y *Lernanthropus* sp., y un isópodo de la familia *Gnathidae*. En las jaulas de engorde se encontraron los mismos géneros de copépodos en branquias y el isópodo *Cymothoa exigua* en la región bucal y en las branquias (Fajer-Avila, 2006).

En ejemplares silvestres de *Lutjanus peru* de Bahía Banderas se identificaron el monogeneo *Polymicrocotyle mantera*, el estadio larvario de *Didymozoidae*, los copépodos *Caligus* y *Lernanthropus* y el isópodo *Cymothoa exigua* (Fajer-Avila, 2006).

En *L. guttatus*, los monogeneos ancirocefalinos mostraron mayor prevalencia (76-100%), seguidos por *B. hostilis* (70%) y *Pseudomazocraes* (46%). La abundancia media de *B. hostilis* (72,23±198,93 parásito/frotis branquial) se incrementó significativamente (P=0,05) en octubre (cuando la temperatura del agua alcanzó los 31 °C), mientras que la abundancia media de ancirocefalinos (26,83±53,71 parásito/arco branquial) se incrementó significativamente en febrero (22,5 °C). La abundancia de los ancirocefalinos estuvo asociada a la desaparición de *Brooklynella* hostil (Fajer-Avila, 2006).

Los resultados preliminares muestran que el parasitismo en *L. guttatus* en condiciones de cultivo y en vida silvestre se compone de una mayor abundancia de ancirocefalinos y *M. incisa* en el mes de mayo; esta última aumenta también en octubre. Las valores de abundancia de las larvas de *Tetraphyllidea* se elevaron en julio y octubre para los peces silvestres y en cautiverio, mientras el copépodo *Lernanthropus* sp. aumentó en junio en los peces cultivados en jaulas. Los índices de diversidad fueron más altos en los peces silvestres que en los de las jaulas, con un incremento en diversidad en julio y una dominancia de *Lecithochirium* sp. en los peces bajo cultivo. No se encontró correlación entre la abundancia de parásitos y la temperatura del agua en las jaulas. El bajo número de ectoparásitos en los peces de engorde parece indicar que las bajas densidades de siembra y la fuerte circulación de agua en las jaulas impidieron que se completara el ciclo de vida de estos parásitos en este sistema de cultivo (Fajer-Avila, 2006).

Asimismo se aislaron cepas de bacterias de 20 lesiones externas, 82 de riñón, 93 de hígado y 85 de bazo; se identificaron seis especies del género *Vibrio* y dos de *Photobacterium*, tres géneros de bacterias sin poder llegar a especie (*Vibrio* sp., *Aeromonas* sp. y *Shewanella* sp.), cuatro potenciales nuevas especies del género *Vibrio* y una de *Shewanella* basada en la baja similitud de la secuencia del gen 16S rRNA que se agrupan en *clusters* independientes en el dendrograma generado (Fajer-Avila, 2006).

Tabla 10. Tratamientos terapéuticos y profilácticos para eliminar los parásitos de los pargos *Lutjanus guttatus* y *L. peru*. (Fuente: Fajer-Avila, 2006)

Patología	Dosis	Efectibilidad
Inhibe el desarrollo de los huevos de los ancirocefalinos	Baños con una solución de 2 mL/L de hipoclorito de sodio durante 3 h	100%
Ancirocefalinos	Desecación, formalina y agua dulce	+10%
Ancirocefalinos	Baños de agua dulce durante 30-40 minutos	100%
Ancirocefalinos	Baños de formalina durante 60 minutos	72%
Ancirocefalinos	Baños con Vermiplex 3.5-4.5 mL/L por 12 horas	72%
Ancirocefalinos	Baños con Frontal 4.5 mL/L por 24 horas	72%

8. IMPACTO DEL CULTIVO DE PECES EN JAULAS FLOTANTES

Los efectos esperados por la instalación de jaulas y corrales en una masa de agua son principalmente la competencia por el espacio con otros usuarios, la modificación del régimen de flujo de agua (del que dependen el transporte de oxígeno y de sedimentos y la distribución de plancton y de larvas de peces), la disminución de la calidad de agua y bentos por los desechos metabólicos de los peces y los restos de alimento no consumido, y la alteración del paisaje.

Los efectos directos del cultivo de peces marinos en jaulas flotantes son:

a) Depósito de materia orgánica
b) Depleción del nivel oxígeno disuelto
c) Acumulación de gases tóxicos (anaerobiosis)
d) Acumulación de fármacos
e) Riesgo de introducir especies foráneas
f) Riesgo de crear nuevas patologías
g) Impacto «social» y sobre poblaciones naturales

Contaminación

El principal problema ambiental de la piscicultura marina en jaulas flotantes es la producción de residuos orgánicos que provienen principalmente del alimento no ingerido, de la excreta de los peces, de cadáveres, guano de aves marinas, sangre y vísceras (cuando se hace la matanza en la plataforma de la jaula y no se procesan los desechos) y productos químicos utilizados durante el cultivo, especialmente los de tipo profiláctico y otros que puede contener el alimento, como hormonas o estimuladores del crecimiento. Estos residuos se presentan generalmente como acumulación de sólidos fosforados o nitrogenados en un área de 400-700m, sobre todo en dirección de la corriente principal. Los residuos líquidos son más fáciles de dispersar gracias a las mismas corrientes (Calderer *et al.*, 2005).

Dado que la alimentación depende de varios factores ambientales, visuales y químicos, así como de la capacidad de capturar y tragar, se estima que aproximadamente el 5-10% del alimento proporcionado se pierde por una mala administración de los piscicultores (desconocimiento real de la biomasa de cultivo, estimación errónea de la ración alimenticia diaria) o a un mal funcionamiento de la máquinas dispensadoras (Calderer *et al.*, 2005). Por otro lado, estos mismos autores apuntan que una tonelada de alimento seco balanceado contiene 22 kg de fósforo y 116 kg de nitrógeno, de los que solo serán aprovechados por los peces el 30% y el 25%, respectivamente. Con lo cual, por cada tonelada de alimento proporcionado, se libera al mar en forma de sólidos y solubles el 70% de fósforo y el 75% de nitrógeno.

De lo anterior se deriva que el cultivo de peces marinos en jaulas flotantes afecta directamente la columna de agua, disminuyendo su calidad y la diversidad y abundancia del plancton y necton. El deterioro de la calidad del agua puede favorecer la concentración de ectoparásitos, con lo cual aumenta la mortalidad de los peces y se incrementa su metabolismo por estrés, sobre todo en aquellos sitios que no cuentan con una buena circulación de agua.

El cultivo de peces marinos en jaulas flotantes impacta en mayor grado sobre el sedimento y las comunidades bentónicas, aunque esto dependerá de la especie cultivada, del tipo de alimento, del sistema de manejo, de la profundidad y de la magnitud de la velocidad de las corrientes de agua que permiten la mejor dispersión de los residuos del cultivo (figura 11). El impacto sobre el bentos no se refiere solo al aporte de materia orgánica sobre el sedimento, sino también al proceso de liberación al medio de la solubilización de algunos nutrientes que modifican de manera directa la condición físico-química del agua, aumentando su eutrificación y produciendo de forma secundaria cambios en la estructura de las comunidades planctónicas y nectónicas. De este modo, en lugares con poca circulación de agua se puede incrementar la biomasa fitoplanctónica, incrementando la turbidez y ocasionando un déficit de oxígeno disuelto en la columna de agua. Este déficit es ocasionado también por la descomposición posterior de esta biomasa. Como se mencionó anteriormente, todos estos problemas se pueden resolver haciendo una buena selección del sitio de cultivo.

La contaminación se puede minimizar mediante la capacitación y experiencia de los piscicultores, así como mediante la aplicación de buenas prácticas de higiene y seguridad en la operación del cultivo. Algunas de ellas son: no tirar basura ni restos de alimentos, no realizar cambios de aceite ni reparaciones mecánicas de los motores, recoger los cadáveres, no proporcionar alimento en demasía, mantener limpias las área de servicio, revisar diariamente mediante buceo cada uno de los componentes de las jaulas, llevar un buen registro de los parámetros ambientales y vigilar la biomasa y la salud de los peces.

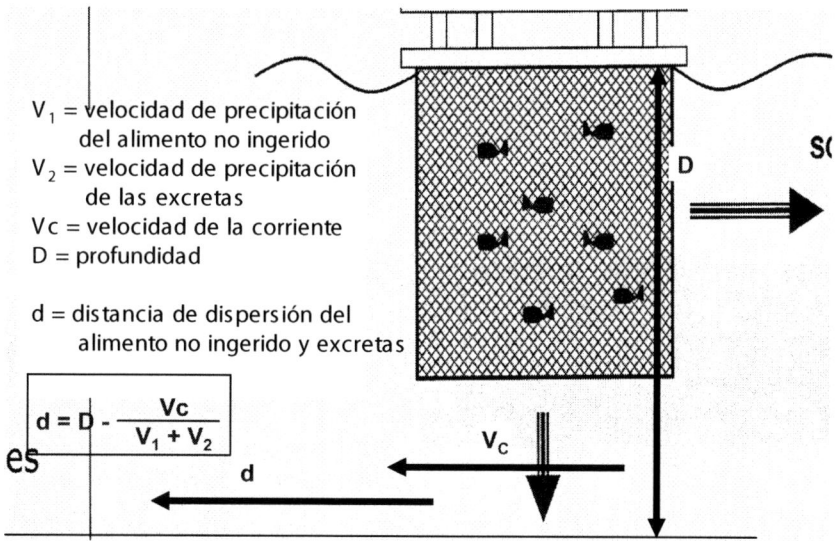

Figura 11. Factores de la dispersión de los residuos del cultivo de peces marinos en jaulas flotantes (fuente: Gowen *et al.*, 1994) sin considerar a la población salvaje asociada al cultivo que se alimenta del alimento que se escapa de la jaula.

Espacio

Los recintos pueden competir por espacio con las pesquerías ribereñas, ya que las jaulas y corrales fijos se colocan en aguas pocas profundas, en zonas que coinciden con la región litoral donde se halla la vegetación fija emergente y sumergida. Además, estas áreas suelen ser zonas importantes de desove para muchas especies de importancia comercial.

Si son manejadas adecuadamente en cuanto a biomasa de cultivo, densidad de carga y alimentación, es posible que las jaulas flotantes ubicadas en zonas más profundas (con corrientes de agua adecuadas para arrastrar los desechos y renovar el agua) impacten positivamente en el sitio, ya que la red o el paño de las jaulas funcionan como sustrato para la colonización de algunas algas, el asentamiento de moluscos y crustáceos y el caladero de peces, al ofrecer refugio y alimento a muchas especies que pueden llegar estacionalmente o quedarse a residir y convertirse en parte de la fauna asociada al cultivo.

Aspectos estéticos

La introducción de jaulas y corrales en una masa de agua puede transformar el paisaje. En muchos países, la legislación en materia de conservación del ambiente prevé la preservación de áreas de gran belleza natural y las protege de interferencias que estropeen su aspecto. Debido a ello, en el momento de seleccionar el sitio de cultivo hay que procurar que no exista competencia de uso de área. Por ejemplo, se sabe que el Golfo de California es una gran cuenca protegida, siendo la totalidad de sus islas áreas de reserva ecológica. Contiene también dos parques naturales, el de Bahía de Loreto y el de Cabo Pulmo, y cuenta con el desarrollo del proyecto de escalera náutica, que prevé muchos kilómetros de costa dedicados al sector turístico. Por ello resulta importante que la zona a elegir compita lo menos posible con el turismo y la navegación marítima, que dificultarían la viabilidad de las instalaciones en tierra (almacenes, oficinas, área de muelles, lugares de procesos), así como todas las actividades relacionadas con el turismo (movimiento de embarcaciones, volúmenes vertidos al mar, etc.).

Como contrapartida, cabe mencionar que la acuicultura es un negocio de inversión, rentable en el corto plazo, por lo que necesariamente debe ser económicamente viable y ambientalmente sustentable, de forma que el piscicultor es el más interesado en que el cultivo de peces marinos se maneje de manera responsable con el ambiente y con la sociedad. Por otro lado, también es importante mencionar el impacto positivo del cultivo, ya que incrementa la diversidad y la biomasa de las poblaciones naturales asociadas a las jaulas, al servir de caladero a los peces.

En España, el estudio realizado durante tres años por Pablo Sánchez Jerez y Just Boyle, de la Universidad de Alicante, sobre el impacto de las granjas de peces marinos en el Mediterráneo estima que en las granjas marinas del Mediterráneo existen poblaciones de peces salvajes asociadas al cultivo con un volumen de más de 40 toneladas. Además, al estar acostumbrados a consumir el alimento que se escapa de la jaula, estos peces tienen un sobrepeso del 10 al 20% comparado al de otras poblaciones salvajes, con lo cual aumenta la capacidad reproductora de la colonia (como efecto de la copiosa alimentación). Estos mismos autores mencionan que la colonia asociada al cultivo de peces en jaulas flotantes se integra de una treintena de especies, las mismas que en un momento dado son capturadas por grandes depredadores (atunes, seriolas y delfines) que circundan el cultivo (Panorama Acuícola, on-line, consulta: 26 de marzo de 2007).

Por otro lado, los sitios oceánicos con escasa población bentónica se colonizan de manera extraordinaria, al servir las redes de las jaulas como sustrato para la fijación de las larvas planctónicas de moluscos y crustáceos, incrementando así la diversidad y biomasa en el sitio de cultivo. De la misma manera, los peces adultos que se conservan como banco de reproductores desovan en el sitio y muchas de las larvas encuentran refugio y alimento en las mismas jaulas de cultivo.

En Bahía Concepción se ha observado una mayor abundancia de peces como: sardinas, cabrillas, pargo lunarejo, pargo coconaco, mojarra plateada, cochito, mulejino y canelitos, entre otros muchos peces.

8. ANÁLISIS ECONÓMICO

9.1 Planificiación del proyecto técnico

Antes de formalizar cualquier proyecto de acuicultura, se requiere llevar a cabo un plan de trabajo, que visualice la información mediante un diagrama de flujo, así como establecer contactos para elaborar un proyecto técnico, económico y financiero, y para obtener todos los permisos y autorizaciones necesarias (figura 12).

En la integración del proyecto se deben analizar los costos y tiempos en la adquisición de los equipos y materiales, la ubicación de los proveedores de servicios (planta de proceso, fábrica de hielo, empaques, transporte, aduanas, etc.) y de los proveedores de insumos como: alimento, «semilla» y combustibles. Se debe contemplar también la adquisición de un almacén y de una oficina administrativa, así como la selección y contratación del personal y su capacitación en la operación del cultivo de peces marinos.

Figura 12. Diagrama de flujo para la planificación de un proyecto de cultivo de peces marinos en jaulas flotantes.

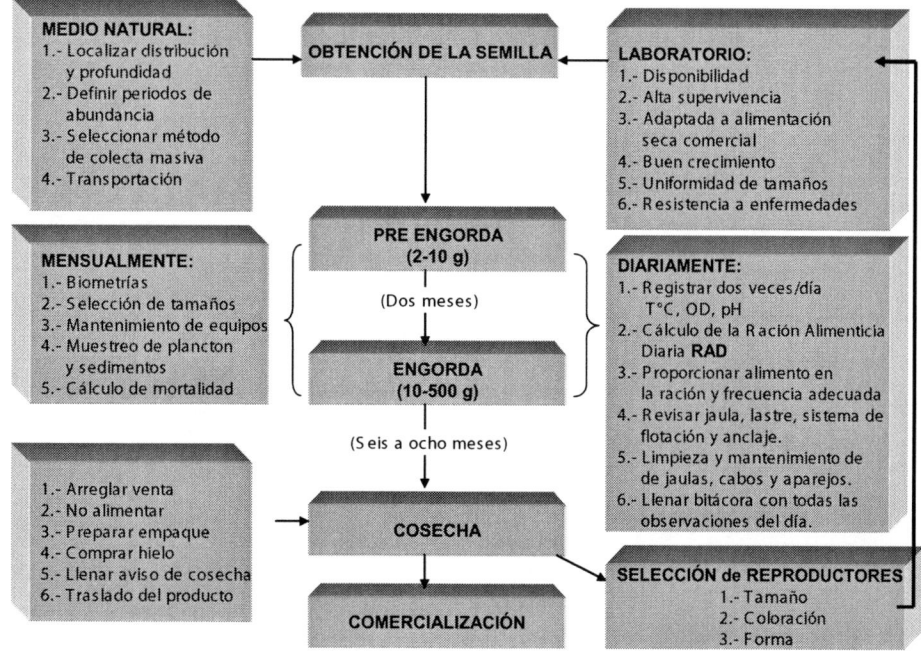

Figura 13. Plan de manejo del cultivo de pargos y huachinangos en jaulas flotantes.

El motivo principal del cultivo de peces en jaulas es el de obtener beneficios, por lo que es imprescindible que el acuicultor conozca cuáles van a ser los gastos en que incurrirá, con el fin de calcular el costo de producción de un kilo de huachinango o pargo flamenco y para determinar de esta manera a cuánto se puede vender y cuales serán las ganancias que va a producir el cultivo.

En esta sentido conviene recordar que el piscicultor va a tener unos costos fijos (permisos de concesión, instalación de las balsas flotantes, embarcaciones, materiales varios, etc.) que consideramos como bienes duraderos; por otro lado, tendrá unos costos variables derivados del ciclo de producción (compra de semillas, alimento, mano de obra, transporte, materiales perecederos, etc.).

Para realizar el estudio económico, se fija la producción total (toneladas) y el tamaño individual (kilogramos) de huachinangos (*L. peru* y *L. guttatus*) que se pretenden vender en un ciclo. En este proyecto, se fijó una capacidad de producción de ocho jaulas, con un volumen de producción de 1,25 toneladas/jaula por ciclo de seis meses, considerando que la «semilla» está formada por ejemplares de 100 y 230 g (de *L. guttatus* y *L. peru* respectivamente), con posibilidades de venta al alcanzar los 400-450g de peso total (el peso final de los peces estará determinado por las preferencias del mercado). El análisis costo-beneficio para cuatro años de amortización (tabla 11) indica un ingreso por venta de peces de 400-450g a un precio de 70 $/kg que genera un beneficio bruto anual de 717.416,26 $.

Tabla 11. Análisis de costo-beneficio del cultivo de *Lutjanus peru* en un módulo de ocho jaulas flotantes de 125 m³ cada una, en Bahía Falsa, Baja California Sur.

Costos variables:	
Colecta de 24.000 juveniles de huachinango/ciclo (dos ciclos / año). $8.00/juvenil	192.000,00
Compra de alimento 12.670 ton/ciclo, $8.500 /ton (dos ciclos/año)	215.390,00
Salarios 3 personas (incluye aguinaldos y seguridad social)	132.300,00
Combustible y energía eléctrica	14.400,00
Varios (10% del total)	55.409,00
Total	609.499,00
Costos fijos:	
Permiso de concesión y autorización de colecta	5.000,00
Unidad de cultivo de 10 jaulas (véase tabla 2) incluyendo anclaje (véase tabla 3)	33.088,87
Embarcaciones equipadas con motor fuera borda	175.000,00
Vehículo capacidad 2 toneladas	50.000,00
Otros equipos	19.850,00
Materiales y equipo para colecta (red de cerco, viveros, etc.)	9.400,10
Amortización (25% del total de costos fijos)	73.084,74
INGRESOS:	
Producción de 1,25 ton/jaula/ciclo (dos ciclos/año). Ocho jaulas. A $70/kg	1.400.000,00
Beneficio bruto anual (ventas-costos): 1.400.000,00 – 682.583,74 =	$717.416,26

9. DISCUSIONES Y CONCLUSIONES

El diseño del prototipo probado en este trabajo es técnicamente mucho más sencillo que las estructuras comerciales para el cultivo de especies marinas, además de ser económicamente mucho más accesible para los grupos sociales de escasos recursos. Asimismo, los materiales utilizados fueron accesibles en el comercio local, con lo cual no se requirió de ninguna importación.

La instalación de este prototipo se adecuó bien a sitios protegidos de vientos, oleajes y corrientes fuertes como es el caso de Bahía Falsa, un cuerpo de agua costero inmerso en la Bahía de La Paz dentro del Golfo de California (figura 3). El prototipo no está diseñado para ser utilizado en condiciones oceánicas, sino más bien en áreas de fácil acceso, cercanas a la población pesquera. Por ello su diseño estuvo enfocado al sector pesquero de las poblaciones marginadas. Por otro lado, se observó un alto grado de colonización en este tipo de cultivo, haciéndolo atractivo para el turismo ecológico, o bien para la venta de especies vivas de ornato (invertebrados y vertebrados asociados al cultivo), lo cual implica un mayor ingreso al piscicultor. Del mismo modo, se observó que el área se convierte en un agregadero de peces, convirtiéndolo en un caladero para la pesca turística, por lo que se considera positiva la alteración ecológica del medioambiente.

La técnica utilizada para la colecta (red de cerco y viveros) de huachinangos y pargos, fue inofensiva para la especie, lográndose una mortalidad despreciable durante la captura y traslado. A esto se añade que el manejo de los peces fue mínimo, con lo que se evitó dañarlos físicamente, protegiéndolos de la descamación y de la pérdida de la mucosa epidérmica. Además, los peces nunca fueron expuestos al aire ni al sol, y el agua de traslado se mantuvo siempre con niveles superiores a 5 mg.L^{-1} y no tuvo cambios de temperatura, por lo que las pérdidas fueron mínimas. Normalmente la literatura recomienda la utilización de equipos específicos para el traslado; estos suelen estar térmicamente aislados y equipados para la utilización de oxígeno y la recirculación del agua, lo cual los hace generalmente costosos. En este caso, lo que permitió no utilizar estos equipos fue la cercanía de los sitios de colecta, lo que además permitió minimizar los costos de la «semilla».

Por otro lado, en nuestro caso no fue necesario realizar una cuarentena, ya que los peces fueron colectados en las cercanías del área autorizada para la instalación de la unidad de cultivo. Cuando los alevines son trasladados desde sitios muy distantes, aunque sean de la misma especie local, es recomendable aplicar una cuarentena en estanques con sistema de circulación cerrado antes de introducirlos a las jaulas de cultivo, ya que al no hacerlo se corre el riesgo de la transferencia de especies patógenas.

La especie *Lutjanus peru* y *L. guttatus*, se comportaron como unos peces fuertes, resistentes al manejo, tolerantes al estrés de la captura, traslado, tratamiento profiláctico y selección de tallas, mostrando una supervivencia del 85 y 95% respectivamente. Esta supervivencia fue igual a la presentada por *L. argentimaculatus*, que presentó un supervivencia del 85% en condiciones de cultivo en jaulas flotantes (Doi y Singhagraiwan, 1993), mientras que Avilés y Castelló (2002) reportan una supervivencia de 72,7 y 95% para *L. peru* y *L. guttatus* respectivamente. En cuanto a la tasa de crecimiento, el huachinango y el pargo flamenco o lunarejo son especies con alto potencial para el cultivo, dado que presentaron un crecimiento de 55 a 44 g/mes respectivamente, aunque estos datos no son mejores que los reportados por otros autores (Tabla 12).

Tabla 12. Tasa de crecimiento y producción de peces lutjánidos cultivados en jaulas flotantes.

Especie	Localidad y tamaño de jaula	Densidad de cultivo	Tasa de crecimiento g.mes^{-1}	[peso inicial-peso final] (g)
L. johnii (golden snapper)	Malasia, China, Singapur y Kuwait 5 × 5 × 3 m	44 peces.m^{-2}	90	90 – 700
L. argentimaculatus (red snapper)	Tailandia 2.5 × 2.5 × 4m	80 peces.m^{-2}	41.6	7.5 – 500
L. aratus (pargo raicero)	La Paz, Baja California Sur, México 3 × 3 × 3m	0.5 kg.m^{-3}	91.67	80 – 1180
L. argentiventris (pargo amarillo)	La Paz, Baja California Sur, México 3 × 3 × 3m	0.4 kg.m^{-3}	27.60	30 – 361
L. guttatus (pargo flamenco)	La Paz, Baja California Sur, México 3 × 3 × 3m	1.4 kg.m^{-3}	52.87	150 – 785
L. peru (huachinango)	La Paz, Baja California Sur, México 3 × 3 × 3m	1.4 kg.m^{-3}	71.37	234 – 1091

Fuente: Tucker; 1998, Doi y Singhagraiwan, 1993; Avilés-Quevedo y Castelló i Orvay, 2001

Los costos de producción con la técnica de cultivo utilizada fueron de 34,13 $/kg (tabla 10), lo que permitió una ganancia de más de 35 $/kg de pescado. Estos resultados son atractivos para el pescador ribereño, ya que en un plazo de cuatro años puede amortizar su inversión de acuerdo con el análisis de flujo de efectivo presentado.

Bibliografía

Allen, GR. Sinopsis of the circumtropical fish genus Lutjanus (*Lutjanidae*). 33-87. En: Polovina JJ, Ralston, S, editores. Tropical snappers and groupers: Biology and Fisheries Management. Westview press, Boulder, Co.; 1987

Álvarez-Lajonchere, LS, Hernández Molejon, OG. Producción de juveniles de peces estuarinos para un centro en América Latina y el Caribe: Diseño, operación y tecnologías. The World Aquaculture Society, Baton Rouge, 2001

Anderson, WS. Systemathics of the fishes of the family Lutjanidae (*Perciformes: Percoidei*) the snappers. 1-31. En: Polovina, JJ, Ralston, S, editores. Tropical snappers and groupers: Biology and fisheries management. Westview Press, Boulder, 1987

Avilés-Quevedo, MA, Castelló i Orvay, F. Avances en el cultivo experimental de pargos (*Pisces: Lutjanidae*) en México. Presentado en el III Congreso Nacional de Acuicultura, Guatemala; 2001

Benetti, D, Clarck, A, Feeley, M. Feasibility of select candidate species of marine fish for cage aquaculture development in the Gulf of Mexico with novel remote sensing techniques for improved offshore systems monitoring. Robert R. Stickney, Compiler. Proceedings of Third International Conference on Open Ocean Aquaculture. Sea Grant College Program Publication. Corpus Christi, Texas, 1998

Beveridge, MC. Cage Aquaculture. 3.ª edición. Oxford: Blackwell Publishing Ltd; 2004

Bucklin, A, Howell, H. Progress and prospects from the University of New Hampshire open ocean aquaculture demonstration project. Robert R. Stickney, Compiler. Proceedings of Third International Conference on Open Ocean Aquaculture. Sea Grant College Program Publication. Corpus Christi, 1998

Calderer, A, Rodríguez, A, Huertas, M, Cardona, L, Castelló, F. Evaluación del impacto ambiental del cultivo intensivo de dorada (Sparus aurata) en jaulas flotantes en el litoral catalán. trabajo financiado por el Servei de Protecció de l'Entorn Natural de la Dir. Gral. de Boscos i Biodiversitat del Dpt. de Medi Ambient de la Generalitat de Catalunya; 2005

Castelló i Orvay, F. Sistemas y técnicas de producción. 25-36. En: Castelló i Orvay, F, editor. Acuicultura Marina: Fundamentos biológicos y tecnología de la producción. Publicacions de la Universitat de Barcelona; 1993

Chua, T, Tech, E. Introduction and history of cage culture. CAB International. Woo, PTK, Bruno, DW, Lim, LHS, editores; 2002

Doi, M, Singhagraiwan, T. Biology and culture of the red snapper Lutjanus argentimaculatus. The Eastern Marine Fish. Development Center y The Japan International Cooperation Agency; 1993

FAO. The state of world fisheries and aquaculture; 2004. Disponible en: http://www.fao.org/sof/sofia/index_en.htm

Fridman, AL. Calculations for fishing gear designs. FAO of the United Nations. Oxford: Fishing News Books Ltd; 1986

Froyaringen, A. Single point mooring/tandem mooring (SPM system); 2003. Disponible en: http://www.froyaringen.no

Goudey, CA, Loverich, G, Kite-Powell, H, Costa-Pierce, BA. Mitigating the environmental effects of mariculture through single-point moorings (SPMs) and drifting cages. ICES Journal of Marine Science. 2001; 58: 497-503

Grimes, CB. Reproductive biology of the Lutjanidae. 239-294. En: Polovina, JJ, Ralston, S, editores. Tropical snappers and groupers: Biology and Fisheries Management. Westview press, Boulder; 1987

Huguenin, J. The design, operations and economics of cage culture systems. Aquacultural Engineering. 1997; 16: 167-203

Jiménez-Illescas, AR, obeso-nieblas, M, Salas-de León, DA. Oceanografía física de la Bahía de La Paz, B.C.S. 31-41 En: Urbán, RJ, M. Ramírez, M, editores. La Bahía de La Paz, investigación y conservación. UABCS, CICIMAR, SCRIPPS; 1997

Mateos-Velasco, AM. Piscicultura en jaulas flotantes. 681-690 En: Castelló i Orvay, F, editor. Acuicultura Marina: Fundamentos Biológicos y Tecnología de la Producción. Universitat de Barcelona; 1993

Masser, M. Cage Culture, site selection and water quality. Southern Regional Aquaculture Center (SRAC). Publication no. 161. USA; 1997

Milne, PH. Fish and shellfish farming in coastal waters. Oxford: Fishing News Books; 1972

Milne, PH. Fish and shellfish farming in coastal waters. Oxford; Fishing News Books, Oxford; 1979

Morales, Q, Morales, R. Síntesis regional del desarrollo de la acuicultura. 1. América Latina y El Caribe-2005. FAO Circular de Pesca No. 1017/1. Roma; 2006

Moretti, A, Pedini Fernández-Criado, M, Cittolin, G, Guidastri, R. Manual on hatchery production of seabass and gilthead seabream. Vol. 1. Roma: FAO; 1999

Muir, J, Basurco, B. Conclusions. Mediterranean offshore mariculture. Zaragoza: CIHEAM-IAMZ. (Options Méditerraneénnes: Serie B. Studes et Recherches; n 30): 213-215; 2000

Parrish, JD. The trophic biology of snappers and groupers. 405-463. En: Polovina, JJ, Ralston, S, editores. Tropical snappers and groupers: Biology and Fisheries Management. Boulder: Westview press; 1987

Peraza, R. Espacios oceánicos y costeros de Sinaloa. 1.ª edición. Editorial Universidad Autónoma de Sinaloa; 2005

Pérez, O, Telfer, T, Ross, G. On the calculation of wave climate for offshore cage culture site selection: a case study in Tenerife (Canary Islands). Aquacultural Engineering. 2003; 29: 1-21

Pintos Terán, PA, Rosales, MO, Dumas, S, Pliego Cortés, H, Alcántar, JP. Características reproductivas del Huachinango del Pacífico (Lutjanus peru) en cautiverio. Panorama Acuícola Magazine. Vol. 9, n.º 3; 2004. p. 46-49

Rosengaus, M, Jiménez, M, Vázquez, M. Atlas climatológico de ciclones tropicales en México; 2002. Disponible en: http://www.crid.or.cr/digitalizacion/pdf/spa/doc16060/doc16060.htm

Serrano, D, Ramírez, E. Implementación de un modelo hidrodinámico en el sistema lagunar de Santa María La Reforma, Sinaloa. 2003; Inpesca Journal (1), 33-39

Silveira Coffigny, R, Martínez-Pérez, M. Aceite de clavo (Syzygium aromaticum) como anestésico para la manipulación y transporte de Oreochromis aureus (Tilapia). Panorama Acuícola Magazine. 2004; vol. 9, n.º 2: 10-13

Stagnitti, F, Austin, C. Desta: a software tool for selecting sites for new aquaculture facilities. Aquacultural Engineering. 1998; 18: 79-93

Thoms, A. Pointers to safer moorings. Fish Farmer. 1989; 12 (3), 27-28

Thomson, DA, Findley, LLT, K, Erstitch, AN. Ree fishes of the Sea of Cortez, Univ.of Arizona Press; 1987

Tucker, JW. Marine fish culture. Boston Kluwer Academic Publisher, 1998

Turner, R. Offshore mariculture: Site evaluation. Zaragoza: CIHEAM-IAMZ. (Options Méditerraneénnes: Serie B. Studes et Recherches; n 30): 141-157; 2000

Vázquez, A. Human factors study in the shrimp vessels of Mazatlán, Sin. Proceedings of the IV National Congress of Sea Science and Technology; 1997

Vázquez, A, Brynjolfsson, S. Design of a cage culture system for farming in Mexico. United Nations University-Fisheries Training Program. Reykjavik; 2004

Vázquez, A, Brynjolfsson, S. La siguiente generación de jaulas flotantes en México. Memorias de la Segunda Reunión Nacional de la Red de Cultivo de Peces Marinos. 2.º Foro Internacional de Acuacultura. SAGARPA. INP. México. 2005, p. 89-117

Tema 13

Cultivo del botete diana (*Sphoeroides annulatus*)

M.ª Isabel Abdo de la Parra, L. Estela Rodríguez Ibarra, Emma J. Fájer Ávila, Gabriela Velasco Blanco, Luis S. Álvarez-Lajonchère*

INTRODUCCIÓN

La familia *Tetraodontidae* está compuesta por 18 géneros y 98 especies de peces, de las cuales ocho pertenecen al género *Sphoeroides* y están distribuidas en el Pacífico tropical del este (Robertson y Allen, 2006; Nelson, 2006). El botete diana *S. annulatus* (Jenyns, 1842) se distribuye desde San Diego, California, hasta Pisco, Perú; es habitante de mares tropicales y templados, común en aguas costeras y algunas veces penetra en aguas salobres y dulces. Alcanza una talla de 44 cm de longitud total, tiene un cuerpo robusto y posee un estómago altamente modificado que se infla rápidamente por aspiración de agua o aire para protegerse de sus depredadores. Sus mandíbulas están transformadas en un pico, el cual está constituido por cuatro dientes grandes y fuertes (dos en cada mandíbula) (figura 1). Es una especie carnívora, se alimenta de animales de concha dura como cangrejos, jaibas, camarones y toda clase de moluscos (Amezcua-Linares, 1996).

Algunas especies de peces del orden *tetraodontiformes* contienen una toxina (tetradotoxina), que se localiza en sus vísceras y gónadas principalmente; pero la carne puede contaminarse por descuido durante la evisceración o el almacenaje prolongado antes de su consumo (Bussing, 1995; Nelson, 2006). Estudios recientes han demostrado que esta toxina está ausente en organismos cultivados de *S. annulatus* (Ochoa *et al.*, 2006). La carne de muchas especies de esta familia es de excelente gusto por su sabor y firmeza y en países asiáticos especies del género *Takifugu* tienen una gran demanda y un alto precio en el mercado. El botete diana se consume desde hace más de tres décadas, principalmente en el noroeste de México con un precio desde 7 US$.kg⁻¹ el organismo entero y 11 US$.kg⁻¹ el filete (Martínez-Palacios *et al.*, 2002; Chávez-Sánchez *et al.*, 2008; García-Ortega, 2009). En el año 2008 se capturaron alrededor de 1.045 toneladas en la República Mexicana (CONAPESCA, 2009). El cultivo de esta especie en México se inició a escala experimental en 1997 en el Centro de Investigación en Alimentación y Desarrollo (CIAD), Unidad; actualmente se está realizando a escala piloto con excelentes resultados (Álvarez-Lajonchère *et al.*, 2005; Álvarez-Lajonchère *et al.*, 2007; Chávez-Sánchez *et al.*, 2008).

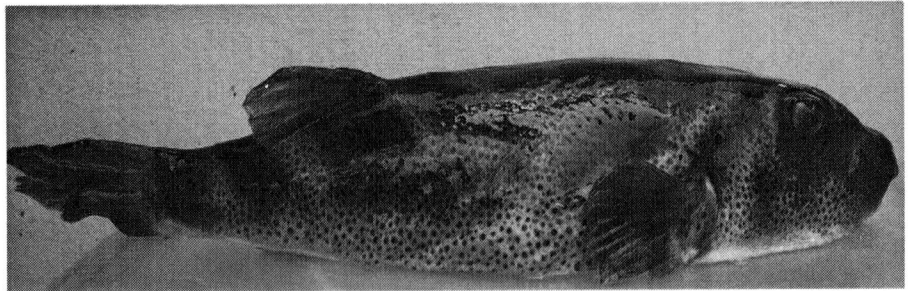

Figura 1. Botete diana (*Sphoeroides annulatus*).

* Centro de Investigación en Alimentación y Desarrollo, A.C., Av. Sábalo-Cerritos S/N, C. P. 82010 Mazatlán, Sinaloa, México. (abdo@ciad.mx).

REPRODUCCIÓN

El botete diana es una especie gonocórica que madura entre los 400 y 500 g de peso (tres años), aunque se ha observado que en cautiverio puede desovar desde los 250 g (dos años). La temporada de desove se presenta de abril a junio con un pico en el mes de mayo, con temperaturas de 24-28 °C. De acuerdo con los estudios histológicos, el botete es un pez desovador sincrónico (Duncan *et al.*, 2003). Las hembras producen alrededor de 1×10^6.kg^{-1} de huevos (Mañanós *et al.*, 2008). A los machos se les extrae en promedio 7 ml de esperma, y en algunos hasta 10 ml.

Los reproductores silvestres se capturan de febrero a mayo (temporada de pesca) en localidades cercanas y se integran al lote de reproductores del CIAD, con la finalidad de mantener un buen número de peces en cautiverio y recuperar a aquellos que murieron por diversas causas (enfermedades o accidentes involuntarios de manejo). Los peces se mantienen en tanques de fibra de vidrio de 3.000 y 7.000 litros de capacidad, con suministro continuo de agua marina con recambio de 3-4 volúmenes por día, a 35‰ de salinidad promedio y con el oxígeno disuelto no menor a 5 mg.L^{-1}. Se alimentan con pescado, calamar y camarón frescos a una ración del 2% de su masa corporal.

TÉCNICA PARA ESTIMAR LA MADUREZ SEXUAL EN HEMBRAS

Para la obtención de los ovocitos de botete diana, se anestesia a cada hembra con 0.5 ml.l^{-1} de 2 fenoexitanol (Sigma®). Posteriormente, se toma una muestra de ovocitos mediante una biopsia ovárica utilizando una cánula de plástico de 1 mm de diámetro interno, la cual se introduce por el oviducto aproximadamente de 3 a 4 cm, y se aplica una succión con la boca hasta obtener la muestra. Los ovocitos se observan al microscopio y se les agrega una solución YBAG/85 para aclararlos y precipitar las proteínas del núcleo con el fin de observar la vesícula germinal y establecer en qué etapa se encuentran (Rodríguez y Garza, 1985).

TÉCNICA PARA ESTIMAR LA MADUREZ SEXUAL EN MACHOS

A los machos se les ejerce presión abdominal y con una jeringa estéril sin aguja se colecta el semen, colocando la entrada del embudo junto al poro genital para evitar lo más posible el contacto del esperma con el aire (Rodríguez, 1992); se envuelve en papel de aluminio para que no tenga contacto directo con la luz. Para determinar la calidad del semen, se coloca una pequeña muestra en un portaobjetos, se agrega una gota de agua marina para activar los espermatozoides y se observa en un microscopio ocular para hacer la evaluación. Se registra el porcentaje de motilidad utilizando una escala de 0 a 100% (Billard *et al.*, 1995), la cual se refiere al porcentaje de espermatozoides que se visualizan en el campo, y se determina qué tipo de movimiento presentan (el rápido y vibrante es el de mayor capacidad fecundante). Se registra la duración total de la actividad motil del esperma, la cual se determina desde el primer contacto entre la muestra de semen y el agua de mar hasta el cese total del movimiento de desplazamiento del último espermatozoide.

INDUCCIÓN HORMONAL

Se induce a las hembras con un tamaño mínimo de ovocitos de 0.5 mm y con el núcleo situado cerca del micrópilo, y a los machos con un porcentaje mínimo de motilidad del 90% y un tiempo de duración de actividad del esperma promedio de 150 segundos. La hormona que se utiliza es la GnRHa en presentación de implantes EVAc (*Ethylene-Vinyl Acetate copolymer*), preparados en el laboratorio del profesor Zohar (University of Maryland Biotechnology Institute, Center of Marine Biotechnology Baltimore, Maryland, Estados Unidos; Zohar *et al.*, 1990); son de liberación media y se suministra por vía intraperitoneal de acuerdo con el peso de los organismos (50μg < 1000g, 75 μg = 1000g, 100μg > 1000g). Al mismo tiempo se coloca un chip electrónico en el dorso del pez para su identificación posterior (García-Aguilar *et al.*, 2009).

DESOVE Y FERTILIZACIÓN

El desove de las hembras se presenta a las 72 horas después de la inducción. Para obtener los óvulos, se aplica una ligera presión abdominal y se colecta los huevos en un recipiente limpio y seco para evitar la contaminación y la hidratación de los mismos (figura 2). La fertilización se realiza artificialmente agregando el semen simultáneamente con el agua de mar filtrada y esterilizada con UV al recipiente que contiene los huevos; se agita suavemente con una cuchara de bordes romos durante dos minutos aproximadamente, tiempo suficiente para que se fertilicen todos los huevos (figura 2).

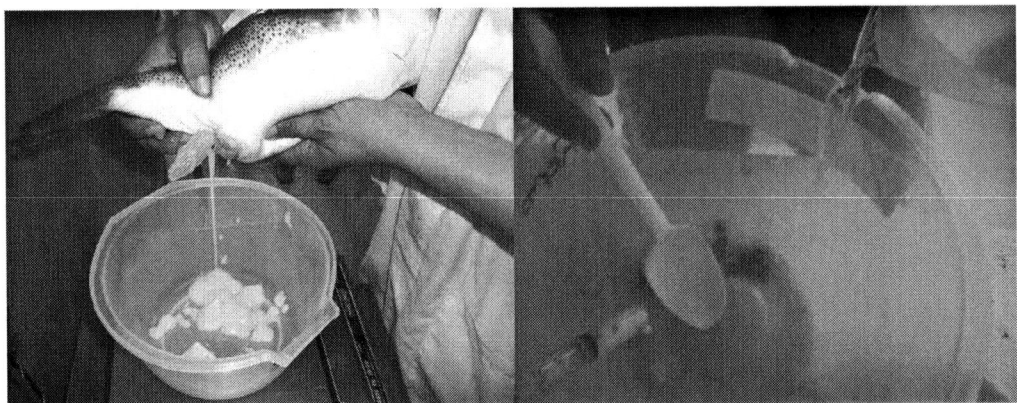

Figura 2. Desove y fertilización artificial de huevos de botete diana.

ELIMINACIÓN DE LA CAPA ADHERENTE DE LOS HUEVOS E INCUBACIÓN

Los huevos del botete diana son demersales, adherentes y con un diámetro promedio de 0,7 mm. Anteriormente, los huevos se incubaban en los tanques de cultivo larvario adheridos a placas de vidrio (Abdo de la Parra *et al.*, 2001), lo cual propiciaba la presencia de hongos y bacterias, disminuyendo el porcentaje de eclosión. Actualmente se elimina la capa adherente mediante una enzima proteolítica o con jugo de piña natural (Rodríguez-Ibarra *et al.*, 2008a y 2008b). La enzima proteolítica se añade a los huevos fertilizados a una concentración de 5 ml.l⁻¹ y se deja actuar durante 8 minutos, se enjuagan los huevos y se incuban. El jugo de piña se añade a una concentración de 10 ml.l⁻¹ durante tres minutos; se elimina esta solución por decantación, se agrega a los huevos jugo concentrado durante otros tres minutos y se enjuagan con agua de mar. Los huevos desgomados se incuban en jarras McDonald, a una temperatura del agua entre 25 y 29 °C y entre 5 a 6 mg.l⁻¹ de oxígeno disuelto.

DESARROLLO EMBRIONARIO Y ECLOSIÓN

La evaluación de la fertilización de los huevos se realiza siguiendo los protocolos de Álvarez-Lajonchère y Hernández-Molejón (2001). Se observan bajo el microscopio entre 3 y 5 horas postfertilización (hpf), cuando el desarrollo embrionario se encuentra en etapa de mórula y el blastómero ya se encuentra formado. A las 24 hpf el embrión aumenta en longitud y se hacen visibles la cornea y el cristalino, y a las 48 hpf se observan los primeros movimientos; el embrión rodea el diámetro interno del huevo y se hacen visibles algunos melanóforos sobre las vértebras (figura 3) (Martínez-Palacios *et al.*, 2002). La eclosión de los huevos desgomados se inicia aproximadamente a las 60 hpf y finaliza a las 72 hpf.

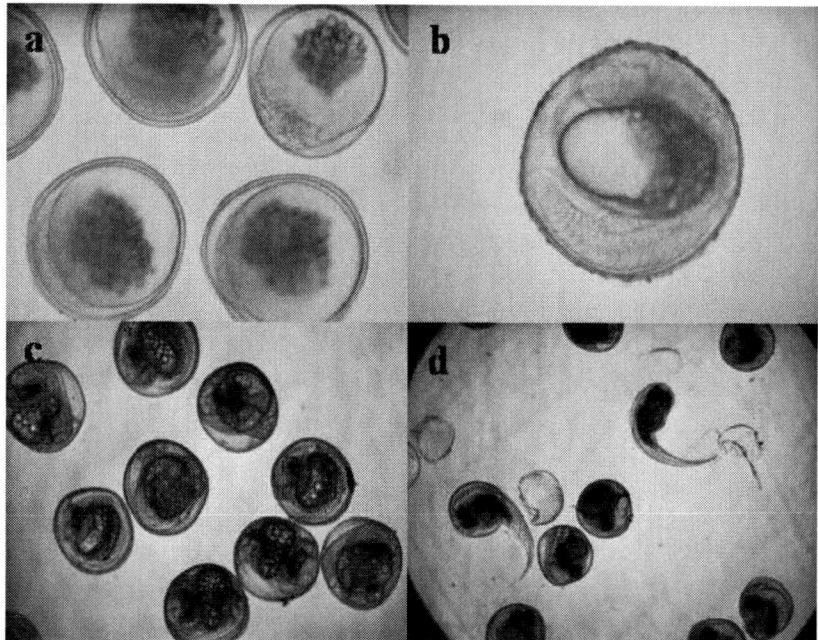

Figura 3. Desarrollo embrionario del botete diana: *a*) etapa de mórula, *b*) embrión a las 24 hpf, *c*) embrión a las 48 hpf y *d*) eclosión.

PRODUCCIÓN DE ALIMENTO VIVO

Microalgas

En el laboratorio de microalgas se cuenta con un cepario donde se conservan las especies: *Nannochloropsis oculata, Isochrysis* sp, *Chaetoceros muelleri* y *Tetraselmis chuii* en medio líquido. Las microalgas *N. oculata* e *I.* sp son utilizadas para la producción de rotíferos y el cultivo en agua verde de las larvas de botete y *C. muelleri* y *T. chuii* son utilizadas para la alimentación de los copépodos.

El cultivo de las microalgas se realiza por medio de inóculos sucesivos, comenzando con un tubo de ensayo de 20 mL hasta alcanzar un garrafón de 20 L, utilizando iluminación continua con lámparas de luz de día (3.000 lux) y temperatura controlada de 20 ± 1 °C. En el área de inóculos intermedios se tiene un sistema Bach de columnas de acrílico de 80 y 700 L; estos cultivos se mantienen también con iluminación y temperatura controlada, llegando finalmente a sembrar tanques de fibra de vidrio de 7.000 L colocados en el exterior.

Rotíferos

La especie de rotífero que se cultiva en CIAD es *Brachionus rotundiformis* (tipo S 110-230 μm de longitud de lorica), por medio de inóculos sucesivos que se inician desde una cepa en matraces de 1 l, a temperatura ambiente dentro del laboratorio designado para el cultivo de rotíferos (Álvarez-Lajonchère *et al.*, 2007). Esta cepa se renueva aproximadamente dos veces por semana y los rotíferos cosechados son sembrados en vasos de precipitado de vidrio de 4 l; cuando estos alcanzan su producción máxima son cosechados para sembrar garrafones de plástico de 20 l. Posteriormente, los rotíferos cosechados de los garrafones se siembran en tanques cilindrocónicos de 300 l y finalmente en tanques cilindrocónicos de 1.200 l.

Todos los cultivos de rotíferos incluyendo las cepas son alimentados con la microalga *N. oculata* (15-30 × 10^6 células ml^{-1}). Cuando los cultivos de los tanques cilindrocónicos de 1.200 l alcanzan densidades superiores a los 100 rotíferos.ml^{-1} son cosechados y enjuagados a través de un tamiz de 35 µm de luz de malla, para ser resembrados en otros tanques o bien utilizados para alimentar a las larvas de botete.

Copépodos

Los copépodos que se cultivan en el CIAD son *Pseudodiaptomus euryhalinus* y *Tisbe monozota*. El cultivo se lleva a cabo a través de inóculos sucesivos (Puello *et al.*, 2004). Las cepas de cada especie se mantienen en matraces bola de 2 l en condiciones controladas al interior. Con las cepas se siembran tanques cilindrocónicos de fibra de vidrio de 100 l colocados en el exterior, posteriormente se siembran tanques de 1.200 l, hasta llevar el cultivo a tanques circulares de 7.000 l. La producción de estos tanques es utilizada para alimentar a las larvas. Los copépodos se alimentan diariamente con 320 cel·µl^{-1} de una mezcla de microalgas vivas (*C. muelleri* y *T. chuii* en proporción de 1:1). Los cultivos al exterior se llevan a cabo con agua de mar filtrada por UV, salinidad de 35 ± 1‰, oxígeno disuelto en el agua mayor a 5 mg.l^{-1} y a temperatura ambiente.

Artemia

Los quistes de *Artemia* (EG Grade INVE Aquaculture) se descapsulan e incuban según las indicaciones de Álvarez-Lajonchère y Hernández-Molejón (2001) en el área descrita por Álvarez-Lajonchère *et al.* (2007). Para alimentar a las larvas de botete se enriquecen solo con microalgas, ya que se ha observado que, al enriquecerlas con productos artificiales, aumenta su mortalidad.

DESCRIPCIÓN DE LOS TANQUES DE CULTIVO LARVARIO

La larvicultura del botete diana se lleva a cabo en tanques circulares de fibra de vidrio de 2 m de diámetro y 1 m de profundidad con capacidad de 3 m^3 (fig. 4) con las paredes negras y el fondo blanco. Cada tanque dispone de un sistema de PVC para drenaje lateral a 20 cm del fondo, que permite el intercambio de agua, con mallas intercambiables de 40 a 500 µm, según el manejo de la alimentación y la etapa de vida de las larvas y para permitir regular la altura y el volumen de agua con un tubo abatible en el exterior del tanque; las piezas que componen este sistema pueden ser desmanteladas al final de cada ciclo para su desinfección. En el fondo de los tanques se instala un drenaje central con un codo de 75 mm que permite colocar un tubo vertical para retener el agua y drenarla por completo del tanque. Cada tanque cuenta con una entrada de agua de mar que pasa a través de una columna empacada para evitar la sobresaturación de gases. El sistema de suministro de aire a cada tanque tiene dos entradas: una para abastecer de aire a una tubería de PVC de 13 mm dispuesta alrededor del borde superior del tanque, en la cual se insertan las mangueras flexibles que van hasta los difusores de fondo; la otra entrada abastece al limpiador de superficie. Los tanques disponen también de una entrada de agua dulce para disminuir la salinidad y para las labores de limpieza. Encima de cada tanque se encuentra una lámpara de halógeno de 500 W, cuya altura puede ser regulada y controlada con un reóstato de 600 W para disminuir o aumentar la intensidad luminosa lentamente y simular el atardecer o amanecer (Álvarez-Lajonchère *et al.*, 2007).

TECNOLOGÍA DEL CULTIVO LARVARIO

Las larvas recién eclosionadas miden alrededor de 2 mm de longitud total y el saco vitelino abarca casi la mitad de la longitud del cuerpo. Presentan ojos pigmentados y algunos melanóforos negros en el dorso. Después de la eclosión las larvas flotan en la columna del agua sin movimiento significativo. Abren la boca el primer día posteclosión (dpe) y la alimentación exógena se inicia entre los días 4 y 5. En este periodo el saco vitelino es consumido, las larvas presentan una coloración obscura y se alimentan activamente en la columna de agua y en la superficie (Abdo de la Parra *et al.*, 2001).

Figura 4. Tanque de larvicultura de 3 m³ con microalgas, sistema lateral de intercambio de agua (a la izquierda), limpiador de superficie al centro, lámpara de halógeno sobre el centro y mangueras de aireación. (Foto de Álvarez-Lajonchère)

En cada tanque de cultivo se siembran alrededor de 50 larvas.L⁻¹. En la figura 5 se observa el protocolo de manejo del agua y alimentación. Antes de sembrar las larvas, se añaden a los tanques 500.000 cel.mL⁻¹ de *N. oculata* y 50.000 cel.mL⁻¹ de *Isochrysis* sp; esta cantidad se mantiene diariamente hasta el decimoquinto dpe. Durante los primeros 14 dpe no hay flujo continuo de agua; únicamente se recambian alrededor de 500 l por medio de sifoneo del fondo, lo cual permite mantener la calidad del agua, eliminar los residuos asentados en el fondo y las larvas muertas, así como añadir la cantidad de algas requerida para mantener la densidad anteriormente mencionada. A partir del decimoquinto dpe se inicia el recambio de agua por flujo continuo, cambiando 0,2 del volumen por día· proporción que se va incrementando paulatinamente hasta cambiar 3 volúmenes por día; en caso de tener problemas con la calidad del agua se realiza un recambio adicional. El flujo de aire al inicio de la larvicultura es de 0,5 L.min⁻¹ y se incrementa paulatinamente durante el cultivo larvario. El drenaje lateral de los tanques de cultivo se cubre con una malla de 100 μm de abertura para retener el alimento y las larvas; a partir de 15 dpe se coloca por las noches una malla de 500 μm, la cual se cambia nuevamente por las mañanas por una malla de 100 μm; esta medida ha sido muy útil para mantener la calidad del agua de cultivo e incrementar la supervivencia de las larvas. Después del día 30 pe la malla de 500 μm se mantiene las veinticuatro horas del día. El cultivo larvario se realiza con luz continua durante los primeros 14 días y, a partir del día 16 pe, el fotoperiodo se reduce a 12:12 horas de luz-oscuridad. La intensidad de luz durante todo el cultivo se mantiene alrededor de 2.500 lux.

A partir del día 4 pe y hasta el día de la cosecha, se colocan limpiadores de superficie cerca del borde de cada tanque (figura 4) para extraer las sustancias oleaginosas y otros desechos de la superficie del agua. La extracción de las sustancias acumuladas en el limpiador se realiza por medio de un vaso de precipitado cada vez que se observan desechos.

Del 2 al 6 dpe se añaden a cada tanque 10 rotíferos.mL⁻¹, previamente enriquecidos con microalgas. Del 7 al 15 dpe se incorporan 20 rotíferos.mL⁻¹; esta cantidad se reduce paulatinamente a medida que se incrementa la cantidad de nauplios de *Artemia* en el tanque. Los copépodos se proporcionan a partir del segundo dpe a una concentración de 0,5.mL⁻¹. A partir del 16 dpe se ofrecen nauplios de *Artemia* hasta el destete de las larvas. El alimento vivo presente en cada tanque se cuenta diariamente para ajustarlo a la cantidad requerida. La ración diaria se distribuye manualmente en cuatro porciones alimentando a las 06.00, 10.00, 14.00 y 18.00 h.

TECNOLOGÍA DEL DESTETE

El destete se realiza en los mismos tanques de larvicultura a partir del 30 dpe, con una dieta comercial microparticulada (Lansy 2/4, INVE), para terminar el 38 dpe, reduciendo gradualmente el número de nauplios de *Artemia* por mL, hasta sustituirlos completamente por la dieta artificial (García-Ortega *et al.*, 2003). El tamaño de partícula se va incrementando conforme aumenta la talla de los peces. Al inicio del destete el alimento inerte se mezcla con la *Artemia* en todas las ocasiones en que se suministra en el día y posteriormente se suministra de forma alterna mezclado con la *Artemia*, hasta que la sustituye por completo (figura 5). El botete diana acepta rápidamente el alimento artificial. En esta etapa la aireación y el flujo de agua se incrementan para mantener el alimento en suspensión y la calidad del agua. Se aumenta la abertura de las mallas del sistema drenaje lateral para facilitar el mayor intercambio de agua y la limpieza del fondo con sifón se realiza dos veces al día, a primera hora de la mañana y a última de la tarde.

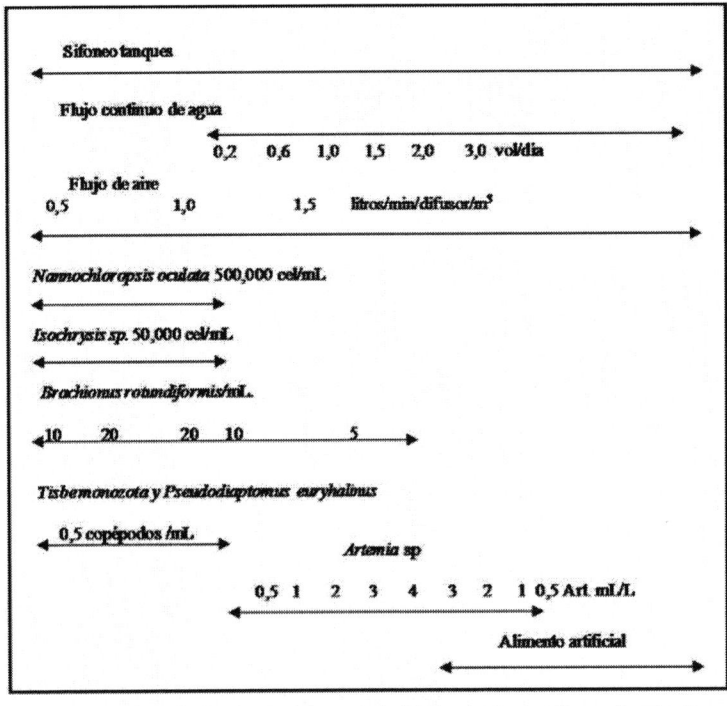

Figura 5. Protocolo de manejo de agua y alimentación

CANIBALISMO Y SU CONTROL

El canibalismo en las larvas de botete diana se ha observado desde el día 13 pe: los organismos de mayor talla cazan a los pequeños. Para disminuirlo o tratar de evitarlo se inicia la alimentación a las 6.00 h; es necesario mantener las cantidades recomendadas de alimento vivo durante todo el día y con el tamaño adecuado (incluyendo los alimentos artificiales), tratando de lograr una distribución espacial uniforme del mismo. En otras especies se recomienda una separación de tallas mediante separadores, pero en el botete no es tan fácil realizarla debido a que, aún en estadios tempranos, tiende a inflarse cuando se siente amenazado, lo cual impide a los organismos pasar a través de las rendijas del separador. También se puede realizar una separación visual: se baja el nivel de agua del tanque, se concentran los organismos y se retiran los más grandes con una red de cuchara de malla muy fina. Esta maniobra es muy laboriosa y puede estresar las larvas, por lo que no es tan recomendable; el control del canibalismo se puede lograr atendiendo las indicaciones anteriores respecto a la alimentación.

PREENGORDE

A partir del día 45 pe se cosechan los juveniles, los cuales tienen un peso aproximado de 0,5 g, y se transfieren a los tanques de preengorde o alevinaje descritos por Álvarez-Lajonchère *et al.* (2007). El preengorde se lleva a cabo con flujo continuo de agua de mar filtrada mediante un sistema de filtros de arena y multicartuchos de 10 y 5 µm, y tanto el fondo como las paredes de los tanques se limpian por lo menos cada tres días. Los juveniles se alimentan con alimento INVE con un tamaño de partícula de 800 µm a 1,8 mm. Posteriormente se alimentan con un alimento comercial Purina para peces marinos. El tamaño de la partícula se incrementa conforme aumenta la talla de los peces. En la tabla 1 se indica la ración diaria recomendada de alimento, la cual se coloca en un alimentador de banda de 12 h.

Tabla 1. Ración diaria de alimento recomendada para el preengorde de juveniles del botete diana.

Peso (g)	Tasa de alimentación (% del peso del cuerpo / día)	Tamaño de la partícula de alimento (mm)
0.5 – 1	15	0.8 – 1.2
1 – 5	10	1.2 – 2.0
5 – 10	8	2.0 – 2.5
10 – 20	7	2.5
20 – 40	6	3.0

CALIDAD DEL AGUA

La temperatura del agua para la maduración del botete diana es de aproximadamente 24 °C y la salinidad de 34-35‰, con un fotoperiodo de 12 horas luz – 12 horas oscuridad. La temperatura óptima de incubación de los huevos se sitúa entre 27 y 28 °C; cuando se incuba a temperaturas menores a 25 °C el embrión no completa su desarrollo y muere; si la temperatura de incubación es mayor a 30 °C se acelera el desarrollo embrionario y las larvas nacen sin pigmentación en los ojos o deformes (Martínez-Rodríguez *et al.*, 2003). La temperatura óptima de cultivo para el resto de las etapas del botete diana es entre 28 y 29 °C. Las fluctuaciones no deben exceder ± 1 °C en 24 horas respecto al intervalo adecuado, especialmente en la etapa inicial de desarrollo, en la que ocurren los cambios relacionados con el inicio de la alimentación exógena. El oxígeno disuelto en el agua debe mantenerse por lo menos a 5 mg.l⁻¹ en todas las etapas de su cultivo. Las larvas eclosionan sin problemas en salinidades de 15 a 40‰ (Martínez-Rodríguez *et al.*, 2003). Los juveniles pueden crecer y sobrevivir en salinidades de 25 a 35‰. Toleran salinidades de 5 a 20% y de 40 a 45%, pero su crecimiento es más lento (datos no publicados). En cuanto al amonio, la concentración en el agua de cultivo debe mantenerse menor a 0,5 ppm en cualquiera de las fases de su cultivo.

COSECHA Y TRASLADO DE JUVENILES

Los peces deben mantenerse en ayuno 24 h antes de la cosecha. Se baja el nivel del agua del tanque que será cosechado y se agrupa los juveniles en una parte del tanque, y se colectan con la ayuda de redes de cuchara de malla fina. Si el traslado se realiza en tanques transportadores, estos deben prepararse previamente con agua de mar a una temperatura similar a la del tanque cosechado; los juveniles se transfieren directamente a los tanques transportadores y se liberan lentamente de las redes evitando movimientos bruscos. La densidad recomendada es de 500 g.l⁻¹ si el tiempo de transporte es de hasta 12 h. Si es mayor, la densidad debe ser de 250 g.l⁻¹. Los tanques deben estar provistos de aireación. Se recomienda que el transporte se realice durante la noche para evitar el aumento de la temperatura. Es necesario revisar cada hora el comportamiento de los peces, la temperatura y el oxígeno disuelto del agua, para evitar mortalidades. Si el traslado se va a efectuar en bolsas de polietileno, estas deben colocarse en taras cerca de los tanques que se van a cosechar. Se debe asegurar que la diferencia de la temperatura del agua sea ≤ 2 °C. Las bolsas deben contener 40% de agua y 60% de oxígeno puro. Las bolsas se cierran de manera que el oxígeno no pueda escaparse. Posteriormente se colocan en cajas especiales para transporte, previamente etiquetadas, y se procede a su envío.

ENGORDE EN JAULAS

El cultivo en jaulas puede iniciarse con organismos de 2 g en adelante a una densidad de 3-5 kg.m³. Los botetes se alimentan con el alimento de Purina para peces marinos; la tabla 2 indica la ración diaria que se debe proporcionar. El alimento se suministra a voleo y poco a poco para dar oportunidad de que los juveniles lo coman a medida que va cayendo en la columna de agua. Se pueden colocar bandejas fijas al fondo de la jaula en los lugares donde se suministrará el alimento, de modo que no sea comido en la columna de agua, quedando retenido por las bandejas a modo de comedero; así se posibilita que permanezca en la jaula y los botetes puedan comerlo. La luz de malla de las jaulas dependerá del tamaño con que se siembren los juveniles; esta debe limpiarse cada tres días o en días alternos, según indique la práctica, con un cepillo que permita eliminar toda o gran parte de la suciedad acumulada en la malla. De esta forma se evitará en gran medida la presencia de parásitos y se asegurará el recambio continuo de agua. Cuando se inicia el cultivo con organismos de 2 a 5 g es necesario, al mes o mes y medio de cultivo, cambiar el tamaño de luz de la malla por otro más abierto, para facilitar el recambio de agua y evitar que se ensucie demasiado rápido. Se recomienda que cada mes se evalúe el crecimiento para determinar la tasa de conversión alimenticia y ajustar la ración diaria de alimento.

Tabla 2. Ración diaria de alimento recomendada para el engorde del botete diana en jaulas.

Peso del juvenil (g)	Tasa de alimentación (% del peso del cuerpo/día)	Frecuencia de alimentación (veces/día)	Tamaño de partícula del alimento (mm)
1 – 5	10	5	1.2 – 2.0
5 – 10	8	4	2.0 – 2.5
10 – 20	7	3	2.5 – 3.0
20 – 40	6	3	3.0
40 – 75	5	2	3.0 – 3.5
75 – 100	5	2	4.0 – 4.5
100 – 150	4	1	5.0 – 5.5
150 – 200	3	1	5.5 – 6.0
200 – 300	2	1	6.5
< 400	2	1	7.0 – 10.0

REQUERIMIENTOS NUTRICIONALES Y DESARROLLO DE DIETAS PRÁCTICAS

Se ha determinado que los juveniles de botete diana en cautiverio requieren para su óptimo crecimiento de 50% de proteína y 5,6% de lípidos en la dieta (García-Ortega et al., 2002; Abdo de la Parra et al., 2006; García-Ortega, 2009). Hasta la fecha no se tiene información publicada sobre el resto de requerimientos nutricionales; sin embargo, las investigaciones al respecto continúan en el CIAD.

Se han evaluado fuentes alternativas de proteína en la alimentación de juveniles de botete diana tales como gónada de atún, calamar, harina de cangrejo y pasta de soja con buenos resultados (Hernández-González et al., 2002; Hernández-González et al., 2004), lo cual permitirá desarrollar alimentos balanceados específicos para el botete diana, actualmente inexistentes en el mercado nacional o internacional.

ENFERMEDADES PARASITARIAS DEL BOTETE DIANA Y TRATAMIENTOS PARA SU CONTROL

La intensificación de las prácticas de cultivo puede favorecer el brote de enfermedades, sobre todo en las etapas de implementación del ciclo cerrado, donde se requiere del empleo de progenitores o juveniles del medio silvestre. Ello ocasiona uno de los problemas más serios a los que actualmente se enfrenta la acuicultura, dado que las infecciones parasitarias juegan un papel importante en todas las fases del cultivo (Ogawa, 2005). En el cultivo del puffer tigre *Takifugu rubripes*, los parásitos representan una de las causas principales de pérdidas económicas (Kikuchi *et al.*, 2006).

El botete diana ha mostrado una alta susceptibilidad a ser infestado por diferentes especies de parásitos durante su cultivo en las instalaciones de la Unidad Mazatlán. Una de las fuentes principales de introducción de parásitos a los sistemas de cultivo son los progenitores silvestres, por lo cual el conocimiento de los parásitos potencialmente patógenos es una contribución importante que facilita el diseño de estrategias para su control y prevención en condiciones de cultivo.

En la tabla 3 se relacionan los principales parásitos encontrados en los adultos silvestres de botete diana, procedentes de Playa Norte, Mazatlán, Estero de Teacapán, Sinaloa, y juveniles de La Paz, Baja California Sur, así como Bahía de Chamela, Jalisco. Playa Norte y Teacapán son áreas cercanas al centro de cría que se emplearon como fuente de adultos para la selección de los progenitores en las primeras etapas del establecimiento de la biotecnología de cultivo de esta especie.

Tabla 3. Principales parásitos encontrados en adultos silvestres de botete diana, *Sphoeroides annulatus*, procedentes de Playa Norte, Mazatlán y Estero de Teacapán, Sinaloa, juveniles de La Paz, Baja California Sur y Bahía de Chamela, Jalisco (Modificado de Fajer-Ávila *et al.*, en prensa).

Especie de parásitos	Estadio de desarrollo	Sitio de infección	Referencias
Protozoarios			
Trichodina jadranica	Adulto	Piel, aletas y branquias	Fajer-Ávila *et al.* (en prensa)
Trichodina sp.	Adulto	Piel, aletas y branquias	Fajer-Ávila *et al.* (en prensa)
Amyloodinium ocellatum	Adulto	Piel, aletas y branquias	Fajer-Ávila *et al.* (2003)
Myxozoa			
Kudoa dianae	Plasmodio y esporas	Esófago y mesenterio	Dykova *et al.* (2002)
Monogenea			
Neobenedenia sp.	Adulto	Piel y aletas	Fájer-Ávila *et al.* (2004)
Heterobothrium ecuadori	Adulto	Branquias	Fájer-Ávila *et al.* (2004)
Udonella sp.	Adulto	Piel	Fájer-Ávila *et al.* (en prensa)
Digenea			
Lintonium vives	Adulto	Esófago	Fájer-Ávila *et al.* (2004)
Homalometron longisinosum	Adulto	Intestino	Fájer-Ávila *et al.* (2004)
Bianium plicitum	Adulto	Intestino	Fajer-Ávila *et al.* (2004)
Phyllodistomum mirandai	Adulto	Vejiga urinaria	Fajer-Ávila *et al.* (2004)
Psettarium sp.	Huevos y adultos	Corazón, riñones, hígado, torrente sanguíneo	Fajer-Ávila *et al.* (en prensa)

(continúa)

(*continuación*)

Especie de parásitos	Estadio de desarrollo	Sitio de infección	Referencias
Nematodos			
Huffmanella mexicana	Huevos	Vejiga natatoria	Moravec y Fajer-Ávila (2000)
Hysterothylacium sp.	Larva III	Mesenterio	Fajer-Ávila *et al.* (en prensa)
Contracecum sp.	Larva III	Mesenterio	Pérez-Ponce de León *et al.* (1999)
Pseudoterranova sp.	Larva III	Mesenterio	Pérez-Ponce de León *et al.* (1999)
Crustacea			
Lepeophtheirus simplex	Copepoditos, calimus, PA y A	Piel	Ho *et al.* (2001)
Caligus sp.	Adultos	Piel	Fajer-Ávila *et al.* (en prensa)
Pseudochondracanthus diceraus.	Adultos	Branquias	Guzman-Beltrán y Zarate-Rodríguez (2008)
Hamaticolax sp.	Adultos	Branquias	Fajer-Ávila *et al.* (en prensa)
Pseudocharopinus sp.	Adultos	Branquias	Fajer-Ávila *et al.* (en prensa)

De las 21 especies de parásitos registradas, los ectoparásitos protozoarios, monogeneos y copépodos fueron los más comunes y abundantes en las instalaciones de cultivo del botete diana, cuyo ciclo de vida directo estuvo favorecido por las áreas confinadas y los parámetros de calidad del agua.

Amyloodinium ocellatum (Brown y Hovasse, 1946) es un dinoflagelado parásito inespecífico de los peces, que causa la enfermedad del terciopelo o amiloodiniosis (Noga y Levy, 1995); es considerado uno de los parásitos más peligrosos dentro de las especies que afectan a los criaderos comerciales. Este dinoflagelado parásito afectó el 95% de la población en cultivo de botete diana de la Unidad Mazatlán del CIAD, y, dependiendo del nivel de infestación, causó mortalidades que variaron desde el 5% hasta el 100% en juveniles y reproductores altamente infestados (Fajer-Ávila *et al.*, 2003).

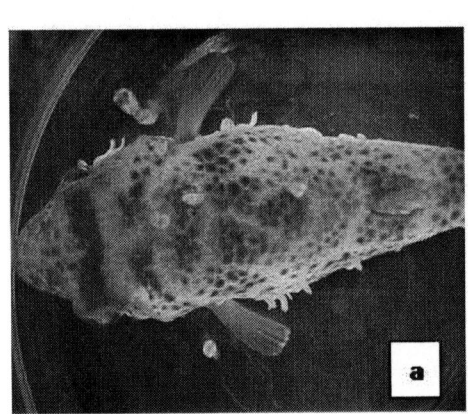 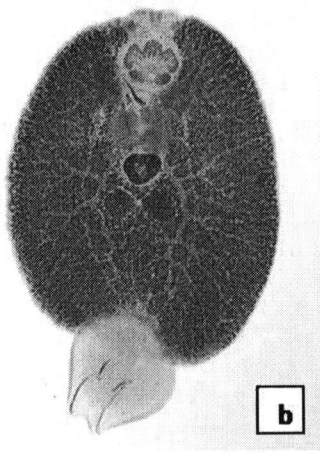

Figura 6. *a*) Hemorragia en la base de la aleta dorsal de juvenil de botete diana asociada a una infestación moderada por *Neobenedenia* sp. *b*) Vista ventral de adulto de *Neobenedenia* sp.

Los monogeneos capsálidos pertenecientes al género *Neobenedenia* habitan la piel, aletas, ojos y branquias de muchas especies de peces marinos; se alimentan de las células epiteliales y pueden provocar mortalidades significativas de los peces cultivados en jaulas y en sistemas de recirculación cerrada (Whittington y Chisholm, 2008). En contraste con las bajas intensidades de parasitación (1-3 parásitos/pez) detectadas en la piel y aletas de botetes adultos silvestres (Fajer-Ávila *et al.*, 2004), en los peces de cultivo se encontraron valores de 28-60 parásitos/pez (Fajer-Ávila y Chávez, 1999), lo cual dio lugar a lesiones epiteliales y heridas que expusieron el músculo y el tejido conectivo, a zonas hemorrágicas, pérdida del apetito y mortalidades (figura 6a).

Un elevado número de monogeneos branquiales diclidofóridos tales como *Heterobothrium okamatoi* son causa de anemia en el *Takifugu rubripes* cultivado en Japón (Ogawa *et al.*, 2005) debido a que estos parásitos son hematófagos. En adultos de botete diana silvestres se encontró una alta prevalencia de *Heterobothrium ecuadori* (Meserve, 1938) Sproston 1946 (figura 7a) asociada a temperaturas del agua de 23-24,5 °C (Fajer-Ávila *et al.*, 2004) y se presentaron mortalidades de hasta 25% en la detección de branquias anémicas de la población enferma (Fájer-Ávila y Chávez, 1999) (figura 7b).

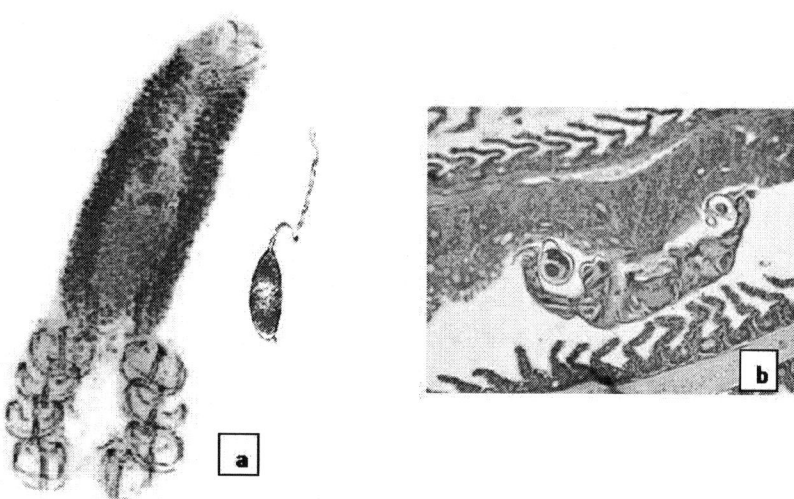

Figura 7. *a*) Vista ventral de adulto de *Heterobothrium ecuadori* y huevo oval con filamento unipolar (40×) *b*) Corte histológico de filamento branquial de botete diana infestado con *H. ecuadori*. Hiperplasia, excesiva mucosidad y fusión de las lamelas branquiales en el sitio de adhesión del parásito (100×).

Con el desarrollo de los cultivos marinos la importancia de los parásitos copépodos como agentes causales de enfermedad se incrementa. Los miembros de la familia *Caligidae* (*Caligus* y *Lepeophtheirus*), conocidos como piojos marinos, son los mas comúnmente encontrados en el mar y en agua salobre, constituyendo un 61% de todos los registros (Johnson *et al.*, 2004). Las investigaciones realizadas en adultos silvestres de botete diana registraron la presencia de una nueva especie de copépodo, *Lepeophtheirus simplex* (Ho, Gómez y Fajer–Ávila, 2001), con una prevalencia de 63% y una intensidad media de 2,6 copépodos/pez (Ho *et al.*, 2001). Sin embargo, en cautiverio los niveles de infestación media fueron superiores a 30 copépodos/pez y mostraron una alta prevalencia (Fajer-Ávila y Chávez, 1999) (figura 8). Los estadios móviles (preadultos y adultos) de este copépodo causaron los mayores daños durante su desplazamiento por toda la superficie del cuerpo de los peces. Se observaban puntos hemorrágicos en las áreas dorso-laterales y ventrales donde se adherían los parásitos, desprendimiento del epitelio y exposición del tejido muscular con úlceras que desencadenaron procesos bacterianos y desbalance osmótico que causó la muerte de los peces enfermos.

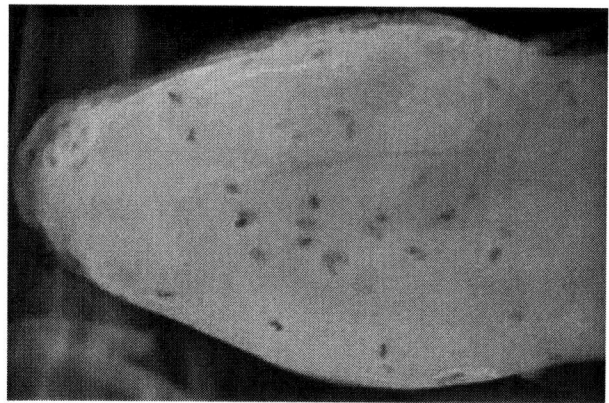

Figura 8. Abundantes adultos de *Lepeophtheirus simplex* localizados en la región ventral anterior de *Sphoeroides annulatus*.

De los copépodos parásitos listados en la tabla 3, el copépodo *Pseudocondracanthus diceraus* puede ser considerado un patógeno potencial para el cultivo del botete diana. En los filamentos branquiales de botete diana silvestre se encontraron adultos de *P. diceraus* con un 100% de prevalencia y una intensidad media de 7,42 (1-13) parásitos/pez (Guzmán-Beltrán y Zarate-Rodríguez, 2008).

TRATAMIENTOS

El éxito de un tratamiento puede variar en función de la patogenicidad del parásito, los parámetros de calidad del medio acuático y los mecanismos de defensa de los peces; por lo cual se requiere de la evaluación experimental de los compuestos potencialmente efectivos previamente a su empleo a escala comercial, para reducir las pérdidas involucradas por el empleo de un tratamiento que no ocasiona el efecto esperado (Fajer-Ávila *et al.*, 2003, 2007, 2008; Sapkota *et al.*, 2008).

Uno de los primeros estudios realizados previamente a la aplicación de la terapia en la especie objeto de estudio fue la determinación de la curva de toxicidad de la formalina en juveniles de botete diana y su margen terapéutico a los ectoparásitos de mayor impacto en el cultivo. Se encontró que la concentración letal media (CL_{50}) fue de 1095 mg.L^{-1} al cabo de 30 min, de 972 mg.L^{-1} a los 60 min y de 79 mg.L^{-1} a las 72 horas. Por otro lado, los experimentos de evaluación de la formalina contra *H. ecuadori* mostraron que la concentración efectiva media (CE_{50}) fue de 225 mg.L^{-1} a los 30 min y 87 mg.L^{-1} a los 60 min. Esta información sirvió de base para calcular el margen terapéutico (CL_{50} / CE_{50}) de la formalina para el control de *H. ecuadori* en el botete diana, que fue de 5 a 30 min y de 11 a 60 min, indicando un amplio margen de seguridad para la aplicación de este compuesto en condiciones de cultivo. También se realizaron evaluaciones *in vivo* sobre el efecto de este compuesto sobre juveniles de botete diana de cultivo infestados con *A. ocellatum*, encontrándose que la concentración de 51 mg.L^{-1} ocasionó una reducción significativa del número de trofozoitos sobre piel (97%) y branquias (84%) después de una hora de exposición en comparación con el control, mientras que 4 mg.L^{-1} adicionado a los tanques redujo significativamente la cantidad de parásitos sobre piel (66%) y branquias (84%) después de 7 horas de tratamiento (Fajer-Ávila *et al.*, 2003).

Los baños de agua dulce declorada son el método más común a emplear en el control de protozoarios, monogeneos (*Neobenedenia* sp.) y copépodos (*L. simplex*) en ambientes marinos. El botete diana tiene una amplia tolerancia a los cambios de salinidad, por lo que se recomiendan baños de agua dulce declorada durante 60 min para eliminar totalmente los diferentes estadios de ambos parásitos (Fajer-Ávila *et al.*, 2008).

El praziquantel ha demostrado ser uno de los mejores antihelmínticos y de gran utilidad en la erradicación de monogeneos en peces. El botete diana en cultivo infestado naturalmente con el monogeneo *H. ecuadori* se trató con baños de Drontal™ Plus a razón de 10 mg.L^{-1} por hora, con muy buenos resultados.

La prevención y control de los ectoparásitos en un sistema abierto es virtualmente imposible; sin embargo la aplicación de estrategias de manejo integradas minimizan el establecimiento de las enfermedades. En general, para prevenir las enfermedades del botete diana es necesario mantener un medio saludable y una monitorización constante sobre los agentes potencialmente patógenos. De este modo, será posible predecir las condiciones en las que una enfermedad puede presentarse y, consecuentemente, se podrán implementar estrategias de manejo sanitario para evitar su aparición o reducir su dispersión.

Referencias

Abdo-de la Parra, MI, García-Ortega, A, Martínez-Rodríguez, I, González-Rodríguez, B, Velasco-Blanco, G, Hernández-Gonzalez *et al.* Larval rearing of the Mexican bullseye puffer *Sphoeroides annulatus* under hatchery conditions. En: Herndry, CI, Van Stappen, G, Wille, M, Sorgeloos, P, editores. Fish and Shellfish Larviculture Symposium. European Aquaculture Society, Special Publication No. 30. September 3-6, 2001, Ghent; 2001. p. 4-7

Abdo-de la Parra, MI, Camacho, J, González-Rodríguez, B, Martínez-Rodríguez, I, Hernández-González, C, García-Ortega, A. A preliminary study on the effects of dietary protein level on growth and survival of juvenile bullseye puffer fish (*Sphoeroides annulatus*). World Aquaculture. 2006; 37(1): 34-37

Álvarez-Lajonchère, LS, O. Hernández-Molejón, O. Producción de juveniles de peces estuarinos para un centro en América Latina y en el Caribe: diseño, operación y tecnologías. Baton Rouge: The World Aquaculture Society; 2001

Álvarez-Lajonchère, GLS, Reyna, C, Camacho, MA, Kraul, S. Design of a pilot scale tropical marine fish hatchery for a research centre at Mazatlán, México. Aquacultural Engineering. 2007; 36: 81-96

Álvarez-Lajonchère, L, Abdo-de la Parra, MI, García-Ortega, A. Chávez-Sánchez, MC, García-Aguilar, N, Puello-Cruz, *et al*. Hacia la producción piloto de juveniles de botete diana y pargo flamenco en el CIAD Mazatlán. Industria Acuícola. 2005; 2: 4-7

Amezcua-Linares, F. Peces demersales de la plataforma continental del Pacífico central de México. México. UNAM, Instituto de Ciencias del Mar y Limnología; 1996

Billard, R, Cosson, J, Crim, LW, Suquet, M. Sperm physiology and quality. En: Bromage, N., Roberts, RJ, editores. Broodstock management and egg and larval quality. Blackwell Science; 1995

Bussing, WA. Tetraodontidae: 1629-1637. En: Fischer, W, Krupp, F, Schneider, W, Sommer, C, Carpenter, KE, Niem VH, redactores técnicos. Guía FAO para la identificación de especies para los fines de la pesca. Pacífico Centro-Oriental. Vol. III. Vertebrados-Parte 2: 1201-1813; 1995

Duncan, N, Abdo de la Parra, MI. Marine fish specialists focus on puffer fish. World Aquaculture. 2002; 33: 34-37

Duncan, NJ, García-Aguilar, N, Rodríguez-M. de O, G, Bernadet, M, Martínez-Chávez, C, Komar, C *et al*. Reproductive biology of captive bullseye puffer (*Sphoeroides annulatus*), LHRHa induced spawning and egg quality. Fish Physiology and Biochemistry. 2003; 25: 505-506

Chávez-Sánchez, MC, Álvarez-Lajonchère, LS, Abdo-de la Parra, MI, García-Aguilar, N. Advances in the culture of the mexican bullseye puffer fish *Sphoeroides annulatus*, Jenyns (1842). Aquaculture Research. 2008; 39, 718-730

Fajer-Ávila, EJ, Chávez, MC. Parasites and their effect on the wild bullseye puffer fish (*Sphoeroides annulatus* Jenyns, 1843). Fifth International Symposium of Fish Parasites, Czech Republic; 1999

Fajer-Ávila, EJ, Abdo de la Parra, MI, Aguilar, G, Contreras, R, Zaldívar, RJ, Betancourt, M. Toxicity of formalin to bullseye puffer fish (*Sphoeroides annulatus* Jenyns, 1842) and its effectiveness to control ectoparasites. Aquaculture. 2003; 223: 41-50

Fajer-Ávila, EJ, Roque, A, Aguilar, G, Duncan, N. Patterns of occurrence of the platyhelminth parasites of the wild bullseye puffer (*Sphoeroides annulatus*) of Sinaloa, Mexico. J. Parasitology. 2004; 90(2): 415-418

Fajer-Ávila, EJ, Velásquez, S, Betancourt, M. Effectiveness of treatments against eggs, and adults of *Haliotrema* sp. and *Euryhaliotrema* sp. (Monogenea: Ancyrocephalinae) infecting red snapper, *Lutjanus guttatus*. Aquaculture. 2007; 264: 66-72

Fajer-Ávila, EJ, Martínez, I, Abdo de la Parra, MI, Álvarez-Lajonchère, L, M. Betancourt, M. Effectiveness of freshwater treatment against *Lepeophtheirus simplex* (Copepoda: Caligidae) and *Neobenedenia* sp. (Monogenea: Capsalidae), skin parasites of bullseye puffer fish, *Sphoeroides annulatus* reared in tanks. Aquaculture. 2008; 284: 1-4

Fajer-Ávila, EJ, Abad-Rosales, SM, Medina-Guerrero, RM, Betancourt-Lozano, M. Capítulo 6. «Avances sobre las investigaciones parasitológicas en el cultivo de peces marinos en Sinaloa, México». En: «Avances en Acuicultura y Manejo Ambiental» (Ruiz, Berlanga y Betancourt, editores, CIAD, A.C.; en prensa

García-Aguilar, N, Abdo-de la Parra, MI, Rodríguez-Ibarra, LE, Ibarra-Castro, L, Ibarra-Zaratain, Z, L. Álvarez-Lajonchère, L. Desove de botete diana. Revista Ciencia y Desarrollo, CONACyT México. 2009; 35(230): 68

García-Ortega, A, Hernández, C, Abdo-de la Parra, I, González-Rodríguez, B. Advances in the nutrition and feeding of the bullseye puffer *Sphoeroides annulatus*. En: Cruz-Suárez, E, Ricque-Marie, D, Tapia-Salazar, M, Gaxiola-Cortés, G, Simoes, N., editores. Avances en nutrición de organismos acuáticos VI. Simposio Internacional de Nutrición Acuícola. Universidad Autónoma de Nuevo León. México; 2002

García-Ortega, A, Abdo de la Parra, MI, Hernández-González, C. Weaning of bullseye puffer (*Sphoeroides annulatus*) from live food to microparticulate diets made with decapsulated cyst of *Artemia* and fishmeal. Aquaculture Internacional. 2003; 11: 183-194

García-Ortega, A. Nutrition and feeding research in the spotted rose snapper (*Lutjanus guttatus*) and bullseye puffer (*Sphoeroides annulatus*), new species for marine aquaculture. Fish. Physiol. Biochem. 2009; 35 (1): 69-80

Guillard, RR L. Culture of phytoplankton for feeding marine invertebrates. En: Smith, WL, Chanley, MH, editores. Culture of Marine Invertebrates Animals. Nueva York: Menum Publishing Corporation; 1976, p. 29-60

Guzmán-Beltrán, L, Zárate-Rodríguez, WC. Efectos patológicos de las infestaciones branquiales por el cópepodo (*Pseudochondracanthus sp.*), parásito del pez bote diana *Sphoeroides annulatus* (Jenyns, 1842). Tesis de Medicina Veterinaria. Universidad de la Salle, Bogotá, Colombia; 2008

Hernández-González, C., M. Sánchez-Rentería, I. Abdo de la Parra and A. García-Ortega. Effect of various protein sources in diets for juveniles of bullseye puffer (*Sphoeroides annulatus*). VI Simposium Internacional de Nutrición Acuícola. 3-6 Septiembre de 2002. Cancún, Q. Roo, México

Hernández-González, C, Blanco, L, González-Rodríguez, B, Abdo-de la Parra, MI, Duncan, N, García-Ortega, A. Evaluation of juvenile bullseye puffer *Sphoeroides annulatus* fed practical diets with different protein sources for growth, feed efficiency and body composition. Congreso Internacional de World Aquaculture Society; 2004 Mar. 1-5; Honolulu

Ho, J, Gómez, S, Fajer-Ávila, EJ. *Lepeophtheirus simplex* sp. n., a caligid copepod (*Siphonostomatoida*) parasitic on "botete" (bullseye puffer, *Sphoeroides annulatus*) in Sinaloa, Mexico. Folia Parasit. 2001; 48: 240-248

Johnson, SC, Treasurer, J, Bravo, S, Nagasawa, K, Kabata, Z. A Review of the impact of parasitic copepods on marine aquaculture. Zoological Studies. 2004; 43: 229-243

Kikuchi K, Iwata, N, Kawabata, T, Yanagawa, T. Effect of feeding frequency water temperature, and stocking density on the growth of tiger puffer *Takifugu rubripes*. J World Aquacult Soc. 2006; 37: 12-20

Mañanós, E, Duncan, N, Mylonas, C. Reproduction and control of ovulation, spermiation and spawning in cultura fish. En: Cabrita, E, Robles, V, Herráez, P, editores. Methods in reproductive aquaculture. Lonndres: CRC Press, Taylor and Francis Group; 2008

Martínez-Palacios, CA, Chávez-Sánchez, MC, Papp, Gs, Abdo de la Parra, MI, Ross, LG. Observations on spawning, early development and growth of the puffer fish *Sphoeroides annulatus* (Jenyns, 1843). Journal of Aquaculture in the Tropics. 2003; 17, 59-66

Martínez-Rodríguez, I, González Rodríguez, B, Abdo de la Parra, MI, Duncan, N. Temperature, salinity affect egg survival, hatching rate in bullseye puffers. Global Aquaculture Alliance. 2003; 6 (3): 28-29

Moravec, F., Fajer-Ávila, EJ. *Huffmanella mexicana* n.sp. (Nematodo:Trichosomoididae) from the marine fish Sphoeroides annulatus in Mexico. J. Parasitol. 2000; 86: 1229-1231

Nelson, JS. Fishes of the World. 4.ª ed. Nueva Jersey: John Wiley and Sons, Inc; 2006

Noga, EJ, Levi, MG. Dinoflagellate parasites of fish. En: Woo PTK, editor. Fish diseases. I: Protozoan and metazoan infections. Oxford: CAB International; 1995. p. 1-25

Ochoa, JL, Núñez-Vázquez, EJ, García-Ortega, A, Abdo de la Parra, I. Food safety: study about the toxicity of the cultivated bullseye puffer fish (*Sphoeroides annulatus*, Jenyns, 1843). Panorama Acuícola Magazine. 2006; 11(4): 22-27

Ogawa, K. Economic and envioronmental importance, Effects in finfish culture. En: Rohde, K, editor. Marine Parasitology. CABI publishing; 2005. p. 378-391

Ogawa, K, Yasuzaki, M, Yoshinaga, T. Experiments of the evaluation of the blood feeding of *Heterobothrium okamotoi* (Monogenea: Diclidophoridae). Fish Pathology. 2005; 40: 169-174

Pérez-Ponce De León, G, García-Prieto, L, Mendoza-Garfias, B, León-Regagnon, V, Pulido-Flores, G, Aranda-Cruz, CV, García-Vargas, F.. Listados faunísticos de México. IX. Biodiversidad de helmintos parásitos de peces marinos y estuarinos de la Bahía de Chamela, Jalisco. Universidad Autónoma de México, México D.F.; 1999

Puello-Cruz, AC, González-Rodríguez, B, García-Ortega, A, Gómez, S. Use of a tropical harpacticoid copepod *Tisbe monozota* Bowman, 1962 (Copepoda: Harpacticoida: Tisbidae) as live food in marine larviculture. En: Hendrickx, ME, editores. Contributions to the Study of East Pacific Crustaceans 3. ICMyL, UNAM, México; 2004

Robertson, DR, Allen, GR. Shorefishes of the tropical eastern Pacific: an information system. Version 2. DVD-ROM. Smithsonian Tropical Research Institute, Balboa, Panamá; 2006

Rodríguez, M, Garza, G. Técnicas para la reproducción inducida de *Cyprinus carpio specularis*. Universidad Autónoma Metropolitana-Unidad Xochimilco, México; 1985

Rodríguez, M. Técnicas de evaluación cuantitativa de la madurez gonádica en peces. México: AGT Editor; 1992

Rodríguez-Ibarra, LE, Abdo-de la Parra, MI, García-Aguilar, N, Velasco-Blanco, G, Álvarez-Lajonchère. 2008a. Desgomado de huevos *Sphoeroides annulatus*. Revista Ciencia y Desarrollo, CONACyT México. 2008a; 34(225): 65

Rodríguez-Ibarra, LE, Abdo-de la Parra, MI, Velasco-Blanco, G, García-Aguilar, N, Álvarez-Lajonchère, L. Uso del jugo de piña para eliminar la adherencia de los huevos del botete diana *Sphoeroides annulatus*. Revista Industria Acuícola. 2008b; 5(1): 32

Sapkota, A, Sapkota, AR, Kucharskib, M, Burkec, J, McKenzieb, S. Walkerb, P, Lawrenceb, R. Aquaculture practices and potential human health risks: Current knowledge and future priorities. Environ Int. 2008; 34(8): 1215-1226

Whittington, ID, Chisholm, LA. Diseases caused by Monogenea. En: Eiras, JC, Segner, H, Wahli, T, Kapoor, BG, editores. Fish Diseases. Vol. 2. Science Publishers; 2008. p. 683-816

Zohar Y, Pagelson, G, Gothilf, Y, Swanson, WW, Duguay, S, Gombortz, W, Kost, J, Langer, R. Controlled release of gonadotropin releasing hormones for the manipulation of spawning in farmed fish, Proc. Int. Symp. Controlled Release Bioact. Mater. 1990; 17: 51-52

Cultivo de robalos, familia *Centropomidae*

Luis S. Álvarez-Lajonchere*, Mônica Y. Tsuzuki**
y Leonardo Ibarra-Castro***

INTRODUCCIÓN

Los robalos son peces eurihalinos tropicales de hábitos carnívoros depredadores populares. El nombre común de robalo corresponde especialmente a los miembros de la familia *Centropomidae*, que habitan en América, pero también se utiliza para otras especies que ocupan nichos ecológicos similares, como el robalo del Mediterráneo o la lubina *Dicentrarchus labrax*, de la familia *Moronidae*. Otros robalos del género *Lates*, incluyendo el conocido por el nombre aborigen australiano de barramundi, *Lates calcarifer*, fueron separados recientemente de la familia *Centropomidae* y ubicados en la nueva familia *Latidae* (Nelson, 2006). La mayor parte de esas especies son bien valoradas como peces comestibles de alta calidad, tienen alta demanda en los mercados y alcanzan buenos precios, por lo que sus pesquerías tienen gran importancia comercial. Su cultivo es de interés debido también a sus buenas características para el cultivo, especialmente su buen crecimiento, su notable tolerancia ambiental y su excelente conversión de alimentos (Álvarez-Lajonchère y Tsuzuki, 2008). Muchas poblaciones naturales de robalos están amenazadas y sus pesquerías han presentado disminuciones en sus rendimientos. Un claro ejemplo es el robalo blanco o común *Centropomus undecimalis* en Florida (EE.UU.) (figura 1) y el barramundi en Australia (figura 2), cuyas pesquerías comerciales y deportivas han requerido muchas regulaciones e incluso programas gubernamentales para la liberación de juveniles.

Figura 1. Robalo blanco o común *Centropomus undecimalis*. (Foto cortesía de R. Taylor, Fish and Wildlife Research Institute, Florida, EE.UU.)

* Calle 41 No. 886, Plaza, La Habana, C.P. 10600, Cuba (lajonchere@yahoo.com).
** Laboratório de Piscicultura Marinha, Departamento deAqüicultura, CCA, Universidade Federal de Santa Catarina, Florianópolis, SC, Brasil (mtsuzuki@cca.ufsc.br).
*** Postdoctorado Universidad de Texas en Austin, USA (leobeis@hotmail.com).

En América se encuentran 12 especies de robalos, seis en aguas del Atlántico y otras seis en el Pacífico; sin embargo, las de mayor importancia son las cuatro de mayor tamaño, tanto por sus pesquerías como por sus potencialidades para el cultivo. Las dos especies de mayor talla de las costas del Atlántico son el robalo blanco, que es la mejor estudiada y de mayor talla de todo el continente, y el robalo prieto *C. poeyi* (figura 3). El robalo chucumite, peva o gordo *C. parallelus* (figura 4) del Atlántico no pertenece al grupo de robalos de mayor talla, pero es el segundo mejor estudiado y, junto al *C. undecimalis*, son las especies que han sido más utilizadas para los experimentos de cultivo. En cambio, las dos especies de mayor talla del Pacífico americano, el robalo blanco *C. viridis* y el robalo prieto *C. nigrescens*, están poco estudiadas, aunque han sido objeto de algunas investigaciones de cultivo cuyos resultados han sido muy poco divulgados.

Figura 2. Ejemplares del robalo asiático o barramundi *Lates calcarifer* en Darwin Aquaculture Centre, Northern Territory, Australia. (Foto cortesía de L. Ibarra-Castro)

Figura 3. Ejemplar de robalo prieto *Centropomus poeyi* capturado en Tabasco, México. (Foto cortesía de Eduardo Perusquía Morán, Pesca México)

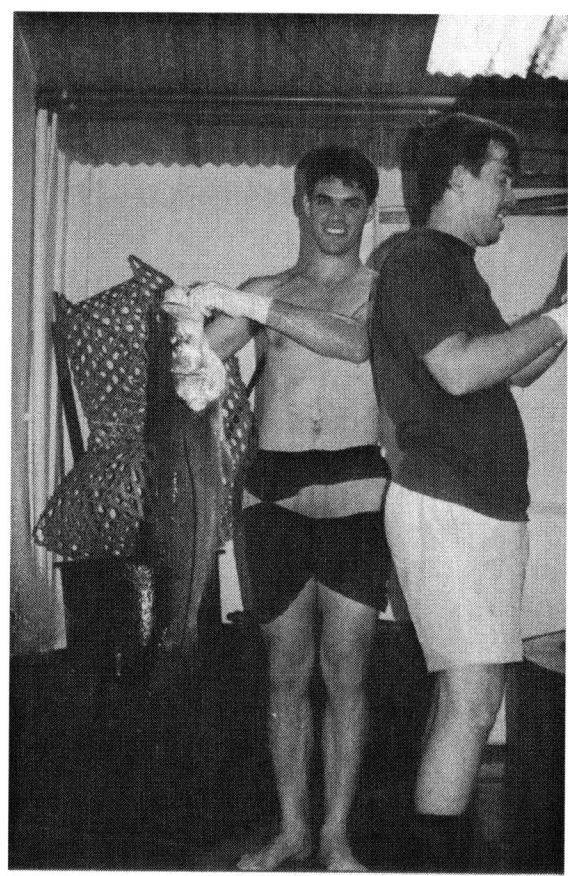

Figura 4. Ejemplar de robalo chucumite *Centropomus parallelus* en el Laboratorio de Piscicultura Marina de la Universidad Federal de Santa Catarina, Brasil. (Foto cortesía de L. Álvarez-Lajonchère)

En el 2007, las pesquerías del barramundi alcanzaron 87.279 t, de las que Indonesia reportó el 81%, mientras que las pesquerías de los robalos de América rebasaron las 16.200 t, de las cuales México aportó el 26% (FAO, 2009). En lo que concierne a la acuicultura, la única especie de robalos que se produce de forma significativa a nivel comercial es el barramundi, cuya producción alcanzó 37.611 t en el 2007, de las cuales el 80% se produjeron en agua salobre y cuyos principales productores fueron Tailandia, Taiwán, Malasia, Indonesia y Australia; fueron comercializadas por un valor aproximado de 117 millones de dólares (FAO, 2009). Su cría comercial se llevó a cabo en un principio en varios países del sudeste asiático mediante la captura de juveniles en el entorno natural; sin embargo, para su expansión se desarrollaron técnicas de producción masiva de juveniles, para lo cual se establecieron bancos de reproductores que maduran y desovan en cautiverio, así como criaderos de larvas, técnicas que se lograron por primera vez en Tailandia (FAO, 2007).

2. MANEJO DE REPRODUCTORES

Los robalos son especies hermafroditas protándricas, que maduran primero como machos y posteriormente pueden cambiar de sexo para seguir como hembras el resto de su vida. En el entorno natural, la primera maduración sexual del robalo blanco como macho se produce con 1-3 años (3-4 años para el barramundi) y una longitud total (LT) de 15-20 cm (60-70 cm para el barramundi) (Taylor *et al.*, 2000; Álvarez-Lajonchère y Tsuzuki, 2008). El cambio de sexo puede producirse, dependiendo de la especie, entre los 2 y 6 años (6-8 años para el barramundi) y con 39-43 cm de LT (85-100 cm para el barramundi).

La gran mayoría de los robalos son especies diádromas que requieren el agua salada para la maduración final, el desove, el desarrollo embrionario y el inicio del periodo larval. Presentan un desarrollo sexual asincrónico con desoves costeros porcionales extendidos sobre varios meses, especialmente en primavera-verano, lo cual puede variar con la especie, la distribución, la edad, la temperatura, la época de lluvia y el ciclo lunar y de marea (Álvarez-Lajonchère *et al.*, 1982; Taylor *et al.*, 1998; Álvarez-Lajonchère y Tsuzuki, 2008).

Durante la temporada de desove, presentan usualmente un ciclo diario en el cual la hidratación de los ovocitos se produce entre la tarde y el anochecer; el desove tiene lugar pocas horas después (Roberts, 1987; Garcia, 1992; Taylor *et al.* 1998). Es importante señalar que en cautiverio, con técnicas de inducción adecuadas, los desoves tienen lugar durante tres o cuatro días consecutivos (Garcia, 1992; Schipp *et al.*, 2007).

Los robalos son especies de alta fecundidad que pueden producir al menos de 250.000 a un millón de huevos por kg en cada desove y varios millones durante una temporada (Tucker *et al.*, 2005; Cerqueira, 2005). Los huevos son pequeños, con diámetros desde 0,60 y 0,70 mm en el robalo chucumite y el robalo común, respectivamente, hasta 0,75-0,85 mm en el barramundi (Tucker *et al.*, 2005) (figura 5). El periodo embrionario es el típico de especies tropicales, con una duración de 14 h a 28 °C en barramundi hasta 22-23 h a 24-26 °C en el cuchumite (Álvarez-Lajonchère y Tsuzuki, 2008). Las larvas son también pequeñas, de 1,4-1,5 mm de LT en el robalo común (Lau y Shafland, 1982).

Para establecer bancos de reproductores, en barramundi se han utilizado peces capturados silvestres o producidos en cautiverio. En el caso de los animales del entorno, se capturan como adultos entre 2-8 kg y se aclimatan a las condiciones de cautiverio por lo menos 6 meses antes de requerirse como reproductores (Kungvankij, 1987). Los tanques de los reproductores varían en volumen desde 20 a 200 m³. Pueden localizarse en interiores o exteriores y pueden ser manejados con sistemas abiertos de circulación o sistemas semicerrados de recirculación. Otro sistema empleado son jaulas flotantes de capacidad variable hasta los 200 m³ (Kungvankij *et al.*, 1985). Las mejores prácticas de manejo incluyen el uso de anestésicos, densidades de siembra bajas (1 pez/2-6 m³), proporción de sexos de 1:1, con machos de 2-4 años y hembras de 3-5 años, alimentados diariamente o tres veces por semana al 5% de la biomasa o hasta saciedad, extrayendo los desechos en los días alternos en que no se da alimento (Schipp *et al.*, 2007). El flujo de agua es de aproximadamente 80-100% del volumen por día (Tiensongrusmee *et al.* 1989; Garcia, 1992). En general, las condiciones para la maduración sexual del barramundi son: 29-32 g/L de salinidad, temperatura de 28-32 °C, oxígeno disuelto con un 100% de saturación y ≥ 6 mg/L (Tiensongrusmee *et al.*, 1989).

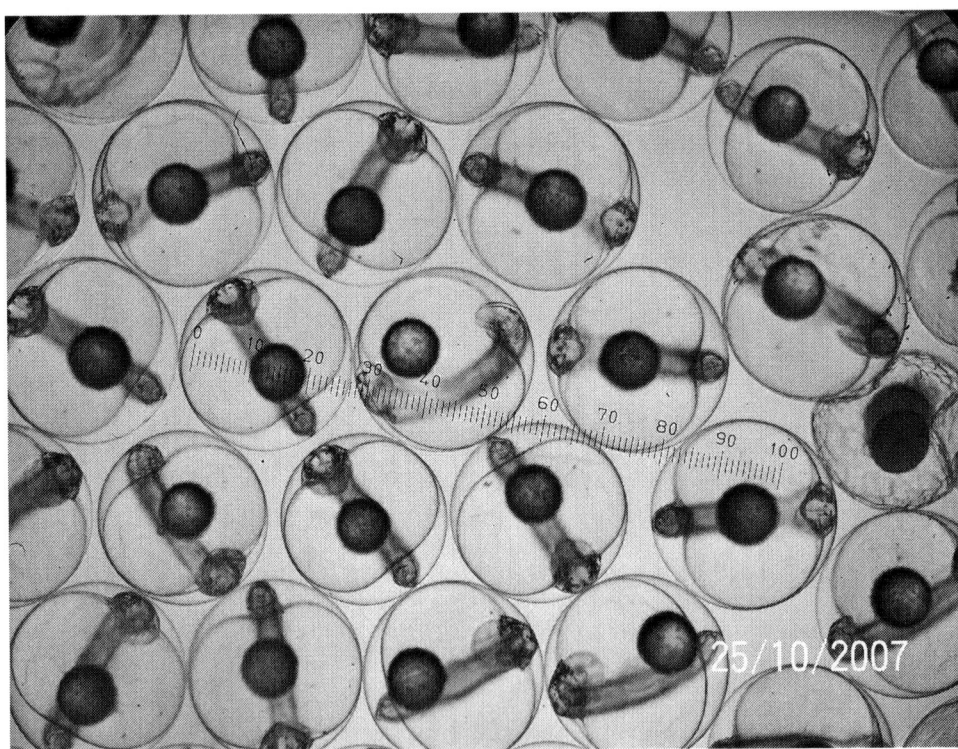

Figura 5. Huevos embrionados del robalo asiático o barramundi *Lates calcarifer* en Darwin Aquaculture Centre, Northern Territory, Australia. (Foto cortesía de L. Ibarra-Castro)

En algunos sitios de Asia se logra el desove voluntario con reproductores criados durante 2-3 años, en tanques de hormigón de 100 m³ a 27-34 °C desde la luna nueva o la luna llena hasta el cuarto de luna, con varias noches de desove consecutivas, entre las 18.00 y las 23.00 h (Kungvankij, 1987). En otros sitios el desove se logra con tratamientos hormonales, por ejemplo con 250-1.000 ui/kg de gonadotropina coriónica humana (GH) (Kungvankij *et al.*, 1985) o 10-25 µg/kg de un análogo de la hormona liberadora de gonadotropina (LHRHa) (Parazo *et al.*, 1998), aplicados a las hembras con ovocitos con diámetro ≥ 400 µm y comprobados con el método de biopsia validado por Garcia (1989a). El desove debe producirse unas 36 h después del tratamiento (Kungvankij, 1987). En los últimos años, los tratamientos hormonales se han basado generalmente en los implantes de LHRHa (50 µg/kg) y se obtienen 4-6 millones de huevos por hembra en las primeras dos o tres noches consecutivas de desove (Garcia 1989b, 1992; Schipp *et al.*, 2007). El dominio de la reproducción de barramundi ha llegado a ser total, con maduración controlada y desoves fiables mensuales y con tratamientos combinados de control de fotoperiodo y temperatura y uso de hormonas exógenas en la maduración final, logrando así la reproducción y producción de juveniles durante todo el año (Schipp *et al.*, 2007).

Durante muchos años, en los EE.UU. los reproductores se obtuvieron directamente del entorno natural cerca del momento de la ovulación y de la aplicación de técnicas de fertilización artificial en el campo (Roberts *et al.*, 1988; Tucker, 2005; Yanes-Roca *et al.*, 2009). En hembras silvestres de robalo blanco con 0,5 mm de diámetro en sus ovocitos, se ha inducido su maduración final y desove con tratamiento hormonal de 0,5-1,1 ui/g de GCH (Roberts, 1987; Falls *et al.*, 1988; Neidig *et al.*, 2000) o con implantes de 10 µg/kg de LHRHa (Skapura *et al.*, 2000). En cuanto a los machos, o bien no se les inyecta o bien se les administra la mitad de dosis que a las hembras. Históricamente se ha aplicado a los peces la fertilización artificial 28-34 h después de la inyección a 28°C (Tucker, 1987; Neidig *et al.*, 2000) y se ha reportado desove natural en tanques con tratamiento hormonal (Tucker, 2005; Resley *et al.*, 2009). Más recientemente, se han hecho esfuerzos por establecer un banco de reproductores siguiendo los buenos resultados de Falls *et al.* (1993). En Mote Marine Laboratory los robalos se han mantenido en un sistema de recirculación con preparación de agua marina artificial y en condiciones de temperatura y fotoperiodo controladas en tanques de 45 m³ de capacidad (6,1 m de diámetro y 1,83 m de profundidad) para 14 reproductores con igual proporción de sexos (Resley *et al.*, 2009). Actualmente la reproducción controlada de *C. undecimalis* está detenida en el proceso de maduración de los reproductores, ya que estos no alcanzan la etapa de vitelogénesis en temporadas de reproducción continuas bajo condiciones de cautiverio (Sánchez Zamora, 2009; Holt y Kline, 2009; Resley *et al.*, 2009).

Roberts (1987) consideró que la viabilidad de los embriones del robalo blanco era baja debido a la metodología utilizada para el desove. Yanes-Roca *et al.* (2009) demostraron que la proporción del ácido docosahexaenoico (DHA) respecto al total de ácidos grasos poliinsaturados totales en el contenido de los huevos obtenidos por fertilización artificial de reproductores silvestres maduros de robalo blanco capturados del entorno natural disminuye de mayo a septiembre con el avance de la temporada de desove y que hay una correlación directa entre dicho contenido y los mayores porcentajes de fertilización y de eclosión y la supervivencia larval; sin embargo, el porcentaje de eclosión y la supervivencia de larvas fueron muy variables y bajos, 20-80% y 11-30 dpe de mortalidad total respectivamente, debido probablemente al método de obtención.

En contraste, los trabajos de desove de esa especie en México se han basado en bancos de reproductores en tanques de 7-20 m³ (Sánchez Zamora *et al.*, 2002a, b; Sánchez Zamora, 2009) con un sistema abierto en condiciones de fotoperiodo y temperatura ambiente, mientras que en la Universidad Juárez Autónoma de Tabasco se está iniciando la adaptación al cautiverio de reproductores de robalo blanco, robalo prieto y chucumite en tanques de 10 m³ con un sistema abierto (Hernández-Vidal *et al.*, 2009).

La misma estrategia se aplicó con el robalo chucumite en Brasil, comenzando con reproductores silvestres en los primeros años de la década de los noventa (Cerqueira, 1995a). Los juveniles se criaron en jaulas flotantes dentro de un estanque de marea y se establecieron en tanques de hormigón de 8 m³ (Cerqueira *et al.*, 1995). En ambas metodologías se controlan los reproductores con técnicas de biopsia validadas para el robalo chucumite (Ferraz *et al.*, 2004); se ha demostrado que el diámetro menor de ovocitos vitelogénicos para una inducción exitosa del desove está entre 370 y 400 µm (Cerqueira, 1995a; Ferraz *et al.*, 2002). El desove en cautiverio del robalo blanco se induce siempre con tratamiento hormonal, con GCH (500-1100 ui/kg) y con implantes de colesterol con LHRHa (Sánchez *et al.*, 2002b, y el del robalo chucumite con inyecciones de 500-1000 ui/kg de GCH para las hembras y dosis menor para los machos (Cerqueira, 2005). Más recientemente, en el robalo chucumite se logró huevos de alta calidad con más de 90% de fertilización y eclosión, con 50-70 µg/kg de LHRHa para las hembras y 25 µg/kg para los machos, y con desove natural después de 32-36 h de latencia en los tanques de 8 m³ (Reis y Cerqueira, 2003). Ferraz *et al.* (2002) lograron desoves múltiples en varias noches consecutivas con un implante de 50 µg/kg de LHRHa.

Los huevos de barramundi reciben tratamientos profilácticos, que pueden ser los tradicionales con una solución de acriflavina (5 mg/L) durante un minuto a densidades de 100 a 1.200 huevos/L (Kungvankij *et al.*, 1985; Parazo *et al.*, 1998), o más modernamente con ozono en un baño con agua de mar con 0,5 mg/L de ozono durante dos minutos (Schipp *et al.*, 2007). Posteriormente, la incubación más avanzada se realiza en tanques cilindro-cónicos a una densidad de 2.000 huevos/L con flujo de agua (Schipp *et al.*, 2007), con lo cual logran porcentajes de eclosión muy altos (Ibarra *et al.*, 2009).

Los huevos del robalo blanco se han incubado en tanques de 300-400 l con agua de mar (32-35 g/L) a 28 ± 0.5°C, con eclosión a las 15 h (Edwards y Henderson, 1987). Las supervivencias hasta la primera alimentación han sido muy bajas (Tucker, 1987; Neidig *et al.*, 2000). Tucker (2005) reportó casi un 100% en fertilización artificial y eclosión rutinarias, pero las supervivencias larvales han sido usualmente muy bajas (0-2%), con un reporte de hasta 7%, y mortalidades masivas en los primeros 7-10 días posteclosión (dpe) (Kennedy *et al.*, 1998). En el chucumite la incubación se ha llevado a cabo a 24-26 °C y con salinidad de 30-35 g/L en incubadoras cónicas de 35 l dentro de un tanque de 500 l con flujo de agua abierto (10-20% del volumen/h), con densidades de siembra de 500-2.000 huevos/L (Cerqueira, 1995a; Cerqueira *et al.*, 2002a), o se han transferido directamente a los tanques de larvicultura (2-5 m³) sin flujo de agua a densidades de 20-100 huevos/L (Álvarez-Lajonchère *et al.*, 2002a).

3. CRÍA LARVAL

El alimento natural fundamental de las larvas, como en la mayor parte de los peces marinos, son los copépodos, incluso como primera presa (Parazo *et al.*, 1998). La mayor parte del vitelo se termina de consumir en el tercer o cuarto día en el robalo chucumite (Álvarez-Lajonchère *et al.*, 2002b), mientras que en el robalo blanco el vitelo se termina de consumir al 4-5 dpe, que es cuando las larvas consumen su primer alimento en cautiverio, por lo cual ese periodo es verdaderamente importante para asegurar una buena viabilidad.

El desarrollo larval también refleja las características tropicales de los robalos, así como las diferencias entre las especies. Las de mejor crecimiento, como el barramundi y el robalo blanco, tienen periodos larvales cortos, de tres a cuatro semanas (17-18 mm de LT) para el primero y de 4 a 5 semanas (35-40 mm de LT) para el segundo (Álvarez-Lajonchère y Tsuzuki, 2008), mientras que para el chucumite, de crecimiento más lento, el periodo larval se extiende a 6-7 semanas (Álvarez-Lajonchère *et al.*, 2002a). Las larvas del barramundi y del robalo blanco pueden adaptarse al agua dulce después de la segunda semana de vida y su cría puede efectuarse en estanques de tierra bien fertilizados con altos rendimientos (Tucker, 2005; Schipp *et al.*, 2007).

Igualmente, el periodo en que se ha logrado realizar el cambio del alimento vivo al alimento artificial está directa y positivamente correlacionado con la velocidad del crecimiento. En el barramundi se ha logrado a 18-20 dpe, seguido del robalo blanco a 35-38 dpe y finalmente del chucumite a 40-45 dpe (Álvarez-Lajonchère *et al.*, 2002a; Tucker 2005).

En el barramundi la boca se abre a las 32-36 horas posteclosión, después de lo cual las larvas se transfieren a los tanques de cría; en otras ocasiones, los huevos se introducen directamente en los tanques de cría larval a densidades de 30-60 huevos/L (Tucker *et al.*, 2005). En esta especie, además de haberse desarrollado la tecnología tradicional semiintensiva de «agua verde», se han desarrollado otras muy eficientes en Australia, como una de «mesocosmos» y otra superintensiva (Schipp *et al.*, 2001; Schipp *et al.*, 2007). La larvicultura tradicional se realiza en tanques de 5-25 m³ en interiores o exteriores con una densidad de 15-20 larvas/L y ha sido descrita por Tiensongrusmee *et al.* (1989) y Parazo *et al.* (1998). Usualmente comprende dos etapas: una a los 10-15 días, cuando las larvas alcanzan 4-6 mm, y otra hasta que alcanzan 15-20 mm alrededor del día 35. El destete se realiza en 5-10 días. La alimentación exógena requiere comenzar al tercer día; en ese periodo la superficie del agua debe estar limpia y la aireación e iluminación deben ser suaves para el inflado de la vejiga de los gases. En esas dos primeras semanas se suministran 15-20 rotíferos/mL y el flujo de agua es de solo 15-50% del volumen del tanque por día. Cuando las larvas alcanzan 4-6 mm de longitud total (LT), pueden adaptarse al agua dulce y el flujo se incrementa a 50-75% del volumen del tanque por día. A los 10-14 dpe se comienzan a suministrar 0,5-2 nauplios de *Artemia*/mL y se incrementan a 5-10 nauplios/mL en la tercera semana. A los 25-26 dpe, se suministran metanauplios, subadultos o adultos de *Artemia* enriquecidos, de acuerdo con el tamaño de la abertura de la boca (Parazo *et al.*, 1998). También se pueden utilizar cladóceros para extender el suministro de alimento vivo y reducir la costosa *Artemia* entre los 20 y 30 dpe; a partir del día 25 en adelante, se suministran alimentos no vivos, incluyendo *Artemia* congelada, pescado desmenuzado y dietas artificiales (Parazo *et al.*, 1998).

El canibalismo es uno de los problemas más importantes en la cría de larvas y juveniles del barramundi, comenzando sobre la tercera semana y prolongándose hasta que alcanzan los 20 g (Kungvankij *et al.*, 1985). Una de las medidas más importantes para controlar el canibalismo es la separación por tallas, para reducir la diferencia de tamaños, que según Parazo *et al.* (1998) no debe exceder el 33%. Las operaciones de separación por tallas comienzan la segunda semana y se repiten cada 3-5 días o una vez por semana, dependiendo de la necesidad. También la reducción de la densidad puede disminuir la incidencia del canibalismo, alcanzando solo 2-6 juveniles/L al final de la cría larval (Parazo *et al.*, 1998). Con esta tecnología se logran supervivencias del 15-50% a los 24-30 dpe (Tiensongrusmee *et al.*, 1989).

La tecnología de mesocosmos emplea tanques de 40 m³ de fibra de vidrio parcialmente cubiertos de malla-sombra de 80% de absorción y siembra de la microalga *Nannochloropsis oculata* para alcanzar una densidad inicial de 5×10^5 células/mL; al día siguiente se introducen los rotíferos (1-2 rotíferos/mL). Las larvas de primera alimentación se introducen los días 6 o 7 a una densidad de 5-10 larvas/L. El intercambio de agua se maneja para mantener la máxima calidad de agua en el tanque. Se suministra *Artemia* a partir del día 14 y la cosecha se realiza alrededor del día 28 con supervivencias del 30 al 90%. No hay mucho control sobre el canibalismo y el destete. Con esta técnica se ha llegado a producir hasta 200.000 juveniles por tanque de 40 m³ en 28 días (Schipp *et al.*, 2001, 2007).

Más recientemente se ha desarrollado una tecnología superintensiva (Bosmans *et al.*, 2004; Schipp *et al.*, 2007). El sistema se basa en dos tanques de fibra de vidrio de 6 m³ para la cría, con un sistema de recirculación para controlar la calidad del agua. Se emplea una pasta de *Chlorella* congelada, para producir rotíferos (*Synchaeta* sp.) a altas densidades en tres tanques cilindro-cónicos de polietileno de alta densidad de 1 m³. Los rotíferos se bombean directamente a los tanques de cría larval por medio de bombas dosificadoras para mantener una densidad de 20 rotíferos/mL del segundo al decimoquinto dpe. La *Artemia* (2 nauplios/mL) se suministran desde el 14 al 18 dpe para un índice de consumo muy bajo de menos de 1 kg de quistes de *Artemia* por millón de juveniles producidos. Como alimento artificial se comienza a utilizar GemmaMicro150 y 300 (Skretting, Australia) a partir del 8 dpe con un alimentador de cinta modificado, y posteriormente se suministran otras dietas comerciales como Proton 2/3, 2/4, 3/5 (INVE Aquaculture, UT, EE.UU.) desde el 15 dpe hasta el final del ciclo de cría. La cosecha y las separaciones por tallas se realizan entre el 24 y el 28 dpe, cuando los juveniles tienen 15-20 mm de LT con supervivencias mayores al 50%.

El desarrollo de tecnologías de cría larval con las especies de robalo de América comenzó a inicios de la década de los setenta, al igual que con el barramundi; sin embargo, los trabajos han sido más esporádicos, menos intensos y con menos apoyo. Los resultados han sido también menos efectivos, con solo unos pocos rendimientos a escala piloto, mayormente con el robalo blanco y el chucumite (Tucker, 2005).

La cría de larvas de robalo blanco se ha realizado usualmente en tanques de 3-7 m³, resultando mejores los tanques de más de 3 m³ (Tucker, 2005). Los mejores resultados se han obtenido en tanques de 3-4 m³ con recirculación y «agua verde», con una supervivencia del 7% utilizando bacterias probióticas (Kennedy *et al.*, 1998) y otros con densidades finales de 2-5 juveniles/L (Serfling, 1998). Edwards y Henderson (1987) reportaron supervivencias de 22,6% (2,2-52,6%) a 30 dpe con densidades de cosecha de 2,9 juveniles/L, en tanques experimentales de 380 L y con bajas densidades de siembra (6-24 larvas/L), aplicando programaciones de alimentación cuidadosas.

En la cría larval del robalo chucumite en Brasil basada en la tecnología de «agua verde» a escala experimental con tanques pequeños (37-1.800 L) se lograron en 1998 supervivencias del 6,5% y densidades de cosecha de 2,8 juveniles/L con un peso de 1,25 g (Álvarez-Lajonchère *et al.*, 2004); sin embargo, a escala piloto, con tanques de 4 m³ y mejores prácticas de manejo, se alcanzó un 26 % de supervivencia con menos del 1% de mortalidad en el destete y la precría, hasta lograr 2,1 g en 3 meses y la producción total de 50.000 juveniles en un ciclo de 3 meses (figura 6) (Álvarez-Lajonchère *et al.*, 2002a). Esta tecnología fue también evaluada de forma teórica para las condiciones de Florida (Álvarez-Lajonchère y Taylor, 2003). La aplicación de la gran tolerancia a salinidades medias del chucumite podría mejorar los resultados (Araujo *et al.*, 2000; Tsuzuki *et al.*, 2007a, b).

Figura 6. Juveniles del robalo chucumite *Centropomus parallelus* completamente dispersos en el tanque de cría larval de 4 m³, después de alcanzar el nivel de saciedad en la alimentación y pocos días antes de su cosecha, con 85 dpe y unos 2 g aproximados de peso medio, en el Laboratorio de Piscicultura Marina de la Universidad Federal de Santa Catarina, Brasil. (Foto tomada de Álvarez-Lajonchère y Hernández Molejón, 2001, cortesía de la Sociedad Mundial de Acuicultura)

4. CULTIVO INTERMEDIO O ALEVINAJE

Las condiciones ambientales más adecuadas para los robalos mejor estudiados son similares, tales como 27-28 °C de temperatura, 0-35 g.L^{-1} de salinidad, $\geq$ 4 mg.L^{-1} de oxígeno disuelto (aunque pueden tolerar 0,5-1 mgL^{-1} durante algunas horas), así como una alta turbidez (Álvarez-Lajonchère y Tsuzuki, 2008).

Los robalos son depredadores oportunistas, se alimentan principalmente de crustáceos y peces. Se observan tendencias a que las especies de mayor tamaño consuman mayor proporción de peces, mientras que las más pequeñas consumen más crustáceos.

La etapa de alevinaje del barramundi comienza usualmente con juveniles de 24-28 dpe con 15-25 mm de LT y con densidades de 0,5-1 juveniles/L, y termina cuando alcanzan unos 75-100 mm de LT (~10 g) (Tucker *et al.*, 2005). En Australia se ha reportado la cría de estos juveniles con alimento de iniciación de salmón (52% de proteína y 16% de lípidos) hasta los 90 mm de LT y 10 g a los 65 dpe (MacKinnon, 1987), mientras que en el alevinaje en estanques de 500-2.000 m² con profundidades de 50-80 cm se han empleado densidades de 20-50 juveniles/m² y en el alevinaje en jaulas (2-10 m³ con mallas de 1-2 mm) se siembran 50-150 juveniles/m².

Los peces pueden alimentarse con peces de desecho molidos y enriquecidos con premezclas de vitaminas y minerales (2%), en tanques con una densidad de siembra de 1,5 juveniles/m³. El alevinaje dura unos 45-60 días cuando los peces alcanzan 5-10 cm (Kungvankij *et al.*, 1985). Los juveniles se siembran a menudo directamente en los tanques, estanques o jaulas, y también en jaulas colocadas dentro de tanques y estanques para facilitar las separaciones por tallas frecuentes (Tucker *et al.*, 2005).

Más recientemente, se han desarrollado tecnologías intensivas muy eficientes en sistemas abiertos de agua de mar (Schipp *et al.*, 2007) que pueden adaptarse para las especies de América. El alevinaje comienza con juveniles de 15-20 mm (0.040 g) de unos 24 a 28 dpe, en canales de flujo rápido de 1.200 l con una biomasa que puede alcanzar los 30 kg/m³ con flujos entre el 100% y el 300% del volumen/h. Posteriormente, cuando los juveniles alcanzan los 4 cm se transfieren a tanques cilíndricos de 10 m³ con una biomasa que puede alcanzar 80 kg/m³ con un flujo de 70% al 100% del volumen/h. Tanto en los canales de flujo rápido como en los tanques cilíndricos se suministra oxígeno puro a través de difusores de cerámica. La cosecha se realiza a las 6-8 semanas cuando los juveniles han alcanzado 50-130 mm y hasta 20 g de peso total, con un 50% de supervivencia general desde las larvas recién eclosionadas hasta juveniles de 20 g (Ibarra-Castro *et al.*, 2009); este sistema es el más eficiente y de mejores rendimientos.

El alevinaje del robalo blanco en Florida ha producido juveniles de unos 10 cm de LT y 10 g de peso con 3 meses de edad, o de 20 g en 3-4 meses de edad, alimentados con dietas experimentales y otras comerciales de iniciación de salmones (Tucker, 1987). La incidencia del canibalismo es más alta en las primeras etapas de los juveniles que en las larvas y se incrementa con la densidad y la escasez de alimento, por lo que el destete temprano y las separaciones por tallas frecuentes contribuyen a minimizar el canibalismo e incrementar la supervivencia (Tucker, 2005).

En Campeche (México) juveniles de robalo blanco silvestres crecieron lentamente en jaulas de 4 m³ hasta 58,1 g en 105 días (0,45 g/día) (Cabrera Rodríguez y Amador del Ángel, 1998). Cerqueira (2002) reportó crecimiento muy lento relacionado con la temperatura en experimentos con el robalo chucumite, que alcanzó 8,8 g en 160 días (0,06 g/día) con una dieta seca formulada en el laboratorio. Estudios más recientes indican que juveniles de chucumite (76 dpe; 0,3 g) criados en una salinidad de 15 g/L presentaron mayor digestibilidad y absorción de nutrientes, especialmente de proteínas, en comparación con salinidades de 5 y de 35 g/L, con mejor factor de conversión de alimentos (Tsuzuki, *et al.* 2007a).

5. ENGORDE

Las tallas máximas y las de primera maduración sexual de los robalos reflejan su crecimiento, al igual que en otras especies de peces marinos (Álvarez-Lajonchère y Kraul, no publicado). El mejor crecimiento lo presenta el barramundi, con 3 kg en 14 meses (Ibarra-Castro *et al.*, 2009), especie que alcanza las mayores tallas máxima y de primera maduración, mientras que en los robalos americanos las tallas máxima y de primera maduración más notables las presenta el robalo blanco del Atlántico, que coincide en presentar el mejor crecimiento (800 g en un año según Sánchez Zamora *et al.*, 2002a); la especie que presenta la menor talla máxima (72 cm) y menor talla a la primera maduración sexual (23 cm) es el chucumite, que es tambíen la que presenta el menor crecimiento (400 g en 18 meses según Cerqueira, 2005).

El engorde del barramundi comienza usualmente con animales de 100 mm de LT. El final del engorde depende del mercado al cual irá dirigido el producto: el tamaño plato de 250 g se alcanza en 3 meses y las tallas de más de 3 kg para filete pueden requerir hasta 18 meses (Schipp *et al.*, 2007). Los sistemas de engorde son generalmente estanques o jaulas flotantes. Muchos estanques construidos para cultivo de camarones (0,08-2 ha) se han dedicado al barramundi. Las densidades de siembra sonn usualmente de 2-5 juveniles/m² en monocultivo o con tilapia en policultivo; primero se siembran los reproductores de tilapia y posteriormente 0,1-2 barramundi/m² (Sirikul, 1982; Kungvankij *et al.*, 1985).

El sistema de ceba en módulos de jaulas es el preferido en el sudeste asiático (Schipp *et al.*, 2007). Las jaulas de ceba son de 3 × 3 m hasta 10 × 10 m con 2-3 m de profundidad y mallas entre 1 y 8 cm de abertura. La dimensión más común y manejable de jaula flotante para aguas costeras en Asia es la de 50 m³ con una densidad inicial de 40-50 peces/m³; una vez que estos alcanzan 150-200 g, la densidad se reduce a 10-20 peces/m³, reportándose crecimientos que llegan a los 4 g/día (Kungvankij, 1987; Tiensongrusmee *et al.*, 1989). Usualmente la supervivencia es alta (≥ 80%), con algunos reportes de 85-100% (Tucker *et al.*, 2005).

En Australia las instalaciones de ceba son jaulas de 8-150 m³ en agua dulce en estanques de agua salobre (0,1-1,0 ha) o jaulas marinas de 50-500 m³ con sistemas de recirculación. A las jaulas dentro de estanques se les suministra aireación y el intercambio de agua es generalmente del 5-20% del volumen/día, con rendimientos de 20 t/ha (Tucker *et al.*, 2005). Las densidades en las jaulas son de 15-60 kg/m³, con un óptimo de alrededor de 25 kg/m³ (Tucker *et al.*, 2005).

Las características de los sitios para jaulas costeras flotantes de robalos son:

- Profundidad: 2-3 m por debajo del fondo de la jaula en marea baja.
- Mayor protección posible de los vientos intensos y de las olas. La velocidad del viento no debe superar los 10 nudos.
- Los parámetros ambientales de los sitios para las jaulas flotantes costeras deberán estar directamente en relación con la tolerancia de las especies que serán criadas. Algunas indicaciones generales son:

  – Sólidos suspendidos (turbidez) < 5 mg/L, aunque no deben exceder 10 mg/L.
  – Temperatura: 26-32 °C (anualmente puede fluctuar de 25 a 34 °C).
  – Salinidad: 15-30‰ es la mejor, pero entre 10 y 35‰ está bien.
  – Oxígeno disuelto: ≥ 4-5 ppm, preferible 6-7 ppm, y < 3 ppm mantenido.
  – Índice de ión hidrógeno (pH): 6,5-8,5.
  – $N-NH_3$ < 0,5 ppm (medido cuando la corriente es lenta).
  – N-Nitrato (NO_3-N) < 200 ppm.
  – N-Nitrito (NO_2-N) < 4 ppm.
  – Fosfatos < 70 ppm.

- Mareas mayores de 1 m son preferibles.
- La corriente mínima a considerar es la de 15 cm/s, pero la ideal debe ser de entre 25 y 40 cm/s, y la máxima de 50 cm/s, medida una o dos horas después de la marea más alta en primavera.

También es importante la protección contra los actos de vandalismo, sobre todo en los casos en que las jaulas estén en aguas públicas o en que no sea posible la vigilancia constante. Por ello, el modelo más aplicado en Asia es el de módulos con varias jaulas unidas, que incluyen una caseta flotante que se emplea para almacenar el alimento que tendrá uso inmediato y a las artes de pesca y dará cobijo a un vigilante que continuamente atenderá a los peces y evitará los actos de vandalismo; a menudo en estos módulos se incluye una plataforma de trabajo (Álvarez-Lajonchère, 2008) (figura 7).

Los sistemas intensivos en tanques con recirculación (20-100 m³) son usualmente interiores en Australia y utilizan agua dulce o salobre subterránea y temperatura controlada. Debido al ambiente controlado, la producción puede efectuarse todo el año, con la ventaja de poder utilizar sitios cercanos a los mercados cuando hay disponibilidad de agua dulce, con biomasas que sobrepasan los 100 kg/m³ (Makaira Pty, 1999).

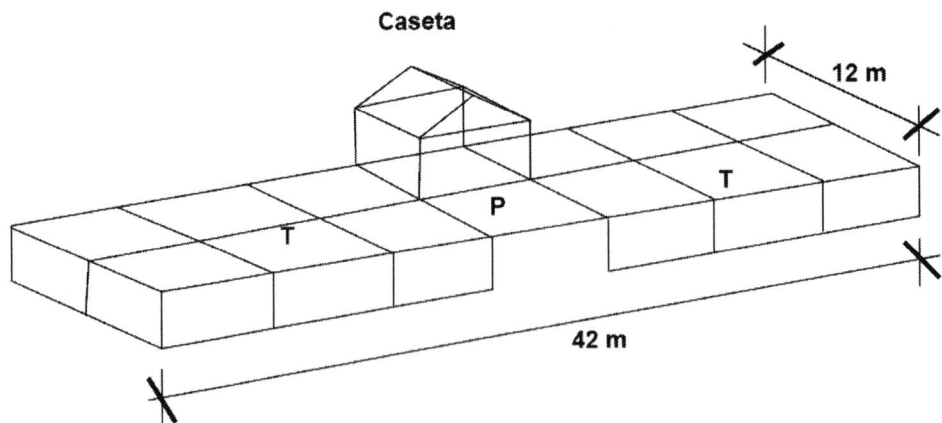

Figura 7. Esquema de un módulo de jaulas costeras con un collar común, una caseta, dos jaulas de transición o manejo (T) y una plataforma de trabajo (P). Cada jaula tiene 5,5 × 6 m de superficie aproximada y una profundidad de unos 2 m en el agua (50 m³).

Aunque las prácticas de alimentación del barramundi en Asia se basan mayormente en el uso de peces de desecho a las 08.00 y 17.00 h al 10% del peso por día (Kungvankij, 1987), hay una tendencia fuerte al uso de dietas artificiales secas. Son las que se utilizan en Australia, donde hay varias dietas comercialmente disponibles. Williams *et al.* (2003) mostraron que una dieta con 50-55% de proteína y unos 20 kJ/g de energía fue la mejor para los juveniles. Las dietas prácticas para barramundi han evolucionado con la sustitución de la mayor parte de la harina de pescado por harina de soja. Williams y Barlow (1999) demostraron que la harina de pescado puede ser sustituida completamente en las dietas de ceba sin pérdida de productividad o de calidad gustativa de los peces.

Cuando los peces se alimentan manualmente, usualmente se hace una o dos veces por día. En Australia se ha demostrado experimentalmente que se pueden lograr factores de conversión de alimento de 1,0-1,2, pero comercialmente los factores de conversión con dietas artificiales están entre 1,2 y 2 (Schipp *et al.*, 2007).

Tucker (1987) reportó que juveniles de robalo blanco de 20 g y 3-4 meses de edad crecen hasta 450 g en otros 8 meses y hasta 726 g en 15 meses en condiciones de Florida (EE.UU.). Dietas de ceba con 50-56% de proteína, 13-14% de lípidos y 13-25% de carbohidratos y con hasta un 30% de la proteína proveniente de soja han sido muy exitosas, por lo que Tucker (2005) consideró que en el futuro la harina de pescado podría eliminarse completamente. Se han realizado experiencias exitosas con dietas de 145 mg P/Kcal (34.7 mg P/kJ) con un contenido de 13,7% de lípidos (Tucker, 1987). Dado que el robalo blanco, igual que el barramundi, es un pez poco activo, el alimento se utiliza eficientemente, con factores de conversión de 0,73 a 1,0 (Tucker, 1987). Robalos blancos entre 504 y 726 g de peso crecieron a un ritmo de 4,1 g/día, con un factor de conversión de alimentos de 1,1 (Tucker, 1987) y alcanzaron 2 kg en 24 meses (Tucker, 2005) con una supervivencia entre 80 y 100%.

En México, juveniles silvestres del robalo blanco de 20-25 g crecieron en tanques cilíndricos de 20 m³ con alimento artificial y alcanzaron 300 g en 6 meses (2,7 g/día), y en pequeños estanques de tierra no drenables hasta 800 g en un año, con rendimientos de 4-5 t/ha (Sánchez Zamora *et al.*, 2002a).

Robalos cuchumite y blanco se han criado durante más de 300 años extensivamente en estanques de tierra en el nordeste de Brasil. En experimentos en Florianópolis (Brasil) en tanques de hormigón de 10 m³ con agua salada, robalos blancos silvestres de 174 g mostraron incrementos de 50 g en 33 días (1,5 g/día), mientras que robalos chucumite de 145 g crecieron más lentamente con incrementos de 30 g en 39 días (0,8 g/día). En estanques de agua dulce (100 m³) alimentados con tilapias, robalos blancos de 237 g crecieron hasta 502 g en 153 días (1,7 g/día), mientras que robalos chucumite de 136 g solo alcanzaron 186 g en 167 días (0,30 g/día) (Cerqueira 1995b). Resultados más recientes mostraron que el chucumite, con tamaño inicial de 1-5 g en cultivo extensivo en estanques de agua dulce con una densidades bajas de hasta un pez por 20 m² y alimentados con peces forrajeros alcanzaron 300-500 g en aproximadamente dos años, y que en cultivo intensivo con un peso medio inicial de 1,5 g en tanques cilíndricos de 44 m³ de agua dulce a 17-28 °C alcanzaron 300-400 g en 21 meses (Cerqueira, 2005).

Cerqueira *et al.* (2002b) reportaron crecimientos lentos del robalo chucumite en jaulas flotantes con alimento artificial, pasando de 8,8 a 120 g en 295 días (0,4 g/día), con una considerable influencia de la temperatura (18-28 °C), mientras que el crecimiento de juveniles silvestres del robalo blanco (129-132 g) fue de 1,4-1,8 g/día en 133 días. Sobre la base de estos resultados, no se considera al robalo chucumite como una alternativa viable para el cultivo intensivo, pues requiere de 18 meses para alcanzar 400 g (Cerqueira y Tsuzuki, 2003). Aunque el chucumite no presenta buenos crecimientos, la tecnología de la producción de juveniles está disponible y la demanda crece para utilizarlos en programas de ceba y de liberación. En estudios de alimentación recientes para mejorar la conversión de alimentos y el crecimiento a base de mejores dietas para estas especies y la evaluación de crecimiento compensatorio son estrategias de manejo que podrían disminuir los gastos en su cultivo (Ribeiro y Tsuzuki, 2006).

6. DESARROLLO FUTURO

Como conclusión general de la presente revisión, se puede afirmar que los robalos de América son aún poco conocidos y unos pocos de ellos han sido objeto de estudios de su ciclo de vida y de experiencias en cría preliminar, sobre todo el robalo blanco y el chucumite. Como los precios son muy similares entre las especies de gran tamaño, la característica fundamental para preseleccionar una especie para su cultivo debe ser su crecimiento y la relativa facilidad de la producción masiva de sus juveniles.

En las especies de peces marinos tropicales se ha probado que la talla máxima y la de primera maduración sexual están directamente correlacionadas con el crecimiento (Álvarez-Lajonchère y Kraul, no publicado), por lo que se consideran criterios útiles para identificar a las cuatro especies de robalos de América que alcanzan las mayores tallas como los mejores candidatos para el cultivo. Hasta el presente, solo el robalo chucumite de crecimiento lento ha mostrado índices satisfactorios en la producción masiva de los juveniles (Álvarez-Lajonchère *et al.*, 2002a), mientras que los resultados con el robalo blanco han mostrado que se trata de una especie más difícil para el desove y la cría larval, aunque se espera mejorar los resultados con el robalo blanco, mientras que se recomienda realizar trabajos intensos con las otras tres especies de robalos de gran tamaño de América.

Las instalaciones requeridas para los trabajos de investigación y desarrollo deben estar bien ubicadas y diseñadas para llevar a cabo las pruebas experimentales y a nivel piloto, que son escasas en América Latina. Las autoridades locales son estimuladas a dar el apoyo y prioridad requeridos para tener al menos una de esas instalaciones en las costas del Pacífico y otra en las del Atlántico de América. La disponibilidad de las cantidades requeridas de juveniles de alta calidad en los momentos adecuados a un costo razonable ha sido reconocida como el mayor factor limitante para el establecimiento y la extensión comercial exitosa del cultivo de peces marinos y estuarinos. Este debe ser el mayor logro tecnológico a obtener.

El primer objetivo estratégico para la producción masiva de juveniles es la obtención, en cantidades suficientes, de huevos de óptima calidad a base de desoves voluntarios o naturales estimulados por hormonas de liberación lenta (LHRHa) para estimular los desoves naturales en tanques de reproductores bien alimentados y mantenidos en cautiverio. El segundo objetivo estratégico consiste en desarrollar tecnologías de larvicultura que puedan estandarizarse y que sean factibles técnica y financieramente para la producción masiva de juveniles de alta calidad, listos para sistemas de alevinaje, con resultados consistentes entre tanques de dimensiones piloto y entre ciclos de cría, las cuales deben basarse en las experiencias con barramundi. Un tercer objetivo estratégico para el cultivo de los robalos en América, en el cual se resumen los otros logros estratégicos, es el desarrollo de tecnologías eficientes para el alevinaje y la ceba, adaptadas a las especies locales y en general a las condiciones de América Latina, donde hay decenas de miles de estanques de tierra construidos para camarones, así como muchas áreas de agua dulce, salobre y salada disponibles para ser utilizadas para el cultivo en jaulas.

Referencias

Álvarez-Lajonchère, L. Informe técnico de la consultoría sobre cultivo de peces marinos, con énfasis en el cultivo de robalos (*Centropomus undecimalis, Centropomus* spp). Proyecto TCP/NIC/3103; 2008

Álvarez-Lajonchère, L, Taylor, RG. Economies of scale for juvenile production of common snook (*Centropomus undecimalis* Bloch). Aquacult. Econom. Manag. 2003; 7: 273-292

Álvarez-Lajonchère, L, Báez Hidalgo, M, Gotera, G. Estudio de la biología pesquera del robalo de ley *Centropomus undecimalis* (Bloch) (*Pisces: Centropomidae*) en Tunas de Zaza, Cuba. Rev.Invest.Mar. 1982; 3: 159-177

Álvarez-Lajonchère, L, Cerqueira, VR, Silva, ID, Araujo, J, Dos Reis, M. Mass production of fat snook *Centropomus parallelus* Poey juveniles in Brazil. J. World Aquacult. Soc. 2001; 33: 506-516

Álvarez-Lajonchère, L, Cerqueira, VR, Dos Reis, M. Desarrollo embrionario y primeros estadios larvales del robalo gordo, *Centropomus parallelus* Poey (*Pisces: Centropomidae*) con interés para su cultivo. Hidrobiológica. 2002b; 12: 89-99

Álvarez-Lajonchère, L, Cerqueira, VR, Silva, ID, Araujo, H, Dos Reis, M. First basis for a sustained juvenile production technology of fat snook *Centropomus parallelus* Poey. Hidrobiológica. 2004; 14: 37-45

Álvarez-Lajonchère, L, Tsuzuki, MY. A review of methods for *Centropomus* spp. (snooks) aquaculture and recommendations for the establishment of their culture in Latin America. Aquacult.Res. 2008; 39: 684-700

Araujo, J, Cerqueira, VR, Álvarez-Lajonchère, L. The effect of salinity in the rearing of fat snook (*Centropomus parallelus*) larvae. En: Aquaculture 2000, Nice. Responsible Aquaculture in the New Millennium, 28. Oostende: European Aquaculture Society Special Publication; 2000. p. 27-28

Bosmans, JMP, Schipp, G, Gore, DJ, Jones, B, Newman, K. Early weaning of barramundi, *Lates calcarifer* Bloch, in a commercial, intensive, semi-automated, recirculated, larval rearing system. En: Kolkovski, S, Heine, J, Clarke, S, editores. Proceedings of the Second Hatchery Feeds and Technology Workshop, 30 septiembre-1 octubre de 2004, Sydney, Australia; 2004. p. 59-62

Cabrera Rodríguez, P, Amador del Angel, LE. Growth of common snook, *Centropomus undecimalis* (Bloch, 1729), in fixed cages in the Pom Lagoon, Campeche, Mexico. Proc. Gulf & Caribb.Fish.Inst. 1998; 50: 524-535

Cerqueira, VR. Testes de indução de desova do robalo, *Centropomus parallelus*, do litoral da Ilha de Santa Catarina com gonadotrofina coriónica humana. En: Anais do VII Congresso Brasileiro de engenharia de pesca, 22-26 julio 1991, Santos, Recife. Associação dos Engenheiros de Pesca de Pernambuco, Sudene, Recife, Brasil; 1995a. p. 95-102

Cerqueira, VR. Observações preliminares sobre o crescimento de juvenis de robalo, *Centropomus parallelus* e *Centropomus undecimalis*, com dietas naturais e artificiais. En: Anais do VII Congresso Brasileiro de Engenharia de Pesca, 22-26 julho 1991, Santos, Recife. Associação dos Engenheiros de Pesca de Pernambuco, Recife, Brasil; 1995b. p. 85-94

Cerqueira VR. Alevinagem e engorda. En: Cultivo do robalo. En Cerqueira, VR, editor. Aspectos da reprodução, larvicultura e engorda. Laboratório de Piscicultura Marinha, Universidade Federal de Santa Catarina, Florianópolis, Brasil; 2002. p. 59-69

Cerqueira, VR. Cultivo do robalo-peva (*Centropomus parallelus*). En: Baldisseroto, B, Gomes, LDC, editores. Espécies nativas para piscicultura no Brasil. Santa Maria: Ed. da UFSM; 2005. p. 403-431

Cerqueira, VR, Tsuzuki, MY. Marine fish culture- lessons learned and future directions. En: World Aquaculture 2003 Abstracts [CD-ROM]; 2003

Cerqueira, VR, Macchiavello, JAG, Brugger, AM. Produção de alevinos de robalo, *Centropomus parallelus* Poey, 1860, através de larvicultura intensiva em laboratório. En: Anais Simpósio Brasileiro de Aqüicultura, 7, 1992. Academia de Ciências do Estado de São Paulo (ACIESP), Peruíbe-SP, Brasil; 1995. p. 191-197

Cerqueira,VR, Araujo, J, Nolli, NL, Macchiavello, J. Incubação de ovos e larvicultura. En: Cerqueira, VR, editor. Cultivo do robalo Aspectos da reprodução, larvicultura e engorda. Laboratório de Piscicultura Marinha, Universidade Federal de Santa Catarina, Florianópolis, Brasil; 2002. p. 43-58

Edwards, RE, Henderson, BD. An experimental hatchery project: studies of propagation, culture and biology of snook (*Centropomus undecimalis*). Proc. Gulf & Caribb.Fish.Inst. 1987; 38: 211-221

Falls, WW, Reese, RO, Halstead, WG, Dennis, CW, Willis, SA, Vermeer, GK *et al.* Evaluation of three field spawning methods for common snook, *Centropomus undecimalis*. J. World Aquacult.Soc. 1988; 19: 29A

Falls, WW, Roberts, DE Jr, Dennis, CW, Burke, AE. Photothermal maturation of the gonads of the common snook *Centropomus undecimalis*, in tanks. En: Snook Symposium, 15-16 abril de 1993. Mote Marine Laboratory, Sarasota, FL, USA

FAO. Cultured Aquatic Species Information Programme *Lates calcarifer* Fisheries Global Information System (FIGIS). 2007. Disponible en: http://www.fao.org/fi/website/FIRetrieve Action.do?dom=culturespeciesyxml=Lates_calcarifer.xml ylang=en

FAO. FISHSTAT Plus: Universal software for fishery statistical time series. Versión 2.3.2009

Ferraz, EM, Álvarez-Lajonchère, L, Cerqueria, VR, Candido, S. Validation of an ovarian biopsy method for monitoring oocyte development in the fat snook, *Centropomus parallelus* Poey, 1860 in captivity. Braz. Arch. Biol. Technol. 2004; 47: 643-648

Ferraz, EM, Cerqueira, VR, Álvarez-Lajonchère, L, Candido, S. Indução da desova do robalo-peva, *Centropomus parallelus*, a través de injeção e implante de LHRHa. Bol. Inst. Pesca, São Paulo. 2002; 28: 125-133

Garcia, L Ma B. Development of an ovarian biopsy technique in the sea bass, *Lates calcarifer* (Bloch). Aquaculture. 1989a; 77: 97-102

Garcia, L Ma B. Dose-dependent spawning response of mature female sea bass, *Lates calcarifer* (Bloch), to pelleted luteinizing hormone-releasing hormone analogue (LHRHa). Aquaculture. 1989b; 77: 85-96

Garcia, L Ma B. Lunar synchronization of spawning in sea bass, *Lates calcarifer* (Bloch): effect of luteinizing hormone - releasing hormone analogue (LHRHa) treatment. J. Fish Biol. 1992; 40: 359-370

Hernández-Vidal, U, Contreras-Sanchez, W, Patiño, R, Vidal-López, JM, Torres-Marin, AYC, Álvarez-González, A, *et al.* Mantenimiento en cautiverio de lotes de robalo común (*Centropomus undecimalis*), chucumite (*Centropomus parallelus*) y robalos prieto (*Centropomus poeyi*) en Tabasco. Simposio sobre Robalo, Universidad Juárez Autónoma de Tabasco, México; 2009

Holt, GJ, Kline, R. Culturing Texas snook what we have learned so far. Simposio sobre Robalo, Universidad Juárez Autónoma de Tabasco, México; 2009

Ibarra-Castro, L, Schipp, G, Álvarez-Lajonchère, L. Culture of the Asian snook (*Lates calcarifer*, Bloch) in Australia. Simposio sobre Robalo, Universidad Juárez Autónoma de Tabasco, México; 2009

Kennedy, SB, Tucker, JW Jr., Neidig, CL, Vermeer, GK, Cooper, VR, Jarrell, *et al.* Bacterial management strategies for stock enhancement of warm water marine fish: a case study with common snook, *Centropomus undecimalis*. Bull. Mar.Sci. 1998; 62: 573- 588

Kungvankij, P. Induction of spawning of sea bass (*Lates calcarifer*) by hormone injection and environmental manipulation. En: Copland, JW, Grey, DL, editores. Management of Wild and Cultured Sea Bass/Barramundi (*Lates calcarifer*). ACIAR Proceedings 20. Canberra: Australian Centre for International Agricultural Research; 1987. p. 120-122

Kungvankij, P, Tiro, LB Jr, Pudadera, BJ Jr., Potests, IO. Training Manual Biology and Culture of Sea Bass (*Lates calcarifer*). Bangkok: Network of Aquaculture Centres in Asia; 1985

Lau, S. R. y P. L. Shafland 1982. Larval development of snook, *Centropomus undecimalis* (Pisces: Centropomidae). Copeia, 1982: 618-627

MacKinnon, MR. Rearing and growth of larval and juvenile barramundi, *Lates calcarifer* (Bloch) in Queensland. En: Copland, JW, Grey, DL, editores. Management of Wild and Cultured Sea Bass/Barramundi (*Lates calcarifer*). ACIAR Proceedings 20. Canberra: Australian Centre for International Agricultural Research; 1987. p. 148-153

Makaira Proprietary. The translocation of barramundi. Fisheries Western Australia, Perch, Fisheries Management Paper. 1999; n.° 127

Neidig, CL, Skapura, DP, Grier, HJ, Dennis, CW. Techniques for spawning common snook: broodstock handling, oocyte staging, and egg quality. North Am.J.Aquacult. 2000; 62: 103-113

Nelson, JS. Fishes of the World. 4.ª edición. Nueva York: John Wiley and Sons; 2006

Parazo, MM, García, L Ma B; Ayson, FG, Fermin, AC, Almendras, JME, Reyes, DM *et al.* Sea bass hatchery operations. Aquaculture Extension Manual. 1998; 18: 1-42

Reis, M. A. Dos, Cerqueira, VR. Indução de desova do robalo-peva *Centropomus parallelus* Poey 1860, com diferentes doses de LHRHa. Maringá. 2003; 25: 53-59

Resley M, Main, K, Stubblefield, J. An overview of common snook (*Centropomus undecimalis*) broodstock maturation and spawning research in Florida. Simposio sobre Robalo, Universidad Juárez Autónoma de Tabasco, México; 2009

Ribeiro, FF, Tsuzuki, MY. Compensatory growth of fat snook, *Centropomus parallelus* (Poey) juveniles after food deprivation periods. En: Primera Conferencia Latinoamericana sobre Cultivo de Peces Nativos. 18-20 de octubre de 2006. Morelia, Michoacán, México; 2006

Roberts, DE Jr. Induced maturation and spawning of common snook, *Centropomus undecimalis*. Proc.Gulf &Caribb. Fish.Inst. 1987; 38: 222-230

Roberts, DE Jr, Halstead, WG, Grier, H J, Vermeer, GK, Reese, RO, Willis, SA. Source spawning common snook, *Centropomus undecimalis*: circadian rhythms and hatchery management. J.World Aquacult.Soc. 1988; 19: 60A

Sánchez Zamora, A. Situación actual de la reproducción del robalo blanco en cautiverio en UMDI, Sisal. Simposio sobre Robalo, Universidad Juárez Autónoma de Tabasco, México; 2009

Sánchez Zamora, A, Rosas Vázquez, C, Duruty Lagunes, CV, Suárez Bautista, J. Reproducción en cautiverio de robalo, una necesidad inaplazable en el. Sureste mexicano. Panorama Acuícola Magazine, 2002a; 7: 24-25

Sánchez, A, Gómez, LM, García, T, Suárez, J, Rosas, C, Gaxiola, G. Maturation and spawning of common snook: first experiences in Southeast Mexico. World Aquaculture. 2002b; 33: 62-65, 72

Schipp, GR, Bosmans, JMP, Gore, DJ. A semi-intensive larval rearing system for tropical marine fish. En: Hendry, CI, Van Stappen, G, Wille, M, Sorgeloos, P editores. Larvi' 01-Fish y Shellfish Larviculture Symposium. Oostende: European Aquaculture Society, Special Publication; 2001. p. 536-539

Schipp, G, Bosmans, J, Humphrey, J. Northern Territory Barramundi Farming Handbook. Northern Territory Department of Primary Industry, Fisheries and Mines, Technical Publication; 2007

Serfling, SA. Breeding and culture of snook, *Centropomus undecimalis*, in closed-cycle, controlled environment culture system. En: Aquaculture'98 Book of Abstract. February 15-19, 1998. Las Vegas: World Aquaculture Society; 1998

Sirikul, B. Aquaculture for seabass in Thailand. en: Report of Training Course on Seabass Spawning and Larval Rearing. 1-20 de junio de 1982, SCS/GEN/82/39. Songkhla, Thailand; 1982: 9-10

Skapura, DP, Grier, HJ, Neidig, CL, Sherwood, NM, Rivier, JE, Taylor, RG. Induction of ovulation in common snook, *Centropomus undecimalis*, using gonadotropin-releasing hormones. En: Norberg, B, Kjesbu, OS, Taranger, GL, Andersson, E, Stefansson, SO, editores. Proceedings of the 6th International Symposiumon the Reproduction Physiology of Fish, 1999. Bergen; Institute of Marine Research and University of Bergen; 2000

Taylor, RG, Grier, HJ, Whittington, JA. Spawning rhythms of common snook in Florida. J. Fish Biol. 1998; 53: 502-520

Taylor, RG, Whittington, JA, Grier, HJ; Crabtree, RE. Age, growth, maturation, and protandric sex reversal in the common snook, *Centropomus undecimalis*, from the east and west coasts of Florida. US Nat. Mar.Fish.Ser., Fish.Bull. 2000; 98: 612-624

Tiensongrusmee, B, Budileksono, S, Cjhanstarasri, S, Yuwono, SKY, Santoso, H. Propagation of seabass, *Lates calcarifer* in captivity. Seafarming development project, NDP/FAO/INS/81/008/MANUAL/15; 1989

Tsuzuki, MY, Cerqueira, VR, Teles, A, Doneda, S. Salinity tolerance of laboratory reared juveniles of the fat snook *Centropomus parallelus*. Braz. J. Oceanogr. 2007a; 55: 1-5

Tsuzuki, MY, Sugai, JK, Maciel, JC, Francisco, CJ, Cerqueira, VR. Survival, growth and digestive enzyme activity of juveniles of the fat snook (*Centropomus parallelus*) reared at different salinities. Aquaculture. 2007b 271: 319-325

Tsuzuki, MY, Cardoso, RF, Cerqueira, VR. Growth of juvenile fat snook *Centropomus parallelus* in cages at three stocking densities. Bol. Inst. Pesca. 2008; 34: 319-324

Tucker, JW, Jr. Snook and tarpoon culture and preliminary evaluation for commercial farming. Progr. Fish Cult. 1987; 49: 49-57

Tucker, JW, Jr. Snook culture. American Fisheries Society Symposium. 2005; 46: 297-305

Tucker, JW, Jr, Russell, DJ, Rimmer, MA. Barramundi culture. American Fisheries Society Symposium. 2005; 46: 273-295

Williams, KC, Barlow, C. Nutritional research in Australia to improve pelleted diets for grow-out barramundi *Lates calcarifer* (Bloch). En: Cabanban, AS, Phillips, M, editores. Aquaculture of Coral Fishes and Sustainable Reef Fisheries. Sabah: Institute for Development Studies; 1999. p. 163-172

Williams, KC, Barlow, CG, Rodgers, L, Hockings, I, Agcopra, C, Ruscoe, I. Asian seabass *Lates calcarifer* perform well when fed pelleted diets high in protein and lipid. Aquaculture. 2003; 225: 191-206

Yanes-Roca, C, Rhody, N, Nystrom, M, Main. KL. Effects of fatty acid composition and spawning season patterns on egg quality and larval survival in common snook (*Centropomus undecimalis*). Aquaculture. 2009; 287: 335-340

Tema 15a
Cultivo de *Seriola lalandi* en Chile

Rodolfo Wilson Pinto

ANTECEDENTES GENERALES SOBRE *SERIOLA LALANDI*

El «dorado» (*Seriola lalandi*) es un miembro de la familia *Carangidae*, que se distribuye globalmente en aguas templadas del Océano Pacífico, desde Estados Unidos hasta Japón, Australia, Nueva Zelanda y Chile, y también en el Océano Indico, cerca de África del Sur. Algunos especialistas reconocen tres subespecies denominadas *California yellowtail* (*S. lalandi dorsalis*), *Asian yellowtail* (*S. lalandi aureovittata*) y *Southern yellowtail* (*S. lalandi lalandi*) debido al aislamiento geográfico existente entre ellas, por lo que no habría una interacción entre las distintas poblaciones (Baxter, 1960; Poortenaar *et al.*, 2001).

Esta especie recibe numerosos nombres comunes según el país, entre los que destacan: dorado, palometa, dorado de la costa, vidriola (Chile), albacore (Sudáfrica), amberfish (Barbados), king amberjack (Australia), bernsteinfish (Alemania), buri (Japón), California yellowtail (EE.UU, Reino Unido), hiramasa (Japón), kingfish (Australia, Nueva Zelanda, Polinesia francesa), yellowtail (Australia, Canadá, Nueva Zelanda, Sudáfrica, EE.UU.), yellowtail amberjack (Reino Unido), yellowtail kingfish (Australia, Nueva Zelanda, Reino Unido), jurel de Castilla (México), olethe (Brasil). Se caracteriza porque en los adultos el dorso es generalmente de color azulado a aceitunado, los flancos y vientre plateados a blancos, a veces con un tinte rosado; una estrecha franja bronceada se extiende desde el hocico a través del ojo y a lo largo de la línea medio-lateral del cuerpo, más oscura en la cabeza, amarillenta posteriormente; aleta dorsal espinosa de color ceniciento; segunda aleta dorsal y aleta anal ceniciento-aceitunadas en la base y amarillas distalmente; aleta caudal amarillo-aceitunada, pectorales y pélvicas amarillentas.

Además de *Seriola lalandi*, en el mundo existen otras dos especies de importancia económica: *Seriola quinqueradiata* (especie endémica de Japón y norte de Hawai) y *Seriola dumerili* (Mediterráneo, Océano Atlántico y Pacífico). De las especies anteriormente mencionadas, *Seriola quinqueradiata* es la de mayor pesquería y producción acuícola en el mundo, principalmente en Japón (Lin y Shao, 1999).

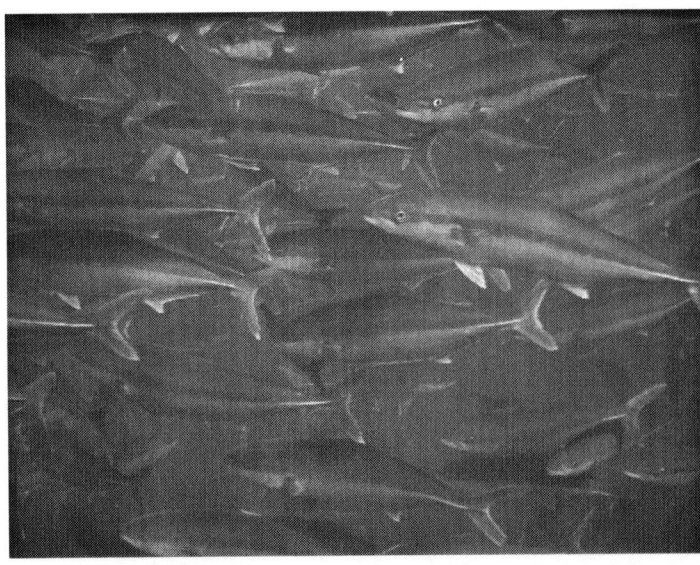

Figura 1. Ejemplares de *Seriola lalandi* nadando en cardumen. (Foto R. Wilson)

En Japón, el cultivo del *yellowtail* (*Seriola quinqueradiata*) constituye el primer producto de la acuicultura de ese país, con una producción anual de aproximadamente 160.000 toneladas y con un valor de US$ 1,23 billones, cifra que se ha mantenido en los últimos años y que tiende a descender debido a que las granjas que cultivan esta especie dependen en gran parte de la captura de juveniles en la naturaleza (Nakada, 2000). Se estima que anualmente 67.511.000 juveniles son capturados para abastecer las granjas cultivadoras, lo que representa cerca del 25% del stock natural de juveniles, ello ante los magros resultados obtenidos al reproducir esta especie en cautiverio (Nakada y Murai, 1991).

Hoy en día, otras tres especies (*Seriola lalandi aureovittata*, *S. dumerili* y el denominado «burihira», un híbrido de S. quinqueradiata y *S. lalandi aureovittata*) son también cultivadas en Japón. Desde hace algunos años, los cultivadores japoneses han comenzado a sustituir paulatinamente sus cultivos de *Seriola quinqueradiata* por el cultivo de *Seriola lalandi aureovittata* o *S. dumerili*, debido a que su crecimiento en jaulas de cultivo es similar, pero sobre todo motivados por el mejor precio que alcanza en los mercados locales gracias a la calidad de su carne (casi el doble del precio pagado por el yellowtail) y por el éxito de la reproducción controlada en cautiverio, lo que permite a la industria cultivadora disponer permanentemente de juveniles en las cantidades requeridas.

En Chile, la pesquería de *Seriola lalandi* se encuentra localizada en la zona norte del país, entre la I y IV Región, aunque también se encuentra presente en el archipiélago de Juan Fernández, donde recibe el nombre de «vidriola». Esta especie pelágica se acerca a la costa norte durante los meses estivales, representando una importante fuente de captura para los pescadores artesanales, además de tener un alto valor económico en los mercados locales. De acuerdo con las estadísticas del Servicio Nacional de Pesca, en la Segunda Región se capturaron 78,9 toneladas en el año 2007 y 30,6 toneladas en 2008, cantidad importante considerando que su extracción es temporal y se realiza en el periodo comprendido entre noviembre y marzo. Sin embargo, si se compara con las capturas de los años 1988 y 1989, en los que los niveles de extracción alcanzaron 1.339 y 1.554 toneladas respectivamente, se observa claramente una drástica disminución en los volúmenes capturados en los últimos años, fenómeno que puede estar asociado a condiciones oceanográficas particulares (si se considera que se trata de una especie pelágica, sobre cuyo ciclo biológico en la naturaleza no existen mayores antecedentes), y también probablemente a la disminución de sus presas por sobreexplotación.

ANTECEDENTES REPRODUCTIVOS Y DE CULTIVO

Esta especie, al igual que otras del mismo género, no presenta dimorfismo sexual entre machos y hembras y su ciclo reproductivo en la naturaleza que se extiende durante dos o tres meses en primavera-verano. Durante el desarrollo ovárico se observan cambios en la proporción y distribución por tamaños de los ovocitos, lo cual indica que las hembras de *S. lalandi* presentan un desarrollo asincrónico de múltiples grupos de ovocitos (Poortenar *et al.*, 2001). Esta presencia de ovocitos en todos los estadios de desarrollo en los ovarios maduros indica la capacidad de realizar múltiples desoves dentro de la estación reproductiva. Se han realizado similares observaciones en *Seriola lalandi* dorsalis (Baxter, 1960) y en *S. dumerili* (Marino *et al.*, 1995). En *S. quinqueradiata* se ha observado un desarrollo sincrónico del ovario (Kagawa, 1991), lo cual se considera un caso extremo del desarrollo de múltiples grupos sincrónicos de ovocitos (Pankhurst, 1998).

La primera madurez sexual en las hembras es variable y depende en gran medida de las condiciones de crecimiento, como la temperatura del agua, el comportamiento y las diferencias fisiológicas entre las poblaciones (Fisheries Research Institute, 1988). Se ha observado que las hembras de *S. lalandi lalandi* en la costa de Nueva Zelanda alcanzan su primera madurez sexual con una talla de 775 mm LS, mientras que el 50% logra la madurez a los 994 mm LS y el 100% a los 1275 mm LS (Poortenaar *et al.*, 2001). En las poblaciones de *S. lalandi* dorsalis, Bexter (1960) reporta que la primera madurez sexual se alcanza a los 506 mm LS y el 100% a los 634 mm LS. Las hembras de *S. dumerili* llegan a su primera madurez sexual a los 800 mm LS y el 50% a tallas de 1090 mm LS (Marino *et al.*, 1995).

En los individuos silvestres capturados en Antofagasta (Wilson *et al.*, 2007), entre los meses de noviembre y febrero, con tallas superiores a 800 mm LS, se observaron hembras con ovocitos en todos los estadios de desarrollo, hasta el estadio de ovocito en vitelogénesis. Sin embargo, nunca se han encontrado hembras silvestres con los ovarios completamente maduros, lo que hace suponer que esta especie no se reproduce en las costas de Chile.

Se ha observado que los machos alcanzan la madurez sexual a tallas menores que las hembras, considerándose como tal la presencia de espermatozoides en el ducto espermático (Gillanders *et al.*, 1999a, 1999b). En las poblaciones de Nueva Zelanda, la primera madurez sexual se alcanza con una talla de 750 mm LS, mientras que el 50% la alcanza a los 812 mm LS y el 100% a los 925 mm LS (Poortenaar *et al.*, 2001). Estas tallas son superiores a las observadas en las poblaciones australianas (Gillanders *et al.*, 1999a, 1999b), en las que los machos alcanzan su primera madurez sexual a tallas inferiores a los 300 mm LS (menos de un año) y el 50% a los 471 mm LS (menos de un año). En los ejemplares capturados en Antofagasta (Wilson *et al.*, 2007) se observaron machos con espermatozoides con una talla de 496 mm LS.

En los reproductores mantenidos en cultivo en Antofagasta (Wilson *et al.*, 2007), con tallas superiores a los 800 mm LS, en el mes de febrero de 2007, con un manejo estricto de las variables ambientales como temperatura y fotoperiodo y tras la colocación de un implante de la hormona GnRH análoga en una dosis de 300 µg/kg pez, se obtuvieron desoves parciales, con lo cual se demostró que el aspecto reproductivo no estaría inhibido en cautiverio. Se han alcanzaron resultados parecidos con los reproductores de Fundación Chile en Tongoy, utilizando dosis similares de GnRH análoga, con lo cual se consiguieron huevos viables y se completó el desarrollo larvario hasta la obtención de juveniles. Con este método es posible mantener reproductores durante todo el año, mediante el manejo del fotoperiodo y temperatura, junto con la estimulación hormonal.

A partir del mes de noviembre de 2008, los desoves de los 23 reproductores mantenidos en la Universidad de Antofagasta y con un peso que variaba entre 12 y 16 kg (12 machos y 11 hembras) fueron espontáneos, con un promedio de 200.000 huevos por hembra dos a tres veces por semana. Los desoves se extendieron hasta el mes de marzo de 2009, con un fotoperiodo de 15 horas luz/9 horas oscuridad y con una temperatura promedio de 21 °C (figura 2). A partir de estos desoves se pudo evaluar primariamente la calidad de los huevos y larvas y lograr del desarrollo larvario hasta la obtención de los primeros juveniles de la especie en Chile.

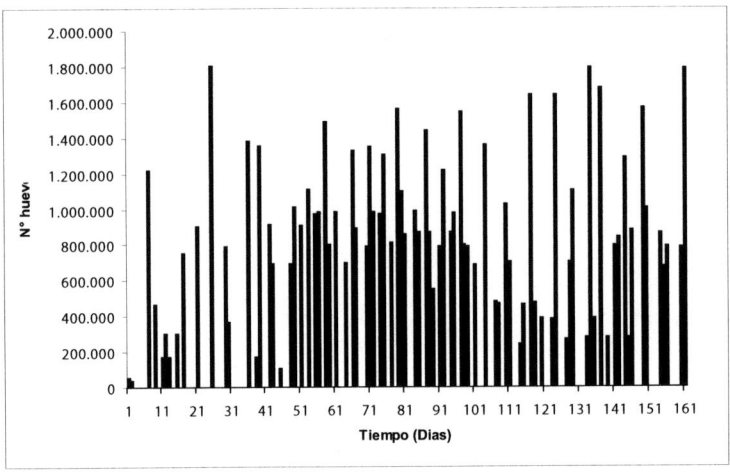

Figura 2. Número total de huevos viables producidos por 10 hembras y recolectados durante 161 días de posturas.

ALIMENTACIÓN DE LOS REPRODUCTORES

La alimentación de los reproductores se ha basado en la entrega de peces de bajo valor comercial, frescos o congelados, principalmente sardinas, anchoas y en algunos casos calamares. Estos alimentos son complementados con vitaminas y minerales, con una ración equivalente al 3% del peso corporal dos o tres veces por día (Benetti, 1997). Sin embargo, los requerimientos energéticos de Seriola son altos (Watanabe *et al.*, 2000), por lo que un alimento a base de pescado con un bajo contenido en lípidos no es capaz de sustentar el rápido crecimiento de estos peces. Por el contrario, un alimento a base de peces con un alto contenido en lípidos genera problemas debido a la oxidación de las grasas y toxinas, que se traducen en un deterioro de los órganos internos del pez (Nakada y Murai, 1991).

Para los reproductores mantenidos en la Universidad de Antofagasta se desarrolló una dieta semihúmeda, que se formuló según el método de aproximación de los nutrientes, utilizando ingredientes disponibles en el mercado local, como «jurel» (*Trachurus murphyi*), harina de pescado tipo Super Prime, aceite de hígado de bacalao, lecitina de soja, harina de trigo, Premix de minerales y vitaminas, astaxantina y un suplemento de vitaminas E, C y tiamina. Este alimento semihúmedo fue incorporado a modo de embutido en una tripa de cordero y luego cortado en trozos de 6-8 cm, que fueron fácilmente aceptados por todos los ejemplares que constituían el stock de reproductores.

En Japón se han desarrollado alimentos balanceados, ya sea en forma extruida (50% proteínas, 23,9% lípidos), semihúmeda (33,5% proteínas, 9,2% lípidos) o húmeda (18,5% proteínas, 4,7% lípidos), destinados a los reproductores de *S. quinqueradiata*, observándose que los peces alimentados con el balanceado extruido, tras una inyección intramuscular de 600 UI HCG/kg pez, producían un mayor número de huevos, de mejor calidad y con mayor tasa de fecundación en comparación con los resultados obtenidos con los otros dos tipos de alimento (Watanabe *et al.*, 1996).

Utilizando los mismos alimentos, Verakunpiriya *et al.* (1996) pudo establecer, al analizar el semen y los huevos producidos por *S. quinqueradiata*, que en los peces alimentados con el balanceado extruido los huevos y semen contenían altos niveles de ácido eicosapentaenoico (EPA) y ácido docosahexaenoico (DHA), así como también altos valores de carotenoides en los huevos, que después se vieron reflejados en las larvas, con un mayor crecimiento y sobrevivencia.

Cría

Los huevos viables de *Seriola lalandi* son pelágicos, esféricos y tienen un diámetro de 1,27 a 1,50 mm, con un sólo glóbulo de lípidos que mide entre 0,34 y 0,36 mm. Una vez desovados y fecundados, estos huevos son colocados en estanques de incubación con agua filtrada y esterilizada y con un leve burbujeo desde el fondo del estanque, a una densidad de 2.000 a 5.000 huevos/l. El agua de mar ingresa por la parte inferior del estanque y sale a través de un filtro ubicado en la parte superior. A 20 °C, se alcanza el estado de mórula en 3 h 56 min., y los huevos eclosionan en 49 h 33 min. A 15 °C, la eclosión se produce a las 96 horas. La larva recién eclosionada mide 4 mm de promedio (Akazaki y Yoden, 1990a). La boca se hace funcional el día 3 posterior a la eclosión y la pigmentación de la retina se completa el día 4, momento en el cual las larvas comienzan a ser alimentadas con rotíferos, ya que el saco de vitelo se termina de absorber el día 5 y el glóbulo de lípidos el día 6 posteclosión (Akazaki y Yoden, 1990b; Poortenar *et al.*, 2001). El desarrollo larvario es rápido, ya que la vejiga natatoria se infla a los 10 días, para luego alcanzar el estado de postlarva (estado de postflexión), a los 18 días a 20° C. A los 30 días aparecen dos bandas amarillas situadas en la parte anterior del tronco y en la región caudal. A los 40 días, el número de bandas ha aumentado a siete, que luego desaparecen al llegar al estado juvenil, en el que los peces ya adquieren una coloración similar a los adultos (Fujita y Yogata, 1984; Tachihara *et al.*, 1993).

El sistema de cultivo larvario es el tradicional, comenzando con la alimentación con rotíferos (*Brachionus plicatilis*) el día 3 o 4, la que se prolonga hasta el día 14. La alimentación con nauplios de *Artemia* comienza el día 10 hasta el día 18-20, para luego continuar con metanauplios de *Artemia* hasta el día 30. A partir del día 25 se introduce gradualmente un alimento formulado, en partículas cuyo tamaño va de 200-400 mm a 400-600 mm, 600-800 mm, y finalmente 800-1000 mm, para continuar posteriormente con un pellet comercial con el tamaño de partícula requerido.

Los estudios sobre el desarrollo larvario de *Seriola lalandi* y *S. quinqueradiata* han demostrado que las larvas tienen altos requerimientos de ácidos grasos altamente insaturados (n^{-3} HUFA), especialmente de DHA y luego de EPA, que deben ser aportados por el alimento vivo entregado a las larvas (rotíferos y *Artemia*). Se ha podido establecer que las larvas requieren para su normal desarrollo 3,9% de n^{-3} HUFA en rotíferos y *Artemia* en base a peso seco (2,5% de EPA y 1,3% de DHA y otros). La elevación de los niveles de DHA mejora la sobrevivencia, el crecimiento y la vitalidad de la larva (Furuita *et al.*, 1996; Benetti, 1997).

Para el mejoramiento de la calidad nutricional de estas presas vivas (rotíferos y *Artemia*), se utilizan una serie de emulsiones de aceites ricos en ácidos grasos poliinsaturados (HUFA), particularmente ácido DHA. Estas emulsiones de aceites son conocidas por su aporte de nutrientes esenciales, vitaminas y pigmentos a niveles cino veces superiores a los que se podría alcanzar con el tradicional enriquecimiento algal (Lavens *et al.*, 1995).

La sobrevivencia larval es variable dependiendo de la calidad de los huevos, lo cual guarda relación con los progenitores, calidad de la larva y alimento suministrado, canibalismo y manejo, pero en general varía entre un 0-70%. Se ha señalado que la calidad de la larva puede ser 4,5 veces superior en términos de supervivencia cuando se utiliza una inyección intramuscular de triyodotironina (T3) en los reproductores con una dosis de 20 mg/kg (Tachihara *et al.*, 1997).

Durante el desarrollo larvario de estas especies, se ha observado un comportamiento caníbal a partir de los 23 días posteclosión, coincidiendo con la metamorfosis desde larva a juvenil, comportamiento que decrece tentativamente a partir de los días 33 a 36. Este decrecimiento coincide con la formación de grupos y al parecer tiene un rol en la selección por talla de los miembros que integrarán estos grupos, constituyendo un ránking social: dominantes (10-20%), intermedios (10-20%) y subordinados (60-80%) (Sakakura y Tsukamoto, 1996, 1999).

El crecimiento de los juveniles es rápido, alcanzando los 5 g a los 62 días desde la eclosión, para llegar a los 50 g a los 85 días a 21 °C.

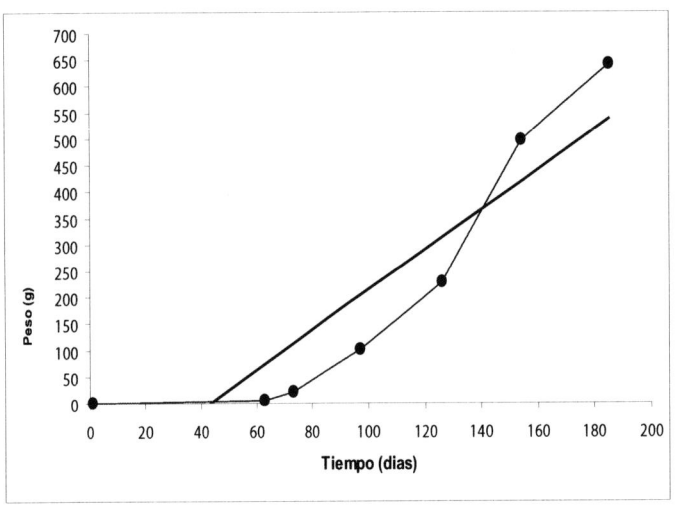

Figura 3. Crecimiento de juveniles de *Seriola lalandi*.

ALIMENTACIÓN Y CRECIMIENTO DE JUVENILES

No existe mayor información sobre la alimentación y el crecimiento de juveniles, con excepción de algunos trabajos realizados en España con *Seriola dumerili*, donde se comparó el crecimiento de individuos con un peso inicial de 65 g, utilizando un alimento semihúmedo y pescado troceado, observándose después de 150 días de experimentación que el crecimiento, factor de condición, índice de conversión y sobrevivencia fueron superiores en los peces alimentados con la dieta semihúmeda.

En Japón, desde hace años se ha utilizado un alimento balanceado para la alimentación de los juveniles hasta llegar a la talla comercial, complementado con el suministro de pescado fresco-congelado de bajo valor comercial (Nakada y Murai, 1991). Sin embargo, hoy en día se conocen exactamente los requerimientos energéticos y proteicos de *S. quinqueradiata* gracias a los trabajos realizados por Watanabe y colaboradores (Watanabe *et al.*, 2000), quienes determinaron los requerimientos de individuos de 31, 94 y 506 g de promedio para obtener un máximo crecimiento y mantenimiento del peso corporal bajo diferentes temperaturas del agua (29,9, 25,1 y 18,8 °C de promedio), concluyendo que para obtener el máximo crecimiento los requerimientos deben ser de 206 kcal y 22,5 g de proteína, 274 kcal y 27,3 g de proteína y 82 kcal y 7,7 g de proteína/kg pez/día, para peces con un peso inicial de 31,94 y 506 g respectivamente. Para el mantenimiento del peso corporal, los requerimientos fueron de 31 kcal y 3,4 g, 31 kcal y 3,1 g, 29 kcal y 2,7 g de proteína/kg pez/día.

Sobre la base de estos resultados, resulta más exacta la formulación de un alimento balanceado extruido que pueda satisfacer los requerimientos nutricionales de los organismos en crecimiento.

En Chile, la única experiencia de engorde en estanques se realizó en la Universidad de Antofagasta, a partir de ejemplares silvestres y con un peso promedio inicial de 1.700 gr. De acuerdo con la disponibilidad en el mercado de alimentos balanceados con características nutricionales adecuadas para un pez marino, se pudo utilizar un alimento formulado para turbot (*Scophthalmus maximus*) y fabricado por la empresa Biomar, y un segundo alimento fabricado para el lenguado japonés, el hirame (*Paralichthys olivaceus*), por la empresa Alitec. Ambos alimentos balanceados tenían un diámetro de 13 mm, que se compararon con un grupo experimental que solamente consumió pejerreyes (*Odonthesthes regia*) frescos. En la tabla 1 se muestra la composición proximal de los alimentos antes descritos.

Tabla 1. Composición proximal de los alimentos balanceados según fabricante y del pejerrey en base seca.

	Alimento Biomar	Alimento Alitec	Pejerrey
Proteínas	51,5%	54%	70,8%
Lípidos	20%	14%	7,6%
Cenizas	7,9%	6,0%	16,4%

Con fines experimentales, se utilizaron dos estanques para el alimento Biomar, dos para Alitec y dos para alimento fresco (pejerreyes), solamente con fines comparativos. El peso inicial de los peces era de 1.700 g.

A fines del mes de agosto de 2006, cuando los peces habían superado los 3 kilos, se cambiaron los alimentos experimentales con el objeto de «engrasarlos» con el alimento fabricado por Ewos Chile especialmente formulado para este fin (el cual contenía un 42% de proteínas y 27% de lípidos), hasta alcanzar la talla comercial de 3-4 kilos. Con este alimento se pudieron obtener niveles de lípidos en músculo cercanos al 20%.

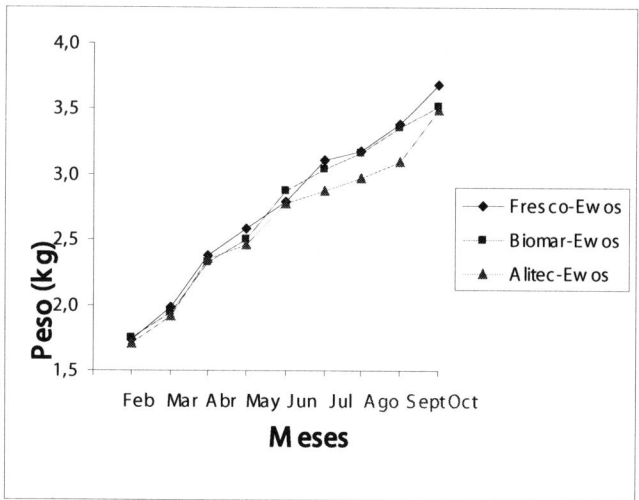

Figura 4. Incremento en peso de *Seriola lalandi* con tres alimentos experimentales y con alimento Ewos.

ENGORDE EN MAR

La etapa de engorde de *Seriola lalandi* se realiza en sistemas de balsas-jaula en el mar. Existen diversas formas y tamaños para estas instalaciones y la elección de cada una de ellas dependerá de diversos condicionantes, tales como capacidad de inversión, volumen de producción, topografía marina, régimen de mareas, productividad primaria, etc.

El tamaño ideal de los juveniles que ingresan en las jaulas es de 50 gr; se realiza una siembra de entre 100 y 200 juveniles salientes del criadero por m³ de la balsa jaula. Esta densidad inicial debe ir descendiendo a medida que los peces crecen, hasta llegar a una tasa máxima de 10-15 kg de pez por m³ en el momento de la cosecha. El crecimiento del «dorado» en estos sistemas productivos es relativamente rápido con buenas condiciones de temperatura y alimentación, pudiendo alcanzar 3-4 kg en 14 a 16 meses desde que ingresaron en las balsas-jaulas. En este momento los peces de mayor tamaño pueden ser cosechados o pasar hasta la siguiente temporada (primavera-verano), cuando alcanzarán un promedio de 6-8 kg.

Durante este periodo, la cuestión de la alimentación se torna crucial. Algunos centros de cultivo (plantas) utilizan alimentación semihúmeda, mientras que otros utilizan un balanceado seco. En este último caso, se requiere un alimento con 40-50% de proteína y un nivel de grasa inferior al 20%. El factor de conversión obtenido dependerá del alimento utilizado, el sistema de alimentación empleado y de algunas condiciones ambientales como oxígeno y temperatura. Sin embargo, en términos generales se reportan factores de conversión de 1,2 a 2,5:1 para alimento seco hasta 8:1 para alimento húmedo. En la alimentación de los juveniles de dorado en Antofagasta se han utilizado diferentes alimentos balanceados con niveles de proteínas cercanos al 50% disponible en el mercado nacional y con buenas tasas de crecimiento. Sin embargo, a partir del mes de agosto de 2006 se comenzó a utilizar un alimento especialmente formulado para Seriola sp. y fabricado por Ewos Chile, con el cual se optimizaron las tasas de crecimiento y las tasas de conversión alimenticia.

Figura 5. Balsas jaulas instaladas en mejilloneras para el engorde de *Seriola lalandi*.

Figura 6. Cosecha desde balsas jaulas experimentales para el engorde de *Seriola lalandi* instaladas en mejilloneras como parte del Proyecto Fondef DO311173.

PATOLOGÍAS

En la literatura se describen numerosas patologías que afectan a las especies de *Seriola* y que comprenden desde desordenes nutricionales, enfermedades parasitarias y bacterianas, hasta deficiencias vitamínicas por efecto de las condiciones ambientales (Nakada y Murai, 1991; Venizelos y Benetti, 1996).

No existen mayores antecedentes publicados sobre patologías que afecten específicamente a *S. lalandi*, en especial sobre los parásitos asociados a esta especie. A partir de los estudios realizados por la Universidad de Antofagasta sobre un total de 162 ejemplares provenientes de la pesca artesanal y de los que eran mantenidos en los estanques de cultivo, un total de 11 especies de parásitos fueron encontradas e identificadas, entre las cuales: un protista (*Ceratomixa* sp.), dos monogenea (*Zeuxapta seriolae* y *Benedenia seriolae*), un digenea (*Bucephalus* sp.), dos cestoda (*Nybelinia surmenicola* y larvas *Tetraphyllidea*), un nematoda (*Camallanus* sp.), larvas de *Acantocephala*, dos copepoda (*Caligus lalandei, Eobrachiella elegans*) y un isópoda (*Rocinella* sp.).

Se pudo observar también que los ectoparásitos aumentan en forma considerable en los estanques de cultivo, especialmente los monogenea *Zeuxapta seriolae* y *Benedenia seriolae*, ya que estos animales no necesitan un huésped intermediario y realizan su ciclo biológico en el mismo estanque. Los ectoparásitos pudieron ser eliminados parcialmente, mediante baños mensuales de formol en una relación 1:6.000 o 1:4.000, dependiendo de la cantidad de parásitos observados en los peces mantenidos en los estanques de cultivo.

Algunas infecciones bacterianas desarrolladas en los peces que se hacían heridas dentro de los estanques o durante los muestreos mensuales, como *Vibrio* sp., *Streptococcus* u otras, eran tratadas con baños de antibióticos o bien estos incorporados en el alimento, según el tratamiento establecido por el veterinario.

POTENCIALIDAD DEL CULTIVO DE *SERIOLA LALANDI* EN CHILE

En la selección de especies potenciales para la acuicultura es necesario considerar cuatro aspectos básicos: 1) presentar adecuadas tasas de crecimiento; 2) ser biológicamente manejables; 3) tener una promesa realista del retorno del financiamiento, y 4) disponer de mercados potenciales y rutas de comercialización identificadas.

Los antecedentes biológicos sobre el cultivo de diferentes especies de *Seriola* en el ámbito mundial, y especialmente en Japón, indican que son organismos que se adaptan fácilmente a las condiciones de cultivo, que aceptan diferentes tipos de alimentos y que tienen un acelerado ritmo de crecimiento y características reproductivas replicables en condiciones de laboratorio (Benetti, 1997; García Gómez, 1993; Nakada y Murai, 1991 y Wilson *et al.*, 2007).

En Japón, *Seriola lalandi aureovittata* ha comenzado a sustituir parcialmente los cultivos de *S. quinqueradiata*, debido a los mejores precios que alcanza en los mercados locales (casi el doble que esta última especie), crecimientos similares y, sobre todo, por los mejores resultados obtenidos en la producción de juveniles por reproducción controlada (Tachihara *et al.*, 1997).

Otros países como Australia y Nueva Zelanda han comenzado extensos programas de investigación y cultivo, al considerar a *S. lalandi* como una especie con gran potencial para la acuicultura de esas naciones (Guillanders *et al.*, 1999; Poortenaar *et al.*, 2001; Hernen y Hutchinson, 2003).

En el caso de la *S. dumerili*, tanto las capturas como los estudios se concentran en el Mediterráneo, con la excepción de Thompson *et al.* (1999), quienes desarrollan una investigación para determinar por medio del estudio de otolitos la relación tamaño-edad y las tasas de crecimiento de *S. dumerili* en la zona norte-central del Golfo de México. Uno de los aspectos más interesantes desarrollados en este estudio es el establecimiento de la ecuación de Von Berttalanffy como modelo de crecimiento para los animales: $Lt = 138,9 (1 - e^{-0.25 (t+0.79)})$.

Por otra parte, existen algunos estudios destinados a determinar algunos patrones productivos y nutricionales en el sistema de cultivo en balsas jaulas. Mazzola *et al.* (2000) realizaron cultivos de animales juveniles silvestres en jaulas sumergidas, con los que determinaron que la conversión de alimento en animales alimentados con pescado fue de 1,22, versus 3,51 para peces alimentados con una dieta balanceada.

Si bien las primeras experiencias de cultivo de *Seriola* sp. en Latinoamérica fueron realizadas en Ecuador con *Seriola mazatlana* = ¿*S. rivoliana*?, y reportadas como un éxito por Benetti *et al.* (1998), gran parte de la información generada es propiedad de los laboratorios privados que financiaron los estudios, sin que se conozca mayormente la masificación de esos resultados.

En Chile, las primeras experiencias en el cultivo de *Seriola lalandi* se iniciaron en el año 2001 por la Universidad de Antofagasta, continuando hasta hoy. Otras instituciones como Fundación Chile y la Universidad Católica del Norte se han sumado a este intento de hacer del cultivo de esta especie una realidad, permitiendo de esta manera diversificar la acuicultura nacional, que se sustenta principalmente en el cultivo del salmón, y generar una nueva actividad productiva, especialmente para la zona norte del país.

Se estima que entre los años 2010 y 2011 se habrán instalado 23 centros de engorde de *Seriola lalandi* en sistemas de balsas jaulas solamente en la región de Antofagasta. Sus autorizaciones se encuentran actualmente en trámite. Estos centros tendrán una demanda de aproximadamente 15 millones de juveniles anuales, cantidad que podría incrementarse si el cultivo se extiende hacia las regiones más norteñas del país.

Estos antecedentes confirman que *Seriola lalandi* es un importante candidato para la acuicultura nacional, ya que reúne una serie de atributos específicos que son avalados por las experiencias internacionales y nacionales, entre los que destacan:

- Alta calidad – alto valor. Pez de grado sashimi.
- Diversa gama de productos terminados: entero, filetes, porciones, HG.
- Oportunidades diversas y significativas en los mercados internacionales.
- Abastecimiento internacional limitado de especies de Seriola.
- Capturas comerciales pequeñas, estacionales e impredecibles. La acuicultura es la única vía para garantizar el abastecimiento de peces calidad premium.
- Los modelos económicos preliminares indican que el cultivo de *Seriola lalandi* puede ser una industria muy lucrativa, con una perspectiva brillante en la medida en que la tecnología de cultivo se optimice.

Figura 7. Ejemplares antes del proceso y durante la preparación de las distintas presentaciones del producto.

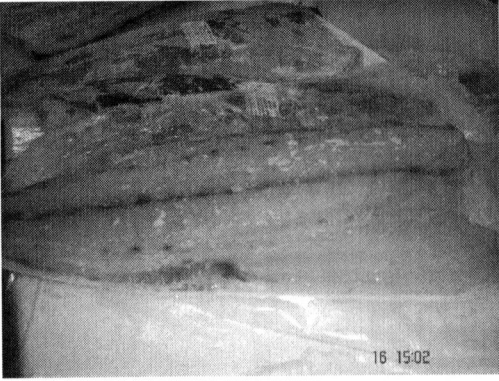

Figura 8. Presentación en filete y porciones.

Referencias

Akazaki, M, Yoden, Y. Egg development and incubation period of hiramasa, *Seriola lalandi*. Bull. of the Faculty of Agriculture-Miyazaki University. 1990; vol. 37(1): 41-47

Akazaki, M, Yoden, Y. The growth and the metamorphosis of larvae and juvenile of hiramasa *Seriola lalandi*. Bull. of the Faculty of Agriculture-Miyazaki University. 1990; vol. 37(1): 49-58

Aquaculture. Yellowtail Kingfish Aquaculture in S.A. Primary Industries and Resources SA, Fact Sheet; 2002

Baxter, J. A study of the yellowtail *Seriola dorsalis* (Gill). State of California Department of Fish and Game, Fish Bull. 1960; 110: 96

Benetti D, Acosta, C, Venizelos, A. Finfish aquaculture development in Ecuador. World Aquaculture. 1994; 24(2): 18-25

Benetti, D, Acosta, C, Ayala, J. Cage and pond aquaculture of marine finfish in Ecuador. World Aquaculture. 1995; 26(4): 7-13

Benetti, D. Spawning and larval husbandry of flounder (*Paralichthys woolmani*) and Pacific yellowtail (*Seriola mazatlana*), new candidate species for aquaculture. Aquaculture. 1997; 155: 307-318

Benetti, D, Garriques, D, Wilson, E. Maturation, spawning and larval techniques of Pacific yellowtail, *Seriola mazatlana*. Suisanzoshoku. 1998; 46: 391-394

Benetti, D. Aquaculture of pelagic marine fish: I. Yellowtail amberjacks (*Seriola quinqueradiata*, *S.lalandi*, *S. dumerilii* and *S. mazatlana*). The Advocate; 2000

Brow E. Production and culture of yellowtail (*Seriola quinqueradiata*) in Japan. Proc. World Maricul. Soc. 1977; 8: 765-771

Fujita, S, Yogata, T. Induction of ovarian maturation, embryonic development and larvae and juveniles of the amberjack, *Seriola aureovittata*. Japanese Journal of Ichthyology. 1984; 30(4): 426-434

Furuita, H, Takeuchi, T, Watanabe, T, Fujimoto, H, Sekiya, S, Imaizumi, K. Requirements of larval yellowtail for eicosapentaenoic acid, docosahexaenoic acid, and n-3 highly unsaturated fatty acid. Fisheries Science. 1996; 62(3): 372-379

García Gómez, A. Primeras experiencias de crecimiento de juveniles de seriola meditarránea (*Seriola dumerilii*, Riso 1810) alimentados con una dieta semihúmeda. Bol. Inst. Esp. Oceanogr. 1993; 9(2): 347-360

García A, Díaz, M. Culture of *Seriola dumerilii*. En: Marine Aquaculture Finfish species diversification. Proceedings of the seminar of the CIHEAM Network on Technology of Aquaculture in the Mediterranean, Nicosa (Cyprus); 1995; 14-17

Gillanders, BM, Ferrell, DJ, Andrew, NL. Size at maturity and seasonal changes in gonad activity of yellowtail kingfish (*Seriola lalandi*; *Carangidae*) in New South Wales, Australia. New Zealand Journal of Marine and Freshwater Research. 1999; 33: 457-468

Grau, A, Crespo, S, Riera, F, Pou, S, Sarasquete, M. Oogenesis in the amberjack *Seriola dumerilii* (Risso, 1810). An histological, histochemical and ultrastructural study of oocyte development. Scientia Marina. 1996; 60: 391-406

Hernen, M, Hutchinson, W Yellowtail Kingfish Strategic Research and Development plan 2003-2008. S. Austral. Mar. Finfish Farmers Assoc. Inc; 2003

Jover, M, García-Gomez, A, Tomás, A, De la Gándara, F, Pérez, L. Growth of Mediterranean Yellowtail (*Seriola dumerilii*) fed extruded diets containing diferent levels of protein and lipids. Aquaculture. 1999; 179: 25-33

Kagawa, H. Reproductive physiology and induced spawning of yellowtail (*Seriola quinqueradiata*). NOAA Technical Report NMFS. 1987; 106: 15-18

Kolkovsky, S, Sakakura, Y. Yellowtail kingfish, from larvae to mature fish – problems and opportunities. En: Cuz Suaréz, LE, Ricque Marie, D, Nieto López, MG, Villarreal, D, Scholtz, U, González, M. Avances en Nutrición Acuícola VII. Memorias del VII Simposium Internacional de Nutrición Acuícola. 16-19 Noviembre, 2004. Hermosillo, Sonora, México; 2004

Lavens, P, Coutteau, P, Sorgeloos, P. Laboratory and field variation in HUFA enrichment of *Artemia nauplii*. En: Lavens, P, Sorgeloos, P, Jaspers, E, Ollevier, F, editores. Larvi 95- Fish and shellfish Larviculture Symposium, Gent, Belgium. Europ. Aquacult. Soc., Spec. Pub., 24; 1995. p. 137-140

Marino, G, Mandich, A, Massarí, A, Andaloro, F, Porrello, S, Finola, M, Cevasco, F. Aspects of reproductive biology of the Mediterranean amberjack (*Seriola dumerilii*) during the spawning period. J. Appl. Ichthyol. 1995; 11: 9-24

Mazzola, A., Favaloro, E, Sarà, G. Cultivation of the Mediterranean amberjack, *Seriola dumerilii* (Riso, 1810), in submerged cages in the Western Mediterranean Sea. Aquaculture. 2000; 181: 257-268

Micale, V, Maricchiolo, G, Genovese, L. The reproductive biology of the amberjack, *Seriola dumerilii* (Risso, 1810). I. Oocyte development in captivity. Aquaculture Research. 1999; 30: 349-355

Mushiake, K, Kawano, K, Kobayashi, T, Yamasaki, T. Advanced spawning in yellowtail, *Seriola quinqueradiata*, by manipulations of the photoperiod and water temperature. Fisheries Science. 1998; 64(5): 727-731

Mylonas, C, Papandroulakis, N, Smboukis, A, Papadaki, M, Divanach, P. Induction of spawning of cultured greater amberjack (*Seriola dumerilii*) using GnRHa implants. Aquaculture. 2004; 237: 141-154

Nakada, M, Murai, T. Yellowtail aquaculture in Japan. En: Vey, Jmc, editor. Handbook of Mariculture. Vol. II. Finfish Aquaculture. Boca Ratón: CRC. Press; 1991

Ouchi, K, Adachi, S, Nagahama, Y, Matsumoto, A. Ovarian maturity and plasma steroid hormone lavels in the cultured and wild yellowtail (*Seriola quinqueradiata*) during spawning season. Bull. Natl. Res. Inst. Aquaculture. 1985; 7: 13-20

Ouchi, K, Akihiko, H, Adachi, S, Arimoto, M. Changes in serum concentrations of steroid hormones and vitellogenesis in the yellowtail *Seriola quinqueradiata*. Bull. Nansei Regional Fish. Res. Lab. 1989; 22: 1-11

Pankhurst, NW. Reproduction. En: Blac, KD, Pickering, AD, editores. Biology of the Fermed Fish. Sheffield: Sheffield Academic Press; 1998. p. 1-26

Poortenaar, CW, Hooker, SH, Sharp, N. Assessment of yellowtail kingfish (*Seriola lalandi lalandi*) reproductive physiology, as a basis for aquaculture development. Aquaculture. 2001: 271-286

Sakakura, Y, Tsukamoto, K. Onset y development of cannibalistic behaviour in early life stages of yellowtail. Journal of Fish Biology. 1996; 48: 16-29

Sakakura, Y, Tsukamoto, K. Ontogeny of aggresive behaviour in schools of yellowtail, *Seriola quinqueradiata*. Environmental Biology of Fishes. 1999; 56: 231-242

Tachihara, K, Ebisu, R, Tukashima, Y. Spawning, eggs, larvae and juvenils of the Purplish Amberjack *Seriola dumerilii*. Nippon Suisan Gakkaishi. 1993; 59(9): 1479-1488

Tachihara, K, Khalil El-Zibdeh, M, Ishimatsu, A, Tagawa, M. Improved seed production of goldstriped amberjack *Seriola lalandi* under hatchery conditions by injection of triiodothyronine (T3) to broodstock fish. J. World Aquaculture Soc. 1997; 28(1): 34-44

Takeuchi, T. A review of feed development for early life stages of marine finfish in Japan. Aquaculture. 2001; 200: 203-222

Thompson, B., Beasley, M, Wilson, CH. Age distribution and growth of greater amberjack, *Seriola dumerilii*, from the north-central Gulf of Mexico. Fisheries Bulletin. 1991; 97: 362-371

Venizelos, A, Benetti, D. Epitheliosis disease in culture yellowtail *Seriola mazatlana* in Ecuador. J.of the World Aquaculture Society. 1996; 27(2): 223-227

Verakunpiriya, V, Watanabe, T, Mushiake, K, Kiron, V, Satoh, S, Takeuchi, T. Effect of broodstock diets on the chemical components of milt and eggs produced by yellowtail. Fisheries Sciences. 1996; 62(4): 610-619

Watanabe, T, Verakunpiriya, V, Mushiake, K, Kawano, K, Hasegawa, I. The first spawn-taking from broodstock yellowtail cultured with extruded dry pellets. Fisheries Science 1996; 62(3): 388-393

Watanabe, K, Ura, K, Yada, T, Kiran, V, Satoh, S, Watanabe, T. Energy and protein requirements of yellowtail for maximum growth and maintenance of body weight. Fisheries Science. 2000; 66(6): 1053-1061

Wilson, R, Zúñiga, O, Ortiz, M, Plaza, P, Abarca, M. Desarrollo de una tecnología para la producción en cautiverio de *Seriola lalandi* en el norte de Chile. Informe Final Proyecto Fondef DO3I1173; 2008

Cultivo en jaulas del jurel, familia carángidos

M.ª Araceli Avilés-Quevedo* y Francesc Castelló i Orvay**

1. INTRODUCCIÓN

El jurel es un carángido pelágico de amplia distribución, agrupado en el género *Seriola*. Es un pez muy apreciado en la cocina japonesa, china, coreana y europea, que lo consumen crudo y fresco como *sashimi* y *sushi*, o marinado y frito como *teriyaki*. Las especies de este género se encuentran en todos los mares templados y subtropicales del mundo a profundidades de 20-70 metros, alcanzando 80 kg de peso y tallas máximas de 190 cm de longitud.

Los peces del género *Seriola* son carnívoros depredadores que se alimentan principalmente de macarela, anchoveta, sardina y calamar, presentando una buena tasa de crecimiento en cautiverio. *S. dumerili* crece a razón de 5,8 g/día en verano (Cardona-Pascual, 1993), *S. quinqueradiata* 5,6 g/día (Ikenoue y Kafuku, 1992) y *S. lalandi* 22 g/día (Nakada, 2000).

En México la captura de *S. dorsalis*, *S. rivoliana* y *S. lalandi* (comúnmente llamados medregal, jurel de castilla, jurel aleta amarilla, etc.) apenas alcanzó la cifra de 2.000 toneladas, de las cuales Baja California Sur y Baja California aportaron el 64%. Estas especies son capturadas a lo largo de toda la costa del Pacífico mexicano, y se pescan con anzuelo, palangre de media agua y red agallera de fondo sin ninguna restricción durante todo el año (Rodríguez de La Cruz *et al.*, 1994). Actualmente son objeto de pesca deportiva en varias regiones del Pacífico mexicano, donde se conocen como pez fuerte.

Como consecuencia de la escasa reglamentación sobre la pesquería de este recurso, los volúmenes de producción han bajado de las 1.791 toneladas que se pescaron en 1988 a las 844 toneladas registradas en 1996 en Baja California y Baja California Sur. La importancia que ha adquirido este recurso como especie reservada a la pesca deportiva, así como la disminución de su captura, justifican ampliamente los estudios enfocados a proporcionar los elementos para regular la pesquería e incentivar la actividad acuícola.

Las razones que han impulsado a trabajar con el jurel, son varias y de distinta índole ya que:

1) Estos peces tienen un crecimiento rápido.
2) A pesar de ser especies migratorias, aceptan fácilmente el confinamiento en jaulas y el alimento seco esparcido en la superficie del agua.
3) Su carne es de gran calidad y alto valor comercial.
4) Es una especie ampliamente cultivada en Japón y sobre la cual se dispone de abundante información tecnológica.

* Centro Regional de Investigación Pesquera-Instituto Nacional de la Pesca Km 1 carretera a Pichilingue, CP 23020, La Paz, Baja California Sur, México (maavilesq@yahoo.com).

** Universitat de Barcelona, Depto. Biología Animal, Facultad de Biología (UB) Avda. Diagonal, 645, 08028 Barcelona, España (fcastello@ub.edu).

2. ANTECEDENTES

A pesar de contar con más de sesenta años de antigüedad, el cultivo de *Seriola* continúa dependiendo de la captura de juveniles silvestres debido a la dificultad de controlar las técnicas de producción masiva de larvas y juveniles de estas especies.

Para mantener la industria pesquera de *Seriola* en Japón se han establecido cuotas de colecta, y para incrementar los volúmenes de cultivo se ha permitido la introducción de «juveniles silvestres» procedentes de otros países, lo cual ha ocasionado la aparición de nuevas patologías en el cultivo de estos peces.

3. DESCRIPCIÓN DE LA ESPECIE

La especie *Seriola lalandi* (Cuvier y Valenciennes, 1833) o *S. aureovittata* (Temminck y Schlegel), nueva denominación de esta especie encontrada en Japón (Masuda *et al.*, 1992), es localmente conocida como jurel cola amarilla o jurel de castilla. En Japón es conocido como *goldstriped amberjack, yellowtail* o *hiramasa*. Es muy popular en la pesca deportiva, capturándose ejemplares de hasta un metro de longitud estándar (figura 1).

Estos peces se agrupan en la clase *Osteichthies*, orden *Perciformes* y familia *Carangidae*. Como todos los miembros de esta familia, los jureles se caracterizan por presentar una aleta anal precedida de dos espinas distintas, un pedúnculo caudal delgado, una aleta caudal profundamente furcada y escamas en la línea lateral que forman un largo arco en posición inferior respecto al eje central, creando una ligera quilla o escudos sobre el pedúnculo caudal en los adultos.

Seriola lalandi se caracteriza por presentar esquinas redondeadas en la parte posterior del maxilar y aletas pectorales más cortas que las pélvicas. La primera aleta dorsal tiene seis espinas unidas por una membrana y siete radios; está seguida por una segunda aleta dorsal de 33 a 36 radios (D VI-VII-I, 33-36); la primera aleta anal posee dos espinas y la segunda anal de 20 a 22 radios (A II-I, 20-22). En el arco branquial pueden encontrarse de ocho a nueve rastrillos en la parte superior, y de 18 a 21 en la parte inferior (GR 8-9+18-21). El número de vértebras es de 11 precaudales y 14 caudales (V 11+14) (Masuda *et al.*, 1992). Las aletas dorsales son de color oscuro con una banda submarginal amarillenta, las aletas pectorales de color oscuro amarillento, las pélvicas amarillas y negruzcas y la aleta anal negruzca con puntas pálidas (Jordan y Evermann, 1963).

Figura 1. *Seriola lalandi* (Cuvier y Valenciennes, 1833) o *S. aureovittata* (Temminck y Schlegel), conocido localmente como jurel de castilla o *yellowtail, goldstriped amberjack*.

Seriola lalandi es una especie mediana, alcanza 45 kg y 154-180 cm de longitud total, mientras que *S. quinqueradiata* alcanza 100 cm de longitud estándar y 13 kg de peso total y *S. dumerilii* llega a medir 190 cm y 80 kg de peso (Jordan y Evermann, 1963).

La reproducción de *Seriola lalandi* se inicia a partir del primer año de vida, cuando alcanza un peso superior a 1,5 kg (Kraul, 1985). Las hembras son ligeramente más grandes que los machos y de acuerdo con la evaluación del índice gonadosomático (IGS) de los ejemplares engordados en jaulas flotantes en Bahía Magdalena, Baja California Sur, la reproducción se prolonga de mayo a diciembre cuando la temperatura del agua es mayor de 20 °C (figura 2).

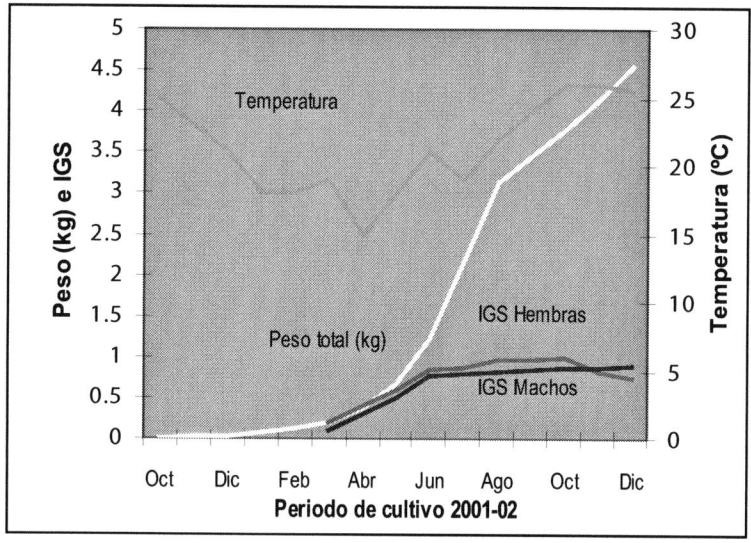

Figura 2. Índice gonadosomático (IGS) y peso total de *Seriola lalandi* cultivado en jaulas flotantes en Bahía Magdalena, Baja California Sur.

Estos peces son reproductores asincrónicos con desoves múltiples de aproximadamente 50.000 huevos por día (Kraul, 1985). En la zona costera de la península de Baja California se observan especímenes maduros casi todo el año, registrándose la mayor presencia de larvas en el plancton y de juveniles de 2-7 g bajo la sombra de los mantos de Sargazo u otras algas, de julio a septiembre (Moser *et al.*, 1993) (figura 3). El desove se da a una temperatura óptima de 22 a 25 °C, los huevos miden 1.385 μ y son transparentes, redondos y pelágicos, con una sola gota de aceite (Harada, 1974; Kuronuma y Fukusho, 1984; Fujita y Yogata, 1984; Kraul, 1985).

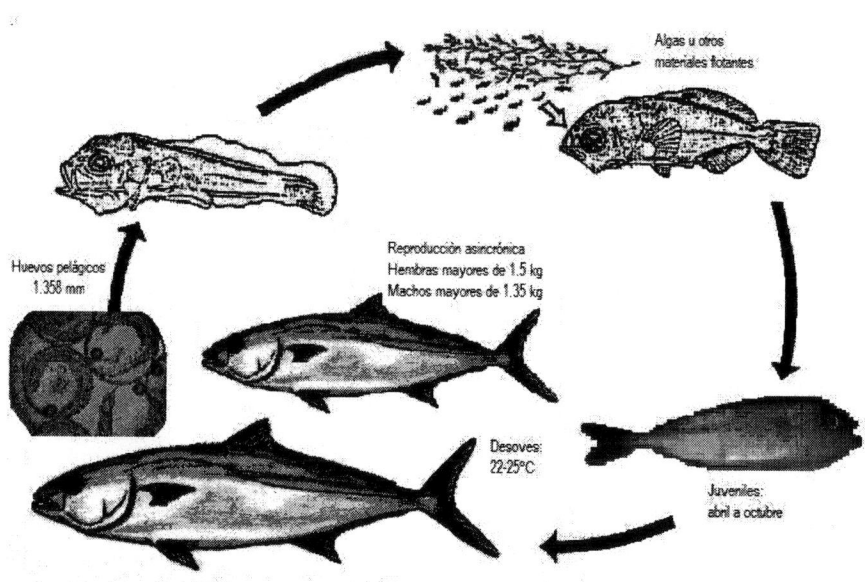

Figura 3. Ciclo de vida del jurel de castilla o *yellowtail, goldstriped amberjack, Seriola lalandi* (Cuvier y Valenciennes, 1833).

3.1. Distribución y hábitat

Los peces de la familia *Carangidae* conocidos como *yellowtail* se restringen al *japanese amberjack* (*Seriola quinqueradiata*), al *greater amberjack* (*S. dumerili*) y al *goldstriped amberjack* (*S. aureovittata* o *S. lalandi*). Estos peces se encuentran en los mares del sur de Japón, en el Mar Amarillo, Hawai, California, Pacífico Sudamericano, Australia, Sudáfrica y Brasil. En los mares del sur *S. lalandi* es más común que *S. quinqueradiata*, pero no se encuentra en mares ecuatoriales (Masuda *et al.*, 1992).

3.2. Características del sitio de cultivo

Para la elección de la zona donde ubicar la granja experimental de producción, se deben tener muy en cuenta una serie de condiciones previas, teniendo presente que de la adecuada elección depende, de manera fundamental, el éxito económico de la empresa. Por ello se eligió Bahía Magdalena (Baja California Sur), ya que reúne las condiciones necesarias para el buen crecimiento del jurel (figura 4).

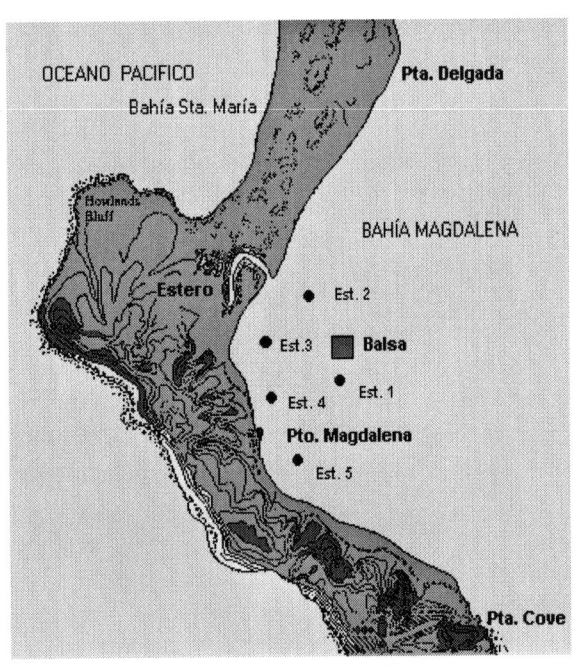

Figura 4. Ubicación del cultivo de *Seriola lalandi* en Bahía Magdalena, Baja California Sur, y estaciones de muestreo para el seguimiento del impacto ambiental en el área.

4. CALIDAD DEL AGUA

Los factores más importantes a considerar en cuanto a los valores de los parámetros físico-químicos principales (tabla 1) para el cultivo de jurel en jaulas flotantes son:

a) Concentración de oxígeno disuelto: siempre con valores superiores a 5 mg.L^{-1}, ya que a niveles inferiores muestran poco apetito, nado anormal y sofocación, y mueren a niveles inferiores a 2 mg.L^{-1}.

b) Temperatura: máxima de 28 °C, ya que la exposición a temperaturas mayores provoca que los peces de esta especie no se alimenten activamente. A temperaturas inferiores a 14 °C, los peces pierden el apetito y no crecen.

c) Salinidad: normal de 35 ups. Una repentina baja de la salinidad a 20 ups, debido a una fuerte lluvia, puede afectar adversamente a los peces. Los jureles no muy sanos morirán y los peces sanos perderán su apetito. Sin embargo, estos peces son muy resistentes y toleran salinidades de 0 ups por tiempos cortos, capacidad que se puede utilizar como medida profiláctica para eliminar parásitos.

d) Profundidad mayor de 20 m, para evitar el contacto del fondo de la jaula con el fondo del mar. Una distancia igual a la profundidad de la jaula con respecto al fondo del mar se considera adecuada, ya que evita el contacto directo con el sustrato y con los organismos que allí habitan, además de facilitar el paso del flujo de agua, dispersando así los exometabolitos a distancias recomendables.

e) Corrientes de 0,5 m.seg^{-1} son suficientes para permitir un buen intercambio de agua, aporte de oxígeno disuelto, eliminación de exometabolitos, heces y restos de alimento, y no son demasiado fuertes como para deformar y arrastrar la jaula.

Tabla 1. Condiciones hidrográficas en el sitio de cultivo de *Seriola lalandi* en Bahía Magdalena, Baja California Sur, México (incluye periodo 1999-2003).

Parámetros fisico-químicos	Mínimo	Máximo
Temperatura (°C)	15	28.3
Salinidad (ups)	34	38.8
Oxígeno disuelto (mg.L^{-1})	4.42	9.6
Potencial de hidrógeno (pH)	7.49	8.24
*Porcentaje de saturación (%)	92	105
*N-NO$_3$ (μg-at.L^{-1})	0.2	1.5
*P-PO$_4$ (μg-at.L^{-1})	0.7	1.56
*Si-SiO$_3$ (μg-at.L^{-1})	0.3	11.5
Precipitación (mm)	0.0	33.9

* Fuente: Álvarez-Borrego (1977).

4.1. Cultivo en jaulas

Como recomendaciones prácticas, se aconseja no superar producciones de más de 12-15 kg.m^{-3}, tamaños no superiores a los 8-10 metros de diámetro, con una profundidad de 12-15 m. Es aconsejable disponer, como mínimo, de dos tamaños de jaulas, aptas para el cultivo de animales pequeños y animales de mayor tamaño. En este caso, las jaulas de menor tamaño pueden ir situadas en el interior de las jaulas mayores, sin necesidad de anclajes costosos, y no medir más de cinco metros de diámetro.

La forma de la jaula también influye en los resultados finales. Se utilizan cada vez más jaulas «redondas», cilíndricas, ya que ofrecen una menor resistencia al oleaje, permiten una mejor distribución de los peces, un nado más natural y un mayor aprovechamiento del espacio. Todo ello redunda en una mejor calidad de los peces, un crecimiento más rápido y una mayor producción por unidad de volumen (figura 5).

Las diferentes jaulas que componen el cultivo total pueden estar unidas entre sí por pasarelas o andadores no rígidos.

4.2. Manejo

La metodología empleada para el cultivo del jurel *Seriola lalandi* en Bahía Magdalena es la misma que la que se ha utilizado durante más de cincuenta años en Japón para el cultivo del *yellowtail*. Se utiliza también con notable éxito en el mar Mediterráneo en el cultivo de dorada (*Sparus auratus*) y lubina (*Dicentrarchus labrax*), desde los años ochenta.

El programa de manejo implica:

- Aprovisionamiento de semilla, colecta, selección, traslado y profilaxis de juveniles silvestres o compra de semilla.
- Siembra, biometría, control de la densidad, tamaño de jaulas y luz de malla.
- Alimentación, tipos de alimentos, cálculo de la ración, frecuencia y observación del comportamiento alimenticio.

- Registro diario de las condiciones ambientales, mortalidad, patología y estado físico de las mallas.
- Estimación del crecimiento y periodo de cosecha.

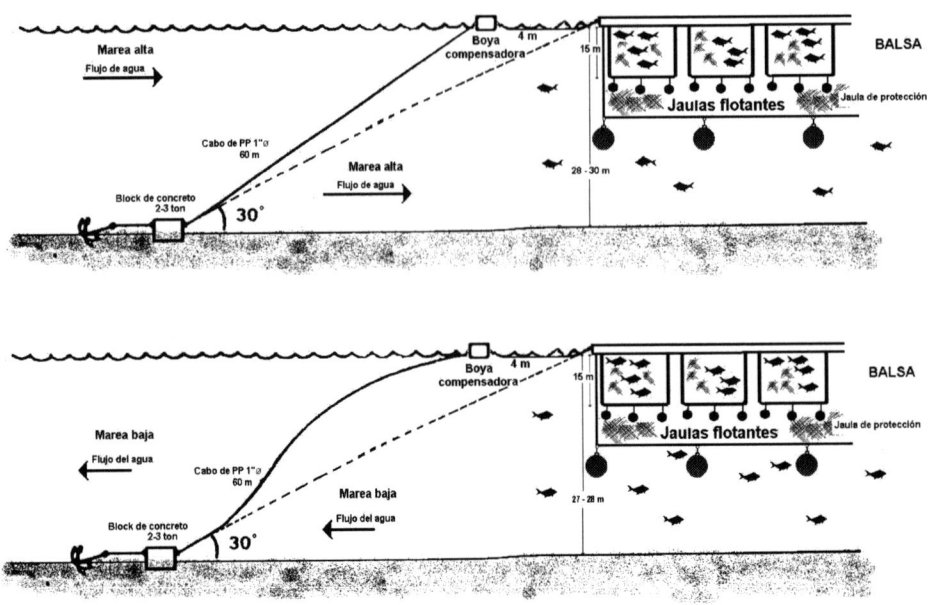

Figura 5. Instalación de la unidad de jaula flotante para el cultivo de *Seriola lalandi* en Bahía Magdalena, Baja California Sur, México.

4.3. Aprovisionamiento de semilla

Actualmente, no hay en México disponibilidad comercial de semilla de *Seriola lalandi*, ya que aún no se controla su reproducción ni la producción de alevines de esta especie. Por lo tanto, el cultivo de S. *lalandi* depende de la colecta de juveniles del medio natural.

En la evaluación del ictioplancton de la costa baja californiana, Moser *et al.* (1993) estiman una biomasa de 100.000 larvas.km^{-2} a lo largo de 350 km del litoral que se extiende de Cabo San Lázaro a Isla de Cedros, Baja California, a 80 km de la costa, durante el periodo de julio a septiembre (figura 6). Por ello se considera que, inicialmente, la colecta anual de peces no afectará notablemente la población natural ni la pesquería de esta especie.

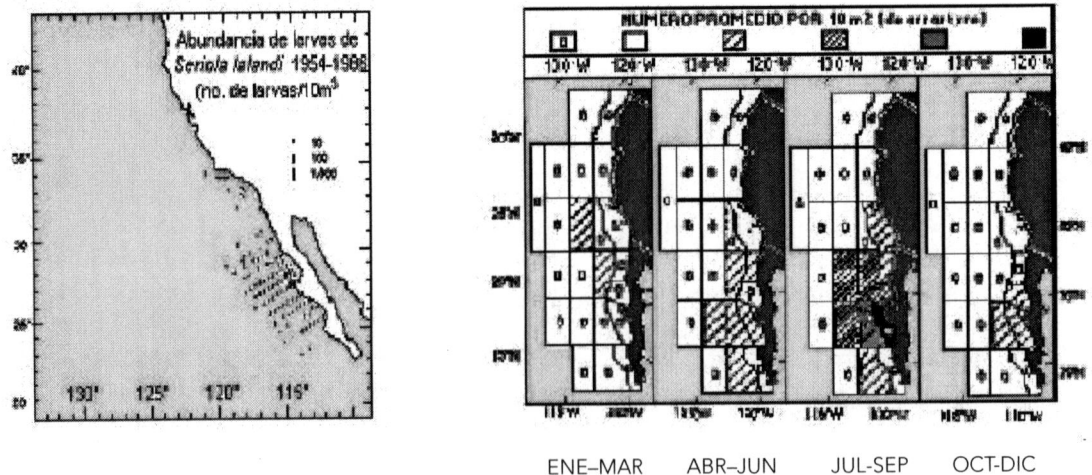

Figura 6. Distribución y abundancia de larvas de *Seriola lalandi* en la península de Baja California. (Fuente: Moser *et al.*, 1993)

Para la colecta de los juveniles silvestres de esta especie se utilizan redes de cerco. La técnica emplea-da se basa en la tendencia natural de los alevines de esta especie a refugiarse en la sombra de objetos flo-tantes (figura 7).

Figura 7. Técnica para el encierro de *Sargazo* en la colecta de juveniles de *Seriola lalandi* en Baja California Sur, México.

Los juveniles de S. *Lalandi* se pueden colectar desde abril hasta septiembre colocando plataformas flo-tantes hechas de hojas secas de palma o material sintético en las zonas antes mencionadas, generalmente sobre fondos de arena desprovistos de vegetación. La colecta se realiza en las primeras horas de la mañana o en el crepúsculo. La red de cerco se extiende alrededor de la plataforma, atrapando los ejemplares allí presentes. Estas plataformas flotantes también sirven de refugio a otras especies como el dorado o el atún, u otras especies de *Seriola*, por lo que la selección de la especie debe realizarse inmediatamente en cuanto se izan a bordo, seguida por una selección de tamaños (figura 7).

La eficiencia de la colecta es mayor a principios de la temporada, cuando los alevines miden de 2 a 5 cm, ya que cuando estos son más grandes tienen mayor capacidad de nado y escapan más fácilmente de la embarcación.

El traslado se realiza preferentemente de noche o en las primeras horas de la mañana, una vez que se ha colectado el número suficiente de alevines y de acuerdo con la capacidad de transporte con que se cuen-te. Para el mismo se utilizan contenedores con agua marina filtrada, con suficiente oxigenación y con tem-peratura al menos dos grados por debajo de la temperatura normal en el momento de la captura. La densi-dad de transporte podrá ser de 50 g.L^{-1}, equivalente a 25 alevines de 2 g o 10 alevines de 5 g (figura 8).

Figura 8. Selección de tallas de los juveniles de *Seriola lalandi* en la embarcación recolectora.

Durante el traslado de los alevines se pueden aplicar tratamientos profilácticos mediante la dilución de antibióticos en el agua y baños de agua dulce para eliminar ectoparásitos.

Cuando los alevines son trasladados desde sitios muy distantes, es recomendable aplicar una cuarentena en estanques con sistema de circulación cerrado antes de introducirlos en las jaulas de cultivo.

4.4.1. Siembra de juveniles

La especie *Seriola lalandi* es conocido como un pez fuerte debido a su resistencia y su tolerancia al manejo, aguantando el estrés de la captura, el traslado, los tratamientos profilácticos, la cuarentena y la siembra. En el proceso de siembra se recomienda mantener la densidad de cultivo en 5 kg./m^{-3}, de acuerdo con el protocolo de la tabla 2, llevar un minucioso registro del crecimiento mediante biometrías mensuales para controlar la densidad de cultivo, calcular la cantidad de alimento y ampliar la luz de malla, con lo cual se mejorará la circulación del agua, el nivel de oxígeno y el arrastre de heces y de restos de alimentos.

Tabla 2. Protocolo de la densidad de cultivo en jaulas flotantes (10 × 10 × 10 m) para *Seriola lalandi* en Bahía Magdalena, Baja California Sur, México.

Mes	Peso (kg)	Biomasa N.° de peces /m³	Biomasa kg/m³
Oct	0.002	20.00	0.04
Nov	0.028	20.00	0.56
Dic	0.060	20.00	1.20
Ene	0.374	10.00	3.74
Feb	0.547	10.00	5.47
Mar	0.720	10.00	7.20
Abr	0.897	10.00	8.97
May	0.976	10.00	9.76
Jun	1.213	8.00	9.70
Jul	1.963	5.00	9.82
Ago	2.486	5.00	12.43
Sep	3.168	5.00	15.84

Las biometrías mensuales proporcionan información muy importante al piscicultor, ya que permiten conocer el estado de los peces, evaluar el crecimiento, aplicar con facilidad medicamentos y ahorrar en el gasto del alimento.

El correcto control de la densidad y la selección de los tamaños evitan el canibalismo y la competencia intraespecífica, uniformizando el crecimiento de los peces y optimizando el consumo del alimento.

4.5. Alimentación

El alimento es uno de los factores más importante en el cultivo de peces marinos, ya que su conocimiento y elección representa un alto porcentaje del gasto operativo de la empresa. Además, la calidad de la carne determina la tasa de crecimiento y el aprovechamiento por parte del pez según el tipo de dieta.

La alimentación de *S. lalandi* en su medio natural consiste principalmente en sardina, calamar y macarela. En cautiverio, cuando son colectados como alevines, aceptan fácilmente el alimento seco; en cambio los ejemplares adultos (más de 1,5 kg) no aceptan con facilidad este tipo de alimento, por lo que se requiere de algunos trucos (figura 9).

Figura 9. Macarela o sardina troceada mezclada con granulado para condicionar los ejemplares adultos de *Seriola lalandi* para comer solo el alimento seco.

Actualmente, y a nivel mundial, se utiliza el «alimento seco» en forma de gránulos. Son alimentos perfectamente formulados y balanceados para cada especie y para cada edad. Se presenta en forma de migas, escamas y/o granulado de diferente tamaño según la edad de los peces a alimentar (tabla 4). En su composición está calculada la cantidad de proteína, grasas, vitaminas y minerales necesarios para una alimentación correcta de los animales. El alimento que se usa en el cultivo de jurel en Bahía Magdalena es elaborado con las marcas Taplow Feeds y Ewos de Canadá, ambas con un contenido mínimo de proteína de 43% y de grasa de 20-24%, un máximo de fibra de 3%, un máximo de ceniza de 14% y una humedad máxima del 10%.

Su composición, baja en contenido de agua, permite almacenar los gránulos de manera fácil, en lugares frescos y sin necesidad de congelación, a la vez que permite guardarlos por un tiempo más o menos largo (de 2 a 3 meses, según la temperatura ambiente). También se facilita su acarreo y distribución, sea manual o automática.

Dadas las características alimenticias del jurel, el alimento utilizado debe contener un alto porcentaje de proteína (siempre por encima del 43%). Esta proporción de proteína será más alta para los alevines y juveniles que para los animales grandes, variando desde un 54% hasta un 40%.

Una adecuada alimentación del jurel, que proporcione el máximo crecimiento, con el menor tiempo y al mínimo costo, obliga a tener muy en cuenta los siguientes factores: cantidad de alimento que hay que ofrecerles diariamente (ración diaria) y frecuencia con que el mismo se distribuye.

Como sea que la ración diaria se calcula siempre de manera aproximada, se recomienda dar a los peces solo lo que coman el mismo día. Si se lo comen todo y de manera muy rápida, se puede aumentar un poco la ración al día siguiente. Si, por el contrario, no ingieren la ración calculada, al día siguiente se disminuye la ración. Téngase muy en cuenta que *un exceso de comida es mucho peor que una moderada subalimentación*. El exceso de alimento, además de no acelerar el crecimiento, provoca un deterioro de la calidad del agua y un aumento en los gastos de operación de la empresa.

Puesto que los peces son animales muy sensibles a los cambios de temperatura del agua del mar, la cantidad de alimento a proporcionar también depende muchísimo de la época del año.

En el caso del jurel, el rango de temperaturas que soportan es bastante amplio. Desde una mínima de 14 °C hasta valores máximos de 28 °C, siendo la temperatura óptima para el crecimiento la de 24-26 °C. Según esto, y para peces de más de 200 g, se puede establecer de manera práctica la siguiente tabla de alimentación:

- Frecuencia: la ración diaria no se ofrece *nunca* a los peces de una sola vez, sino que se divide en diferentes partes según el tamaño de los mismos. De manera general, los peces pequeños comen más veces al día (hasta 7 veces), mientras que los mayores lo hacen con menos frecuencia (mínimo 2 veces al día). En el caso de los jureles, a partir de un peso superior a los 100 g se recomienda dividir la ración diaria en dos dosis (a primera hora de la mañana y al atardecer).

- Distribución: los jureles ingieren la dieta granulada casi a ras de agua y aprovechando la poca velocidad a la cual los gránulos se hunden. La distribución se hace «a voleo», bien manualmente, bien con cañones hidráulicos, por toda la superficie de la jaula. La distribución debe ser lenta para que todos los peces coman todo lo que quieran y siempre a favor de la dirección del flujo de corriente del agua.

Tabla 3.

Temperatura del agua del mar (°C)	Ración diaria de alimentación (R.D.) en % de biomasa
15	0*
18	1 – 1.5
20	2 - 2.5
22	2.5 – 3
24	3
26	3 – 2
28	0*

(*) Si la temperatura se sale de los valores mínimo o máximo del rango de tolerancia, se recomienda muy encarecidamente no dar de comer a los peces.

Durante la alimentación de los peces (tabla 4), tanto la persona encargada de distribuir el granulado como algún buzo deberán observar el comportamiento de los peces (si comen rápido o lento, si tienen un nado normal, así como una distribución correcta; si se observa competencia entre animales de diferente talla o bien si los peces presentan anomalías en su aspecto —purulencias en la piel, aletas rotas o gastadas, etc.). Todas las observaciones serán anotadas en la bitácora diaria, con el fin de obtener toda la información que permita mejorar el cultivo.

Tabla 4. Programa de alimentación diaria para _Seriola lalandi_ cultivado en jaulas flotantes en Bahía Magdalena, Baja California Sur, México.

Peso promedio del pez (g)	Tasa promedio de alimentación diaria (%)	Frecuencia (veces/día)	Tamaño partícula de alimento (mm)	Temperatura agua de mar (°C)
2-10	4	6	1.4-2	23-24
10-50	3	4	2	20-21
50-200	1.5	2	4-4.5	15-18
200-500	1.4	2	6-7	20-24
500-2.000	1.3-0.5	2	6-7	23-25
2.000-3.500	0.5-0.4	2	8-XXL	17-18

Estimación de la tasa de conversión alimenticia

La tasa de conversión alimenticia (TCA) es un indicador de la cantidad de alimento que se requiere para obtener una biomasa de un kilogramo en un tiempo determinado. En el cultivo de _S. lalandi_ la TCA fue 1:1.93. Este factor se calculó con la siguiente ecuación y de acuerdo con el consumo y crecimiento observado en el cultivo de esta especie en Bahía Magdalena, Baja California Sur (tabla 5 y figura 10).

$$TCA = \frac{\text{Suma total de alimento utilizado (kg)}}{\text{Biomasa final (kg)} - \text{Biomasa inicial (kg)}}$$

Tabla 5. Estimación de la cantidad de alimento necesario para el cultivo de *Seriola lalandi* en jaulas flotantes de 1000 m³ en Bahía Magdalena, Baja California Sur, México.

Mes	Peso (kg)	N.° de peces /m³	Biomasa kg/m³	Biomasa kg/ jaula	RAD % biomasa	kg de alimento/mes	TCA
Oct	0.002	20	0.04	40	4	48	1.20
Nov	0.028	20	0.56	560	4	672	1.38
Dic	0.060	20	1.20	1200	3	1080	1.55
Ene	0.374	10	3.74	3740	3	3366	1.40
Feb	0.547	10	5.47	5470	2	3282	1.56
Mar	0.720	10	7.20	7200	1	2160	1.48
Abr	0.897	10	8.97	8970	1	2691	1.49
May	0.976	10	9.76	9756	1	2927	1.67
Jun	1.213	8	9.70	9700	1	2910	1.98
Jul	1.963	5	9.82	9815	1	2945	2.26
Ago	2.486	5	12.43	12430	1	3729	2.08
Sep	3.168	5	15.84	15840	1	4752	1.93

RAD: Ración alimenticia diaria; TCA: Tasa de conversión alimenticia

5. CRECIMIENTO, MORTALIDAD Y FACTOR DE CONDICIÓN

La tasa de crecimiento de los peces depende de sus hábitos alimenticios, los cuales son determinados por la temperatura del agua, la ración alimenticia basada en el apetito de los peces y la frecuencia, determinada a su vez por los tiempos de digestión y la disponibilidad de la cantidad adecuada de ración alimenticia. Cuando la cantidad de alimento es insuficiente, se observará una tasa de crecimiento diferencial dentro del mismo grupo de cultivo (anónimo, 1989).

En el primer año de cultivo, la tasa de crecimiento mensual de *S. lalandi* cultivado en jaulas flotantes en Bahía Magdalena, Baja California Sur, fue de 264 g/mes, alcanzando un peso promedio de 3,2 kg. En el segundo año de cultivo, la especie presentó una tasa de crecimiento de 600 g/mes, alcanzando un peso promedio de 10,6 kg (figura 14).

La mortalidad observada en el cultivo de *S. lalandi* se clasificó en cuatro categorías de acuerdo con su origen:

1) Daños físicos debidos a un mal manejo y transporte, o por contacto con la red durante tormentas y mareas fuertes.
2) Turbidez y contaminación del ambiente.
3) Deficiencias nutricionales y alimentación con dietas húmedas mal conservadas.
4) Enfermedades que generalmente se presentan en respuesta a uno o varios de los factores mencionados.

En el cultivo de *Seriola* sp. en Bahía Magdalena, Baja California Sur, las mortalidades se registraron en los meses de mayo a agosto cuando la temperatura empieza a incrementarse de 15 a 22 °C, coincidiendo con la mortalidad masiva de langostilla (*Pleuroncodes planipes*), la cual deteriora significativamente la calidad del agua en Bahía Magdalena. Este problema se ha resuelto mediante la reubicación de las jaulas en el área cercana a los canales. La mortalidad sin considerar la presencia de la langostilla es menor de 5% y se debe a un mal manejo que permitió la infección por ectoparásitos oportunistas (*Benedenia* sp. y *Heteraxine* sp.).

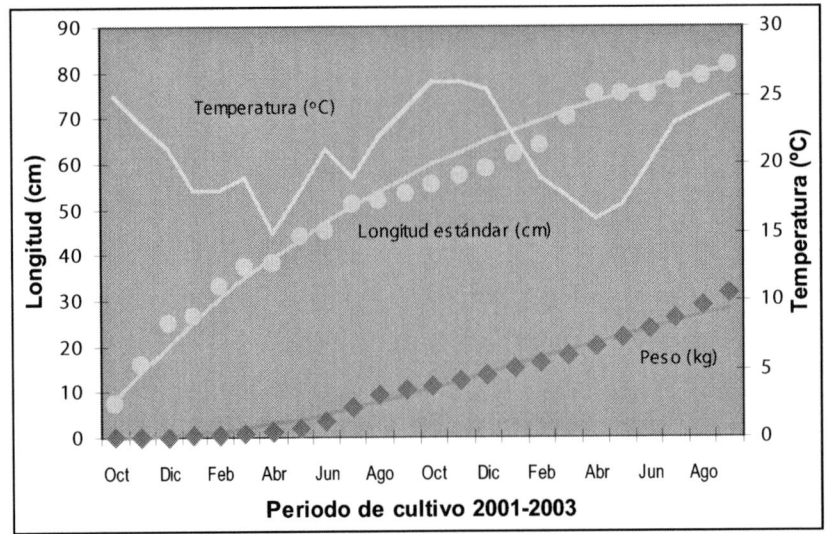

Figura 10. Crecimiento de *Seriola lalandi* en jaulas flotantes en Bahía Magdalena,
Baja California Sur, México, durante el periodo de noviembre de 2001 a octubre de 2003.

En el cultivo de *Seriola* sp. en Bahía Magdalena, Baja California Sur, las mortalidades se registraron en los meses de mayo a agosto cuando la temperatura empieza a incrementarse de 15 a 22 °C, coincidiendo con la mortalidad masiva de langostilla (*Pleuroncodes planipes*), la cual deteriora significativamente la calidad del agua en Bahía Magdalena. Este problema se ha resuelto mediante la reubicación de las jaulas en el área cercana a los canales. La mortalidad sin considerar la presencia de la langostilla es menor de 5% y se debe a un mal manejo que permitió la infección por ectoparásitos oportunistas (Benedenia sp. y *Heteraxine* sp.).

El factor de condición (FC) como indicador del estado de salud o condición del pez se estimó a partir de la relación entre la longitud total y el peso total del pez. El valor de este factor puede modificarse de acuerdo con la calidad del alimento, la temperatura del agua, la edad, la época reproductiva y el ambiente de cultivo (figura 11). Asimismo, se hicieron análisis del contenido de grasas en músculo (por el método de extracción de Soxleth) para valorar la condición del pez, principalmente un mes antes de la venta.

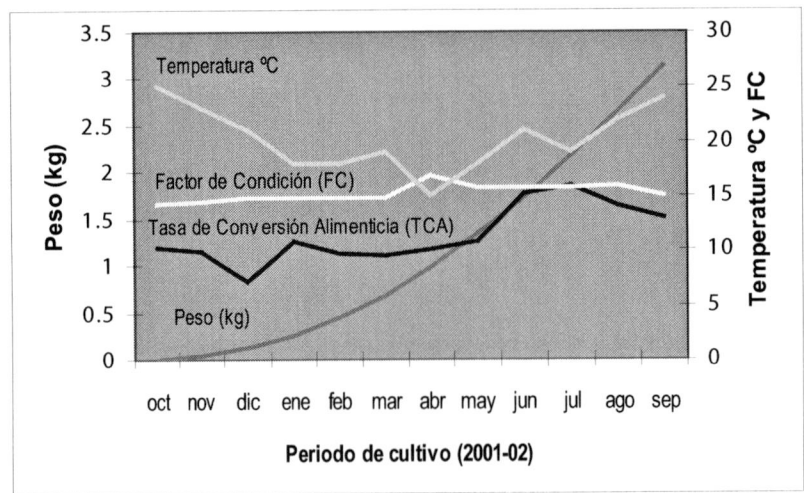

Figura 11. Factor de condición (FC) y tasa de conversión alimenticia (TCA) de *Seriola lalandi*
en jaulas flotantes en Bahía Magdalena, Baja California Sur, México.

6. CONTROL DE ENFERMEDADES

Los peces, en condiciones de cultivo, son más susceptibles de enfermar si se sobrealimentan y son mantenidos en densidades altas. Asimismo, el deterioro del ambiente y las deficiencias nutricionales del alimento son agravantes de la situación.

En resumen, es más importante prevenir que curar, por ello es necesario mantener buenas condiciones de cultivo (en un ambiente saludable) y basadas en la experiencia, así como predecir cuándo y qué clase de enfermedades podrían presentarse bajo las condiciones existentes. De esta forma se pueden tomar las medidas necesarias, disminuyendo la densidad de cultivo y la cantidad (no la frecuencia) del alimento. Esto incluye unas buenas prácticas en el manejo de la operación del cultivo, manteniendo un registro diario de la salud de los peces, del comportamiento durante la actividad alimenticia y de la calidad del ambiente.

En Bahía Magdalena es común observar en muchos peces silvestres (lenguados, corvinas, pampanos, palometas y jureles, entre otros) la presencia de trematodos monogeneos (*Benedenia* sp.). Estos parásitos son transparentes y no se ven a simple vista, aunque llegan a medir hasta 2 cm. En condiciones de cultivo, *Benedenia* sp. llega a ser un problema muy serio en las *Seriola*, ya que estos se adhieren a la piel de los peces mediante unas uñas situadas en la cavidad oral (figura 16), causando perdida del apetito, debilitamiento, mal aspecto y muerte del pez. Este parásito es muy poco resistente a los cambios de salinidad, por lo que un baño de agua dulce (0-5 ups) durante 2-5 min es suficiente para que muera y se desprenda de la piel de los peces infectados. El tiempo de exposición al agua dulce es más corto en verano (2 min a 26°C) que en invierno (5 min a 16°C).

Otro tremátodo monogeneo que parasita a las *Seriola* en condiciones de cultivo es *Heteraxine* sp. (figura 15). Este parásito se adhiere a las branquias de los peces causándoles anemia, lo cual los puede matar. El tratamiento para eliminarlo es el baño de agua dulce (0-5 ups) durante 2-4 min. Este tratamiento es el que menos daños ocasiona a los peces y al ambiente, aunque existen otros como: *a*) baños en una solución de Tremaclean durante 30 segundos, y *b*) un tratamiento oral que incluya la ingesta de Bitin (4,5-dichlorophenol) en el alimento (Fujiya, 1969).

Los tratamientos para eliminar los trematodos monogeneos requieren tres a cuatro repeticiones cada seis días para romper el ciclo de vida de estos parásitos, que tienen un crecimiento muy rápido.

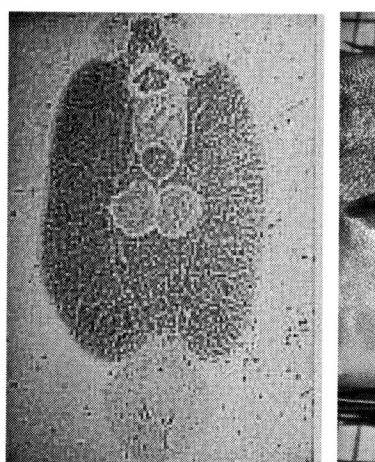 

Figura 12. *Benedenia* sp. tremátodo monogéneo que infecta la piel de *Seriola lalandi* en jaulas flotantes en Bahía Magdalena, Baja California Sur, México.

En *Seriola*, las principales enfermedades causadas por bacterias son: vibriosis observada después de que los peces hayan sufrido heridas en la piel, pseudotuberculosis que frecuentemente se presenta después de la época de lluvias y streptococis que se observa cuando la temperatura del agua es más caliente (tabla 6).

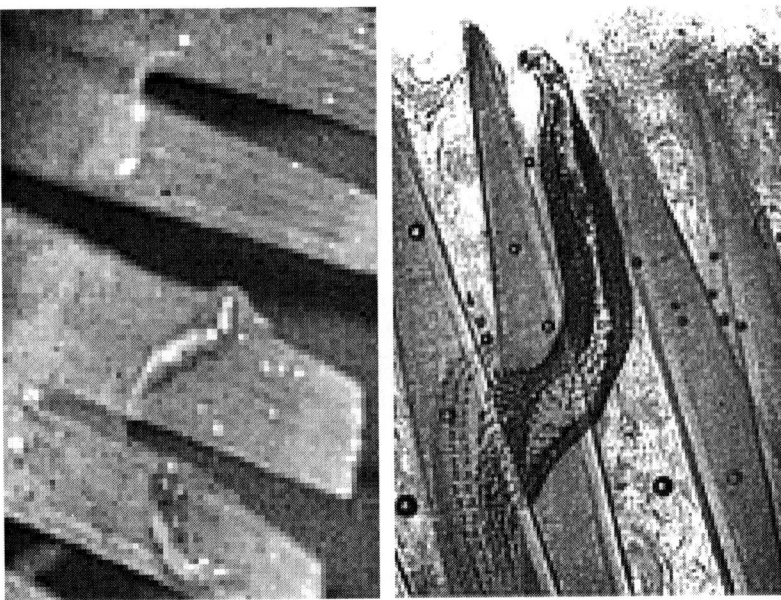

Figura 13. *Heteraxine* sp. tremátodo monogéneo que se adhiere a las branquias de *Seriola lalandi* en jaulas flotantes en Bahía Magdalena, Baja California Sur, México.

Tabla 6. Síntomas y tratamientos de las enfermedades más frecuentes en el cultivo de *Seriola lalandi* en Bahía Magdalena, Baja California Sur, México (periodo 2000-2003).

Nombre de la enfermedad	Causas y síntomas	Tratamiento
Vibriosis	Infección bacteriana debida a *Vibrio* sp. La abrasión de la piel es una causa primaria.	Los sulfas y los antibióticos son efectivos. Se recomienda bajar la densidad del cultivo y manipular delicadamente los peces para reducir los daños en la piel.
Pseudo-tuberculosis	Infección bacteriana debida a *Pasteullera*. La infección se presenta en peces de más de un año durante las épocas de lluvias, causando mortalidades masivas.	Los antibióticos son efectivos.
Streptococcis	Infección bacteriana ocasionada por *Streptococcus*, que vive comúnmente en el mar, causando infecciones oportunistas en los peces débiles.	Se recomienda no proporcionar alimento cuando los antibióticos o inmunoestimulantes son suministrados. Esto reduce el factor estresante en los peces.
Benedenia sp. (pulgas en piel)	Ectoparásitos que infectan la piel de los peces. La mucosa de la piel se observa opaca; los peces se rascan en el paño de la red erosionando con esto su piel.	Baños de agua dulce durante 2-5 min.
Heteroxine sp. (pulgas en branquias)	Ectoparásito que infecta las branquias de los peces.	Shock hialino aplicando baños de agua dulce durante 2-5 min, seguido de baños en salmuera (60-70 ups) durante 5 min.
Síndrome del hígado verde	Desorden nutricional producido por lípidos hiperácidos debido a alimento viejo o carencia de vitaminas.	Cambio de alimento por otro de mejor calidad y suplemento de vitaminas C y E.

7. ESTUDIO ECONÓMICO ORIENTATIVO

Como sea que el motivo principal de la instalación de un cultivo de peces en jaulas es el de obtener beneficios, es imprescindible que el inversor conozca cuáles van a ser los gastos en que va a incurrir, con el fin de calcular el costo de producción de un kilo de jurel y determinar de esta manera a cuánto se puede vender y cuáles son las ganancias que va a producir el cultivo.

En este sentido conviene recordar que el piscicultor va a tener unos *costos fijos* (permisos de concesión, instalación de las balsas flotantes, embarcación, materiales varios, etc.) que consideramos como bienes duraderos, y por otro lado unos *costos variables* derivados del ciclo de producción (compra de «semilla», alimento, mano de obra, transporte, material perecedero, etc.).

Para realizar el estudio económico previo es recomendable fijar cuál va a ser la *producción total* (toneladas) y cuál es el *tamaño* (peso individual en kilogramos) de los individuos que se pretenden vender en un ciclo. Esto permitirá calcular el número y tamaño de jaulas, así como el número de juveniles, la mano de obra, los meses que se tardará en obtener la producción prevista, etc.

Para el presente estudio práctico hemos supuesto una producción de 16 toneladas/jaula con dos posibilidades: venta de peces de 3 kg o venta de peces de 6 kg (el peso final de los individuos vendrá determinado por las preferencias del mercado). El estudio se ha realizado para un período de cinco años, tiempo que estimamos necesario para la amortización de las instalaciones.

Costos fijos

Necesidades en infraestructura

Tres jaulas de 3 m de diámetro y 5 m de profundidad
Tres jaulas de 10 × 10 × 10 m de profundidad
(incluye balsa y sistema de anclaje)   **Costo calculado: 2.273.000 pesos**

Dos embarcaciones de fibra de vidrio y motores fuera de borda de 75 HP	**161.000 pesos**
Un *pick-up* de 6 cilindros con capacidad de una tonelada:	**173.000 pesos**
Un montacargas	**100.000 pesos**
Un generador de corriente eléctrica	**149.000 pesos**
Bodega, taller, oficina y sala de preparación de los peces	**150.000 pesos**
Equipamiento, taller, oficina, cómputo, buceo, radios y sala de preparación y empaque:	**387.000 pesos**
Permiso de acuicultura	**$ 5.000 pesos**

Total: $ 3.398.000 pesos

Costos variables

Alevines: 6.000 (4 pesos cada uno). Los alevines se convertirán en 5.000 individuos de 3,2 kg (16 Tm de biomasa/jaula) o bien en 2.000 peces de 6 kg cada uno (12 Tm de biomasa/jaula).

Costo estimado para tres jaulas: 72.000 pesos

Alimento: el precio es de 9.000 pesos/Tm. Si la producción de peces será de individuos de 3,2 kg, se necesitarán 30,88 Tm de alimento seco para una producción de 16 Tm de biomasa por jaula a una TCA de 1,93. De acuerdo con lo anterior se estima un gasto de:

$$277.920.000 \text{ pesos} \times 3 \text{ jaulas} = \$883.76 \text{ mil pesos}$$

Personal: incluye aguinaldos y prestaciones legales   **280.000 pesos/año**

              2 operarios   4.000 pesos/mes

              2 buzos   4.000 pesos/mes

              1 asesor técnico   5.000 pesos/mes

Energía: 5% de la suma de los conceptos mencionados   **53.67 mil pesos**

Varios (profilaxis, reparaciones, misceláneas, imprevistos, etc.): 10% de la suma de los puntos anteriores

                                                          128.94 mil pesos

                                               Total $ 1 418.37 mil pesos

Amortización instalaciones (5 años): 20% anual del total de los costos fijos estimados:

                                             679.60 mil pesos

Precio de venta previsto: entre 7 y 11 $/kg.

Hay que considerar que en un periodo de siete años (el primer año se dedicará al montaje de las jaulas e infraestructura y en el segundo año se iniciará el engorde) se pueden hacer cinco producciones de peces de 3 kg o de 6 kg. Es importante señalar aquí que si el cultivo es bien manejado se puede mejorar el índice de supervivencia, disminuir la TCA ahorrando costos en alimento, acelerar la tasa de crecimiento, etc.

Suponiendo un estudio de cinco años para dar tiempo de amortizar el capital fijo (20%) y una producción de 16 Tm/jaula, la producción total por año será de 48 Tm por las tres jaulas (tabla 6).

El estudio de viabilidad económica de la tabla 6 se realizó para un cultivo de un año (desde alevines de 2 g a peces de 3 kg), con una TCA 1:1,93, un costo de producción de 43,70 $/kg y un precio de venta de 70 $/kg.

Recuérdese que los peces se pueden cosechar con el tamaño que demande el mercado. Las cosechas se pueden programar mensualmente después del primer año de producción.

Tabla 7. Estudio de viabilidad económica (en miles de pesos) del cultivo de *Seriola lalandi* en Bahía Magdalena, Baja California Sur, México (periodo 2000-2003).

	Año1	Año 2	Año 3	Año 4	Año 5
Ingresos: Ventas (48.000 kg × 70 pesos)	3.360	3.360	3.360	3.360	3.360
Costos variables:					
Compra de 18.000 alevines (4 $)	72	72	72	72	72
Compra de alimento (9 $/kg)	883.76	883.76	883.76	883.76	883.76
Salarios incluido aguinaldo y SS	280	280	280	280	280
Combustibles y energía eléctrica	53.67	53.67	53.67	53.67	53.67
Varios (10% del total)	128.94	128.94	128.94	128.94	128.94
Total:	1.418.37	1.418.37	1.418.37	1.418.37	1.418.37
Jaulas	2.273				
Embarcaciones y vehículo	334				
Montacargas y generador de electricidad	240				
Bodega, planta y oficina	150				
Equipamiento	387				
Permisos	5				

	Año1	Año 2	Año 3	Año 4	Año 5
Amortización (20% del total de costos fijos)	679,6	679,6	679,6	679,6	679,6
Beneficios brutos					
Venta-Costos	1.262.03	1.262.03	1.262.03	1.262.03	1.262.03

* Con el apoyo de la Agencia Española de Cooperación Internacional (AECI) y el Instituto Nacional de la Pesca a través del Centro Regional de Investigación Pesquera se realizó el estudio para evaluar la factibilidad técnico-biológica del cultivo de *Seriola lalandi* en jaulas flotantes en Bahía Magdalena, Baja California Sur; se contó además con la colaboración de la Sociedad Cooperativa de Producción Pesquera Bahía Magdalena, S.C.L., el apoyo de la empresa Kalada de México, S.A., y la asesoría de la Universidad de Barcelona (UB) y el Centro Regional de Investigación Pesquera (CRIP) de La Paz. El estudio contempló la generación de conocimiento sobre la biología de *S. lalandi* en la zona, la determinación de su ciclo de reproducción en cautiverio y su relación con los parámetros ambientales del área, así como observaciones sobre su crecimiento, mortalidad y patologías más frecuentes y sobre su control, tasa de conversión alimenticia (TCA) y factor de condición (FC) como indicadores del estado de salud o condición del pez asociado al contenido de grasas en músculo.

Bibliografía citada

Anónimo. Yellowtail culture. Pioneering the cultura of saltwater fishes. Fishery Journal. n°. 29. Shizouka: Yamaha Motor Co.; 1989

Avilés-Quevedo, A, Iizawa, M. Manual para la construcción y operación de jaulas flotantes para el cultivo de peces marinos. SEPESCA/JICA; 1993

Avilés-Quevedo, A. y F. Castelló i Orvay. Manual para el cultivo del jurel, 2005

Cardona-Pascual, L. Otras especies de peces con interés en acuicultura. En: Castelló i Orvay, F, editor. Acuicultura marina: Fundamentos biológicos y tecnología de la producción. Universitat de Barcelona; 1993. p. 467-476

Flores-Santillan, A, Flores, MA, Guerrero-Escobedo, F, Treviño-Gracia, E. Estudio Batimétrico de las Bahías Magdalena y Almejas de Baja California Sur, México. Acta Científica CRIP-La Paz, n°.1; 2002. p. 18-23

Fujita, S, Yogata, T. Induction of ovarian maturation, embryonic development and larvae and juveniles of the amberjack, *Seriola aureovittata*. Japan. J. Ichthyol. 1984; 30: 426-434 (resumen en inglés)

Furuya, K. Current condition and subject of marine fish culture in Japan. En: Main, KL, Rosenfeld, c, editores. Culture of High-value Marine Fishes in Asia and United States. Honolulu: Oceanic Inst; 1995. p. 219-230

Harada, T. Environmental parameters on maturation and spawning. En: Jpn. Soc. Sci. Fish., editores. Maturation and Spawning of Fish – Basis and its Application. Koseisha Kosekaku; 1974; 7: 66-75

Jordan, DS, Evermann, BW. The fishes of north and middle America. Bull. 47 Washington: Smithsonian Institution, United State National Museum. Parte1, vol 1. 23.ª reimpresión; 1963

Kraul, S. Comparative hatchery characteristics of yellowtail jack, *Seriola lalandi* and mahi mahi, Coryphaena hippurus. Proc.2nd International Conference on Warm Water Aquaculture-Finfish. Bringham Young Univ., Hawái; 1985

Kurunuma, K, Fukusho, K. Rearing of marine fish larvae in Japan. Internat. Dev. Res. Ctr. 1984

Mateos-Velasco, AM. Piscicultura en jaulas flotantes. En: Castelló i Orvay, F, editor. Acuicultura marina: Fundamentos biológicos y tecnología de la producción. Universitat de Barcelona; 1993. p. 681-690

Moser, HG, Charter, RL, Smith, PE, Ambrose, DA, Charter, SR, Meyer, CA, et al. Distributional atlas of fish larvae and eggs in the California Current region: taxa with 1000 or more total larvae, 1951-1984. CalCOFI Atlas, n.° 31; 1993

Nakada, M. Yellowtail and related species culture. En: Stickney, RR, editor. Encyclopedia of Aquaculture. Nueva York: John Wiley & Sons; 2000. p. 1007-1035

Rodríguez-de la Cruz, MC., Palacios-Fest, MR, Cruz-Santabalbina, R, Díaz-Pulido, CI. Atlas pesquero de Máxico. México: SEPESCA; 1994

Tsujigado, A. Yellowtail (*Seriola quinqueradiata*). 131-143 En: Ikonoue, H, Kafuku, T, editores. Modern Methods of Aquaculture in Japan. Toquio: Kodansha Ltd. Elsevier; 1994

Watanabe, T, editor. Fish nutrition and mariculture. JICA text book The General Aquaculture Course. Tokyo University of Fisheries; 1988

Tema 16
Reproducción y cultivo del lenguado (*Paralichthys* spp.) y cojinoba del norte (*Seriolela violacea*)

Alfonso Silva Arancibia

INTRODUCCIÓN

La producción de peces marinos a través de su cultivo se ha transformado en una interesante alternativa para el desarrollo de la acuicultura en diversos países de Asia, Europa y Latinoamérica. Chile se incorporó a este proceso adaptando inicialmente tecnología para el cultivo del turbot (*Scopthalmus maximus*) y desarrollando investigaciones científico-tecnológicas en más de 20 especies diferentes de peces nativos e introducidos. Hoy, después de más de 10 años de esfuerzos en la investigación y adaptación de tecnologías para el manejo de peces marinos, es posible afirmar que nos encontramos ante los inicios del desarrollo de una industria con importantes proyecciones para la acuicultura nacional.

Sin embargo, antes de proponer el desarrollo comercial de una especie, es necesario tener definidas las bases para su desarrollo, entendidas estas como el conjunto de información biológico-técnica básica relevante que permite sostener la elección de esta especie como apta para su cultivo comercial. Entre la información básica relevante, cabe señalar los siguientes aspectos: factibilidad de reproducción de la especie en cautiverio, factibilidad de cultivo y producción larval y factibilidad de crecimiento y engorde de la especie a tamaño comercial en un tiempo adecuado. La obtención de esta información permite definir la potencialidad real de cultivo de la especie, lo que, junto con el desarrollo posterior de los aspectos técnicos, ingenieriles y económicos involucrados a escala precomercial, permitirá justificar su elección y resolver con cierta precisión la rentabilidad y el desarrollo futuro de su cultivo por el sector empresarial.

La presente sección persigue mostrar los avances obtenidos en la definición de las bases biológico-técnicas necesarias para evaluar el desarrollo del cultivo artificial del lenguado chileno (género *Paralichthys*) y de la cojinoba del norte (género *Seriolella*) en el norte de Chile, de forma de ofrecer nuevas alternativas de cultivo al sector piscicultor nacional.

1. LENGUADO (*CHILEAN FLOUNDER*)

El lenguado es un recurso endémico de las costas de Chile del orden *Pleuronectiformes* en el que se encuentran presentes la familia *Bothidae* y *Paralichthyidae* (Zúñiga, 1988). *Paralichthys* está compuesto por 17 especies distribuidas en ambas costas de América (Ginsburg, 1952), habiéndose descrito para Chile 8 especies, siendo las de mayor relevancia económica: *Paralichthys adspersus*, también denominado lenguado de tres manchas o lenguado chileno, y *Paralichthys microps*, o lenguado de ojos chicos (Bahamonde y Pequeño, 1975).

La separación taxonómica entre *P. adspersus* y *P. microps*, aunque difícil debido a su similitud morfológica, puede basarse en: 1) el origen de la aleta dorsal; en *P. microps* su origen se ubica sobre la mitad anterior del ojo y en *P. adspersus* sobre el margen anterior del ojo o con posterioridad a este (Ginsburg, 1952); 2) el número de branquiespinas: en *P. adspersus* la rama superior del primer arco branquial (6 a 7) difiere de la presentada por *P. microps* (9 a 10) (Chirichigno, 1974), y 3) en el tamaño relativo de la narina excurrente: la narina de *P. microps* es visiblemente de mayor diámetro que la de *P. adspersus* (Zúñiga, 1988).

El lenguado *Paralichthys* adspersus se distribuye desde la localidad de Paita (norte de Perú) al Golfo de Arauco (Chile), incluyendo la isla Juan Fernández, mientras *P. microps* muestra amplios registros entre Iquique y la Patagonia (Pequeño, 1989; Siefeld *et al.*, 2003). Son fundamentalmente teleósteos marinos carnívoros cazadores que consumen presas activas pelágicas y del bentos. Su alimentación natural está compuesta básicamente por peces, crustáceos y moluscos, difiriendo la importancia de cada ítem presa en función de la localidad en la cual se encuentre la población y de acuerdo con las fluctuaciones estacionales de la cantidad de organismos (Bahamonde, 1954; Klimova y Ivankova, 1977; Silva y Stuardo, 1985; Zúñiga, 1988; Kong *et al.*, 1995).

Aspectos sobre su cultivo

Abastecimiento de reproductores

Los reproductores de lenguado chileno pueden venir de dos fuentes: de la captura de ejemplares juveniles o adultos mediante el uso de embarcaciones artesanales con artes de arrastre o de enmalle, o bien de laboratorios de cultivo dedicados a la investigación de la especie. En el caso del uso de embarcaciones artesanales, deben utilizarse estrategias de pesca diferentes, recomendándose utilizar tiempos de arrastre o de reposo de las artes sensiblemente más cortos que los utilizados normalmente por los pescadores en sus faenas habituales. Una vez capturados, los peces a trasladar deben ser seleccionados entre los que muestran menor daño aparente y manipulados lo menos posible antes de proceder a colocarlos en los tanques de traslado. Estos deben estar cubiertos y provistos de oxigenación directa para mantener el agua sobre los 7 mg/L de oxígeno, con bolsas de hielo con el objeto de mantener bajas temperaturas y con densidades de traslado no superiores a los 30 kg/m³. Estos sencillos cuidados durante el traslado permiten asegurar supervivencias de entre el 60 y 80% de los peces trasladados y minimizar las mortalidades por estrés (Silva, 2001).

Desove e incubación

Respecto al control de la reproducción de la especie, se han desarrollado experiencias para medir el rendimiento reproductivo de hembras sometidas a inducción hormonal con GnRHa, en diferentes estados madurativos a concentraciones de 10 ug/kg. Los resultados indican que este procedimiento es efectivo para inducir desove en hembras en estado de maduración temprana con diámetro promedio de ovocitos de entre 320 y 500 um. En estadios mayores de desarrollo el procedimiento no muestra buenos resultados (Manterola, 2006). Actualmente la maduración natural y el desove espontáneo de reproductores de lenguado se practica rutinariamente con buenos rendimientos. Se utilizan reproductores de 3 a 4 años de edad (700 a 1.500 gr) mantenidos bajo condiciones naturales de luz y temperatura en estanques entre 6 y 10 m³, con circuito abierto de agua de mar y aireación constante, en proporción de dos machos por hembra y manteniendo densidades entre 1-2 kg/m³ (Silva, 1996).

Previamente a los desoves (12 a 24 h), las hembras maduras muestran un abdomen abultado y se encuentran permanentemente acompañadas de uno o dos machos en sus desplazamientos en los estanques. A pesar de que los desoves espontáneos se producen tanto por la mañana como por la tarde, es más frecuente encontrar ovas en sus primeros estados de división a primeras horas de la mañana.

Periodos de 24 a 48 h alternados con periodos más largos de 4 a 7 días separan más frecuentemente las diferentes puestas espontáneas sucesivas que se producen en una temporada normal de reproducción del lenguado en cautiverio. El periodo normal de desove de la especie se inicia a mediados de agosto (finales de invierno) y se prolonga durante aproximadamente 5 meses, hasta diciembre (finales de primavera), produciéndose un periodo de latencia entre enero y julio en el que los desoves cesan o se hacen más intermitentes. Sin embargo, durante los años de control, el pick de producción y viabilidad de las ovas se mantiene estable entre septiembre y octubre (primavera) y cuando las temperaturas fluctúan entre los 14 °C y 15,5 °C, tendiendo a bajar tanto la producción como la viabilidad de las ovas en los desoves producidos fuera de dicho rango de temperatura (figura 1). Al mismo tiempo, los valores mínimos y máximos de temperatura entre los cuales se registran desoves son de 12,7 °C la mínima y 19,7 °C la máxima (Silva, 1996).

Los registros de desoves de la especie existentes en nuestro laboratorio indican que una hembra de *P. adspersus* puede producir anualmente un promedio de 2×10^6 huevos/kg de peso, de los cuales entre el 30 y 50% son viables (flotantes), con porcentajes de fecundación fluctuantes entre el 0 y 100% por desove. Aunque el periodo de desove puede ser extenso, el mayor porcentaje de huevos viables se produce en un periodo restringido a dos meses y en rangos de temperatura entre 14 °C y 15 °C. Las ovas inviables tienen generalmente una apariencia opaca, con diámetro y superficie irregular, distribución anormal del vitelo y en ocasiones 2 a 3 gotas lipídicas. Son registradas durante toda el periodo de desove, pero en nuestra experiencia su número tiende a aumentar fuera del pick normal de desove y cuando la temperatura sobrepasa los 16 °C.

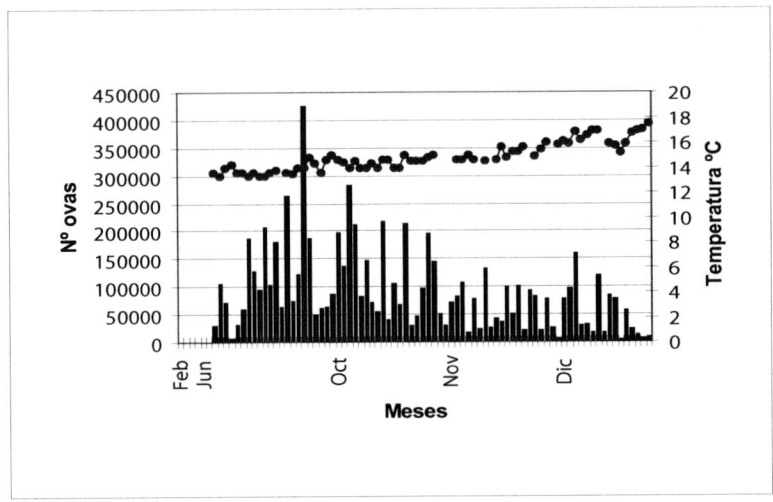

Figura 1. Producción total de ovas y frecuencia de desoves espontáneos de reproductores de *P. microps* durante su primer año de desove espontáneo en tanques. (Silva, 2000)

La colecta de huevos puede realizarse mediante el desove artificial por masaje de las hembras maduras ovuladas y la fertilización de óvulos con esperma de dos machos en un recipiente seco desinfectado, o bien mediante desove espontáneo, en cuyo caso los huevos fecundados son obtenidos en la salida de agua exterior de los estanques de reproducción mediante un colector de malla de 500-600 μm colocado en estanque de 200 l.

Los huevos son flotantes, transparentes, poseen una gota oleosa y alcanzan un diámetro promedio de 0,8 mm. Una vez colectados, los huevos son lavados con agua UV, desinfectados (glutaraldehido 100 ppm) y puestos en un estanque cónico de 100-200 litros transparente para realizar la separación de los huevos viables de los no viables, lo cuales precipitan. Los estanques de incubación poseen un volumen entre 500 a 1000 l y son llenados con agua de mar microfiltrada (1 um) y esterilizada (UV). Las densidades de incubación mayormente utilizadas van de 500 a 1.000 huevos/L, con un protocolo de renovación del agua del 50 al 100% diariamente (Silva y Vélez, 1998). La duración del periodo de incubación depende directamente de la temperatura utilizada. Experiencias de incubación conducidas a 13 °C muestran porcentajes de eclosión por encima del 50% a las 80 horas; a 16 °C demoran 60 horas, y utilizando 18 °C solamente 45 horas (Silva, 2001) (figura 2).

Los porcentajes de eclosión obtenidos son variables (30-90%) y dependen fundamentalmente de la calidad del desove, que depende a su vez del acondicionamiento nutricional de los reproductores y de una buena separación de huevos viables e inviables antes de la incubación.

Cultivo larval

Al eclosionar, las prelarvas miden entre 1,7 y 2 mm de longitud total. Tienen características pelágicas y muy primitivas ya que no han completado el desarrollo de los ojos ni el tracto digestivo y su supervivencia depende exclusivamente de su prominente saco vitelino (figura 3). Su cultivo se lleva a cabo en estanques de 1.000 l a densidades de entre 30 y 100 prelarvas/L y un intercambio de agua microfiltrada y esterilizada de entre el 25 y 50% de su volumen diario respectivamente. Después de 4 a 5 días según la temperatura y con un tamaño promedio de 3,7 mm, la larva ha consumido totalmente su saco vitelino, ha completado el desarrollo de sus ojos y muestra un tracto digestivo funcional.

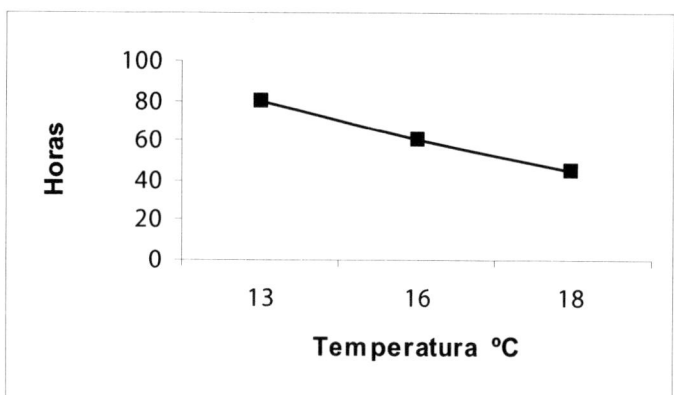

Figura 2. Tiempo (horas) de eclosión de huevos de lenguado chileno P. *adspersus* a diferentes temperaturas. (Silva, 2001)

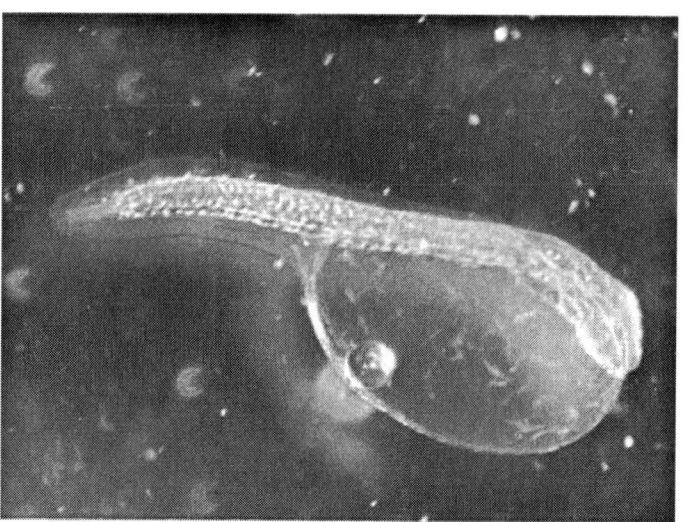

Figura 3. Larva recién eclosionada de *Paralichthys adspersus* (longitud estándar de 1,9 mm). (Fotografía: A. Silva)

Durante esta etapa no se producen mayores mortalidades si se mantienen las condiciones higiénicas adecuadas, obteniéndose supervivencias de entre 80-90% (Silva, 2001). Tampoco presenta rutinariamente problemas de deformaciones, aunque se ha observado un incidente de deformación de mandíbula de larvas asociado presuntamente a deficiencias nutricionales de la dieta de reproductores durante su acondicionamiento.

El cultivo larval se desarrolla en estanques circulares de entre 1 y 2 m³ con densidades de arranque entre 20-30 larvas por litro. El intercambio diario de agua de mar microfiltrada y esterilizada es creciente de 0 a 100% entre los días 4 y 20 de cultivo. Se agrega diariamente microalga (*Isochrysis* y *Nannochloropsis*) a los estanques (150.000 a 200.000 cel/ml) en caso de utilizar la técnica de «agua verde». La primera fase de alimentación (15-20 días) se realiza utilizando rotíferos (*Brachionus plicatilis*) en proporciones de 5-10 /ml dos veces al día, enriquecidos con una mezcla de microalgas (80% *Isochrysis* y 20% *Nannochloris*), o bien con enriquecedores comerciales (Algamac, DHA Selco, etc.). Posteriormente se complementa con nauplios de *Artemia* en concentración de 0,5 a 1 nauplio/ml, junto con los rotíferos, los cuales se reducen progresivamente hasta el día 20, momento a partir del cual se comienza a alimentar con metanauplios de *Artemia* enriquecidos a razón de 1 a 3 art./ml, y posteriormente en forma simultánea con micropellet (100-400 um) hasta el día 60. A esta edad en la que los tamaños fluctúan entre 15 mm (67%) y 20 mm (33%), ya han completado su metamorfosis y alcanzado las características de juveniles bentónicos. Las supervivencias alcanzadas hasta esta etapa fluctúan de 10 a 25% (Silva, 2001) (figura 4).

Estudios llevados a cabo en estas etapas con peces planos indican que el crecimiento, calidad y supervivencia larval dependen principalmente de factores relacionados con la calidad nutricional del alimento, la temperatura y la calidad del medio de cultivo. Silva (1999) reporta que el uso de las microalgas como enriquecedores y como parte de la técnica de cultivo incrementa significativamente el crecimiento, supervivencia, desarrollo y calidad de las larvas de lenguado chileno durante su primera fase de cultivo, dado su efecto nutricional sobre las presas y el mejoramiento de la calidad del medio de cultivo. Al mismo tiempo señala una mejora significativa de la supervivencia larval utilizando rotíferos con una relación DHA/EPA entre 1,33 y 2,08.

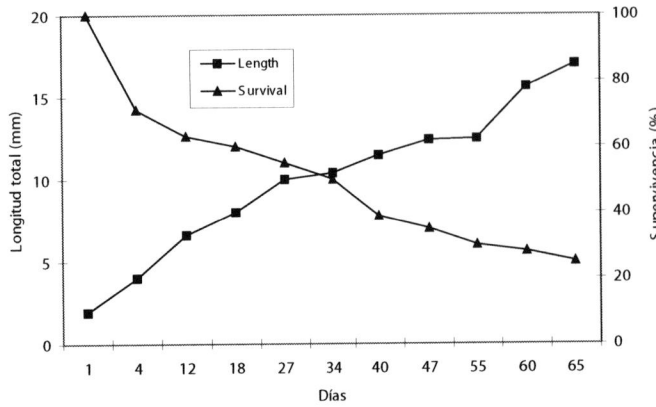

Figura 4. Crecimiento y supervivencia larval de *P. adspersus* durante 65 días de cultivo. (Silva, 2001)

Otras experiencias relacionadas con la determinación de la temperatura óptima para el cultivo larval en un rango entre 16 y 20 °C demuestran que las tasas de crecimiento y de supervivencia de la especie son directa e inversamente proporcionales, respectivamente, a la temperatura, razón por la cual se recomienda su cultivo a 18 °C (Orellana, 2002).

Al mismo tiempo experiencias realizadas para determinar el efecto de inmunoestimulantes en la etapa de desarrollo temprano de la especie indican que aplicar 5 mg/L de β-glucanos y manano-oligosacáridos (βG MOS) en el agua de cultivo aumenta la supervivencia y el crecimiento de las larvas, mientras que 15 mg/L de βG MOS tiene un efecto supresor en ambos parámetros poblacionales. Este efecto aumenta si se aplica en larvas que acaban de absorber el saco vitelino. El análisis histológico del epitelio intestinal de las larvas sugiere que el βG MOS promueve la manifestación de monocitos (células precursoras de macrófagos) asociados al sistema inmune no específico de los peces (Piaget *et al.*, 2007).

Deshabituación y preengorde de juveniles

El proceso de deshabituación consiste básicamente en el reemplazo progresivo y paulatino del alimento vivo (*Artemia*) por alimento inerte de diferentes tamaños (0,2-1,0 mm) en un periodo variable de 10 y 15 días. Este proceso se lleva a cabo normalmente en estanques semicirculares o rectangulares de 400-1.000 l, de fondo plano, con una columna de agua no mayor a 50 cm de altura y densidades entre 2.000-3.000 peces/m², obteniéndose supervivencias del 60-70%.

Al mismo tiempo es importante mencionar que, a diferencia de otros peces planos, los juveniles de *P. adspersus* necesitan evitar el contacto con el fondo de los estanques durante este proceso, por lo cual se utilizan jaulas de malla flotantes al interior de los estanques normalmente hasta el término de la etapa de *nursery*. Esta estrategia permite mejorar la limpieza de los estanques y aumentar significativamente la supervivencia en esta etapa.

Respecto a las densidades a utilizar en la deshabituación de *P. adspersus*, Silva (2001) reporta que la densidad es inversamente proporcional a la supervivencia y concluye que la mejor densidad a utilizar desde el punto de vista de la supervivencia sería de 1.000 individuos/m².

Unas vez que los peces se han adaptado a una dieta inerte y se encuentran todos en el fondo de los estanques de cultivo, comienza la etapa de preengorde o *nursery*, cuyo objetivo principal es alcanzar un lenguado de tamaño (10-20 gr) y calidad adecuados para iniciar su etapa de crecimiento o engorde hasta alcanzar el tamaño comercial. En esta etapa los peces son mantenidos en estanques semicirculares y en jaulas de malla con iluminación natural y sometidos a alimentación automática diurna y a temperaturas de cultivo entre los 15 y 18 °C, alcanzando tamaños de 9 a 10 gr de peso en 180 a 200 días de cultivo (tabla 1).

Tabla 1. Resultados de la fase de *nursery* de lenguado chileno (*P. adspersus*)
a temperaturas entre 15-18 °C, de acuerdo con protocolo de cultivo usado
en el Laboratorio de Cultivo de Peces de la UCN.

Edad (dpe)	Longitud (cm)	Peso (gr)	Tamaño partícula (mm)	Densidad (kg/m²)
90	3,1	0,4	0,7 - 1,0	0,3
120	6,3	3,3	1,0 - 1,5	0,3
150	7,4	5,2	1,5 - 2,5	0,5
180	8,9	9,5	2,0 - 3,0	1
210	9,6	11,5	3,0 - 4,0	1,1

(dpe): días posteclosión

Crecimiento o engorde

Diversos trabajos relacionados con el crecimiento de juveniles de lenguado chileno provenientes de capturas o cultivados demuestran que el lenguado chileno *P. adspersus* puede ser engordado en estanques o jaulas, desde juvenil a tamaño comercial, sin dificultades de crecimiento, supervivencia ni manejo (Silva y Flores, 1994; Silva *et al.*, 2001).

Silva y Flores (1994) cultivan tres grupos de juveniles de lenguado chileno provenientes de capturas de 5-10 cm, 15-20 cm y 20-24 cm de longitud total, durante 335 días en estanques con flujo abierto. Los peces fueron alimentados a saciedad cuatro veces por semana con pellet semihúmedo, reportándose tasas de crecimiento en peso de 0,79%, 0,49% y 0,19% al día respectivamente; dichos antecedentes sugieren que el lenguado chileno podría alcanzar los 500 gr en 1.030 días. Algunos años después, los mismos autores obtienen tasas de crecimiento entre 1,7 y 1,5% al día cultivando juveniles de lenguado chileno de menor tamaño (2-8 cm), mantenidos en similares condiciones de cultivo y alimentados con pellet seco de salmón.

Estudios más recientes de crecimiento de lenguado *P. adspersus* provenientes de cultivo, mantenidos en estanques y alimentados con pellet extruido para turbot, ratifican estos últimos resultados de crecimiento y demuestran que no existirían diferencias significativas en las tasa de crecimiento entre los diferentes grupos (pequeños, medianos y grandes) provenientes de un solo desove. Al mismo tiempo se concluye que, en un rango de temperaturas de cultivo entre los 14,9 y 17,3 °C, alcanzarían el tamaño comercial de un kilo a los 3,5 años (figura 5).

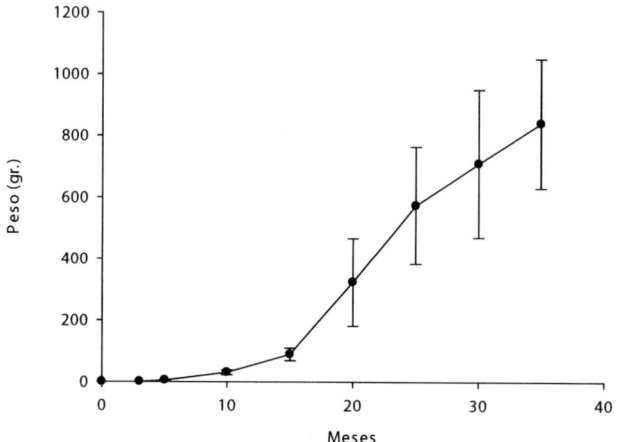

Figura 5. Crecimiento en peso de lenguado chileno *P. adspersus* entre los 15 y 18 °C de acuerdo con protocolo de cultivo utilizado en el Laboratorio de Cultivo de Peces de la UCN, Coquimbo (2005-2007). Las líneas verticales indican desviación estándar (resultados no publicados, 2007).

Desarrollo futuro

El cultivo de lenguado chileno (*Paralichthys adspersus*) ya se encuentra sufientemente desarrollado a nivel piloto y ha mostrado su factibilidad comercial en todas sus fases. Sin embargo, su desarrollo a nivel comercial dependerá no sólo de la existencia de una demanda futura de la especie, sino también del mayor conocimiento que se genere sobre los aspectos que influyen en el mejoramiento de su velocidad de crecimiento y cultivo masivo, tales como manejo genético de plantel de reproductores tendiente a mejorar las líneas de cultivo, desarrollo de dietas específicas para cada etapa y evaluación de nuevos sistemas de producción que optimicen su tecnología de cultivo e impacto en el medio, tales como el uso de sistemas de recirculación.

2. COJINOBA DEL NORTE (*PALL RUFF*)

Desde un punto de vista taxonómico, *Seriolella violacea* Guichenot, 1848, es un pez teleósteo perciforme perteneciente a la familia *Centrolophidae*, género *Seriolella*, cuyos nombres vernaculares son cojinoba del norte o palm ruff (Pequeño, 1989).

Es una especie gregaria de comportamiento epipelágico, preferentemente costero (Oliva *et al.*, 1996). Los adultos se encuentran normalmente en zonas demersales continentales en aguas superficiales, así como en bahías protegidas. Por su parte, los juveniles se distribuyen en aguas costeras desde los 50 a 200 metros de profundidad, formando agregaciones para su alimentación (figura 6).

Figura 6. Ejemplar de cojinoba del norte (*Seriolella violacea*). (Foto A. Silva)

Las especies del genero *Seriolella* presentan una distribución cosmopolita, encontrándose principalmente en las costas del hemisferio sur. En nuestro país se distribuye desde la I a la IX región y Pequeño (1989) señala su presencia para la fauna íctica chilena de las siguientes especies: *Seriolella caerulea* (cojinoba del sur), *Seriolella porosa*, *Seriolella punctata* (cojinoba moteada) y *Seriolella violacea* (cojinoba del norte).

Wolf y Aron (1992), indican que la cojinoba del norte es una especie zooplanctófaga, consumidora oportunista, que ocupa el segundo y tercer nivel trófico, consistiendo su dieta principalmente en anfípodos, larvas de crustáceos, decápodos, copépodos, huevos de peces, eufáusidos y pequeños crustáceos. Por su parte Iannacone (2003) reporta que en las costas peruanas cojinoba del norte es también una especie carnívora, la cual depreda peces como la sardina *Sardinops sagax* (Jenyns, 1842), la anchoveta *Engraulis ringens* (Jenyns, 1842) y el jurel *Trachurus picturatus murphyi* (Nichols, 1920), además de los anteriormente señalados anfípodos y copépodos.

Respecto a su captura, efectuada tanto por la flota artesanal como por la industrial y por barcos fábrica autorizados, es posible observar una disminución sostenida, considerando que en 1989 se desembarcaron

10.200 toneladas y en el año 2007 se obtuvieron sólo 3.421 toneladas (figura 7). De estas, durante el año 2007, la cojinoba del norte representó el 30% del desembarque nacional, cojinoba del sur el 13% y cojinoba moteada el 57% restante (Sernapesca, 2008).

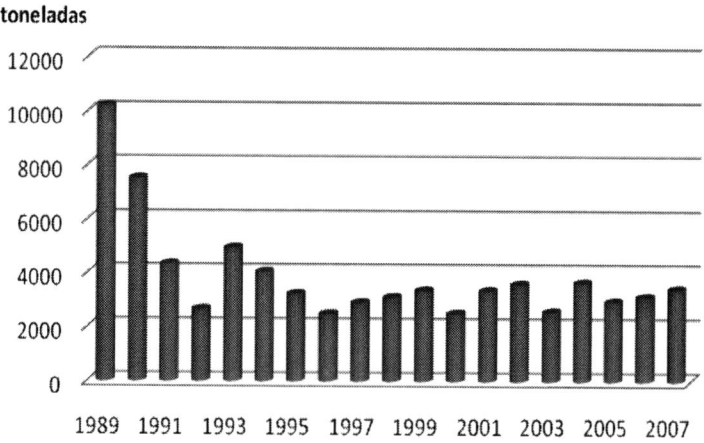

Figura 7. Desembarque nacional de cojinoba (1989-2007). (Sernapesca, 2008)

Aspectos sobre su cultivo

Abastecimiento de reproductores

El plantel de reproductores proviene de capturas de juveniles desarrolladas en las costas de la región de Coquimbo, Chile, y de su traslado a las instalaciones de la Universidad, lugar donde fueron acondicionados durante 30 días en estanques de 10 m³, con flujo de aire y agua continuo, y bajo condiciones naturales de luz y temperatura. Durante este periodo se les adaptó a una dieta inicial de pescado fresco (*Engraulis ringens*), para luego iniciar su adaptación a una dieta semihúmeda a base de pescado (*Trachurus murphyi*), harina, aceite de pescado (San José S.A.) y premix vitamínico (Veterquimica), el cual fue entregado a saciedad dos veces al día según consumo. Una vez cumplido dicho proceso, se controlaron mensualmente todos los ejemplares hasta su proceso de maduración y desove espontáneo en los estanques.

Del total de peces capturados vivos y trasladados a estanques, logran sobrevivir en promedio el 20% de los ejemplares trasladados vivos durante los primeros 30 días. Posteriormente la especie muestra una supervivencia superior al 85%. Con respecto a su crecimiento, los ejemplares que comenzaron con una longitud promedio de 30,7 + 1,79 cm y un peso total promedio de 482,6 + 79,0 g muestran una ganancia en peso de 1.000 g en sólo 10 meses, llegando a una longitud de 46,4 + 2,50 cm y un peso final promedio de 1.530,8 + 229,2 g (figura 8). Durante el mismo periodo (primer año de cautiverio), no se registra desove, debiendo las especies completar 19 meses efectivos de cautiverio antes de que el primer desove espontáneo fuera registrado. Lo anterior demuestra que, una vez recuperada de su traslado, la especie se adapta bien a cautiverio y manejo en cultivo, presentando madurez durante el primer año y capacidad de desove espontáneo a partir del segundo año de cautiverio.

Desove e incubación

En la reproducción, los primeros gametos han sido obtenidos desde los reproductores previamente acondicionados mediante un régimen alimenticio especial, los cuales desovan espontáneamente en estanques especialmente adaptados para recolectar los huevos fecundados al exterior de los mismos. Los resultados de sus primeros desoves indican que la cojinoba es un desovante de invierno-primavera (julio-septiembre), con características de desarrollo ovárico de tipo asincrónico y desoves fraccionados espontáneos durante 4 meses en el año. Al mismo tiempo, las temperaturas entre los cuales se registran desoves fueron de 11,5 a 14,5 °C. En una temporada se registran de 7 a 8 desoves por hembra, con un total de 1.410.000 huevos, de los cuales un promedio del 85% son viables. El número promedio de huevos por desove en hembra de 2.000 kg de peso va de 125.000 a 330.000 huevos. El porcentaje de fertilización promedio entre desoves varía entre 82 y 97% en el año. Comparativamente con los registros de desoves de otras especies marinas y considerando que los datos corresponden a sus dos primeras temporadas reproductivas, los rendimientos son adecuados tanto en número de huevos producidos como en términos de su viabilidad y fertilización.

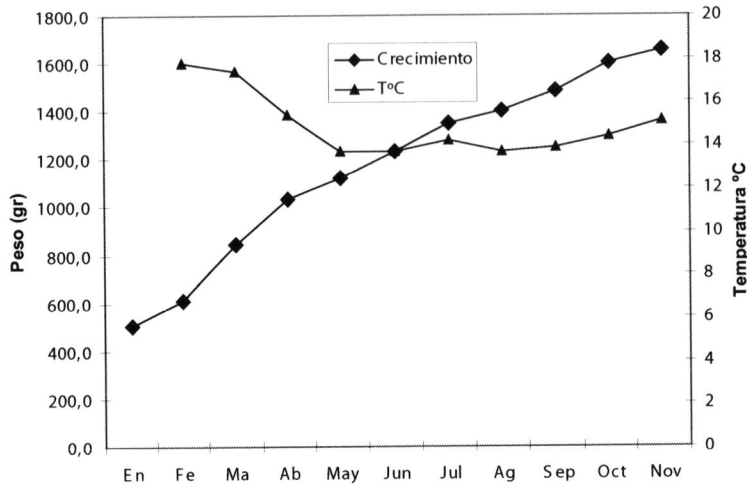

Figura 8. Crecimiento en peso de juveniles de cojinoba del norte (*S. violacea*) durante su primer año de acondicionamiento reproductivo en estanques con dieta semihúmeda. (Silva, datos no publicados)

Una vez colectados, los huevos son transferidos a incubadoras de 500 l a densidades de 500 a 1.000 huevos/L, en los cuales el periodo de duración de la incubación a temperatura promedio de 11,5 °C es de 74 horas, con porcentajes de eclosión variables entre 6% mínimo y 93% máximo de los huevos encubados. Considerando que corresponden a los primeros registros de desove espontáneo de un plantel de reproductores de la especie, los resultados son considerados normales. Se espera que la calidad de los desoves mejore durante las próximas tres temporadas por efecto de un mayor acondicionamiento y mejoras en las dietas.

Cultivo larval

Para el cultivo larval se utiliza el método intensivo, en el cual las larvas de saco son puestas en los estanques de cultivo larval (1.000 a 2.000 l) a una densidad de entre 20-40 larvas/L, con intercambio creciente del 100 al 300% de agua microfiltrada del estanque/día. Tras 5 días postdesove, estas comienzan a alimentarse con rotíferos (5-10 rotíferos/ml) hasta el día 15, en el que las larvas alcanzan tamaños entre 6,0-6,5 mm. Entre el día 10 y 15 se adiciona Artemia; luego, a los 30-35 días, comienzan a recibir alimento formulado (200 a 600 um) hasta el inicio de su deshabituación, que se desarrolla aproximadamente a los 50 días de edad.

Al nacer la larva de saco tiene una longitud promedio de 3,32±0,309 mm. y tras 4 a 5 días en que ha consumido su saco vitelino y comienza su alimentación artificial mide 5,9± 0,212 mm. Posteriormente a ello y transcurridos 35 días de cultivo, la especie incrementa la longitud hasta alcanzar un valor medio de 9,81±1,00 mm. de longitud. En esta etapa comienza a notarse una importante variación de tamaños que puede llevar a una posterior presencia de canibalismo moderado de no llevarse a cabo una graduación de los ejemplares para iniciar la siguiente etapa.

La supervivencia fluctúa entre 79 y 48,5% al término de la absorción del saco vitelino (cuarto a quinto día posteclosión). Posteriormente se inicia la alimentación y sobreviene un periodo crítico de la larva que dura aproximadamente 20 días. Durante los primeros 5 a 10 días, que coinciden con el inicio de la alimentación con rotíferos, se produce una alta mortalidad. La supervivencia alcanzada al término del periodo alcanza el 20%. Luego, entre los 10 y 20 días posteriores coincidentes con el cambio de alimento de rotíferos a *Artemia*, sobreviene otro pick menor de mortalidad, en el cual la supervivencia cae al 5%; a continuación las mortalidades tienden a estabilizarse, alcanzándose una supervivencia a los 81 días de vida de 1,5 a 2% (figura 9). Estas supervivencias, aunque bajas, son consideradas normales para un cultivo experimental de los primeros desoves de la especie, que raramente son de calidad. Se espera mejorar estos resultados (crecimiento y supervivencia) incorporando algunas herramientas biotecnólogicas, como el uso de la tecnología de recirculación, el aumento y la estabilización de la temperatura y el uso de probióticos.

Deshabituación de juveniles

La deshabituación puede realizarse a partir de los 45-60 de cultivo y se realiza normalmente en 10 días. En esta etapa los prejuveniles son alimentados en forma creciente con alimento formulado de 400 a 1.000 mm, mientras se les disminuye la *Artemia* enriquecida hasta llegar al 0% al final del periodo. Transcurridos 81 días de cultivo, la especie incrementa la longitud hasta alcanzar un valor medio de 4,61±1,00 cm de longitud y un peso medio de 1,70±0,86 gr; en 176 días de cultivo alcanza los 19 cm de longitud y los 137 gr promedio de peso, lo que demuestra su potencial de crecimiento (figura 10). Por su parte, los resultados preliminares de supervivencia en dos producciones usando este método han sido del 62 y 70%. En esta etapa es notoria la aparición de malformaciones en algunos ejemplares, las cuales han sido observadas en otras especies y están ligadas a problemas mandibulares que pueden causar disminución del crecimiento y posterior muerte de los ejemplares, así como carencia de desarrollo de uno de los opérculos, lo cual aparentemente no causa mayores problemas.

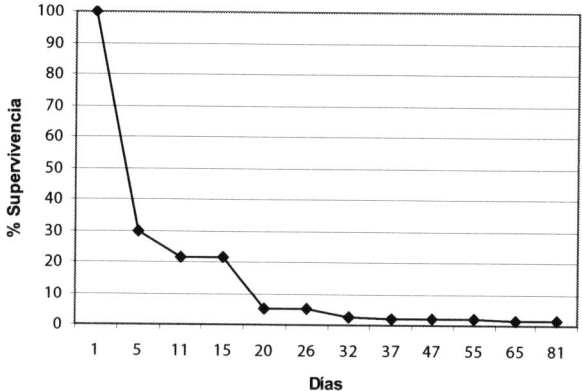

Figura 9. Supervivencia larval de cojinoba del norte en 81 días de cultivo utilizando protocolo de cultivo larval de Laboratorio de Cultivo de Peces UCN. (Silva, datos no publicados)

Estos resultados se encuentran dentro de lo esperado para las primeras deshabituaciones, sin contar con las dietas más adecuadas. Sin embargo, se espera mejorar los resultados produciendo pre-juveniles de mejor calidad, utilizando dietas más adecuadas y utilizando deshabituación temprano con co-alimentación (Hart y Pulser, 1996; Rosenlund *et al*, 1997).

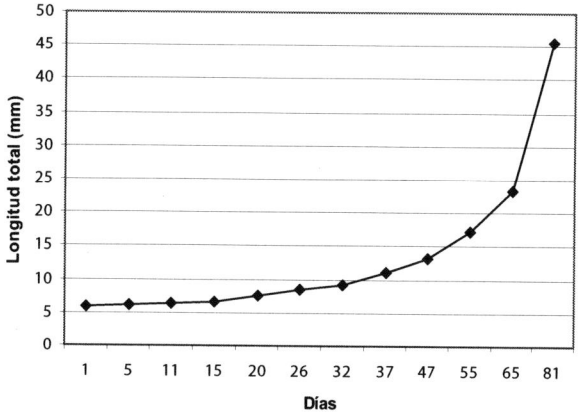

Figura 10. Crecimiento larval en longitud total (mm) de cojinoba del norte en 81 días de cultivo utilizando protocolo de cultivo larval de Laboratorio de Cultivo de Peces UCN. (Silva, datos no publicados)

Crecimiento y engorde

Los primeros datos de crecimiento de juveniles de cojinoba del norte obtenidos en cultivos en estanques tienden a confirmar los antecedentes preliminares obtenidos en la primera parte del proyecto, en la que se reportan ganancias en peso de juveniles salvajes de 1,0-1,5 kilogramos en 10 meses a temperaturas entre 14 y 18 °C, alimentados con pellet semihúmedo. Así, juveniles con un peso promedio inicial de 1,7 gr cultivados en estanques circulares de 6 a 10 m³, alimentados inicialmente con pellet seco y posteriormente con alimento semihúmedo, a densidades medias de 10 kg/m³, alcanzan en 6 meses los 85-100 gr y en 15 meses los 1.000 gr, con supervivencias por encima del 90%.

Respecto a enfermedades y parásitos, se detectaron inicialmente algunas infecciones bacterianas como *Vibrio* sp. u otras, asociadas a peces debilitados por el proceso reproductivo, altas temperaturas, falta de higiene de los estanques y presencia de parásitos tales como *Meinertia gaudichaudii* (Milne Edwards, 1840), perteneciente a la familia *Cymothoidae* (suborden Flabellifera), que agrupa exclusivamente a isópodos parásitos de peces y que ha sido reportada en varias especies de peces de diferentes familias. Tanto la presencia de parásitos como de enfermedades bacterianas fueron controladas por tratamientos establecidos por el ictiopatólogo asesor del proyecto.

Desarrollo futuro

Los resultados del proyecto han permito confirmar preliminarmente la hipótesis de que la cojinoba del norte presenta características de crecimiento y factibilidad de reproducción en cautiverio que la hacen técnica y económicamente apta para el desarrollo de su cultivo comercial en el país.

Los principales desafíos pendientes dicen relación con probar su manejo controlado de la reproducción utilizando las técnicas de control del fototermoperiodo, obtener un protocolo replicable y estable para la exitosa producción de juveniles a escala piloto y comercial, determinar el nivel de mejora de su velocidad de crecimiento en engorde utilizando tecnología de jaulas y el desarrollo de dietas específicas y establecer bases para el manejo sanitario del cultivo de la especie que permitan el desarrollo y aplicación de programas de higiene y prevención de enfermedades, inexistentes para esta nueva especie.

Referencias

Bahamonde, N. Alimentación de los lenguados (*Paralichthys microps* Steindachner e *Hoppoglossina macrops* Günther). Investigaciones Zoológicas Chilenas. 1954; 2: 72-74

Bahamonde, N, Pequeño, G. Peces de Chile. Lista sistemática. Publ. Ocas. Mus. Nac. Hist. Nat. Chile. 1975; 21: 1-20

Chirichigno, N. Clave para identificar los peces marinos del Perú. Inf. Inst. Mar. Perú. 44: 1-387

Ginsburg, I. lounders of the genus *Paralichthys* and related genera in American waters. US Fish Wildl. Serv., Fish. Bull. 1952; 52: 267-351

Hart, P, Purser, GJ. Weaning of hatchery-reared greenback flounder (*Rhombosolea tapirina* Gunther) from live to artificial diets: Effects of age and duration of the changeover period. Aquaculture. 1996; 145: 171-181

Iannacone, J. Three metazoan parasites of palm ruff *Seriolella violacea* Guichenot (Pisces: *Centrolophidae*), Callao, Peru. Rev. Bras. Zool. 2003; vol. 20, n.° 2, p. 257-260

Klimova, V, Ivankova, Z. The effect of changes in bottom population from Peter the Great Bay on feeding and growth rates in some flatfishes. Oceanology. 1977; 17: 896-900

Kong, I, Clarke, M, Escribano, R. Alimentación de *Paralichthys adspersus* (Steindachner, 1867) en la zona norte de Chile. *Osteichthyes: Paralichthyidae*. Rev. Biol. Mar. 1995; 30(1): 29-44

Oliva, J, Parker, U, Miranda, H, Martínez, C. Evaluación de la Pesquería y del Stock de cojinoba del norte (I y II Regiones). Informes Técnicos FIP-IT/94-26. Fondo de Investigación Pesquera; 1996

Orellana, Y. Efecto de la temperatura en el cultivo larval de lenguado *Paralichthys adspersus* (Steindachner 1867). Memoria para obtener el título de Ingeniero en Acuicultura. Facultad de Ciencias del Mar. Universidad Católica del Norte, Coquimbo; 2002

Pequeño, G. Peces de Chile. Lista sistemática revisada y comentada. Rev. Biol. Mar. 1989; 24: (2): 1-132

Piaget, N, Vega, A, Silva, A, Toledo, P. Efecto de la aplicación de β-glucanos y manano-oligosacáridos (βG MOS) en un sistema de cultivo intensivo de larvas de *Paralichthys adspersus* (Paralichthydae). Invest. Mar. 2007; 35(2): 35-43

Rosenlund, G, Stoss, J, Talbot, C. Co-feeding marine fish larvae with inert and live diets. Aquaculture. 1997; 155: 183-191

Sernapesca. Cifras preliminares de desembarco, cosechas y agentes pesqueros y de acuicultura. Departamento Sistemas de Información y Estadísticas Pesqueras. Servicio Nacional de Pesca; 2008

Siefeld, W, Vargas, M, Kong, I. Primer registro de *Etropus ectenes* Jordan, 1889, *Bothus constellatus* Jordan & Goss, 1889, *Achirus klunzingeri* (Steindachner, 1880) y *Symphurus elongatus* (Gunther, 1868) (Piscis, Pleuronectiformes) en Chile, con comentarios sobre la distribución de los lenguados chilenos. Invest. Mar. 2003; 31: 51-65

Silva, M, Stuardo, J. Alimentación y relaciones tróficas generales entre algunos peces demersales y el bentos de bahía de Coliumo (Provincia de Concepción, Chile) Gayana Zool. 1985; 49(3-4): 77-102

Silva, A, Flores, H. Observations on the growth of the Chilean flounder (*Paralichthys adspersus* Steindachner, 1987) in captivity. En: Turbot Culture: problems and prospects. Ostende: European Aquaculture Society; 1994. p. 22: 323-332

Silva, A. Conditioning and spawning of the flounder, *Paralichthys microps*, Gunther, 1881 in captivity. En: Gajardo, G, Coutteau, P, editores. Improvement of the Commercial Production of Marine Aquaculture Species. Proceeding of a workshop on fish and mollusc larviculture. Santiago: Impresora Creces; 1996. p. 97-102

Silva, A, Vélez, A. Development and challenges of turbot and flounder aquaculture in Chile. World Aquacult. 1998; 29 (4): 48-51

Silva, A. Advance in the culture research of small-eyes flounder, Paralichthys microps and Chilean flounder, Paralichthys adspersus, in Chile. Journal of applied Aquaculture. 2001; 190: 119-128

Silva, A, Oliva, M, Castelló, F. Evaluación del crecimiento de juveniles de lenguado chileno (Paralichthys adspersus, Steindachner, 1867) cultivado en estanques. Biol. Pesq. 2001; 29: 21-30

Zúñiga, H. Comparación morfológica y dietaria de *Paralichthys adspersus* (Steindachner, 1867) y *Paralichthys microps* (Gunther, 1881) en Bahía de Coquimbo. Tesis para obtener el título de Biólogo Marino. Facultad de Ciencias del Mar. Universidad Católica del Norte, Coquimbo; 1988

Wolf, M, Aron, A. Diagnóstico de la cojinova (*Seriolella violacea*) y de la palometa (*Seriola mazatlana*) en la IV Región. Informe final. Universidad Católica del Norte. Proyecto FNDR, IV Región; 1992

Tema 17

Cultivo de cobia (*Rachycentron canadum*) en Latinoamérica

(Daniel Benetti, Bruno Sardenberg, Carlos Fuentevilla, Jorge Arturo Suarez, John Stieglitz, Ron Hoenig, Aaron Welch, Sasa Miralao, Patrick Brown, Daniel Farkas, Bryant Bookhamer)*, Brian O'Hanlon** y Thiago Soligo***

INTRODUCCIÓN

La cobia (*Rachycentron canadum*) es una especie pelágica migratoria con una distribución cosmopolita, que comprende océanos tropicales, subtropicales y temporales, con la clara excepción del Océano Pacifico central y oriental (Richards *et al.*, 1986; Shaffer y Nakamura, 1989) donde se encuentra de forma esporádica (Fowler, 1944; Briggs, 1960; Collete, 1999). La cobia es un gran candidato para el desarrollo de procesos de acuicultura comercial debido a su distribución y ha sido reconocida como candidata para maricultura en los Estados Unidos (Benetti *et al.*, 2003). Los recientes avances en la tecnología de larvicultura y maricultura de cobia obtenidos por University of Miami Experimental Hatchery (UMEH) han logrado impulsar esta industria emergente (Arnold, 2002; Benetti *et al.*, 2003, 2004, 2006; O'Hanlon *et al.*, 2003; Rotman *et al.*, 2003; Kaiser y Holt, 2005).

Figura 1. Cobia (*Rachycentron canadum*). Cortesía Open Blue Sea Farms Panama.

La cobia es ampliamente reconocida como una excelente especie para la acuicultura (Liao *et al.*, 2004; Benetti *et al.*, 2007) debido a su rápido crecimiento (Hassler y Rainville 1975), alta fecundidad y facilidad para desovar bajo condiciones naturales e inducidas (Franks *et al.*, 2001; Arnold *et al.*, 2002). Durante la última década, varios países asiáticos comenzaron la producción comercial de cobia, creando una industria de rápido desarrollo en las regiones tropicales y subtropicales del mundo (Liao *et al.*, 2004). Recientemente,

* Universidad de Miami, Rosenstiel School of Marine and Atmospheric Science
** Open Blue Sea Farms L.L.C., Puerto Lindo, Panama
*** Cape Eleuthera Institute, South Eleuthera, The Bahamas

Australia y las Islas Marshall comenzaron a desarrollar la acuicultura de cobia, mientras que la industria continúa su expansión en las Américas y el Caribe. La producción de cobia en el continente americano en el 2008 fue aproximadamente de 1.000 toneladas (tabla 1). No obstante, se prevé un incremento rápido en la región debido a las nacientes operaciones en Belice, Brasil, Colombia, Ecuador, Martinica, México, Panamá y la República Dominicana, que se añaden a las ya iniciadas en Estados Unidos, Puerto Rico y las Bahamas. A raíz de este crecimiento, es posible que la producción de cobia en la región aumente en el año 2010 a 2.000 toneladas y a 5.000-10.000 toneladas en los próximos cinco.

Tabla 1. Producción de cobia en Latinoamérica y en el Caribe.

País	Laboratorio	Producción (# alevines)	Engorde (toneladas)	Sistema (engorde)
Colombia	Sí	15.000	3	Flotante
Estados Unidos	Sí	200.000	50-100	Sumergible[1],[2], sistemas de recirculación
Belice	No/Sí[3]	40.000	600	Flotante
República Dominicana	Sí/No	N/A	<10	Flotante
México	Sí/No	N/A	N/A	Flotante
Martinica	No	N/A	50	Flotante
Bahamas	Sí	N/A	20	Sumergible[1]
Panamá	Sí/No[4]	20.000	50	Flotante
Brasil	Sí	100.000	< 10	Flotante/ Semisumergible/ viveros[5]
Total		375.000 (1.500 ≤ 2.000 toneladas en 2010)	800 ≤ 1.000	

1. SeaStation 3000
2. Aquapod
3. Laboratorio operativo a partir de agosto de 2009
4. Producción inestable de alevines
5. RefaMed; Prona/OCEA, jaulas artesanales. Las fincas de camarón sembraron 1,5 cobia/m³ en 2009 (3,5 kg en 10 meses; estudios todavía en curso).

En la actualidad, en la industria del cultivo de cobia el alimento representa alrededor de un 60% de los costos totales de producción en el cultivo. En el año 2008 la industria de cobia en el hemisferio occidental consumió aproximadamente 2.000 toneladas de alimento de engorde con un precio aproximado de 2,5 millones de dólares. Desafortunadamente la acuicultura es altamente dependiente de la captura de peces marinos para la fabricación de harina de pescado y aceite de pescado como fuente principal de nutrientes en el alimento (Tacon *et al.*, 2006). Se espera que el nivel de producción de harina de pescado y aceite de pescado disminuya en el futuro. En contraste, se espera que la producción de alimento para la acuicultura se triplique en esta década. Esta diferencia entre suministro y demanda amenaza seriamente la acuicultura, a menos que se desarrollen fuentes alternativas de proteína y aceite. Es fundamental desarrollar dietas con calidad nutricional pero económica y ambientalmente viables para la sostenibilidad futura de la industria. En este contexto, la investigación en nutrición en cobia es prioritaria.

DESARROLLO ACTUAL DE LA INDUSTRIA

El desarrollo de tecnología y protocolos acuícolas para la cobia, así como el gran potencial económico de la especie han impulsado en los últimos años varios proyectos con inversiones multimillonarias (Benetti, 2008). Brasil cuenta actualmente con cuatro viveros destinados a la producción de cobia, localizados en los estados de São Paulo, Espirito Santo, Bahía y Pernambuco. En Belice, la empresa Marine Farms ASA construye un vivero a gran escala para la producción de alevines. Un caso similar es el de la compañía Acuicultura Farallón, que construye un vivero en Panamá con la intención de satisfacer la creciente demanda de semilla en ese país. Además de la construcción de nuevos viveros especializados, también se puede utilizar la infraestructura destinada a otra especie. Ixoye Tropicales en México y Ocean Farm en Ecuador adaptaron antiguos viveros de camarón para producir especies de peces marinos, entre los cuales se encuentra la cobia. Afortunadamente, la inversión en proyectos acuícolas para la cobia no es exclusiva del sector privado. Actualmente existen proyectos impulsados por varios gobiernos de la región. Brasil, por ejemplo, inauguró recientemente el centro nacional de acuicultura marina, denominado Laboratório Nacional de Aquicultura Marinha (LANAN), uno de los laboratorios más avanzados de todo el continente.

Con la intención de impulsar la producción de cobia en Brasil, la Universidad de Miami firmó un memorando de entendimiento con la empresa TWB SA y la extinta Secretaria Especial de Aquicultura e Pesca (actualmente Ministério da Pesca e Aquicultura), las cuales participan de un convenio público privado. Como resultado de este memorando, el Centro Nacional de Aquicultura de Brasil ya utiliza tecnología transferida desde UMEH. Similarmente, la Universidad de Miami ha firmado convenios con centros de investigaciones en Colombia (CENIACUA) y Ecuador (CENAIM). Estos acuerdos prometen impulsar la producción de cobia en las Américas, ya que facilitan tanto la transferencia de tecnología como la capacitación del capital humano.

MANEJO DE REPRODUCTORES

La captura de reproductores de cobia se realiza por medio de pescadores profesionales que tienen una gran experiencia para encontrar las aglomeraciones de estos peces. La mayor parte de la captura se obtiene sobre la superficie del agua y en un radio al alcance de la vista, utilizando los métodos tradicionales de anzuelo, línea y carnada. Los peces capturados se colocan en un tanque de transporte a bordo. Durante el trayecto se suministra oxígeno y hielo en botellas de plástico, esto último con el fin de mantener una temperatura adecuada. El nivel de oxígeno disuelto en el agua se mantiene en saturación o por encima de esta (8-12 mg/l a 26 °C). Se recomienda no exceder una densidad de peces de 50 kg/m³ durante el transporte. Para la manipulación y transporte (que se realiza en bolsas de plástico), se anestesia a los peces utilizando aceite de clavo de olor («Eugenol») a 10 a 50 ppm (según el grado de anestesia deseada). En ese estado, se puede proceder al pesaje, medición, marcado y muestreo de los peces para evaluar su grado de maduración sexual (Benetti *et al.*, 2008).

Antes de proceder a la introducción de nuevos reproductores dentro del tanque de cuarentena, se aplica un tratamiento preventivo en baño de formol a 100 ppm durante 2 a 5 minutos, seguido de un baño en agua dulce durante 5 a 10 minutos. Con esto se intenta suprimir cualquier ectoparásito de piel y branquias que pudiera traer el pez desde su medio natural y que pudiera proliferar dentro del tanque de maduración. Las instalaciones de maduración de cobia de UMEH consisten en dos tanques circulares de fibra de vidrio de 80 m³. En ellos se depositan entre 12 y 14 reproductores extraídos del medio natural (de 6 a 20 kilos), con un ratio de sexo de dos machos por hembra. La biomasa total del tanque oscila entre 100 y 150 kilos (1-2 kg/m³). Cada tanque utiliza un sistema independiente de recirculación de agua (Benetti *et al.*, 2008).

La dieta de los reproductores consiste en raciones formuladas artificialmente, además de calamares, sardinas, y en menor grado camarón. La cantidad proporcionada es un 3 a 5% de la biomasa diaria. Cuando se alimenta con raciones congeladas, cada dos días se suministran suplementos vitamínicos y minerales. El acondicionamiento para el desove se logra mediante el manejo de la temperatura del agua. Si se controlan bien las condiciones ambientales, se pueden obtener huevos ya a los pocos días después de la captura. Los desoves ocurren naturalmente en un rango de entre 24 y 30 °C durante el periodo natural (que va de marzo/abril a septiembre). En otros países como Brasil, el desove ocurre entre octubre/noviembre y febrero/marzo, debido a que el verano coincide con ese periodo (Benetti *et al.*, 2008).

Dentro de los tanques de reproducción, los animales demuestran comportamiento para desovar, que aumenta notoriamente durante el mismo día del desove. Se puede observar la hidratación de los oocitos en las hembras maduras ya desde las 11 h de la mañana (a finales de primavera), como un área que se extiende a lo largo del abdomen posterior. El desove propiamente dicho, esto es, cuando la hembra libera los oocitos en la columna de agua, ocurre por lo general poco después de la puesta del sol. En el ritual previo se puede observar a varios machos tratando literalmente de empujar a las hembras hinchadas hacia fuera del agua. Los peces se mantienen en condiciones de desove, siempre que se conserve la temperatura de los tanques entre 25 y 28 °C (Benetti *et al.*, 2008).

CICLO CERRADO

La habilidad para producir juveniles durante todo el año elimina las restricciones estacionales a las que se enfrentan las operaciones comerciales alrededor del mundo. El UMEH desarrolló un programa de crianza de cobia que permite regular y controlar, durante los doce meses del año, el ciclo de desove de la especie. De abril de 2008 a abril de 2009, el UMEH obtuvo 80 desoves entre dos sistemas de reproducción, produciendo más de 150 millones de huevos fertilizados (Benetti *et al.*, 2008). Aun cuando la manipulación de factores ambientales ha sido utilizada para inducir eventos de desove en muchas especies marinas, el UMEH reportó el primer caso de desove anual volitivo de cobia.

La época de desove natural de cobia en el UMEH ocurre tradicionalmente de abril a septiembre/octubre, llegando a su fin cuando el sur de la Florida comienza a sentir los impactos de los frentes fríos de otoño/invierno. Gracias a la manipulación de la temperatura del agua (que promedia 27,6 °C) y la continuación del programa nutricional de los reproductores, la temporada de desove de cobia se ha extendido a todo el año (abril 2008-abril 2009). Todos los eventos de desove para la temporada 2008-2009 ocurrieron naturalmente y se obtuvieron de individuos reproductores criados selectivamente. Las tasas de fertilización promediaron 90,74% a lo largo del año. Cabe destacar que los desoves durante la temporada natural obtuvieron tasas de fertilización de 93,29%, comparado con un 89,04% para los desoves fuera de temporada. Esto indica un ligero declive en las tasas de fertilización durante los meses con las temperaturas más bajas. Sin embargo, los resultados no son estadísticamente significativos, y durante el periodo marzo-abril de 2009 las tasas de fertilización regresaron a un promedio mayor al 90% (Benetti *et al.*, 2008).

INCUBACIÓN Y ECLOSIÓN DE HUEVOS

Los huevos se recogen del tanque de maduración por medio de una paleta de red superficial, con bolsas de malla (de 300-600 µm). Se transportan a tanques de incubación de 1.000 litros, equipados con tubos filtradores de 500 µm. Cada desove resulta en 1-3 millones de huevos, con tasas de fertilización entre 50-85%. Tras el recuento, se siembran en tanques de incubación de flujo corriente, a una densidad aproximada de 400 huevos/l. Se tratan luego con formol a 100 ppm durante una hora. Los huevos decantados se extraen por medio de sifoneo durante las primeras después de la eclosión, la mañana siguiente al desove y durante la recolección de huevos. Se instala un colador de superficie para retirar las proteínas y cáscaras (corion) que floten. La remoción del corion se facilita por la tendencia de las cáscaras a hundirse, y de las larvas con saco vitelino a permanecer en la parte superior de la columna de agua. A temperaturas superiores a los 27 °C, los huevos eclosionan en las 21-24 horas siguientes a la fertilización, y la primera alimentación de las larvas se da a los 3 días posteclosión (dpe). La cría de las larvas se realiza tanto en forma intensiva y semiintensiva en tanques, como extensivamente en estanques. Dentro de los primeros 27 dpe, ya se obtienen alevines plenamente independientes («destetados») de 4 a 6 cm y de 1 gramo de peso, listos para embarcar (Benetti *et al.*, 2008).

CULTIVO DE LARVAS Y JUVENILES

Los protocolos desarrollados en los últimos dos años para el cultivo de larva incorporan el uso de probióticos y profilaxis, minimizan el uso de microalgas e integran ingredientes comerciales para el enriquecimiento del alimento vivo. Los datos y resultados de los más recientes métodos fueron publicados en *Aquaculture Research* (Benetti *et al.*, 2008) y *Aquaculture* (Benetti *et al.*, 2008), e incluyen la desinfección de huevos y larvas, además de protocolos de manejo y enriquecimiento de rotíferos y artemia. El enriquecimiento de estos últimos incluye nutrientes esenciales como los ácidos grasos altamente insaturados. En la UMEH se siembran las larvas (5-15 por litro) en tanques circulares de fibra de vidrio (medidas del tanque: 3,66 m de diámetro por 1,2 m de profundidad). Se agregan cultivos vivos de microalgas de géneros *Isochyrsis* y *Nannochloropsis*, a efectos de mantener las concentraciones de fitoplancton deseadas. Se suministra como alimento rotíferos vivos (*Brachionus*) a 5-10 ml, en 2 a 3 dosis diarias, y se disminuye la velocidad del flujo de agua. Se suministran los rotíferos durante 3 a 8 días tras la primera alimentación, dependiendo de la temperatura (Benetti *et al.*, 2008). A partir del octavo dpe, se suministran nauplios de artemia enriquecidos y se realiza una transferencia gradual de rotíferos para artemia. A temperaturas entre 26-28 oC, la transferencia completa ocurre en 2-3 días. En la metamorfosis de la cobia, se pasa de la respiración cutánea a la branquial en tan solo 11 a 15 dpe, según la temperatura. Esta metamorfosis podría causar un déficit respiratorio y consecuentemente la muerte. Por lo tanto, se recomienda incrementar el movimiento del aire en el agua, con oxígeno puro. También dependiendo de la temperatura, las cobias se independizan («destetan») a partir de los 15-25 dpe, en los que pueden alimentarse con las raciones formuladas disponibles en el mercado. Este proceso comienza con la sustitución de la *Artemia* por dietas balanceadas con diámetro de partículas de 200 a 300 μm. La presentación de la comida en esas dimensiones sirve también para estimular tempranamente el sistema olfatorio de la cobia y enseñarle a preferir las raciones comerciales. Después de que se haya completado el «destete», es de fundamental importancia proceder a la clasificación por tamaño, con el fin de evitar el canibalismo, que todavía puede generar altas tasas de mortalidad en estas etapas del desarrollo (Benetti *et al.*, 2008).

Todos los peces son tratados y seleccionados previamente al transporte. Los juveniles son tratados en baños de formalina con Paracide-F, producto aprobado por la FDA. Los peces se mantienen en el UMEH desde la eclosión (más de 30 días antes del envío) y no entran en contacto con ningún animal recién ingresado. Finalmente, los alevines son transportados solamente si durante el día de envío aparecen en buen estado y libres de ectoparásitos, lesiones, señales clínicas de infecciones y enfermedades contagiosas, especialmente en relación con todos aquellos patógenos incluidos en las listas de la Organización Mundial de Sanidad Animal (OIE) a los cuales la cobia podría ser susceptible.

Figura 2. Tanques circulares de fibra de vidrio de la UMEH y destete.

Figura 3. Clasificación por tamaño y transporte de alevines.

ESTUDIO DE CRECIMIENTO

La densidad de cultivo es un factor determinante en la tasa de crecimiento de la cobia. En los primeros experimentos de Snapperfarm alcanzaron casi los 5 kilogramos por ejemplar en un año de engorde; pero en estudios recientes, con densidades de cultivo más altas, la tasa de crecimiento disminuyó significativamente. Snapperfarm utiliza 3 jaulas con diferentes densidades cada una, con el fin de identificar la densidad de cultivo óptima para esta especie. Los resultados muestran que el crecimiento, sobrevivencia y factor de conversión es inversamente proporcional a las densidades, tanto en las primeras etapas de crecimiento como en el engorde. Los experimentos de engorde en el UMEH han demostrado que es posible alcanzar una tasa de conversión de 1:1 a 1,5:1 con juveniles de cobia en estanques utilizando alimento en pellets con 50 y 46% de proteína cruda, respectivamente. El crecimiento y la tasa de sobrevivencia disminuyen al aumentar la densidad de cultivo. La tasa de crecimiento en la cobia de cultivo varía de 1 a 5 kilogramos por año, dependiendo, una vez más, de la densidad de cultivo, temperatura y del sistema (cultivadas en jaulas, tanques o estanques). En jaulas, con una densidad de 1-2 ejemplares/m³ y una temperatura adecuada (26-30 °C), la cobia crece muy rápido (4-6 kg/12 meses); no obstante, bajo condiciones adversas (en tanques o estanques con altas densidades de cultivo y baja temperatura), su crecimiento desciende a 1-2 kg por año. En realidad, los juveniles de cobia (100-300 g) pueden crecer tres veces más rápido en jaulas (21 g/día) que en tanques o estanques (7 g/día). Según estos estudios, el FCR puede ser tan bajo como 1:1 y tan alto como 2,2:1, dependiendo de la condiciones de cultivo. De nuestras experiencias hemos aprendido que 10 kg/m³ es una meta aceptable de producción para el cultivo en jaulas (Hoenig *et al.*, 2009).

POLICULTIVOS / CULTIVOS INTEGRADOS EN ESTANQUES

Se realizó un experimento de policultivo de cobia y caracola (*Strombus gigas*) en un estanque de agua marina en el UMEH, con capacidad de 1,635 m³. Se sembraron 450 juveniles de cobia y 400 caracolas en septiembre del 2006, Los animales fueron sembrados con densidades de 0,275 cobia/m³ y 0,275 caracola/m², y cosechados en abril del siguiente año. Se determinó el rendimiento de filetes, las tallas, la presencia de sexos y la relación entre talla y sexo. Los resultados preliminares indicaron que los juveniles de cobia cultivados en estanques no tuvieron crecimiento, sobrevivencia, conversión alimenticia y sabor satisfactorios, como sí lo presentaron aquellos cultivados en tanque o en jaula. Es importante observar que el cultivo fue realizado sin aireadores y que no se daba alimento en días nublados con bajo oxígeno. Es importante continuar las investigaciones en el tema debido a que el cultivo en estanque representa un gran potencial para la acuicultura de cobia. Reportes de Australia sugieren que la cobia puede ser cultivada de manera intensiva en estanques con una densidad de hasta 20 toneladas por hectárea. Está aún por comprobar que el cultivo en estanque pueda lograrse a escala comercial (Hoenig *et al.*, 2009). En 2009, debido a una reducción en la demanda causada por enfermedades en los últimos años, hubo una tendencia a sembrar viveros subutilizados en fincas de camarón en Brasil. Se sembraron a una densidad de 1,5 cobia/m³ y se esperan tasas de crecimiento de aproximadamente 3,5 kg en 10 meses. Los resultados serán conocidos en breve, y, en el caso de que las expectativas se cumplan, el cultivo en vivero podría representar una excelente alternativa para fincas camaroneras.

Figura 4. Policultivo en la UMEH.

DESARROLLO DEL CULTIVO SUSTENTABLE

Mientras que la mayoría de las jaulas de engorde en las Américas y el Caribe son flotantes y se encuentran en sitios poco expuestos, el UMEH colabora tanto con el Instituto Cabo Eleuthera (Cape Eleuthera Institute, CEI) en Eleuthera Sur, Bahamas, como con la empresa Snapperfarm Inc. para desarrollar métodos sustentables de cultivo y engorde de cobia. Con la cooperación del UMEH, SnapperFarm Inc., que opera en Puerto Rico y Open Blue Sea Farms que opera en Panamá, conducen el engorde de cobia en jaulas sumergidas de las marcas SeaStation y Aquapod. Desde un punto de vista ambiental y tecnológico, el uso de estas jaulas ha sido un éxito. La compañía utiliza dos tipos de jaulas sumergibles. La Seastation 3000 tiene 15 metros de profundidad, 25 de diámetro y un volumen de hasta 2.700m³, y presenta un diseño bicónico construido con un anillo de acero y una verga central cubierta por una red de marca Dynema (Benetti *et al.*, 2008). La segunda jaula es el Aquapod 3250, una esfera geodésica construida con paneles modulares de plástico reforzados con fibra de vidrio y cubierta con una malla metálica galvanizada (Benetti *et al.*, 2008). Tiene un diámetro de 20 metros y un volumen de 3.251 m³. La jaula es fabricada por Ocean Farm Technologies S.A. Los resultados hasta la fecha fueron sobresalientes. La empresa ha cosechado cobias de 6 kg a partir de alevines de 1,5 g, con una supervivencia del 75% y un tasa de conversión alimentaria de 2,0 (Benetti *et al.*, 2008). Además, dos estudios independientes conducidos por las Universidades de Miami y Puerto Rico con el respaldo de la NOAA de los Estados Unidos han concluido que el impacto ambiental del engorde de cobia en estas jaulas es mínimo.

En efecto, se comprobó que el engorde de cobia en jaulas sumergibles en mar abierto es posible desde un punto de vista tecnológico y ambiental. En caso de expandirse, la tecnología representaría un método de acuicultura sustentable, que podría prevenir la degradación del hábitat natural a raíz de la expansión de actividades acuícolas y atraer al llamado consumidor consciente que, hasta la fecha, manifiesta animadversión hacia muchos productos de maricultura.

Figura 5. Jaula sumergible en Eleuthera, Bahamas. (Fotos: D. Benetti y T. Soligo)

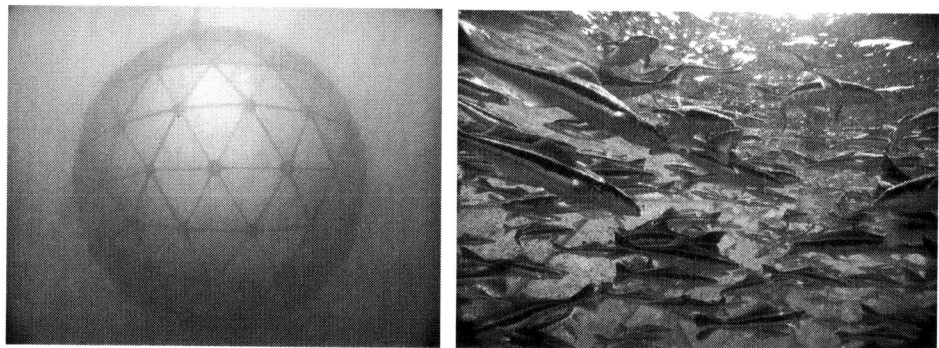

Figura 6. Jaula sumergible en Culebra, Puerto Rico. (Fotos: Open Blue Sea Farms)

Figura 7. Jaula flotante, isla de Tierra Bomba, Colombia. (Fotos: Juan Felipe Sierra)

NUTRICIÓN: REEMPLAZO DE LA HARINA DE PESCADO

La producción de la acuicultura a nivel mundial se ha incrementado enormemente, pasando de 0,64 millones de toneladas en 1950 a 54,78 millones de toneladas en el año 2003 (Tacon *et al.*, 2006). A pesar de esto, la acuicultura de peces y crustáceos es altamente dependiente de la captura de peces marinos para la fabricación de harina de pescado y aceite de pescado como fuente principal de nutrientes en el alimento (Tacon *et al.*, 2006). Teniendo en cuenta que las proteínas son los componentes más costosos en los alimentos de organismos acuáticos y que presentan variaciones en la disponibilidad, la búsqueda de otras fuentes de proteínas de gran calidad nutricional es la tendencia actual. Tradicionalmente, en la elaboración de los alimentos de alto rendimiento para el cultivo de Cobia se ha empleado principalmente harina de pescado y aceite de pescado. En la actualidad, estas materias primas son mucho más costosas que los ingredientes no tradicionales (Samocha *et al.*, 2004). Los precios de la harina y aceite de pescado se han incrementado sustancialmente durante las ultimas tres décadas y lo más probable es que se incremente con el continuo crecimiento de la demanda (Fox *et al.*, 2004). Además, el suministro puede fluctuar imprevisiblemente debido a la pesca extensiva o a cambios oceánicos a gran escala (fenómeno de «El Niño») (Forster *et al.*, 2003). Asimismo, la calidad de la harina de pescado puede variar debido a la utilización de los desperdicios del pescado y a altas temperaturas de secado. En este contexto, el uso de alimentos con proteínas de origen vegetal y animal que remplacen la harina y aceite de pescado es una prioridad para la competividad futura de la industria. Desde hace ya varias décadas, en la industria de la fabricación de alimentos balanceados para acuicultura se han empleado fuentes de proteína vegetal. La proteína vegetal tiene una calidad consistente, por lo cual resulta económica y nutricionalmente viable como fuente de proteína. Sin embargo, Akiyama (1991) menciona que los suplementos proteicos vegetales son considerablemente más pobres en energía que las harinas de pescado, por lo que los valores de energía deben ser monitorizados, ya que el balance de proteína-energía es esencial en la formulación de dietas eficientes. También menciona que la disponibilidad del fósforo es considerablemente más baja en los productos vegetales que en los animales y difiere significativamente entre especies. De igual manera, algunas proteínas vegetales presentan niveles subóptimos en los perfiles de aminoácidos esenciales y la mayoría presentan factores antinutricionales. Sin embargo, gracias a los modernos procesos tecnológicos, diversas materias primas de origen vegetal han sido usadas para sustituir la harina de pescado con la finalidad de disminuir los costos de producción del cultivo de peces y camarones.

Actualmente, la harina de soja es la proteína vegetal más usada y está considerada como una alternativa viable para el reemplazo de la harina de pescado (King, 2004). La soja es valorada nutricionalmente por su alto contenido proteico y su perfil de aminoácidos adecuado para ciertas especies de organismos acuáticos. En cobia *Rachycentron canadum* hay varios reportes de reemplazo de harina de pescado por harina de soja (Fraser y Davies, 2009). Chou *et al.* (2004) observaron detrimento en el crecimiento y FCA cuando el nivel de reemplazo del nivel de proteína de harina de pescado fue incrementado de 40 a 50%, indicando que hasta un 40% de proteína de harina de pescado puede ser reemplazado por proteína de harina de soja sin causar reducción del ritmo de crecimiento. El análisis de regresión cuadrática mostró un óptimo crecimiento a un nivel de reemplazo de un 16,9% de la proteína de harina de pescado por la proteína de harina de soja. Adicionalmente, la concentración de lípidos en el músculo de la cobia aumentó significativamente a medida que se incrementó la dosis de harina de soja en el alimento. Zhou *et al.* (2005) obtuvieron resultados similares en juveniles de cobia de 8,3 g, determinando que hasta 400 g.kg⁻¹ de proteína de harina de pescado pueden ser reemplazados por harina de soja desgrasada. El análisis de regresión cuadrático de los resultados indica que el nivel óptimo de reemplazo de la proteína de la harina de pescado con harina de soja desgrasada fue de 189,2 g.kg⁻¹ sobre la base del máximo peso ganado. Romarheim *et al.* (2008) determinaron que la harina de soja desgrasada tostada (SBM) puede ser incluida en dietas extruidas para cobia hasta un nivel máximo de 285 g.kg⁻¹ sin inducir cambios morfológicos en el intestino. Esta conclusión es consistente con los estudios de *Atlantic halibut* (*Hippoglossus hippoglossus*), alimentado con 360 g.kg⁻¹ de harina de soja full fat (Grisdale-Helland *et al.*, 2002), *mangrove red snapper* (*Lutjanus argentimaculatus*), alimentado con 480 g.kg⁻¹ de harina de soja desgrasada (Catacutan y Pagador 2004), y *Atlantic cod* (*Gadus morhua*), alimentado con 250 g.kg⁻¹ de harina de soja desgrasada (Refstie *et al.*, 2006).

Fraser y Davies (2009) señalan la importancia de prestar atención a los requerimientos de aminoácidos cuando se reemplaza la harina de pescado por fuentes alternativas de proteína. Chou *et al.* (2004) mencionan que la metionina es el principal aminoácido limitante en los estudios de reemplazo de la harina de pescado con harina de soja. Lunger *et al.* (2007) encontraron que la suplementación del aminoácido taurina a un nivel de 5g.kg⁻¹ de peso seco incrementó la ganancia en peso y la eficiencia alimenticia en cobias alimentadas con dietas con altos niveles de proteína vegetal.

Fraser y Davies (2009) concluyen que los estudios nutricionales en la cobia son limitados porque la mayoría se han realizado en juveniles con pesos muy inferiores a los pesos comerciales. El peso comercial de la cobia está entre 4 y 10 kg; sin embargo los requerimientos nutricionales solo se han examinado en juveniles de 50 g. Aunque las diferencias en los requerimientos fueran mínimas, esto tendría un impacto comercial importante, especialmente en proteínas y lípidos, que son los componentes dietéticos incluidos con mayor volumen en las formulaciones. La precisión en los requerimientos no solo tendría impacto económico positivo en la industria, sino también disminuiría la contaminación ambiental en los sistema acuáticos.

Aun cuando los principios nutricionales son similares para todos los animales, las cantidades de los nutrientes requeridos varían con la especie. Hay aproximadamente unos 40 nutrientes esenciales en la dieta de peces (Akiyama *et al.*, 1993). Según Tacón (1989), los requerimientos nutricionales en la dieta de todas las especies acuáticas cultivadas se pueden considerar en función de cinco grupos diferentes de nutrientes: proteínas, lípidos, carbohidratos, vitaminas y minerales.

A continuación se presenta una breve descripción de los requerimientos de los principales nutrientes para juveniles de cobia, *Rachycentron canadum*:

- Proteína: uno de los nutrientes más importantes en la alimentación de los peces marinos es la proteína, debido al costo de los ingredientes proteicos y al alto requerimiento nutricional de estos organismos. Excesos de proteína no solo incrementan los costos del alimento, sino que incrementan la excreción de nitrógeno al ambiente. El primer artículo publicado que determinó los requerimientos de proteína en cobia fue el de Chou *et al.* (2001). Este autor determinó mediante un análisis de regresión un requerimiento de proteína de 44,5%. Craig, Schwarz y McLean (2006) realizaron un estudio factorial con dos niveles de proteína cruda (40% y 50%) y tres niveles de lípidos (6%, 12% y 18%). Los autores encontraron diferencias significativas en la eficiencia alimenticia en cobias de 7,4 g, alimentadas con el nivel más bajo de proteína. Sin embargo, cuando usaron cobias de mayor tamaño (49,3 g) no hubo diferencias significativas en la eficiencia alimenticia debido al nivel de proteína.

- Aminoácidos: el valor nutritivo de una dieta proteica es influenciado por la composición de sus aminoácidos. Por esta razón, la opción de usar una proteína en formulaciones de dietas prácticas debe estar basada en su perfil de aminoácidos digestibles y en los requerimientos cuantitativos de los aminoácidos de la especie de cultivo. En cobia, los estudios de requerimientos de aminoácidos son limitados; solo dos de los 10 aminoácidos considerados esenciales han sido investigados (Wilson 2002). Zhou *et al.* (2006) determinaron los requerimientos de metionina en juveniles de cobia. Los autores establecieron que, para obtener el máximo crecimiento y el menor factor de conversión alimenticia, el requerimiento de metionina es de 1,19% (dieta seca) en presencia de 0,67% de cisteína, correspondiente a 2,64% de peso seco de la proteína dietaria. Para la lisina, Zhou *et al.* (2007) determinaron los requerimientos en juveniles de cobia. Los resultado de requerimiento de lisina fueron 2,33% de dieta seca y 5,30% de proteína dietaria. Estos valores de metionina y lisina concuerdan con los valores de requerimientos de otras especies de peces de importancia en acuicultura (Wilson 2002).

- Lípidos: los lípidos son una fuente importante de energía altamente digerible. En particular, los ácidos grasos libres derivados de los triglicéridos constituyen la mayor fuente de energía del músculo de casi todos los animales. Son además componentes fundamentales de las membranas celulares y subcelulares (fosfolípidos, esteroles, etc.). Cumplen funciones como transportadores biológicos en la absorción de vitaminas liposolubles, son precursores de prostaglandinas y hormonas (Fenucci y Harán 2006). Para juveniles de cobia el requerimiento de lípidos fue estimado en 5,76% (Chou *et al.*, 2001). Wang *et al.* (2005) usaron tres dietas isoproteicas (47% proteína) con tres niveles de lípidos (5%, 15% y 25% materia seca). Los autores no observaron diferencias significativas en crecimiento entre las cobias (7,7 g) alimentadas con las dietas que contenían 5% y 15% de lípidos. Sin embargo, las cobias alimentadas con 25% de lípidos tuvieron una reducción significativa en el consumo diario, sugiriendo que niveles de lípidos por encima del 15% reducen el crecimiento debido a disminución en el consumo.

- Carbohidratos: debido a que los alimentos comerciales para cobia contienen almidón y productos derivados de los cereales, las investigaciones relacionadas sobre requerimientos de carbohidratos son de gran importancia. Schwarz *et al.* (2007) sugieren que las cobias son capaces de utilizar hasta 360 g.kg^{-1} de almidón dietético proveniente de carbohidrato con bajo peso molecular como la dextrina. Webb *et al.* (2009) determinaron que la cobia puede utilizar los carbohidratos hasta un nivel de 340 g.kg^{-1} (dieta seca), con una relación óptima de proteína-energía de aproximadamente 34 mg de proteína por kJ de energía metabolizable.

- Vitaminas: las vitaminas son nutrientes necesarios para el crecimiento, salud o reproducción de los organismos y sólo son requeridas cantidades muy pequeñas en la dieta. Mai *et al.* (2009) determinaron los requerimientos de colina en juveniles de cobia. El requerimiento determinado por *broken line* para ganancia de peso fue de 696 mg de colina por kg de dieta en forma de cloruro de colina. Desafortunadamente, no hay información suficiente sobre los requerimientos de vitaminas y minerales en cobia.

Para el futuro se proponen las siguientes líneas de investigación en el área de la nutrición de cobia:

- Determinar los requerimientos nutricionales en diferentes edades.
- Profundizar en los requerimientos de aminoácidos, vitaminas y minerales.
- Continuar las investigaciones de reemplazo de la harina y aceite de pescado por fuentes alternativas de proteínas y lípidos.
- Complementar la información existente sobre digestibilidad y balance energético de ingredientes proteicos de origen vegetal y animal.
- Monitorizar la calidad de los alimentos comerciales usados por la industria.
- Implementar prácticas de manejo.

Programa de Monitoreo de Nodavirus para la Producción de Cobia en la Universidad de Miami, Rosenstiel School of Marine and Atmospheric Science (RSMAS).

El objetivo principal es crear un programa de detección de nodavirus o cualquier otro virus potencial en cobia (*Rachycentron canadum*) (u otra especie en cuestión) en el UMEH (o en cualquier otro laboratorio de investigación o producción de peces marinos). El nodavirus es también conocido como el virus de necrosis nerviosa viral (VNNV). Hasta la fecha, en el caso de los cobias en la UMEH los exámenes en peces moribundos han sido negativos. No obstante, este documento sirve para trazar un programa de vigilancia que permite el monitoreo de esta colonia cerrada en el supuesto de una introducción de nodavirus. Un laboratorio privado con experiencia en el diagnóstico de nodavirus ha sido identificado y consultado para recabar su apoyo al programa.

El personal técnico de la UMEH realiza una monitorización constante de la calidad del agua y del proceso de cultura, desde el manejo de reproductores hasta el preengorde, empaque y envío de alevines. En caso de mortandad, un veterinario licenciado por la University of Miami Miller School of Medicine, Division of Veterinarian Resources (o certificado en el local apropiado), realizará el estudio estándar de diagnóstico. Los resultados detallados de la necropsia y el examen parasitológico estarán disponibles a petición de los clientes. También se someten muestras de peces moribundos a la exanimación viral si las señales clínicas son consistentes con una infección nodaviral. Para la vigilancia de nodavirus en la colonia, se seleccionan y sacrifican rutinariamente cinco peces cada 6 meses, de acuerdo con las directrices y requerimientos universitarios, federales y locales. De esta forma, 10 animales son examinados anualmente. Es necesario obtener individuos de diferentes tanques para garantizar una mejor vigilancia. Además, se llevan a cabo necropsias completas para excluir infecciones adicionales. Finalmente, se congelan muestras de tejidos de los animales sacrificados para una posible futura evaluación de nodavirus u otras enfermedades virales emergentes.

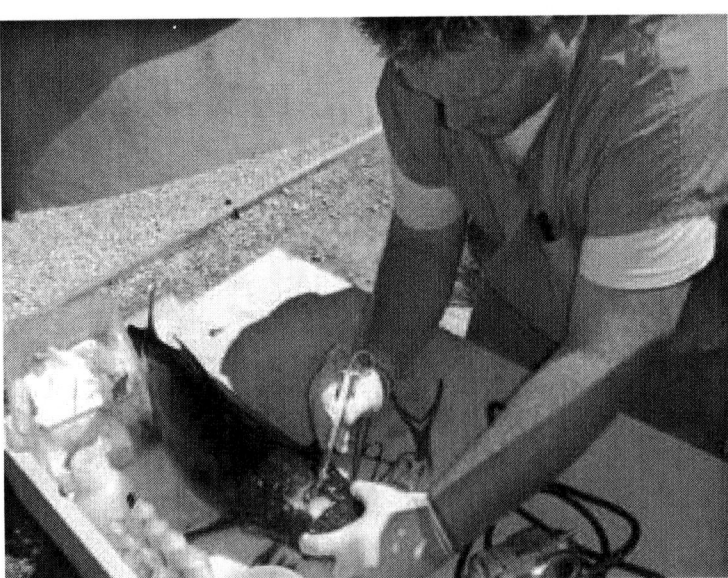

Figura 8. Colección de tejidos para muestreo. (Programa de Acuicultura de la Universidad de Miami)

EUTANASIA

Los métodos de eutanasia son diseñados para causar un mínimo de dolor y estrés. Toda la mortalidad en el laboratorio (tanto natural como por eutanasia) es transferida al incinerador de la University of Miami Miller School of Medicine, Division of Veterinarian Resources. Aquellos peces que no pasan el control de calidad para exportación (por bajo crecimiento, deformidades, etc.) o presentan señales clínicas de enfermedades infecciosas y contagiosas son sacrificados de acuerdo con el protocolo del Institutional Animal Care and Use Committee (IACUC). El mesilato de tricaína (MS-222) es el anestésico utilizado para la sedación y/o eutanasia de los peces. MS-222 es el único anestésico permitido en los Estados Unidos para peces de consumo humano.

Referencias

Akiyama D, Dominy W, Lawrence A. Penaeid shrimp nutrition for the commercial feed industry revised. En: Proceedings of the Aquaculture Feed Processing and Nutrition Workshop. Singapore, 1991; p. 80-90

Akiyama D. El uso de productos a base de soya y de otros suplementos proteicos vegetales en alimentos para acuacultura. Memorias del Primer Simposium Internacional de Nutrición y Tecnología de Alimentos para Acuacultura; 1993, p 257-269

Arnold, CR, Kaiser, JB, Holt, GJ. Spawning of cobia *Rachycentron canadum* in captivity. J. World Aquac. Soc. 2002; 33(2), 205-208

Benetti, DD, O'Hanlon, B, Ayvazian, J, Orhun, MR, Rivera, JA, Rice, PH *et al.* Advances in hatchery and growout technology of cobia (*Rachycentron canadum*) and other candidate species for offshore aquaculture. Proc. of the Gulf and Carib. Fish. Inst. Vol. 2003; 54: 473-487

Benetti, DD. Offshore cages survive hurricanes. Global Aquaculture Advocate. 2004; 7(5): 52-53

Benetti, DD, Brand, L, Collins, J, Orhun, MR; Benetti, A, O'Hanlon, B *et al.* Can offshore aquaculture of carnivorous fish be sustainable? World Aquac. 2006; 37(1): 44-47

Benetti, DD, Orhun, MR, O'Hanlon, B, Zink, I, Cavalin, FG, Sardenberg, B *et al.* Aquaculture of Cobia (*Rachycentron canadum*) in the Americas and the Caribbean. En: Liao, IC, Leano, EM, editores. Cobia Aquaculture: Research, Development, and Commercial Production. Asian Fisheries Society, Manilla, Philippines, World Aquaculture Society, Louisiana, USA, The Fisheries Society of Taiwan, Keelung, Taiwan, and National Taiwan Ocean University, Keelung, Taiwan; 2007, p. 57-77

Benetti, D. Review of Seriola spp Aquaculture. En: Pham, CK, Higgins, RM, De Girolano, M, Isidro, E editores. Proc. International Workshop: Developing a Sustainable Aquaculture Industry in the Azores. Arquipélago. Life and Marine Sciences. ISBN: 978-972-8612-44-3. Supplement 7; 2008. p. 83-85

Benetti, DD. Cobia aquaculture expanding in the Americas and the Caribbean. Global Aquaculture Advocate. 2008; 1(2): 46-48

Benetti, DD, O'Hanlon, B, Sardenberg, B, Welch, A, Hoenig, R. Cultivo de cobia en las Américas y el Caribe. (In Spanish). Infopesca/Infofish International. 2008; n.º 33: 31-36

Benetti, DD, Sardenberg, B, Welch, A, Hoenig, R, Orhun, MR; Zink,I. Intensive larval husbandry and fingerling production of cobia Rachycentron canadum. Aquaculture. 2008; 281: 22-27

Benetti, DD, Orhun, MR, Sardenberg, B, O'Hanlon, B, Welch, A, Hoenig, R *et al.* Advances in hatchery and grow-out technology of cobia *Rachycentron canadum* (Linnaeus). Aquaculture Research. 2008; 39(7): 701-711

Briggs, JC. Fishes of world-wide (circumtropical) distribution. Copeia 3, 171-180. Catacutan, M.R. & Pagador, G.E., 2004. Partial replacement of fishmeal by defatted soybean meal in formulated diets for the mangrove red snapper, *Lutjanus argentimaculatus* (Forsskal 1775). Aquacult. Res. 1960; 35, 299-306

Catacutan, MR, Pagador, GE. Partial replacement of fishmeal by defatted soybean meal in formulated diets for the mangrove red snapper, *Lutjanus argentimaculatus* (Forsskal 1775). Aquacult. Res. 2004; 35, 299-306

Chou, RL, Su, MS, Chen, HY. Optimal dietary protein and lipid levels for juvenile cobia (*Rachycentron canadum*). Aquaculture. 2001; 193, 81-89

Chou, RL, Her, BY, Su, MS, Hwang, G, Wu, YHY, Chen, HY. Substituting fish meal with soybean meal in diets of juvenile cobia *Rachycentron canadum*. Aquaculture. 2004; 229, 325-333

Collette, BB. *Rachycentridae*. En: Carpenter, KE, Niem, VH, editores. The Living Marine Resources of the Western Central Pacific. Volumen 4. Bony fishes part 2 (Mugilidae to Carangidae). Roma: FAO; 1999

Craig SR, Schwarz, MH, McLean E.. Juvenile cobia (*Rachycentron canadum*) can utilize a wide range of protein and lipid levels without impacts on production characteristics. Aquaculture. 2006; 261, 384-391

Fenucci, J, Harán N. Estado actual y perspectivas de la nutrición de los camarones Peneidos cultivados en Iberoamérica. subprograma ii «acuicultura» red temática ii.c. 2006; p. 153

Forster, I, Dominy, W, Obaldo, L, Tacon, A. Rendered meat and bone meals as ingredients of diets for shrimp *L. vannamei* (Boone, 1931). Aquaculture. 2003; 219: 655-670

Fowler, HW. The results of the fifth George Vanderbilt expedition (1941): Fishes. Acad. Nat. Sci., Phila. Monograph. 1044; N.º 6: 57-529

Fox, J, Lawrence, A, Smith, F. Development of a low-fish meal feed formulation for commercial production of *Litopenaeus vannamei*. Memorias de VII Symposium Internacional de Nutrición Acuícola, Hermosillo, México, Noviembre; 2004

Franks, JS, Ogle, JT, Lotz, JM, Nicholson, LC, Barnes, DN, Larsen, KM. Spontaneous spawning of cobia, Rachycentron canadum, induced by human chorionic gonadotropin (HCG), with comments on fertilization, hatching, and larval development. Proc. Caribb. Fish. Inst. 2001; 52, 598-609

Fraser, T, Davies S. Review article Nutritional requirements of cobia, *Rachycentron canadum* (Linnaeus): a review. Aquaculture Research. 2009; 1-16

Grisdale-Helland, B, Helland, SJ, Baeverfjord, G, Berge, GM. Full-fat soybean meal in diets for Atlantic halibut: growth, metabolism and intestinal histology. Aquacult. Nutr. 2002; 8, 265-270

Hassler, WW, Rainville, RP. Techniques for hatching and rearing cobia, *Rachycentron canadum*, through larval and juvenile stages. Univ. N.C. Sea Grant Coll. Prog. 1975; UNC-SG-75-30

Hitzfelder, GM, Holt, GJ, Fox, FM, McKee, DA. The Effect of Rearing Density on Growth and Survival of Cobia, *Rachycentron canadum*, Larvae in a Closed Recirculating Aquaculture System. J. World Aquac. Soc. 2006; 37(2), 204-209

Hoening, R, Sardenberg, B, Welch, A, O'Hanlon, B, Benetti, D. Advances in the Development of Cobia Aquaculture. Panorama Acuicula Magazine. Mayo/Junio. 26-32; 2009

Kaiser, JB, Holt, GJ. Species Profile: Cobia. SRAC Publication No. 7202, Southern Regional Aquaculture Center, Stoneville, Mississippi; 2005

King, D. Implications of the replacement of fish meal in diets for tropical aquaculture species on nutrition and feed formulation [internet]. [Fecha de consulta: 7 de mayo de 2004]. Disponible en: http://www.laegamefishing.org.pg/Stori_DanielKingsPaper.PDF

Liao, I, Juang, T, Tsia, W, Hsueh, C, Chang, S, Leano, E. Cobia culture in Taiwan: current status and problems. Aquaculture. 2004; 237, 155-165

Lunger AN, McLean, E, Craig SR. The efects of organic protein supplementation upon growth, feed conversion and texture quality parameters of juvenile cobia (*Rachycentron canadum*). Aquaculture. 207; 264, 342-352

Mai, K, Xiao, L, Ai, Q, Wang, X, Xu, W, Zhang, *et al.* Dietary choline requirement for juvenile cobia, *Rachycentron canadum*. Aquaculture. 2009; 289, 124-128

O'Hanlon, BJ, Ayvazian, DD, Benetti, Rivera, JA. Growout of cobia *Rachycentron canadum* in submerged offshore cages off the coast of Culebra, Puerto Rico, USA. 2003 World Aquaculture Society Annual Conference, May 19-23, 2003. Salvador, Bahia, Brazil. Book of Abstracts, vol. 2: 528; 2003

Refstie, S, Landsverk, T, Bakke-McKellep, AM, Ringø, E, Sundby, A, Shearer, KD, Krogdahl, A. Digestive capacity, intestinal morphology, and microflora of 1-year and 2-year old Atlantic cod (*Gadus morhua*) fed standard or bioprocessed soybean meal. Aquaculture. 2006; 261, 269-284

Romarheim, OH, Zhang C, Penn M, Liu YJ, Tian LX, Skrede A, Krogdahl, A, Storebakken T. Growth and intestinal morphology in cobia (*Rachycentron canadum*) fed extruded diets with two types of soybean meal partly replacing fish meal. Aquaculture Nutrition. 2008; 14,174-180

Rotman, FJ, Benetti, DD, Alarcon, JF, Stevens, O, Banner-Stevens, G, Matzie *et al.* Advances in aquaculture technology of mutton snapper (*Lutjanus analis*) and greater amberjack (*Seriola dumerili*), two candidate species for offshore grow-out. En: Bridger, CJ, Costa-Pierce, BA, editores. Open Ocean Aquaculture: From Research to Commercial Reality. Baton Rouge: The World Aquaculture Society; 2003. p. 215-221

Samocha T, Davis A, Soud P, DeBault K. Substitution of fish meal by co-extruded soybean poultry by-product meal in practical diets for the Pacific white shrimp, *L. vannamei*. Aquaculture. 2004; 31: 197-203

Schwarz, MH. Fingerling production still bottleneck for cobia culture. Glob. Aquac. Advocate. 2004; 7(1), 40-41

Schwarz, MH, Mowry, D, McLean, E, Craig, SR. Performance of advanced juvenile cobia, *Rachycentron canadum*, reared under different thermal regimes: evidence for compensatory growth and a method for cold banking. Journal of Applied Aquaculture. 2007; 19, 71-84

Shaffer, RV, Nakamura, EL. Synopsis of biological data on the cobia *Rachycentron canadum* (Pisces: Rachycentridae). FAO Fisheries Synopsis. 153 (National Marine Fisheries Service/S 153), U.S. Department of Commerce, NOAA Technical Report, National Marine Fisheries Service 82. Washingtion, D.C; 1989

Tacón. A. Nutrición y alimentación de peces y camarones cultivados manual de capacitación. Brasilia: Organización de las Naciones Unidas para la Agricultura y la Alimentación; 1989

Tacon, AGJ, Hasan, MR, Subasinghe, RP. FAO Fisheries Circular Number 1018. Use of fishery resources as feed inputs for aquaculture development: trends and policy implications; 2006

Wang JT, Liu, YJ, Tian, LX, Mai, KS, Du, ZY, Wang, Y *et al.* Effect of dietary lipid level on growth performance, lipid deposition, hepatic lipogenesis in juvenile cobia (*Rachycentron canadum*). Aquaculture 2005; 249, 439-447

Webb, KA, Rawlison, LT, Holt, GJ. Effects of dietary ratio on growth and feed efficiency of juvenile cobia, *Rachycentron canadum*. Aquaculture Nutrition. 2009; doi: 10.1111/j.1365-2095.2009.00672.x

Wilson RP. Amino acids and proteins. En: Halver, J, Hardy, R, editores. Fish Nutrition, San Diego; 2002

Zhou, QC, Mai, KS, Tan, BP, Liu, YJ. Partial replacement of fishmeal by soybean meal in diets for juvenile cobia (*Rachycentron canadum*). Aquaculture Nutrition. 2005; 11, 175-182

Zhou, QC, Wu, ZH, Tan, BP, Chi, SY, Yang, QH. Optimal dietary methionine requirement for juvenile Cobia (*Rachycentron canadum*). Aquaculture. 2006; 258, 551-557

Zhou, QC, Wu, ZH, Chi, SY, Yang QH. Dietary lysine requirement of juvenile cobia (*Rachycentron canadum*). Aquaculture. 2007; 273, 634-640

Tema 18
Avance tecnológico para el desarrollo de la biotecnología de cultivo de la totoaba

Conal David True, Lus López Acuña, Gerardo Sandoval Garibaldi, Ivan Monay Díaz y Norberto Castro Castro*

INTRODUCCIÓN

La totoaba como recurso económico soportó una importante pesquería durante la primera mitad del siglo xx. La falta de regulación y la alteración del hábitat condujeron al colapso de la actividad; la reducción extrema que se produjo en sus poblaciones propició que esta especie fuera protegida a partir de 1974 por leyes mexicanas que imponían una veda permanente. Asimismo, para evitar su venta a nivel internacional en 1976 se incluyó como especie en peligro de extinción en la Convención Internacional del Tráfico de Especies Silvestres de Flora y Fauna en Peligro (CITES). A pesar del esfuerzo del gobierno para su protección, no es hasta finales del siglo pasado cuando se logran avances significativos en esta labor. A partir de 1993, en la Facultad de Ciencias Marinas (FCM) de la Universidad Autónoma de Baja California (UABC) se iniciaron investigaciones para establecer las bases de su cultivo con fines de repoblación. Entre los principales logros está el haber capturado una población de reproductores y haber cerrado su ciclo reproductivo, lo que ha llevado al desarrollo de la tecnología de cultivo de esta especie. Durante los pasados catorce años se ha producido anualmente un número variable de juveniles con el fin de iniciar un programa de repoblación en el alto Golfo de California.

1. ANTECEDENTES

El desarrollo del cultivo de las corvinas en Baja California se inició hace más de quince años con una colaboración entre la FCM/UABC y el instituto de investigación Hubbs Sea World Reserch Institute de San Diego, California, con la finalidad de profundizar en el conocimiento de la fisiología de la corvina blanca del Pacífico *Atractosion nobilis* bajo condiciones de cultivo; especie cuyo cultivo se ha desarrollado con la finalidad de restituir la población silvestre mermada por los efectos de la sobrepesca. Se decide iniciar esta investigación después de conocer los avances de esta especie y establecer los paralelismos con otras, como el tambor rojo (*Sciaenops ocellatus*), pertenecientes a la misma familia que *Totoaba macdonaldi* (*Sciaenidae*).

2. DESCRIPCIÓN DE LA ESPECIE

La totoaba es una especie endémica del Golfo de California, que anteriormente se encontraba clasificada en el género *Cynoscion*. En este género la totoaba era la especie que alcanzaba mayor talla dentro de la familia *Sciaenidae*. Se tienen registros de ejemplares de dos metros de longitud total y hasta 130 kg. Actualmente se encuentra clasificada como *Totoaba macdonaldi* (Gilbert, 1890) en un género y especie única para la familia.

* Facultad de Ciencias Marinas de la Universidad Autónoma de Baja California, México (ctrue@uabc.mx).

La totoaba tiene un cuerpo alargado ligeramente comprimido, cuya altura es la tercera o quinta parte de la longitud estándar. Los ejemplares de totoaba cuentan con boca grande y terminal, la mandíbula inferior ligeramente prominente, tienen ojos pequeños, presentan escamas ctenoideas grandes y gruesas. La coloración es ligeramente ocre, con vientre plateado y blanco y pequeñas manchas oscuras sobre todo el cuerpo. No presentan dimorfismo sexual externo y las hembras alcanzan tallas mayores que los machos (figura 1).

Durante sus primeros años de vida permanecen en la parte alta del Golfo de California, lo que las hace caer en diferentes artes de pesca destinadas a otras especies, como el camarón y las diferentes corvinas del Golfo.

Figura 1. *Totoaba macdonaldi* en las instalaciones del Hubbs Sea World Reserch Institute de San Diego, California. (Foto Richard Hermman)

3. MANEJO DE REPRODUCTORES

Los organismos destinados a la reproducción son imprescindibles en cualquier granja o centro de producción. Sin estos, la actividad de cultivo se ve limitada prácticamente y dependerá de las poblaciones silvestres para la adquisición de crías para el engorde. Sin embargo, una vez que se cuenta con una población en cautiverio se puede producir crías todo el año.

La captura de reproductores de totoaba se realiza a través de pesca de caña y anzuelo, aunque también es factible usar algunos ejemplares capturados en redes agalleras. Se busca capturar a preadultos o adultos en sus primeros años de maduración, organismos de 12-20 kg, ya que si son más grandes se hace más complicado su manejo. La pesca es generalmente de fondo con carnada viva, aunque también se puede usar carnada muerta. Es recomendable trabajar con pescadores que conozcan la zona, pues de ellos depende en gran medida el éxito del viaje de colecta. La totoaba es de hábitos bentónicos, se encuentra en fondos blandos y en perfiles de acantilados rocosos que se hallan regularmente a profundidades de 25 m. Es un pez fisoclisto (con la vejiga natatoria cerrada) que generalmente se descompresiona en el momento de ser traído a la superficie, por lo que es necesario usar una jeringa hipodérmica para perforar la vejiga en la base posterior y extraer el exceso de gas, para reducir el efecto de la descompresión (figura 2). Por lo general, la supervivencia es del 50%.

El transporte se divide en dos etapas, una en la embarcación de captura y otra desde el sitio de desembarque a la unidad de recepción (laboratorio). En la embarcación, los tanques transportadores deben contener al menos 1 m³ de agua marina y tener una dimensión mínima de 1-1,2 m³ para acomodar a los organismos más grandes. Asimismo, cuentan con suministro de aire, oxígeno y recambio de agua. En el punto de desembarque los organismos se trasladan individualmente en camillas de plástico a la unidad de transporte terrestre. Esta unidad está equipada con tanques de 4 m³, suministro de aire, oxígeno y recirculación de agua. El traslado del barco al tanque transportador se realiza teniendo cuidado de mantener siempre húmedos los peces (figura 3). Debido a la capacidad del tanque, solo se pueden transportar 3-5 organismos dependiendo de su tamaño, considerando que el tiempo de transporte al laboratorio es de 5-8 horas.

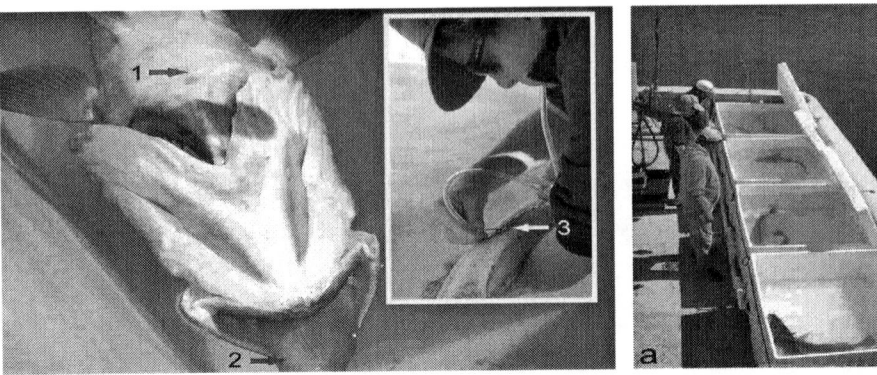

Figura 2. Totoaba con barotrauma ocasionado por el proceso de captura. 1) Burbujas bajo la piel. 2) Estómago. 3) Punción de vejiga con hipodérmica para aminorar la presión interna. Foto derecha: sistema de tanques para el transporte en barco de ejemplares de 80 cm de longitud total.

En la Unidad de Biotecnología en Piscicultura (UBP) se establece una cuarentena básica. Es decir, se procura que los organismos recién capturados no estén en contacto con otros organismos del laboratorio, ni que compartan fuente de agua. Tanques de 6-8 m³ son adecuados para recibir a estos organismos; deben contar con un sistema de recirculación con control de temperatura, para que sea al menos similar a la temperatura de la zona de colecta (22-24 °C). Dependiendo del tamaño se colocaron de 3 a 5 organismos por tanque sin exceder 100 kg de biomasa. Los tanques cuentan con suministro de agua y aire constante. Los peces permanecen durante un periodo de 3 a 6 semanas en los tanques de cuarentena. Durante este tiempo reciben baños de formol (0,01 ml.L⁻¹) cada 48 h para liberar parásitos externos (copépodos, isópodos y protozoarios); un total de 3 o 4 baños son suficientes. A modo de tratamiento terapéutico, a los organismos con heridas, ulceraciones o falta de escamas se les aplica intramuscularmente un antibiótico de amplio espectro (oxitetraciclina 15 mg/kg de peso total durante 7 días consecutivos). Los organismos en cuarentena se alimentan a demanda con alimento fresco o congelado compuesto por una mezcla de calamar, camarón y sardina. Es frecuente que en las dos primeras semanas no acepten el alimento fresco o descongelado, por lo cual se proporciona alimento vivo (sardina, anchoveta o camarón), que gradualmente se cambia por alimento fresco descongelado.

Figura 3. Camillas de lona plástica para la manipulación de los reproductores de *Totoaba macdonaldi* durante el traslado.

Para el acondicionamiento de reproductores, la UBP cuenta con dos tanques de 100 m³ equipados con sistemas de recirculación, aunque en el pasado se usaron tanques de 30 m³. En estos sistemas se simulan las condiciones ambientales de temperatura y fotoperiodo para la maduración y reproducción de totoaba. Los tanques son de fibra de vidrio totalmente cerrados y aislados con una capa de poliuretano de 1,5 pulgadas para independizarlos del medio; solo cuentan con una ventana en la parte inferior para la observación y otra en la parte superior para la alimentación y el acceso para el mantenimiento (figura 4). El sistema cuenta con un equipo de dos filtros de arena TR100 que funcionan como filtros biológicos y mecánicos para la recirculación del agua marina, la cual es impulsada por una bomba de 3 Hp a través de una placa de intercambio, un filtro de esterilización de luz ultravioleta de 1.000 W y un fraccionador de espuma de 100 gpm (figura 4). La tasa de recirculación de agua marina es de 2-3% diario.

La densidad de organismos por tanque es de aproximadamente 35 organismos sin exceder los 350 kg de biomasa total y con una razón deseable de sexos de 1:1. La totoaba no posee características sexuales secundarias evidentes, por lo que no es posible distinguir sexos de forma sencilla. Si la colecta de los reproductores ha coincidido con el periodo de reproducción natural, los machos producen semen si se les oprime levemente el vientre y se observa en las hembras el oviducto entre el ano y el poro urinario (figura 5); en la mayoría de los casos, la biopsia de las hembras solo ha sido posible después del primer año en cautiverio.

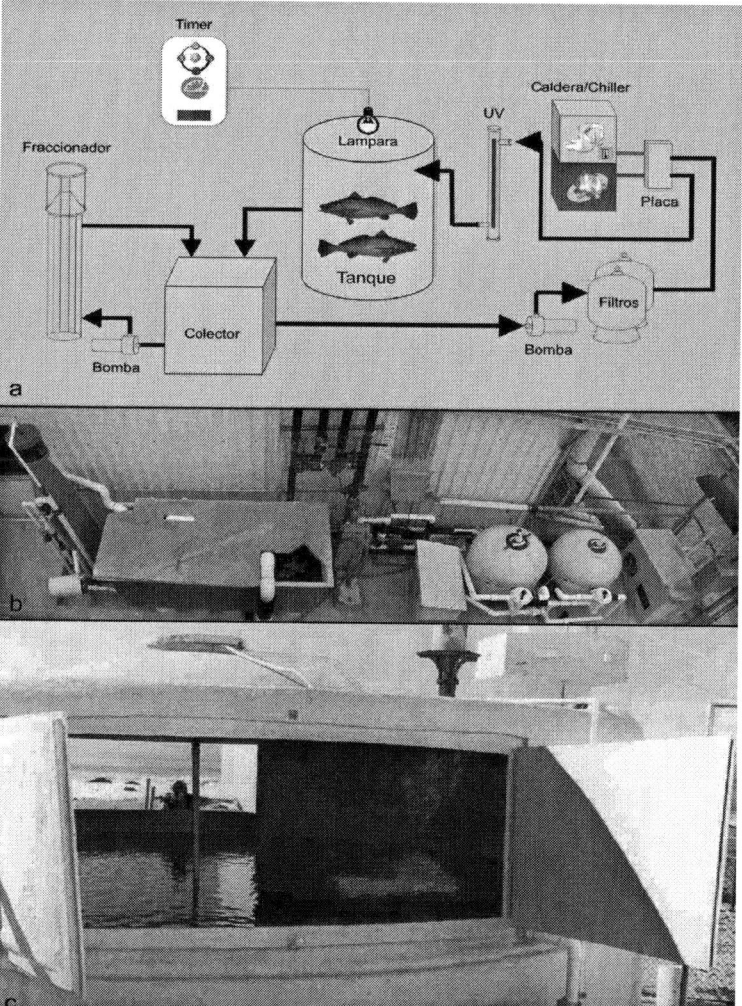

Figura 4. Sistema de recirculación con control de fotoperiodo y temperatura para reproductores de *Totoaba macdonaldi* (Gilbert, 1890) en la Unidad de Biotecnología en Piscicultura de la Universidad Autónoma de Baja California *a*) Esquema de equipos y dirección del flujo de agua marina; *b*) plancha con equipo de distribución; y *c*) tanques de reproductores con ventanas de acceso superior.

Los reproductores de totoaba en la UBP se alimentan a demanda con una dieta balanceada semihúmeda. El ingrediente principal es harina de pescado, calamar fresco congelado, una mezcla de vitaminas y minerales y grenetina como ligante. Este alimento se embute en tripa sintética para chorizo y se congela durante los 15 días en que es empleado.

Para la inducción al desove, se controla el fotoperiodo y la temperatura simulando las condiciones naturales del desarrollo anual de la totoaba, por lo que los dos tanques de reproductores se encuentran desfasados seis meses para proveer dos épocas de reproducción; una en primavera-verano y otra en otoño-invierno (figura 6). El fotoperíodo está controlado con un temporizador simple que enciende y apaga 4 lámparas fluorescentes (luz de día suave 40 W c/u) en el interior de los tanques; el control de temperatura se realiza a través de una placa de intercambio de titanio con un controlador de temperatura que permite el paso del fluido de trabajo (agua caliente = caldera o agua fría = *chiller*), según se requiera (figura 4). La programación de estas condiciones se realiza manualmente cada semana para lograr la variación anual adecuada.

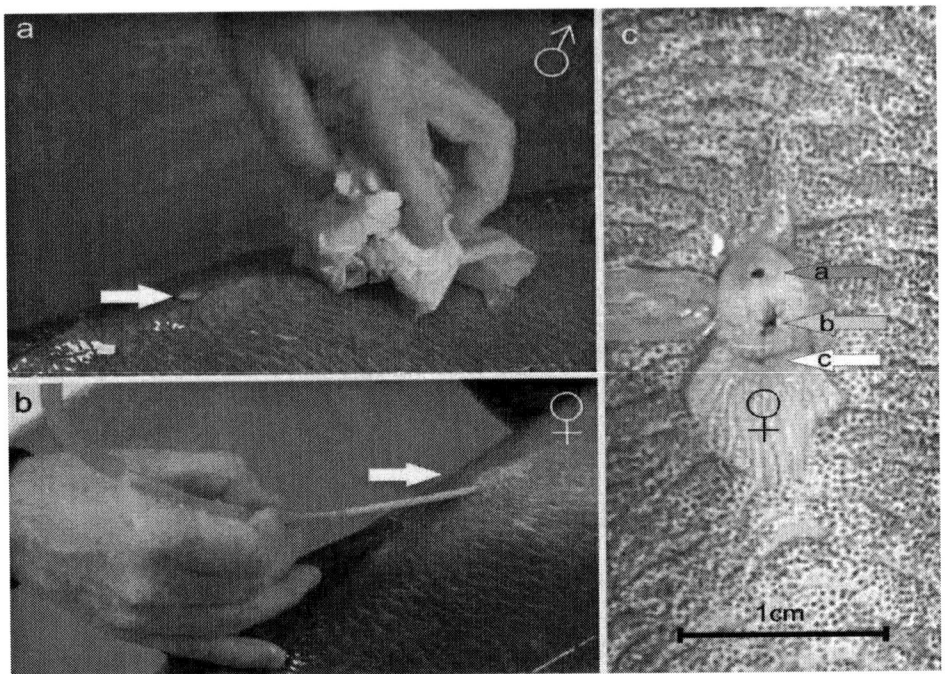

Figura 5. Obtención de gametos para verificar sexo y etapa de madurez. *a*) Semen, *b*) biopsia ovárica; y *c*) detalle del poro urinario [a], conducto ovárico [b] y ano [c]

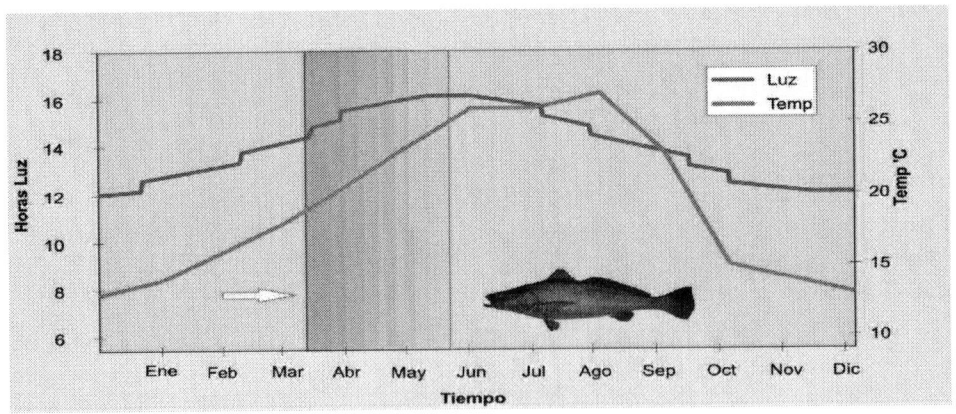

Figura 6. Régimen de control fototérmico para la maduración y reproducción de *Totoaba macdonaldi* en la Unidad de Biotecnología en Piscicultura de la UABC. Entre abril y junio se indica el periodo de maduración y desove.

La calidad del agua se monitoriza diariamente o por lo menos cada tres días. Una vez que los filtros biológicos están activados se mide salinidad, pH, temperatura y concentración del ión amonio, conservándose los valores constantes que se indican en la tabla 1.

**Tabla 1. Calidad del agua de cultivo de reproductores
de *Totoaba macdonaldi* (Gilbert, 1890).**

Parámetro	Rango
Temperatura	11-26 °C
Salinidad	33 ups
pH	7,5-8,5
Ion amonio	0,01 mg.L^{-1}

El mantenimiento del los sistemas de recirculación de los reproductores en la UBP es de vital importancia para la adecuada supervivencia y maduración de los reproductores. Los filtros de arena (filtros biológicos) se retrolavan diariamente para evitar el empaquetamiento de la arena y la solidificación de materia orgánica. Semanalmente se realiza una limpieza de los estanques colectores y del fraccionador de espuma para reducir la acumulación de materia orgánica y la proliferación de bacterias.

En las épocas del año en las que existen cambios repentinos de temperatura en el océano es común la proliferación de ciertos protozoarios que entran en el sistema con el agua nueva. Los más comunes son: *Cryptocaryon irritans* y *Oodinium* sp. Se manifiestan en los organismos como puntos blancos muy chicos; los organismos presentan una capa aterciopelada y liberan una cantidad significativa de mucus en el tanque. El control y eliminación de estos parásitos se realiza con baños diarios de formol y sulfato de cobre (0,01 ml.L^{-1} de formol y 0,001 mg.L^{-1} de CuSO$_4$), con una duración máxima de 4 h. Normalmente, 5 a 9 baños son suficientes.

Como se ha explicado anteriormente, uno de los tanques conserva las condiciones del ciclo natural; en el otro, las condiciones se han desfasado seis meses para poder tener una segunda época reproductiva a lo largo del año. Lo anterior implica un estricto control de la temperatura y del fotoperiodo. Asimismo, se tiene el cuidado de reproducir el verano extremo y el inverno extremo para proveer a los organismos en cautiverio con una referencia acerca de cuándo comienza y termina el ciclo anual. La maduración se inicia a principios de la primavera y continúa hasta mediados de verano (abril-mayo). Durante este periodo se tiene el cuidado de no hacer demasiado ruido y/o vibraciones cerca de los tanques de los reproductores, para no elevar el nivel de estrés de los mismos durante el periodo de maduración.

Un mes antes de la fecha programada para la reproducción, se revisan los reproductores; para ello se baja el nivel del agua en el tanque de reproductores, se capturan los organismos de forma individual y se anestesian con MS-222 para revisar su grado de maduración.

Debido al la anatomía interna de los machos (grosor y posición del ducto espermático), no es posible obtener muestras de los espermas de forma rutinaria, por lo que es necesario esperar a que inicien la producción de semen, lo cual normalmente ocurre antes de que las hembras estén completamente maduras (2-3 semanas). Una vez anestesiado, se coloca al macho en posición ventral, se seca con papel toalla y con masaje abdominal se extrae el semen; posteriormente se cuantifica el volumen de esperma producido por masaje usando una jeringa hipodérmica para colectar el semen y se categoriza según la fluidez del mismo. La muestra se conserva en hielo y posteriormente se analiza bajo el microscopio para determinar el grado de movilidad y el número de espermatozoides. Durante la colecta de semen se evita el contacto con cualquier líquido (agua u orina), puesto que estos activan los espermas. En el caso de las hembras, es posible obtener una muestra ovárica utilizando una cánula. Una vez anestesiadas, se colocan en posición ventral, se seca la región ventral y se procede a tomar la muestra. La cánula se introduce por el oviducto hasta la gónada (no más de 15 cm) y se aspira con cuidado una pequeña porción. La muestra se trasvasa y se guarda en hielo para su posterior revisión bajo el microscopio. Para dicha revisión se suspenden de nuevo y se disgregan los ovocitos en una solución salina de 0,9% (suero salino); entonces se mide el diámetro usando una reglilla en el ocular con un microscopio de disección. Siempre se intenta tomar una muestra al azar y medir no menos de 150 ovocitos individuales. Los datos se representan en un histograma de barras para observar la distribución de tallas. En el microscopio, se observa también la distribución del vitelo y la posición del núcleo para determinar la etapa de maduración final (figura 7).

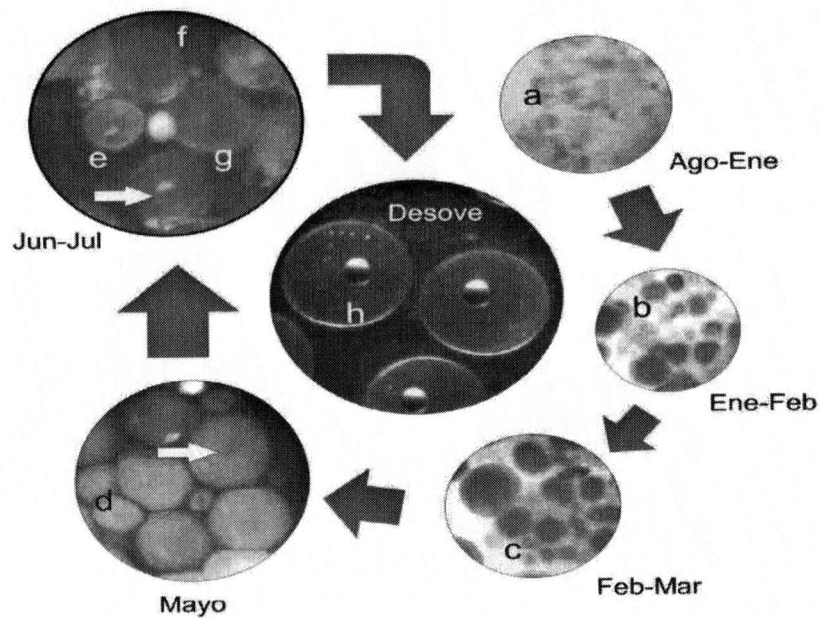

Figura 7. Ciclo de desarrollo ovárico de *Totoaba macdonaldi*: *a*) inmaduro; *b*) crecimiento primario; *c*) vitelogénico; *d*) vitelogénico avanzado; *e*) competente; *f*, *g*) maduración final «núcleo migrado»; *h*) huevo ovulado.

El desove de *Totoaba macdonaldi* no ocurre de forma espontánea en las instalaciones de la UBP, por lo que se ha recurrido a la inducción hormonal. El hecho de que no ocurra de forma natural indica que falta algún factor que dispare la conducta de cortejo final y que el control fisiológico del mismo está inhibido. Para la inducción al desove, se utiliza la hormona liberadora de gonadotropina (LHRHa), también llamada hormona leutinizante. Esta es aplicada dorsalmente justo debajo de la aleta, por medio de implantes o en suero salino en una dosis de 100 µg.kg⁻¹ de peso total. Esta hormona estimula la maduración final tanto de hembras como de machos, ya que promueve la producción normal de las gonadotropinas, que son las hormonas naturales que controlan el proceso de la reproducción. En el caso de los machos se induce a una mayor producción de semen y a la hidratación del mismo (semen más fluido), mientras que a las hembras son estimuladas para entrar en la fase final de maduración, en la cual el ovocito se hidrata y es expulsado en la ovulación final. Con lo cual el desove se promueve de forma individual (fertilización *in vitro*) o en grupo para el desove en tanques.

En el caso de la inducción individual se seleccionan machos ya maduros del estanque de reproductores, de los que se obtiene el semen mediante masajes ventrales, de acuerdo con lo descrito anteriormente. Si no se obtiene suficiente semen, es posible inducirlos con una dosis de hormona LHRHa 12-24 horas antes de requerir el semen. El semen se colecta y almacena en jeringas con oxígeno y se guarda sobre hielo en refrigeración (es viable durante 72 horas, siempre y cuando no entre en contacto con agua de mar u orina). Asimismo, se selecciona a las hembras que estén en estado de maduración final para implantarles la hormona en una dosis adecuada a su peso; posteriormente se pasan a un estanque para que terminen la maduración. Por lo general la ovulación se presenta 24-36 horas después del implante. Para poder obtener los huevos en el momento de la ovulación, es necesario realizar revisiones periódicas a partir de las 24 horas. La colecta de los óvulos se realiza mediante masaje abdominal, evitando que los huevos entren en contacto con agua u orina para impedir el endurecimiento del corion. La fertilización se hace en seco, inmediatamente después de la ovulación, en el mismo contenedor plástico en el que se recogieron los óvulos. El semen se agrega a los óvulos, agitando para proporcionar una distribución homogénea del esperma (figura 8). Después de dos minutos, se agrega agua de mar filtrada para lavar y eliminar el exceso de esperma, utilizando para esto tamices de 300 micras; inmediatamente después, los huevos se colocan en una cubeta de 20 l con agua de mar filtrada a la misma temperatura que la del desove.

El desove de grupo se realiza en el tanque de 100 m³. Se seleccionan previamente los machos y hembras maduros a los cuales se les implantó la dosis adecuada de hormona LHRHa y se pasan a un tanque con control de temperatura y fotoperiodo (25 °C y 14:10 horas luz: oscuridad). Por lo general, se colocan dos machos y tres o cuatro hembras para tener una buena representación genética.

La colecta de huevos se hace a través de un tanque de compensación conectado al drenaje del tanque de reproductores. En este tanque se dispone de una bolsa de malla de 300 micras, donde se retienen los huevos. Por lo general el cortejo comienza 10-12 horas después del implante y el desove se produce 24-36 horas después de que se apaguen las luces o antes de que se enciendan por la mañana. Los huevos tienen una flotación neutra y se colectan en el tanque de compensación en las siguientes horas después del desove.

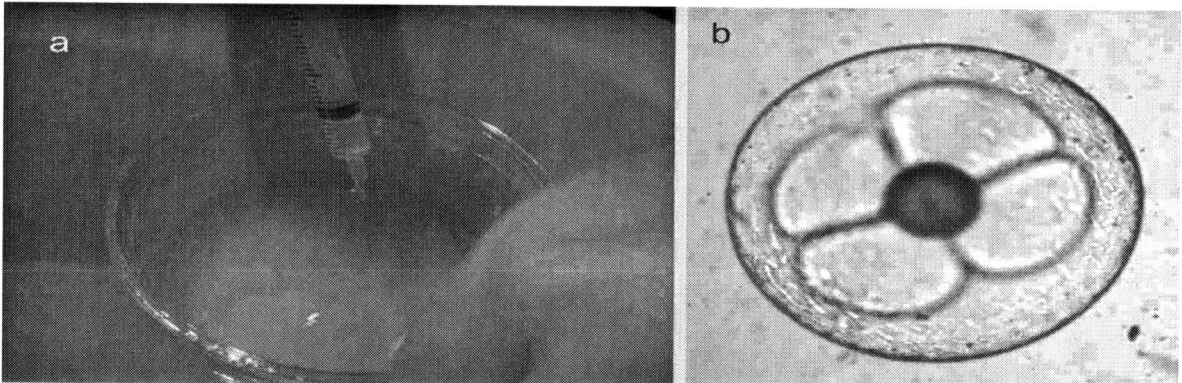

Figura 8. Fertilización *in vitro*. *a*) Método seco; *b*) estadio de cuatro células un hora después de de la fecundación.

4. PRODUCCIÓN DE LARVAS

La terminología utilizada para clasificar las larvas de peces varía según los autores. El desarrollo temprano de los peces marinos se divide por lo general en tres fases: 1) *fase embrionaria o huevo*, desde la fecundación hasta justo antes de la eclosión; 2) *fase larval*, con tres divisiones embrión de vida libre, desde que eclosionan hasta que culmina su desarrollo larval y transformación, es decir, hasta que adquieren las características de un juvenil; y 3) *fase de juvenil temprano o cría*, que tiene todas las características de un adulto. Cada fase de desarrollo tiene unas características propias que hacen interesante su estudio y que condiciona en parte el manejo que se debe llevar a cabo durante cada estadio.

Los huevos de totoaba tienen en promedio 800 µm y se colectan en una malla de 300 µm en el estanque de compensación (figura 9). Posteriormente reciben un baño con formol al 0,026% durante 20 min para eliminar las bacterias y protozoarios que pueden traer adheridos al corion (cascarón). Este baño se realiza en cubetas de plástico con aireación suficiente para que los huevos permanezcan en suspensión. Después de enjuagar los huevos, se colocan en probetas para separar los viables de los que no lo son (los huevos viables presentan flotabilidad neutra y los no viables se precipitan al fondo). Para facilitar la separación se incrementa la densidad del agua de mar (figura 10). Para estimar la cantidad de huevos viables se toman varias muestras de un mililitro y se cuantifican. Los huevos no viables se evalúan de la misma manera. Después de lavarlos nuevamente se colocan a razón de 100 huevos.L⁻¹ en las incubadoras, con ambiente controlado a 24 °C, 34 UPS y 6 mg.L⁻¹ de oxígeno. Los huevos de totoaba eclosionan en 19-20h a temperaturas de 24 y 26 °C. Después de la eclosión se sifonea el fondo para extraer los huevos que no eclosionaron y el corion o cascarillas de los huevos que sí eclosionaron.

Las incubadoras de la UBP son estanques cónicos de 2.200 l de capacidad, provistos de una entrada de agua de mar filtrada que ingresa tanto por el fondo como por la superficie, evitando que los huevos se queden en el fondo y se descompongan (figura 11). El desagüe se realiza por el centro de la incubadora y el flujo es continuo con recambio de 2 L.min⁻¹.

Figura 9. Estanque de compensación con bolsa colectora de huevos, con luz de malla de 300 μm.

Figura 10. Separación de huevos viables por incremento de la densidad del agua de mar

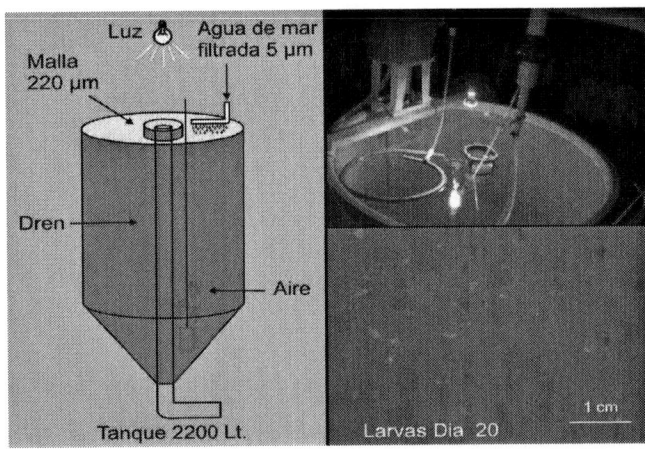

Figura 11. Tanques cónicos donde se incuban y cultivan las etapas larvales de *Totoaba macdonaldi* de los días 0 a 35 después de la eclosión.

Las larvas de Totoaba comienzan a alimentarse 24 horas después de la eclosión. El primer alimento son rotíferos *Brachionus plicatilis* alimentados con 136.000 células de *Nannochloropsis oculata*. Los rotíferos se suministran al eclosionar en una cantidad de 5 rotíferos.ml⁻¹, densidad que sirve para alimentar a las larvas que se desarrollan más rápido. Posteriormente se alimentan tres veces al día con 10 rotíferos.ml⁻¹ durante cinco días. Al cuarto día, las larvas de totoaba comienzan a inflar la vejiga gaseosa; hacen falta aproximadamente dos días para que el 80% de las larvas infle la vejiga. Cuando comienza el inflado de la vejiga gaseosa, debe mantenerse limpia la superficie de los tanques para que las larvas tengan libre acceso a la superficie y puedan inflar la vejiga gaseosa. Durante el día número seis se introducen nauplios N1 de *Artemia* sp. en una proporción de un nauplio por mililitro; el traslape de dieta es progresivo día con día hasta alcanzar una concentración de tres nauplios.ml⁻¹. Cuando se alcanza esta concentración, se termina el suministro de rotíferos y se prosigue con metanauplios de artemia N2 (figura 12). En el momento de iniciar la alimentación exógena el flujo de agua se mantiene en 4 L.min⁻¹, y al comenzar con nauplios de *Artemia* sp. el flujo de agua se incrementa a 6 L.min⁻¹. Los tanques se sifonean una vez al día al iniciar la dieta con rotíferos, y dos veces al día cuando se suministran los nauplios de *Artemia* sp.

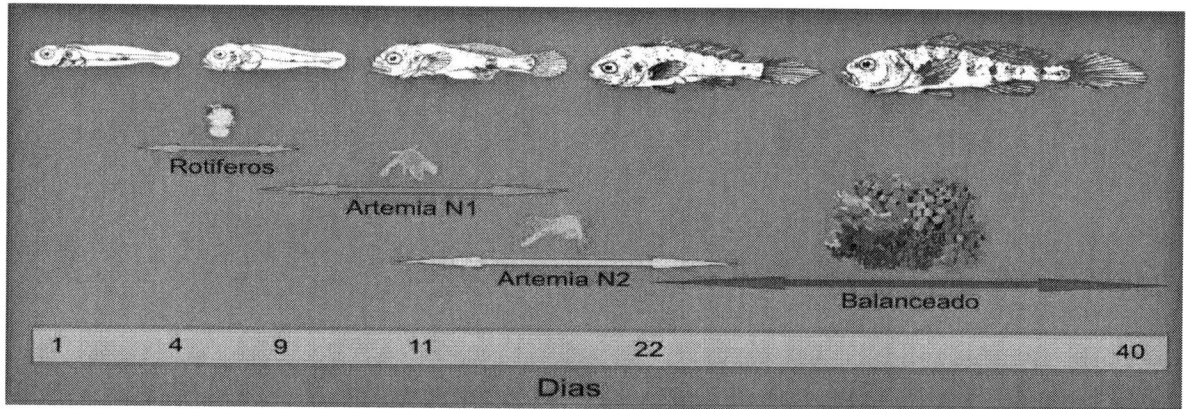

Figura 12. Esquema de alimentación de las larvas y juveniles de *Totoaba macdonaldi* en la Unidad de Biotecnología en Piscicultura de la Universidad Autónoma de Baja California.

5. CULTIVO DE JUVENILES

Veintidós días después de la eclosión se inicia la alimentación con alimento seco formulado. A esta edad, las crías de *Totoaba macdonaldi* ya presentan un estómago funcional. El traslape de dieta viva a dieta formulada se encuentra en proceso de ajuste, recomendándose que se haga en un periodo no mayor de 15 días, dado que en este periodo se incrementa el canibalismo entre las crías, por lo que es necesario hacer una selección de tallas para reducir el canibalismo. Al mismo tiempo, se colocan en estanques más grandes (8 m³). Estos estanques son cilíndricos y tienen fondo cónico y drenaje central (figura 13). En ellos las crías son alimentadas a demanda, procurando que la velocidad del flujo de agua no sea superior a una longitud del pez por minuto. En estas condiciones las crías de totoaba se desarrollan más sanas. Las crías de totoaba alcanzan los 30 cm de longitud total y 120 g de peso durante sus primeros cuatro meses, cuando se alimentan con el 2% de su biomasa (figura 14).

Figura 13. Estanques de crecimiento de crías de *Totoaba macdonaldi* en la Unidad de Biotecnología en Piscicultura de la Universidad Autónoma de Baja California.

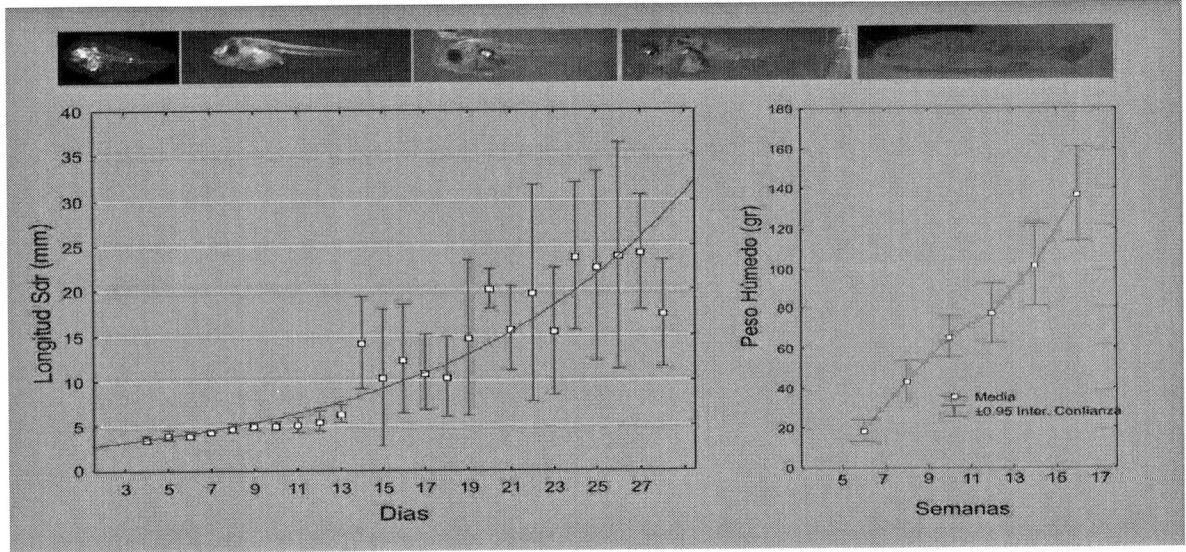

Figura 14. Crecimiento de *Totoaba macdonaldi* en condiciones intensivas en la Unidad de Biotecnología
en Piscicultura de la Universidad Autónoma de Baja California. Izquierda: crecimiento en talla para los primeros 27 días.
Derecha: crecimiento en peso húmedo durante los primeros cuatro meses de edad.

6. TRANSPORTE Y LIBERACIÓN

Las crías de totoaba son liberadas en la reserva de la biosfera del Alto Golfo de California y Delta del Río Colorado, cuando han alcanzado 15-20 cm de longitud total. Este tamaño lo alcanzan en cuatro o seis meses de edad. Dos semanas antes de la liberación, las crías son marcadas para distinguir las totoabas de laboratorio de las que nacieron en el Golfo. La marca es un elastómero de color azul rey que se coloca en la lengua, ya que es el tejido más claro y es fácil de distinguir a simple vista.

Un día antes del traslado, las crías de totoaba permanecen en ayuno para evacuar el estómago e intestino y evitar la regurgitación y producción de heces en el agua de transporte. El tanque transportador de 10 m³ está provisto de un sistema de recirculación de agua, que consta de una bomba de agua, un filtro de sólidos y un soplador. Adicionalmente se cuenta con suministro de oxígeno para las primeras horas del transporte, ya que en estos momentos el estrés hace que las crías requieran más oxígeno. Otra razón para llevar oxígeno es la prevención de contratiempos durante el traslado. El oxígeno se mantiene en 6±1 mg.L⁻¹ y la temperatura en 20±2 °C durante las 8-9 horas del traslado, con una densidad de transporte de 300 peces por m³.